Deepen Your Mind

Deepen Your Mind

機器會思考嗎？

這樣一個簡單的問題，可以引起無窮無盡的討論，而且沒有答案。什麼叫思考呢？機器會答題算不算思考？能夠答題且正確率超過人類算不算思考？能夠下棋打敗人類算不算思考？能夠自己學習進步算不算思考？能夠騙過人算不算思考？能夠發明新東西算不算思考？思考要帶有情緒嗎？做出錯誤的決定，算思考嗎？等一下，如果人做了錯誤的決定，那麼他思考了嗎？如果機器和人做了同樣錯誤的決定，他們都算思考後的決定嗎？

當我們在這些問題裡面越陷越深，越來越找不到答案的時候，也許你終於意識到人的大腦實在是太強大了。人的大腦多個層次之間，直覺、感性、理性同時發揮作用又有機結合。人的大腦的學習能力不是規則可以確定的，不是程式所能撰寫的，也不是訓練可以達到的。常常，連我們自己對自己的思考過程都不是特別了解。

這時候你可能就有另一個想法：也許我們還沒有辦法完全了解自己的大腦和思考的過程，但是我們能不能建置一些機器，讓它們來模擬人的大腦的思考和處理事情的過程呢？如果我們真的能建置成這樣的機器，這個機器又能夠像大腦一樣工作，那麼即使我們不完全了解這些機器，它們也可能像人的大腦一樣思考嗎？

這就是深度學習後面的基礎技術—神經網路的最初想法。如果我們想像人的大腦是一些神經元搭起來的，然後相互之間通訊，最後得出一個思考和判斷的結果，我們能不能也用機器模擬這些神經元，讓它們互相通訊，最後經過訓練做出和人一樣的好的思考和判斷呢？

讀者知道，機器學習（Machine Learning）是人工智慧（Artificial Intelligence，AI）的子領域，而深度學習（Deep Learning）是機器學習的子領域，它基於類神經網路（Artificial Neural Networks），靈感來自對人的大腦結構和功能的研究。雖然類神經網路在二十世紀四五十年代就被發明了，但是因為計算複雜度的限制和一些理論或演算法的不足，導致它只是在學術界被當作機器學習的方法之一來研究。近年來，隨著運算能力的加強，深度學習到達了可以被實際應用的標準線，它的威力被釋放出來，在這次人工智慧的浪潮中產生了推波助瀾的作用。

深度學習具有傳統機器學習和傳統電腦程式沒有的優點，這個優點就是，它能夠處理人們並不完全懂得的問題，而且更擅長處理含雜訊或不完全的資料。不能精確定義、有雜訊和資料不完全，實際生活中的場景經常是這樣的。所以説，深度學習更加接近生活。類神經網路的模式比對和學習能力使它能夠解決許多難以或不可能透過標準計算和統計方法解決的問題。

2018 年夏天，我們 15 個為 Hulu 公司工作的「葫蘆娃」做了一個嘗試，出版了一本關於機器學習的書，叫《百面機器學習：演算法工程師帶你去面試》。這本書獲得了意想不到的成功，讀者回饋該書非常實用，是機器學習領域非常好的原創入門書。讓我們感到欣慰的是，許多學生留言説他們讀了這本書，從中學到了不少機器學習的基本資訊，讀者把它看作一本特別好的機器學習入門書。而我們最喜歡的回饋是，這是一本真正做機器學習工作的人寫的、對讀者很有實際幫助的書。

部分讀者評論如下。

1. 基礎知識説明得很到位，而且很多是從實際問題出發，很接地氣，實作者深度了解基礎知識的利器。

2. 技術面必備參考書，問題涉及面廣，細節檢查合格，難度把握得當，非常滿意，五星好評。

3. 完全超出了預想，內容寫得比想像的好多了，一看作者就是有多年機器學習相關工作的「老油條」了，並且有別於市面上千

篇一律的經典書籍的注重公式推導和概念說明，這本書有些是實作應用多年才會有的思考，裡面的很多問題也很有意思，第一次發現原來可以透過這個角度重新思考。總之是很棒的一本書，正在閱讀中，期待有更多的收穫！

......

在《百面機器學習：演算法工程師帶你去面試》的成功鼓勵下，在讀者和人民郵電出版社編輯的支持下，我們更加有了信心，今年再接再厲出版《百面深度學習：演算法工程師帶你去面試》。我們閱讀了讀者的回饋，希望能夠保持上一本書的優點，比如說它同樣也是很實際的，都是在實際工作中會遇到的問題；比如說它不是面面俱到，但是能夠給讀者帶來比較好的思考和幫助。同時，我們也對可能的方面做了一些改進。

在組織一群人寫書方面，我們也有了較多的經驗。同時，我們獲得了非常多的幫助，這次參加寫作者有近 30 人。本書的結構一開始就設計得比較好，利用 Git 等協作工具，我們能夠像做專案一樣進行多人合作，同步寫作，交換審核，這使我們能夠在比較合適的時間完成這本書，並且確保品質。

因為深度學習這個方向相比較嶄新，新的技術還在不斷出現，所以我們的一些問題和答案也需要讀比較多的新資料，而非很現成的。在寫書的這幾個月中，我們也不斷地更新內容以跟上學術界的新發展。我們希望這本書給讀者啟發，一起探討，而不完全是灌輸給讀者知識。市面上除了幾部經典的教科書類的作品，關於深度學習的實作類圖書並不多，我們希望能夠補全這個空缺。

人工智慧和深度學習演算法還在日新月異地發展中，這本書也會不斷更新，推出新版本。希望獲得讀者朋友們的悉心指正，讓我們一起跟上這個技術領域的進步步伐。

諸葛越，江雲勝

目　錄
CONTENTS

目 錄
CONTENTS

問題索引
INDEX

問題	頁碼	難度級	筆記
元學習中非參數方法相比參數方法有什麼優點？	187	★★★☆☆	
帶讀/寫操作的記憶模組（如神經圖靈機）在元學習中可以產生什麼樣的作用？	191	★★★☆☆	
基於初始點的元學習方法中的兩次反向傳播有什麼不同？	206	★★★☆☆	
試概括並列舉目前元學習方法的主要想法。它們大致可以分為哪幾種？	177	★★★★☆	
如何用微調訓練的方法將一個普通的神經網路訓練過程改造為元學習過程？	186	★★★★☆	
如何基於 LSTM 設計一個可學習的最佳化器？	197	★★★★☆	
基於初始點的元學習模型，用在強化學習中時與分類或回歸工作有何不同？	206	★★★★☆	
從理論上簡要分析一下元學習可以幫助少次學習的原因。	175	★★★★★	
如何用度量學習和注意力機制來改造基於最近鄰的元學習方法？	188	★★★★★	
如何建置基於神經圖靈機和循環神經網路的元學習模型？	192	★★★★★	
如何設計基於 LSTM 最佳化器的元學習的目標函數和訓練過程？	199	★★★★★	
上述 LSTM 最佳化器如何克服參數規模過大的問題？	200	★★★★★	
簡單描述基於初始點的元學習方法。	203	★★★★★	

第 8 章　自動化機器學習

問題	頁碼	難度級	筆記
自動化機器學習要解決什麼問題？有哪些主要的研究方向？	212	★☆☆☆☆	
簡述神經網路架構搜尋的應用場景和大致工作流程。	221	★☆☆☆☆	
簡單介紹神經網路架構搜尋中有哪些主要的研究方向。	222	★★☆☆☆	
模型和超參數有哪些自動化最佳化方法？它們各自有什麼特點？	213	★★★☆☆	
貝氏最佳化中的獲得函數是什麼？產生什麼作用？請介紹常用的獲得函數。	218	★★★☆☆	
什麼是一次架構搜尋？它有什麼優勢和劣勢？	224	★★★☆☆	

問題	頁碼	難度級	筆記
語言模型的工作形式是什麼？語言模型如何幫助提升其他自然語言處理工作的效果？	274	★★★☆☆	
訓練神經機器翻譯模型時有哪些解決雙語語料不足的方法？	281	★★★☆☆	
在替文字段落編碼時如何結合問題資訊？這麼做有什麼好處？	288	★★★☆☆	
如何使用卷積神經網路和循環神經網路解決問答系統中的長距離語境依賴問題？Transformer 相比以上方法有何改進？	284	★★★★☆	
對話系統中哪些問題可以使用強化學習來解決？	292	★★★★★	

第 11 章　推薦系統

問題	頁碼	難度級	筆記
一個典型的推薦系統通常包含哪些部分？每個部分的作用是什麼？有哪些常用演算法？	304	★★☆☆☆	
推薦系統中為什麼要有召回？在召回和排序中使用的深度學習演算法有什麼異同？	306	★★☆☆☆	
如何從神經網路的角度了解矩陣分解演算法？	308	★★☆☆☆	
最近鄰問題在推薦系統中的應用場景是什麼？實際演算法有哪些？	317	★★☆☆☆	
評價點擊率預估模型時為什麼選擇 AUC 作為評價指標？	320	★★☆☆☆	
如何使用深度學習方法設計一個根據使用者行為資料計算物品相似度的模型？	310	★★★☆☆	
如何用深度學習的方法設計一個基於階段的推薦系統？	314	★★★☆☆	
評價點擊率預估模型時，線下 AUC 的加強一定可以確保線上點擊率的加強嗎？	322	★★★☆☆	
二階因數分解機中稀疏特徵的嵌入向量的內積是否可以表達任意的特徵交換係數？引用深度神經網路的因數分解機是否加強了因子分解機的表達能力？	315	★★★★☆	

第 12 章　計算廣告

問題	頁碼	難度級	筆記
在即時競價場景中，制定廣告主的出價策略是一個什麼問題？	342	★☆☆☆☆	
簡述 CTR 預估中的因數分解機模型（如 FM、FFM、Deep FM）。	328	★★☆☆☆	
如何對 CTR 預估問題中使用者興趣的多樣性進行建模？	332	★★★☆☆	

問題	頁碼	難度級	筆記
多臂吃角子老虎機演算法是如何解決 CTR 預估中的冷啟動問題的？	334	★★★☆☆	
設計一個深度強化學習模型來完成競價策略。	345	★★★☆☆	
簡述一個可以加強搜尋廣告召回效果的深度學習模型。	339	★★★★☆	
設計一個基於強化學習的演算法來解決廣告主的競價策略問題。	343	★★★★☆	

第 13 章　視訊處理

問題	頁碼	難度級	筆記
影像品質評價方法有哪些分類方式？列舉一個常見的影像品質評價指標。	360	★☆☆☆☆	
設計一個深度學習網路來實現頁框內預測。	351	★★☆☆☆	
如何利用深度學習良好的影像特徵分析能力來更進一步地解決 NR-IQA 問題？	362	★★☆☆☆	
超解析度重建方法可以分為哪幾種？其評價指標是什麼？	364	★★☆☆☆	
如何使用深度學習訓練一個基本的影像超解析度重建模型？	368	★★☆☆☆	
設計一個深度學習網路來實現環路濾波模組。	353	★★★☆☆	
如何在較高的監控視訊壓縮比的情況下，提升人臉驗證的準確率？	356	★★★☆☆	
在基於深度學習的超解析度重建方法中，怎樣加強模型的重建速度和重建效果？	370	★★★☆☆	
如何用深度學習模型預測網路中某一節點在未來一段時間內的頻寬情況？	378	★★★☆☆	
怎樣將影像的超解析度重建方法移植到視訊的超解析度重建任務中？	374	★★★★☆	
如何利用深度學習完成自我調整串流速率控制？	382	★★★★★	

第 14 章　電腦聽覺

問題	頁碼	難度級	筆記
音訊事件辨識領域常用的資料集有哪些？	400	★☆☆☆☆	
簡述音訊訊號特徵分析中經常用到的梅爾頻率倒譜系數的計算過程。	392	★★☆☆☆	
簡單介紹一些常見的音訊事件辨識演算法。	401	★★☆☆☆	
分別介紹傳統的語音辨識演算法和目前主流的語音辨識演算法。	396	★★★☆☆	

第一部分

演算法和模型

第 1 章

卷積神經網路

如何讓機器學會看這個世界？生物的視覺認知過程給了我們諸多啟示。Hubel 和 Wiesel 在 1962 年的研究 [1] 揭示了生物透過多層視細胞（如外側膝狀體核，Lateral Geniculate Nucleus）和視神經對視覺刺激進行逐層處理、進一步了解複雜的視覺特徵並形成高層語義認知的機制，兩位也由此獲得了 1981 年的諾貝爾生物學和醫學獎。這項研究極富啟發性，8 年後（1989 年），卷積神經網路（Convolutional Neural Network，CNN）的雛形首次被 Yann LeCun 提出。直到今日，卷積神經網路作為電腦視覺中最基本、最重要的模型之一，已然走過了 30 年。一般人或許不知道它的來歷，也不知道它在 1998 年 LeNet-5 網路提出之後經歷過怎樣的低潮，但會始終記得 2012 年 AlexNet 在 ILSVRC (ImageNet Large Scale Visual Recognition Challenge，大規模視覺辨識競賽）上一舉奪魁這樣的里程碑事件，以及隨後多年深度學習和人工智慧的爆發式發展。自 2012 年的嶄露頭角到現在的廣泛應用，卷積神經網路的基本元件和模型結構經歷了數個階段的發展。本章將首先回顧卷積的基礎操作，然後介紹幾種卷積的變種，最後整理一下近些年卷積神經網路在整體結構和基礎模組上的發展，以幫助讀者對卷積和卷積神經網路有一個清晰的認識。

卷積基礎知識

作為卷積神經網路的最基本元件，卷積操作的實際細節和相關性質是面試中經常被問到的問題。本節整理了幾個較為常見的關於卷積的基礎知識，幫助讀者回顧卷積操作的一些實際細節。

基礎知識

卷積操作、卷積核、感受野（Receptive Field）、特徵圖（feature map）、卷積神經網路

問題 *1* 簡述卷積的基本操作，並分析其與全連接層的區別。　　　　難度：★☆☆☆☆

分析與解答

在卷積神經網路出現之前，最常見的神經網路被稱為多層感知機（Multi-Layer Perceptron，MLP）。這種神經網路相鄰層的節點是全連接的，也就是輸出層的每個節點會與輸入層的所有節點連接，如圖 1.1（a）所示。與全連接網路不同，卷積神經網路主要是由卷積層組成的，它具有**局部連接**和**權重共用**等特性，如圖 1.1（b）所示。

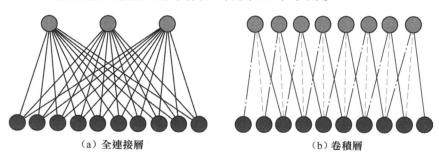

（a）全連接層　　　　　　　　（b）卷積層

圖 1.1　卷積層和全連接層的比較

　　實際來説，卷積層是透過特定數目的卷積核（又稱濾波器）對輸入的多通道（channel）特徵圖進行掃描和運算，進一步獲得多個擁有更高層語義資訊的輸出特徵圖（通道數目等於卷積核個數）。圖 1.2 具體地描繪了卷積操作的基本過程：下方的綠色方格為輸入特徵圖，帶灰色陰影部分是卷積核施加的區域；卷積核不斷地掃描整個輸入特徵圖，最後獲得輸出特徵圖，也就是上方的棕色方格。需要説明的是，輸入特徵圖四周的虛線透明方格，是卷積核在掃描過程中，為了確保輸出特徵圖的尺寸滿足特定要求，而對輸入特徵圖進行的邊界填充（padding），一般可以用全零行 / 列來實現。

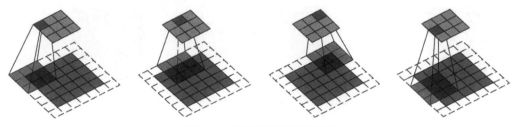

圖 1.2　卷積操作的示意圖

　　圖 1.3 列出了一個單通道 2D 卷積運算的實例 [2]。假設，輸入特徵圖的尺寸為 5×5，卷積核尺寸為 3×3，掃描步進值為 1，不對輸入特徵圖進行邊界填充。那麼，圖 1.3 中的 9 個子圖分別表示卷積核在掃描過程中的 9 個可能的位置，其中，輸入特徵圖上的帶灰色陰影區域是卷積核滑動的位置，而輸出特徵圖上的棕色方格是該滑動位置對應的輸出值。

　　以第一個子圖（左上角）為例，可以看到此時卷積核在輸入特徵圖上的滑動位置即為左上角的 3×3 灰色陰影區域，輸入特徵圖在該區域對應的設定值分別為 [3,3,2,0,0,1,3,1,2]，而卷積核的參數設定值為 [0,1,2,2,2,0,0,1,2]，所以輸出特徵圖上對應的棕色方格的設定值即為上述兩個向量的點積，即：

3×0+3×1+2×2+0×2+0×2+1×0+3×0+1×1+2×2=12

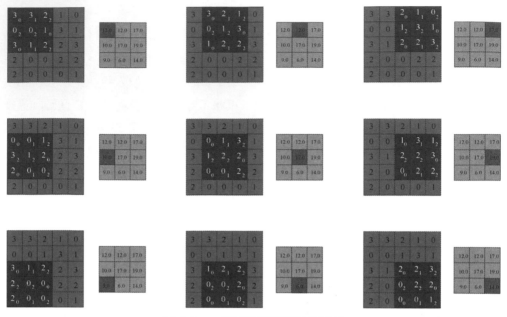

圖 1.3　一個卷積運算過程的範例

　　了解了卷積的基本運算過程之後，我們就能更深刻地了解卷積的特性及其與全連接層的區別。

- **局部連接**：卷積核尺寸遠小於輸入特徵圖的尺寸，輸出層上的每個節點都只與輸入層的部分節點連接。這個特性與生物視覺訊號的傳導機制類似，存在一個感受野的概念。與此不同，在全連接層中，節點之間的連接是稠密的，輸出層每個節點會與輸入層所有節點都存在連結。

- **權重共用**：卷積核的滑動窗機制，使得輸出層上不同位置的節點與輸入層的連接權重都是一樣的（即卷積核參數）。而在全連接層中，不同節點的連接權重都是不同的。

- **輸入 / 輸出資料的結構化**：局部連接和權重共用，使得卷積操作能夠在輸出資料中大致保持輸入資料的結構資訊。舉例來説，輸入資料是 2D 影像（不考慮通道），採用 2D 卷積，則輸出資料中不同節點仍然保持著與原始影像基本一致的空間對應關係；輸入資料是 3D 的視訊（即多個連續的視訊頁框），採用 3D 卷積，則輸出資料中也能保持著對應的空間、時間對應關係。若是

將結構化資訊（如 2D 影像）輸入全連接層，其輸出資料會被展成扁平的一維陣列，進一步喪失輸入資料和輸出資料在結構上的對應關係。

卷積的局部連接、權重共用等特性，使其具有遠小於全連接層的參數量和計算複雜度，並且與生物視覺傳導機制有一定的相似性，因此被廣泛用於處理影像、視訊等高維結構化資料。

問題 **2** 在卷積神經網路中，如何計算各層的感受野大小？

難度：★★☆☆☆

分析與解答

在卷積神經網路中，由於卷積的局部連線性，輸出特徵圖上的每個節點的設定值，是由卷積核在輸入特徵圖對應位置的局部區域內進行卷積而獲得的，因此這個節點的設定值會受到該卷積層的輸入特徵圖，也就是上一層的輸出特徵圖上的某個局部區域內的值的影響，而上一層的輸出特徵圖上的每一點的值亦會受到上上一層某個區域的影響。感受野的定義是，對於某層輸出特徵圖上的某個點，在卷積神經網路的原始輸入資料上能影響到這個點的設定值的區域。

以 2D 卷積神經網路為例，如果網路的原始輸入特徵圖的尺寸為 $L_w \times L_h$，網路第 i 層節點的感受野大小為 $R_e^{(i)}$，其中 $e \in \{w, h\}$ 分別代表寬和高兩個方向，則可按照式（1-1）～式（1-4）來計算。

- 若第 i 層為卷積層或池化層（pooling layer），則有

$$R_e^{(i)} = \min\left(R_e^{(i-1)} + \left(k_e^{(i)} - 1\right)\prod_{j=0}^{i-1} s_e^{(j)}, \quad L_e \right) \tag{1-1}$$

其中，$k_e^{(i)}$ 是第 i 層卷積核／池化核的尺寸，$s_e^{(j)}$ 是第 j 層的步進值。特別地，對於第 0 層，即原始輸入層，有

$$\begin{cases} R_e^{(0)} = 1 \\ s_e^{(0)} = 1 \end{cases} \tag{1-2}$$

- 若第 i 層為啟動層、批次正規化層等,則其步進值為 1,感受野大小為

$$R_e^{(i)} = R_e^{(i-1)} \qquad (1\text{-}3)$$

- 若第 i 層為全連接層,則其感受野為整個輸入資料全域,即

$$R_e^{(i)} = L_e \qquad (1\text{-}4)$$

圖 1.4 是感受野的簡單示意圖,可以看到,當第 i–1 層和第 i–2 層的卷積核大小為 3×3、步進值為 1 時,則第 i 層在第 i–2 層上的感受野大小為 5×5。若想進一步計算第 i 層在原始輸入資料上的感受野大小,則還需要知道前面所有層的資訊(如卷積核大小、步進值等)。

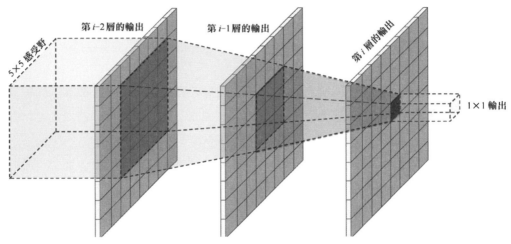

圖 1.4　卷積層感受野示意圖

問題 3　卷積層的輸出尺寸、參數量和計算量。

難度:★★☆☆☆

假設一個卷積層的輸入特徵圖的尺寸為 $l_w^{(i)} \times l_h^{(i)}$,卷積核大小為 $k_w \times k_h$,步進值為 $s_w \times s_h$,則輸出特徵圖的尺寸 $l_w^{(o)} \times l_h^{(o)}$ 如何計算?如果輸入特徵圖的通道數為 $c^{(i)}$,輸出特徵圖的通道數為 $c^{(o)}$,在不考慮偏置項(bias)的情況下,卷積層的參數量和計算量是多少?

分析與解答

■ **輸出尺寸**

假設在卷積核的滑動過程中，我們對輸入特徵圖的左右兩側分別進行了 p_w 列填充，上下兩側分別進行了 p_h 行填充，填充後的特徵圖尺寸為 $(l_w^{(i)} + 2p_w) \times (l_h^{(i)} + 2p_h)$，則輸出特徵圖的尺寸為

$$l_e^{(o)} = \frac{l_e^{(i)} + 2p_e - k_e}{s_e} + 1, \quad e \in \{w, h\} \qquad (1\text{-}5)$$

上述公式在步進值 $s_e > 1$ 時，可能會出現非整數情況，此時，很多深度學習架構會採取向下取整的方式，放棄輸入特徵圖的一部分邊界資料，使得最後的輸出特徵圖的尺寸為

$$l_e^{(o)} = \left\lfloor \frac{l_e^{(i)} + 2p_e - k_e}{s_e} \right\rfloor + 1, \quad e \in \{w, h\} \qquad (1\text{-}6)$$

舉例來說，Caffe 和 PyTorch 會放棄輸入特徵圖的左側和上側的一部分資料，使得卷積核滑動窗剛好能到達最右下角的點。

有些深度學習架構（如 TensorFlow、Keras）在做卷積運算時無法顯性指定輸入特徵圖的邊界填充尺寸（當然可以在做卷積之前手動填充），只能選擇以下幾種預先定義好的填充模式。

● 若選擇 padding=same 模式，則會在輸入特徵圖的左右兩側一共填充 $p_w^+ = k_w - 1$ 列，上下兩側一共填充 $p_h^+ = k_h - 1$ 行，最後的輸出特徵圖的尺寸為

$$l_e^{(o)} = \left\lfloor \frac{l_e^{(i)} - 1}{s_e} \right\rfloor + 1, \quad e \in \{w, h\} \qquad (1\text{-}7)$$

例如在 TensorFlow 中，如果 p_e^+ 為偶數，則在輸入特徵圖的左右兩側或上下兩側填充相等數目的列 / 行；如果為奇數，會讓右側 / 下側比左側 / 上側多填充一列 / 行。

● 若選擇 padding=valid 模式，則不會對輸入特徵圖進行邊界填充，而是直接放棄右側和下側卷積核無法滑動到的區域，此時輸出特徵圖的尺寸為

$$l_e^{(o)} = \left\lfloor \frac{l_e^{(i)} - k_e}{s_e} \right\rfloor + 1, \quad e \in \{w, h\} \tag{1-8}$$

■ 參數量

卷積層參數量，主要取決於每個卷積核的參數量以及卷積核的個數。在這裡，每個卷積核含有 $c^{(i)} k_w k_h$ 個參數，而卷積核的個數即輸出特徵圖的通道個數 $c^{(o)}$，因此參數總量為

$$c^{(i)} c^{(o)} k_w k_h \tag{1-9}$$

■ 計算量

卷積層的計算量，由卷積核在每個滑動窗內的計算量以及整體的滑動次數決定。在每個滑動窗內，卷積操作的計算量大約為 $c^{(i)} k_w k_h$，而卷積核的滑動次數即輸出特徵圖的資料個數，也就是 $c^{(o)} l_w^{(o)} l_h^{(o)}$，因此整體的計算量為

$$c^{(i)} c^{(o)} l_w^{(o)} l_h^{(o)} k_w k_h \tag{1-10}$$

一般情況下，有 $k_e \ll l_e^{(i)}, p_e \ll l_e^{(i)}, e \in \{w, h\}$，因此上式可以近似簡寫為

$$c^{(i)} c^{(o)} l_w^{(i)} l_h^{(i)} k_w k_h / (s_w s_h) \tag{1-11}$$

卷積的變種

隨著卷積神經網路在各種問題中的廣泛應用,卷積層也逐漸衍生出了許多變種。本節將挑選幾個比較有代表性的卷積的變種,透過問答形式讓讀者了解其原理和應用場景。

基礎知識

分組卷積(Group Convolution)、轉置卷積(Transposed Convolution)、空洞卷積(Dilated/Atrous Convolution)、可變形卷積(Deformable Convolution)

問題 **1** 簡述分組卷積及其應用場景。　　　　　　難度:★★☆☆☆

分析與解答

在普通的卷積操作中,一個卷積核對應輸出特徵圖的通道,而每個卷積核又會作用在輸入特徵圖的所有通道上(即卷積核的通道數等於輸入特徵圖的通道數),因此最後輸出特徵圖的每個通道都與輸入特徵圖的所有通道相連接。也就是說,普通的卷積操作,在「通道」這個維度上其實是「全連接」的,如圖 1.5 所示。

所謂分組卷積,其實就是將輸入通道和輸出通道都劃分為同樣的組數,然後僅讓處於相同組號的輸入通道和輸出通道相互進行「全連接」,如圖 1.6 所示。如果記 g 為輸入 / 輸出通道所分的組數,則分組卷積能夠將卷積操作的參數量和計算量都降低為普通卷積的 $1/g$。

分組卷積最初是在 AlexNet[3] 網路中引用的。當時,為了解決單個 GPU 無法處理含有較大計算量和儲存需求的卷積層這個問題,就採用分組卷積將計算和儲存分配到多個 GPU 上。後來,隨著計算硬體的不斷升級,這個方向上的需求已經大為減少。目前,分組卷積更多地被

用來構建用於移動設備的小型網路模型。舉例來說，深度可分離卷積
（Depthwise Separable Convolution）[4] 就極為依賴分組卷積。不過，分
組卷積也有一個潛在的問題：雖然在理論上它可以顯著降低計算量，但
是對記憶體的存取頻繁程度並未降低，且現有的 GPU 加速函數庫 (如
cuDNN) 對其優化的程度有限，因此它在效率上的提升並不如理論上顯
著 [5]。

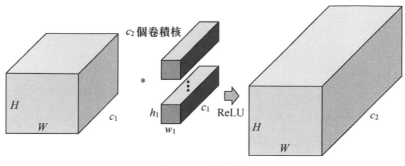

圖 1.5　普通卷積

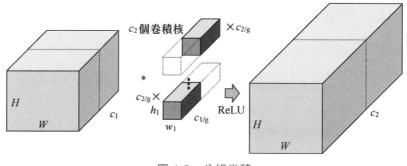

圖 1.6　分組卷積

問題 **2**　簡述轉置卷積的主要思維以及應用　　難度：★★★☆☆
場景。

分析與解答

普通的卷積操作可以形式化為一個矩陣乘法運算，即

$$y = Ax \tag{1-12}$$

其中，x 和 y 分別是卷積的輸入和輸出（展平成一維向量形式），維度分別為 $d^{(i)}$ 和 $d^{(o)}$；A 是由卷積核、滑動步進值決定的常對角矩陣，維度為 $d^{(o)} \times d^{(i)}$，其每一行對應著卷積核的一次滑動位置。以一維卷積為例，假設輸入向量 $x = [a,b,c,d,e,f,g]^\mathrm{T}$，卷積核為 $K = [x, y, z]$，卷積的滑動步進值為 2，則輸出向量為

$$y = x * K = \begin{bmatrix} ax+by+cz \\ cx+dy+ez \\ ex+fy+gz \end{bmatrix} = \begin{bmatrix} x & y & z & 0 & 0 & 0 & 0 \\ 0 & 0 & x & y & z & 0 & 0 \\ 0 & 0 & 0 & 0 & x & y & z \end{bmatrix} \begin{bmatrix} a \\ b \\ c \\ d \\ e \\ f \\ g \end{bmatrix} \triangleq Ax \qquad （1\text{-}13）$$

反過來，記 A^T 為矩陣 A 的轉置，定義如下矩陣運算：

$$\hat{y} = A^\mathrm{T} \hat{x} \qquad （1\text{-}14）$$

所對應的操作被稱為轉置卷積，$\hat{x}$ 和 $\hat{y}$ 分別是轉置卷積的輸入和輸出，維度分別為 $d^{(o)}$ 和 $d^{(i)}$。轉置卷積又稱為反卷積（deconvolution）[6]，它可以看作是普通卷積的「對稱」操作，這種「對稱性」表現在以下兩個方面。

- 轉置卷積能將普通卷積中輸入到輸出的尺寸轉換逆反過來。例如，式（1-12）中的普通卷積將特徵圖尺寸由 $d^{(i)}$ 變為 $d^{(o)}$，而式（1-14）中的轉置卷積則可以將特徵圖尺寸由 $d^{(o)}$ 復原為 $d^{(i)}$。這裡需要注意的是，輸入特徵圖經過普通卷積操作後再經過轉置卷積，只是復原了形狀，並不能復原實際的設定值（因此將轉置卷積稱為反卷積並不是很合適）。

- 根據矩陣運算的求導知識，在式（1-12）所示的普通卷積中，輸出 y 對於輸入 x 的導數為 $\partial y / \partial x = A^\mathrm{T}$；而在式（1-14）所示的轉置卷積中，輸出 $\hat{y}$ 對於輸入 $\hat{x}$ 的導數為 $\partial \hat{y} / \partial \hat{x} = A$。由此可以看出，轉置卷積的資訊正向傳播與普通卷積的誤差反向傳播所用的矩陣相同，反之亦然。

以式（1-14）為例，我們可以寫出轉置卷積的實際計算公式：

$$\hat{\boldsymbol{y}} = \boldsymbol{A}\ \hat{\boldsymbol{x}} = \begin{bmatrix} x & 0 & 0 \\ y & 0 & 0 \\ z & x & 0 \\ 0 & y & 0 \\ 0 & z & x \\ 0 & 0 & y \\ 0 & 0 & z \end{bmatrix} \begin{bmatrix} \hat{a} \\ \hat{b} \\ \hat{c} \end{bmatrix} = \begin{bmatrix} z & y & x & 0 & 0 & 0 & 0 & 0 & 0 \\ 0 & z & y & x & 0 & 0 & 0 & 0 & 0 \\ 0 & 0 & z & y & x & 0 & 0 & 0 & 0 \\ 0 & 0 & 0 & z & y & x & 0 & 0 & 0 \\ 0 & 0 & 0 & 0 & z & y & x & 0 & 0 \\ 0 & 0 & 0 & 0 & 0 & z & y & x & 0 \\ 0 & 0 & 0 & 0 & 0 & 0 & z & y & x \end{bmatrix} \begin{bmatrix} 0 \\ 0 \\ \hat{a} \\ 0 \\ \hat{b} \\ 0 \\ \hat{c} \\ 0 \\ 0 \end{bmatrix} \tag{1-15}$$

可以看到，等號的右側實際上就是一個普通卷積對應的矩陣乘法。因此，轉置卷積本質上就是一個對輸入資料進行適當轉換（補零 / 上取樣）的普通卷積操作。實作時，以 2D 卷積為例，一個卷積核尺寸為 $k_w \times k_h$、滑動步進值為 (s_w, s_h)、邊界填充尺寸為 (p_w, p_h) 的普通卷積，其所對應的轉置卷積可以按如下步驟來進行。

（1）對輸入特徵圖進行擴張（上取樣）：相鄰的資料點之間，在水平方向上填充 s_w-1 個零，在垂直方向上填充 s_h-1 個零。

（2）對輸入特徵圖進行邊界填充：左右兩側分別填充 $\hat{p}_w = k_w - p_w - 1$ 個零列，上下兩側分別填充 $\hat{p}_w = k_w - p_w - 1$ 個零行。

（3）在變換後的輸入特徵圖上做卷積核大小為 $k_w \times k_h$、滑動步進值為 $(1,1)$ 的普通卷積操作。

在上述步驟（2）中，轉置卷積的邊界填充尺寸 $(\hat{p}_w, \hat{p}_h)$ 是根據與之對應的普通卷積的邊界填充尺寸 (p_w, p_h) 來確定的，很多深度學習框架（如 PyTorch）就是按照這個想法來設定轉置卷積的邊界填充尺寸。但在有些計算框架（如 TensorFlow）中，做卷積時無法顯性指定邊界填充尺寸，只能選擇一些預先定義的填充模式（如 padding=same 或 padding=valid），此時，轉置卷積的邊界填充尺寸是根據與之對應的普通卷積的邊界填充模式來設定的（實際細節參見 01 節的問題 3）。

需要注意的是，當滑動步進值大於 1 時，卷積的輸出尺寸公式中含有向下取整操作（參見 01 節的問題 3），故而普通卷積層的輸入尺寸與輸出尺寸是多對一關係，此時轉置卷積無法完全恢復之前普通卷積的輸入尺寸，需要透過一個額外的參數來直接或間接地指定之前的輸入尺

寸（如 TensorFlow 中的 output_shape 參數、PyTorch 中的 output_padding 參數）。

普通卷積和轉置卷積所處理的基本工作是不同的。前者主要用來做特徵分析，偏好壓縮特徵圖尺寸；後者主要用於對特徵圖進行擴張或上取樣，代表性的應用場景如下。

- 語義分割 / 實例分割等工作：由於需要分析輸入影像的高層語義資訊，網路的特徵圖尺寸一般會先縮小，進行聚合；此外，這種工作一般需要輸出與原始影像大小一致的像素級分割結果，因而需要擴張前面獲得的具有較高語義資訊的特徵圖，這就用到了轉置卷積。
- 一些物體辨識、關鍵點辨識工作，需要輸出與來源影像大小一致的熱圖。
- 影像的自編碼器、變分自編碼器、生成式對抗網路等。

問題 **3** 簡述空洞卷積的設計想法。 難度：★★☆☆☆

分析與解答

上一問中提到，在語義分割（Semantic Segmentation）工作中，一般需要先縮小特徵圖尺寸做資訊聚合；然後再復原到之前的尺寸，最後傳回與原始影像尺寸相同的分割結果圖。常見的語義分割模型，如全卷積網路（Fully Convolutional Networks, FCN）[7]，一般採用池化操作（pooling）來擴大特徵圖的感受野，但這同時會降低特徵圖的解析度，遺失一些資訊（如內部資料結構、空間層級資訊等），導致後續的上取樣操作（如轉置卷積）無法還原一些細節，進一步限制最後分割精度的提升。

如何不通過池化等下取樣操作就能擴大感受野呢？空洞卷積 [8] 應運而生。顧名思義，空洞卷積就是在標準的卷積核中植入「空洞」，以增加卷積核的感受野。空洞卷積引用了擴張率（dilation rate）這個超參數來指定相鄰取樣點之間的間隔：擴張率為 r 的空洞卷積，卷積核上相鄰

資料點之間有 $r-1$ 個空洞，如圖 1.7 所示（圖中有綠點的方格表示有效的取樣點，黃色方格為空洞）。尺寸為 $k_w \times k_h$ 的標準卷積核，其所對應的擴張率為 r 的空洞卷積核尺寸為 $k_e + (r-1)(k_e-1), e \in \{w, h\}$。特別地，擴張率為 1 的空洞卷積實際上就是普通卷積（沒有空洞）。

　　空洞卷積感受野的計算，與上一節中介紹的普通卷積感受野的計算方式基本一致，只是將其中的卷積核尺寸取代為擴張後的卷積核尺寸（即包含空洞在內）。以圖 1.7 為例，假設依次用圖（a）、（b）、（c）中的空洞卷積來架設三層神經網路：第一層是圖 1.7（a）中 $r=1$ 的空洞卷積，擴張後的卷積核尺寸為 3×3；第二層是圖 1.7（b）中 $r=2$ 的空洞卷積，擴張後的卷積核尺寸為 5×5；第三層是圖 1.7（c）中 $r=4$ 的空洞卷積，擴張後的卷積核尺寸為 9×9。根據上一節介紹的感受野計算公式，可以算得第一層、第二層、第三層的感受野依次為 3×3、7×7、15×15（如圖 1.7 中黃色陰影部分所示）。如果採用普通的卷積核，則三層連接起來的感受野只有 7×7。由此可以看出，空洞卷積利用空洞結構擴大了卷積核尺寸，不經過下取樣操作即可增大感受野，同時還能保留輸入資料的內部結構。

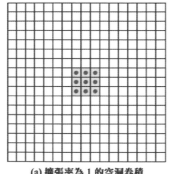 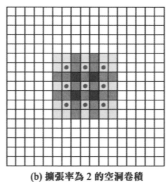 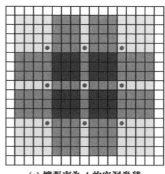

(a) 擴張率為 1 的空洞卷積　　(b) 擴張率為 2 的空洞卷積　　(c) 擴張率為 4 的空洞卷積

圖 1.7　空洞卷積示意圖

問題 **4** 可變形卷積主要解決哪類問題？ 難度：★★★☆☆

分析與解答

　　深度卷積神經網路在許多視覺工作上獲得了重大突破，其強大的特徵分析能力避免了傳統的人工特徵工程的弊端。然而，普通的卷積操作是在固定的、規則的網格點上進行資料取樣，如圖 1.8（a）所示，這束縛了網路的感受野形狀，限制了網路對幾何形變的適應能力。為了克服這個限制，可變形卷積 [9] 在卷積核的每個取樣點上添加一個可學習的偏移量（offset），讓取樣點不再侷限於規則的網格點，如圖 1.8（b）所示。圖 1.8（c）和圖 1.8（d）是可變形卷積的兩個特例：前者在水平方向上對卷積核有較大伸展，表現了可變形卷積的尺度轉換特性；後者則是對卷積核進行旋轉。特別地，圖 1.8（c）中的可變形卷積核有點類似上一問中的空洞卷積；實際上，空洞卷積可以看作一種特殊的可變形卷積。

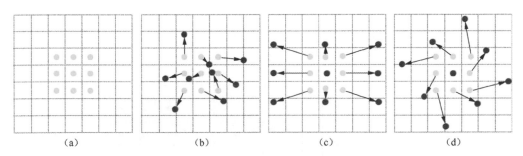

（a）　　　　　　　　　（b）　　　　　　　　　（c）　　　　　　　　　（d）

圖 1.8　普通卷積與可變形卷積的比較

　　可變形卷積讓網路具有了學習空間幾何形變的能力。實際來說，可變形卷積引用了一個平行分支來點對點地學習卷積核取樣點的位置偏移量，如圖 1.9 所示。該平行分支先根據輸入特徵圖計算出取樣點的偏移量，然後再在輸入特徵圖上取樣對應的點進行卷積運算。這種結構讓可變形卷積的取樣點能根據目前影像的內容進行自適應調整。

我們以 2D 卷積為例,詳細說明可變形卷積的計算過程。假設卷積核尺寸為 3×3,記 $\mathcal{R} = \{(-1,-1),(-1,0),(-1,1),(0,-1),(0,0),(0,1),(1,-1),(1,0),(1,1)\}$,它對應著卷積核的 9 個取樣點。首先來看普通卷積,它可以用公式形式化為

$$y(\boldsymbol{p}_0) = \sum_{\boldsymbol{p}_n \in \mathcal{R}} \boldsymbol{w}(\boldsymbol{p}_n) \cdot \boldsymbol{x}(\boldsymbol{p}_0 + \boldsymbol{p}_n) \qquad (1\text{-}16)$$

其中,$\boldsymbol{x}(\cdot)$ 和 $\boldsymbol{y}(\cdot)$ 分別是卷積層的輸入特徵圖和輸出特徵圖,$\boldsymbol{p}_0$ 是滑動窗的中心點,$\boldsymbol{p}_n$ 是卷積核的取樣點。對於可變形卷積,它的計算公式則是

$$y(\boldsymbol{p}_0) = \sum_{\boldsymbol{p}_n \in \mathcal{R}} \boldsymbol{w}(\boldsymbol{p}_n) \cdot \boldsymbol{x}(\boldsymbol{p}_0 + \boldsymbol{p}_n + \Delta\boldsymbol{p}_n) \qquad (1\text{-}17)$$

其中,$\Delta\boldsymbol{p}_n$ 是取樣點的位置偏移量。由於 $\Delta\boldsymbol{p}_n$ 是在網路中點對點地學習得到的,它可能不是整數,這會導致 $\boldsymbol{p}_0 + \boldsymbol{p}_n + \Delta\boldsymbol{p}_n$ 不在整數網格點上,此時需要採用雙線性內插:

$$\boldsymbol{x}(\boldsymbol{p}) = \sum_{\boldsymbol{q}} G(\boldsymbol{q}, \boldsymbol{p}) \cdot \boldsymbol{x}(\boldsymbol{q}) \qquad (1\text{-}18)$$

其中,$\boldsymbol{p}$ 是任意位置點(例如取 $\boldsymbol{p} = \boldsymbol{p}_0 + \boldsymbol{p}_n + \Delta\boldsymbol{p}_n$),$\boldsymbol{q}$ 是整數網格點,$G(\boldsymbol{q},\boldsymbol{p}) = \max(0, 1 - |q_x - p_x|) \cdot \max(0, 1 - |q_y - p_y|)$ 是雙線性內插核。

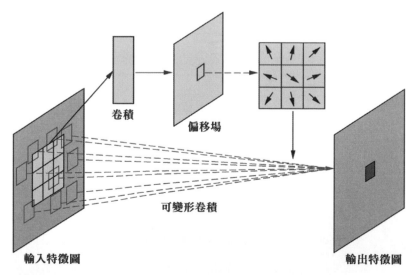

卷積

偏移場

可變形卷積

輸入特徵圖　　　　　　　　　　　　　　　　　　輸出特徵圖

圖 1.9　可變形卷積的網路結構圖

適應物體在不同圖片中出現的複雜幾何形變（如尺度、形態、非剛性形變等），一直是物體辨識領域的困難，可變形卷積網路列出了一個可行的解決方案。它可以端到端地學習幾何形變的偏移量，不需要額外的監督資訊，並且只增加了少許計算量，最後卻能帶來效果的顯著提升。圖 1.10 是可變形卷積的一組效果示意圖，圖中綠點是啟動點，紅點是啟動點對應的三層 3×3 可變形卷積核的取樣位置（共 9×9×9 = 729 個點）。可以看到，紅色取樣點基本覆蓋了檢測物體的全部區域，這說明可變形卷積會根據物體的尺度、形態進行自適應調整 [9]。

圖 1.10　可變形卷積的效果示意圖

卷積神經網路的整體結構

卷積神經網路從 2012 年的嶄露頭角到現在的廣泛應用，其基本的模型結構經歷了數個階段的發展。熟悉這些發展中的關鍵節點，不僅有利於我們更進一步地了解卷積神經網路結構設計的一般規律和準則，而且能讓我們更深入地了解機器視覺的認知過程。本節將較為具體地整理卷積神經網路結構在近年來的主要發展，以幫助讀者對整個發展過程中的各種邏輯有一個清晰的認識。

基礎知識

卷積神經網路、AlexNet、VGGNet、Inception、殘差神經網路（Residual Network, ResNet）

問題　簡述卷積神經網路近年來在結構設　難度：★★★★☆
計上的主要發展和變遷（從 AlexNet
到 ResNet 系列）。

分析與解答

■　AlexNet

AlexNet 第一次亮相是在 2012 年的 ILSVRC 大規模視覺辨識競賽上，它將影像分類工作的 Top-5 錯誤率降低到 15.3%，大幅領先於其他傳統方法。AlexNet 是第一個實用性很強的卷積神經網路（在此之前的 LeNet-5[10] 網路一般用於手寫字元辨識），其主要網路結構是堆砌的卷積層和池化層，最後在網路末端加上全連接層和 Softmax 層以處理多分類工作。在實作方式中，AlexNet 還做了一些細節上的改進。

- 採用修正線性單元（Rectified Linear Unit, ReLU）作為啟動函數（取代了之前常用的 Sigmoid 函數），緩解了深層網路訓練時的梯度消失問題。
- 引入了局部響應正規化（Local Response Normalization, LRN）模組。
- 應用了 Dropout 和資料擴充（data augmentation）技術來提升訓練效果。
- 用分組卷積來突破當時 GPU 的顯存瓶頸。

■ VGGNet

VGGNet[11] 出現在 2014 年的 ILSVRC 上，單一模型就將影像分類工作的 Top-5 錯誤率降低到 8.0%；如果採用多模型整合（ensemble），則可以將錯誤率進一步降至 6.8%。相比於 AlexNet，VGGNet 做了如下改變。

- 用多個 3×3 小卷積核代替之前的 5×5、7×7 等大卷積核，這樣可以在更少的參數量、更小的計算量下，獲得同樣的感受野以及更大的網路深度。
- 用 2×2 池化核代替之前的 3×3 池化核。
- 去掉了局部回應正規化模組。

整體來説，VGGNet 網路結構設計更加簡潔，整個網路採用同一種卷積核尺寸（3×3）和池化核尺寸（2×2），並重複堆疊了很多基礎模組，最後的網路深度也達到了近 20 層。

■ GoogLeNet/Inception-v1

在 VGGNet 簡單堆砌 3×3 卷積的基礎上，Inception 系列網路深入地探索了網路結構的設計原則。參考文獻 [12] 認為，網路效能和表達能力正相關於網路規模，即網路深度和寬度；但過深或過寬的網路會導致參數量非常龐大，這會進一步帶來諸如過擬合、梯度消失或爆炸、應用場景受限等問題。一種改進方法是將目前網路中的全連接和卷積等密集連接結構轉化為稀疏連接形式，這可以降低計算量，同時維持網路的表達能力。另外，自然界中生物的神經連接也大都是稀疏的。據此，Inception 系列網路提出了 **Inception 模組**，它將之前網路中的大通道卷

積層取代為由多個小通道卷積層組成的多分支結構，如圖 1.11（a）所示。其內在的數學依據是，一個大型稀疏矩陣通常可以分解為多個小的稠密矩陣，也就是説，可以用多個小的稠密矩陣來近似一個大型稀疏矩陣。實際上，Inception 模組會同時使用 1×1、3×3、5×5 的 3 種卷積核進行多路特徵分析，這樣能使網路稀疏化的同時，增強網路對多尺度特徵的適應性。

除了 Inception 模組之外，Inception-v1 在網路結構設計上還有如下創新。

- 提出了瓶頸（bottleneck）結構，即在計算比較大的卷積層之前，先使用 1×1 卷積對其通道進行壓縮以減少計算量（在較大卷積層完成計算之後，根據需要有時候會再次使用 1×1 卷積將其通道數復原），如圖 1.11（b）所示。
- 從網路中間層拉出多條支線，連接輔助分類器，用於計算損失並進行誤差反向傳播，以緩解梯度消失問題。
- 修改了之前 VGGNet 等網路在網路末端加入多個全連接層進行分類的做法，轉而將第一個全連接層換成全域平均池化層（Global Average Pooling）。

Inception-v1 網路最後在 ImageNet 2012 資料集上，將影像分類工作的 Top-5 錯誤率降至 6.67%。

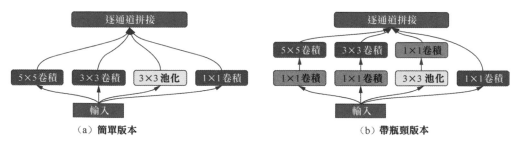

圖 1.11　Inception-v1 網路中使用的 Inception 模組

■ Inception-v2 和 Inception-v3

Inception-v2/v3 是在同一篇論文裡提出的，參考文獻 [13] 中提出了 4 點關於網路結構設計的準則。

- 避免表達瓶頸（representational bottleneck），尤其是在網路的前幾層。實際來說，將整個網路看作由輸入到輸出的資訊流，我們需要儘量讓網路從前到後各個層的資訊代表能力逐漸降低，而不能突然劇烈下降或是在中間某些節點出現瓶頸。

- 特徵圖通道越多，能表達的解耦資訊就越多，進一步更容易進行局部處理，最後加速網路的訓練過程。

- 如果要在特徵圖上做空間域的聚合操作（如 3×3 卷積），可以在此之前先對特徵圖的通道進行壓縮，這通常不會導致表達能力的損失。

- 在限定總計算量的情況下，網路結構在深度和寬度上需要平衡。

文中採用了與 VGGNet 類似的卷積分解的想法，將 5×5 卷積核分解為兩個 3×3 卷積核，或更一般地，將 $(2k+1)\times(2k+1)$ 卷積核分解為 k 個 3×3 卷積核。此外，文中還提出了另一種卷積分解想法：將 $k\times k$ 卷積分解為 $1\times k$ 卷積與 $k\times 1$ 卷積的串聯；當然也可以進一步將 $1\times k$ 卷積和 $k\times 1$ 卷積的組織方式由串聯改成並聯。

圖 1.12 展示了各版本 Inception 模組的結構示意圖，圖 1.12（a）是 Inception-v1 中使用的原始 Inception 模組；圖 1.12（b）、圖 1.12（c）、圖 1.12（d）是 Inception-v2/v3 中使用的、經過卷積分解的 Inception 模組，分別是 Inception-A（將大卷積核分解為小卷積核）、Inception-B（串聯 $1\times k$ 和 $k\times 1$ 卷積）和 Inception-C（並聯 $1\times k$ 和 $k\times 1$ 卷積）。

為了緩解單純使用池化層進行下取樣帶來的表達瓶頸問題，文中還提出了一種下取樣模組：在原始 Inception 模組的基礎上略微修改，並將每條支路最後一層的步進值改為 2，如圖 1.13 所示。

此外，論文中嘗試給從網路中間層拉出的輔助分類器的全連接層加上批次正規化和 Dropout，實驗表明這能提升最後的分類效果。同時，文中還將輸入圖片尺寸由 224×224 擴大為 299×299。最後，Inception-v3 在 ImageNet 2012 資料集的影像分類工作上，單模型能使 Top-5 錯誤率降到 4.20%；如果採用標籤平滑、多模型整合等輔助訓練措施，則能進一步將錯誤率降至 3.50%，實際參見該論文中的討論。

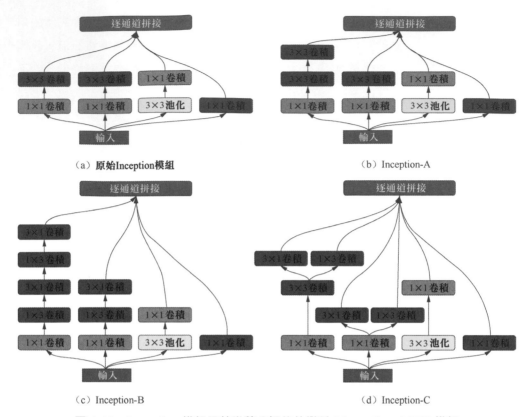

圖 1.12　Inception 模組及其卷積分解後的變種：Inception-A/B/C 模組

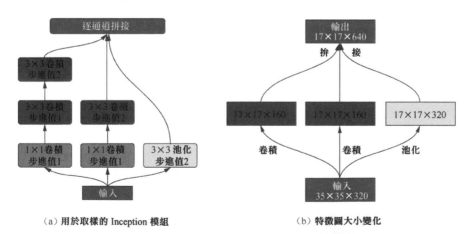

圖 1.13　Inception-v2/v3 中的下取樣模組

　　至於 Inception-v2 與 Inception-v3 的實際區別，有人認為 Inception-v2 是 Inception-v3 在不使用輔助訓練措施下的版本，也有人根據 Google

的範例程式認為 Inception-v2 僅為 Inception-v1 加上批次正規化並使用 nception-A 模組的簡單改進版本，這裡我們不再實際細分。

■ ResNet

ResNet[14] 的提出源於這種現象：隨著網路層數的加深，網路的訓練誤差和測試誤差都會上升。這種現象稱為網路的退化（degeneration），它與過擬合顯然是不同的，因為過擬合的標誌之一是訓練誤差降低而測試誤差升高。為解決這個問題，ResNet 採用了跳層連接（shortcut connection），即在網路中構築多條「近道」，這有以下兩點好處。

● 能縮短誤差反向傳播到各層的路徑，有效抑制梯度消失的現象，進一步使網路在不斷加深時效能不會下降。

● 由於有「近道」的存在，若網路在層數加深時效能退化，則它可以透過控制網路中「近道」和「非近道」的組合比例來退回到之前淺層時的狀態，即「近道」具備自我關閉能力。

ResNet 的跳層連接，使得現有網路結構可以進一步加深至百餘層甚至千餘層，而不用擔心訓練困難或效能損失。在實際應用中，ResNet-152 模型在 ImageNet 2012 資料集的影像分類工作上，單模型能使 Top-5 錯誤率降至 4.49%，採用多模型整合可進一步將錯誤率降低到 3.57%。

■ Inception-v4 和 Inception-ResNet

Inception-v4 在 Inception-v3 上的基礎上，修改了網路初始幾層的結構（文中稱為 Stem），同時應用了 Inception-A、Inception-B、Inception-C 模組，還在原來 Inception-v3 的下取樣模組的基礎上提出並應用了 Reduction-A、Reduction-B 模組，其網路結構如圖 1.14 所示。Inception-v4 在 ImageNet 2012 資料集的影像分類工作上，能使 Top-5 錯誤率降至 3.8%。

此外，參考文獻 [15] 還提出了基於殘差網路跳層連接的 Inception-ResNet 系列網路，如圖 1.15 所示。引用殘差結構可以顯著加速 Inception 網路的訓練。在 ImageNet 2012 資料集的影像分類工作上，Inception-ResNet-v1 和 Inception-ResNet-v2 單模型的 Top-5 錯誤率分別是 4.3% 和 3.7%；如果使用 3 個 Inception-ResNet-v2 進行整合，則可以使錯誤率降至 3.1%。

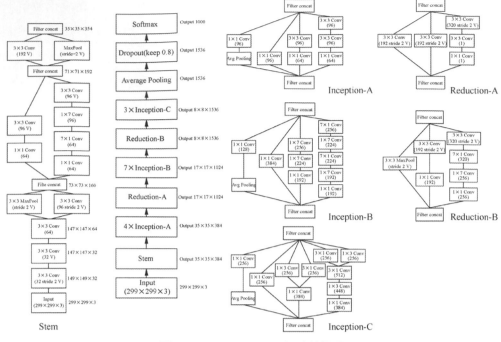

圖 1.14 Inception-v4 網路結構圖

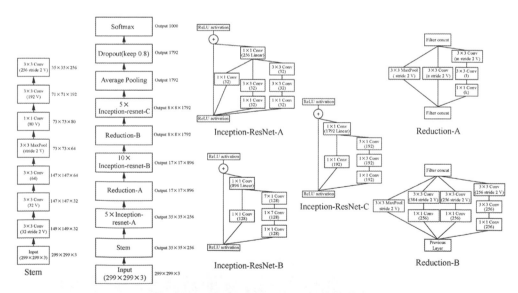

圖 1.15 Inception-ResNet 網路結構圖

ResNeXt

ResNeXt[16] 是對 ResNet 中殘差區塊（residual block）結構的一個小

改進。實際來說，原殘差區塊是一個瓶頸結構，如圖 1.16（a）所示；
ResNeXt 縮小了瓶頸比，並將中間的普通卷積改為分組卷積，如圖 1.16
（b）所示。該結構可以在不增加參數量的前提下，加強準確率，同時還
減少了超參數的數量。

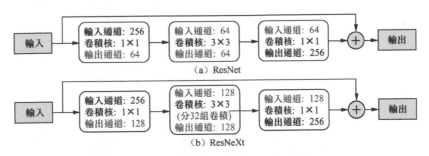

圖 1.16　ResNet 和 ResNeXt 中殘差區塊的比較

・歸納與擴充・

　　卷積神經網路的基本結構在過去幾年裡發生了很多變化，從簡單的堆砌卷積
層，到堆砌 3×3 卷積層，到 Inception 系列網路中的細節設計，可以説卷積神經網路
的結構設計已經逐漸精細了。此外，近兩年來還湧現出了許多其他的優秀模型，如
透過神經網路架構搜尋（Neural Architecture Search，NAS）獲得的 NASNet[17]、獲
得 2017 年 ILSVRC 大規模視覺辨識競賽冠軍的 SENet[18] 等。本節受篇幅所限不再
説明，有興趣的讀者可自行閱讀相關論文。圖 1.17 繪製了多種卷積神經網路在計算
量、參數量以及在 ImageNet 2012 資料集上的分類效果（包含 Top-1 正確率和 Top-5
正確率）等方面的比較圖 [19]，供讀者參考。

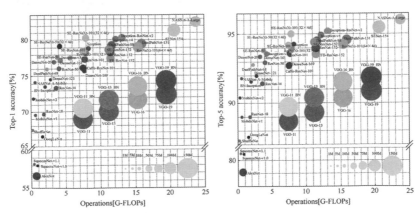

圖 1.17　卷積神經網路在計算量、參數量、效能等方面的比較圖

04　卷積神經網路的基礎模組

場景描述

上一節介紹了卷積神經網路整體結構的演變過程，其中湧現出一批非常重要的基礎模組。本節主要關注卷積神經網路發展過程中具有里程碑意義的基礎模組，了解它們的原理和設計細節。

基礎知識

批次正規化（Batch Normalization, BN）、全局平均池化（Global Average Pooling）、瓶頸結構、沙漏結構（hourglass）

問題 *1* 批次正規化是為了解決什麼問題？它的參數有何意義？它在網路中一般放在什麼位置？　難度：★★★☆☆

分析與解答

在機器學習中，一般會假設模型的輸入資料的分佈是穩定的。如果這個假設不成立，即模型輸入資料的分佈發生變化，則稱為協變數偏移（covariate shift）。模型的訓練集和測試集的分佈不一致，或模型在訓練過程中輸入資料的分佈發生變化，這些都屬於協變數偏移現象。

同樣，對於一個複雜的機器學習系統，在訓練過程中一般也會要求系統裡的各個子模組的輸入分佈是穩定的，如果不滿足，則稱為內部協變數偏移（internal covariate shift）。對於深度神經網路，其在訓練過程中，每一層的參數都會隨之更新。以第 i 層為例，其輸入資料與之前所有層（第 1 層到第 $i-1$ 層）的網路參數設定值都有很大關係；在訓練過程中，如果之前層的參數被更新後，第 i 層的輸入資料的分佈必然也跟著發生變化，此即為內部協變數偏移。網路越深，這種現象越明顯。

內部協變數偏移會給深度神經網路的訓練過程帶來諸多問題：

- 網路每一層需要不斷適應輸入資料的分佈的變化，這會影響學習效率，並使學習過程變得不穩定。

- 網路前幾層參數的更新，很可能使得後幾層的輸入資料變得過大或過小，進一步掉進啟動函數的飽和區，導致學習過程過早停止。

- 為了盡量降低內部協變數偏移帶來的影響，網路參數的更新需要更加謹慎，在實際應用中一般會採用較小的學習率（避免參數更新過快），而這會降低收斂速度。

在之前的網路訓練過程中，一般會採用非飽和型啟動函數（如 ReLU）、精細的網路參數初始化、保守的學習率等方法來降低內部協變數偏移帶來的影響。這些方法會使網路的學習速度太慢，並且最後效果也特別依賴於網路的初始化。

批次正規化 [20] 就是為了解決上述問題而提出的，它的主要作用是確保網路中的各層，即使參數發生了變化，其輸入 / 輸出資料的分佈也不能產生較大變化，進一步避免發生內部協變數偏移現象。採用批次正規化後，深度神經網路的訓練過程更加穩定，對初值不再那麼敏感，可以採用較大的學習率來加速收斂。

批次正規化可以看作帶有參數的標準化，實際公式為

$$y^{(k)} = \gamma^{(k)} \frac{x^{(k)} - \mu^{(k)}}{\sqrt{(\sigma^{(k)})^2 + \varepsilon}} + \beta^{(k)} \qquad (1\text{-}19)$$

其中，$x^{(k)}$ 和 $y^{(k)}$ 分別是原始輸入資料和批次正規化後的輸出資料，$\mu^{(k)}$ 和 $\sigma^{(k)}$ 分別是輸入資料的均值和標準差（在 mini-batch 上），$\beta^{(k)}$ 和 $\gamma^{(k)}$ 分別是可學習的平移參數和縮放參數，上標 k 表示資料的第 k 維（批次正規化在資料各個維度上是獨立進行的），ε 是為防止分母為 0 的一個小量。

可以看到，在批次正規化過程中，設定了兩個可學習的參數 β 和 γ，它們有如下作用。

- 保留網路各層在訓練過程中的學習成果。如果沒有 β 和 γ，批次正規化退化為普通的標準化，這樣在訓練過程中，網路各層的參數雖然在更新，但是它們的輸出分佈卻幾乎不變（始終是均值為

0、標準差為 1），不能有效地進行學習。增加 β 和 γ 參數後，網路可以為每個神經元自我調整地學習一個量身訂製的分佈（均值為β、標準差為γ），保留每個神經元的學習成果。

- 保證啟動單元的非線性表達能力。上面提到，有 β 和 γ，批次正規化的輸出分佈始終是均值為 0、標準差為 1。此時，如果啟動函數採用諸如 Sigmoid、Tanh 等函數，則經過批次正規化的資料基本上都落在這些啟動函數的近似線性區域，無法利用上它們的非線性區域，這會相當大地削弱模型的非線性特徵分析能力和整體的表達能力。增加 β 和 γ 參數後，批次正規化的資料就可以進入啟動函數的非線性區域。

- 使批次正規化模組具有自我關閉能力。若 β 和 γ 分別取資料的均值和標準差，則可以復原初始的輸入值，即關閉批次正規化模組。因此，當批次正規化導致特徵分佈被破壞，或使網路泛化能力減弱時，可以透過這兩個參數將其關閉。

至於批次正規化在網路中的位置，直覺上看無論是放在啟動層之前還是之後都有一定道理。

- 把批次正規化放在啟動層之前，可以有效避免批次正規化破壞非線性特徵的分佈；另外，批次正規化還可以使資料點儘量不落入啟動函數的飽和區域，緩解梯度消失問題。

- 由於現在常用的啟動函數是 ReLU，它沒有 Sigmoid、Tanh 函數的那些問題，因此也可以把批次正規化放在啟動層之後，避免資料在啟動層之前被轉化成相似的模式進一步使得非線性特徵分佈趨於同化。

在實際實作中，原始論文 [20] 是將批次正規化放在啟動層之前的，但學術界和工業界也有不少人曾表示偏好將批次正規化放在啟動層之後（如論文共同作者 Christian Szegedy、Keras 作者 Francois Cholle、知名資料科學平台 Kaggle 的前首席科學家 Jeremy Howard 等人）。從近兩年的論文來看，有一大部分是將批次正規化放在啟動層之後的，如 MobileNet v2[21]、ShuffleNet v2[5]、NASNet-A[17]。批次正規化究竟應該放在什麼位置，仍是一個存在爭議的問題。

問題 *2* 用於分類工作的卷積神經網路的最後幾層一般是什麼層？在最近幾年有什麼變化？　難度：★★★☆☆

分析與解答

　　用於分類工作的卷積神經網路，其前面許多層一般是卷積層、池化層等，但是網路末端一般是幾層全連接層。這是因為一方面卷積層具有局部連接、權重共享的特性，其在不同位置是採用相同的卷積核進行特徵提取的。也就是說，卷積層的特徵提取過程是局部的（卷積核尺寸一般遠小於圖片尺寸），且是位置不敏感的。而且，參考文獻 [22] 中的實驗表明，即使強迫卷積層學習如何對位置資訊進行編碼，其效果也不理想。因此，如果整個網路全部採用卷積層（包含池化層等），網路也許能知道圖片中不同位置有哪些元素（高層語義資訊），但無法分析這些元素之間的連結關係（包含空間位置上的相關性、語義資訊上的相關性）。而對於分類工作，不僅需要考慮一張影像中的各個元素，還需要考慮它們之間的連結關係（全域資訊）。舉例來說，假設要做人臉辨識任務，僅僅找出圖片上的眼、鼻、口等人臉元素是不夠的，它們之間的相對位置關係也非常重要（如果一張圖片中人臉的各個器官被隨機打亂，我們顯然不會認為這還是一張人臉）。為了提取不同元素之間的連結關係，我們需要一個全域的、位置敏感的特徵提取器，而全連接層就是最方便的選擇，其每個輸出分量與所有的輸入分量都相連，並且連接權重都是不同的。當然，卷積層也不是完全不能對位置資訊進行編碼，如果使用與輸入特徵圖同樣尺寸的卷積核就可以，但這實際上相等於一個全連接層（卷積的輸出通道數目對應著全連接層的輸出單元個數）。

　　從另一方面來了解，多個全連接層組合在一起就是經典的分類模型—多層感知機。我們可以把卷積神經網路中前面的卷積層看作是為多層感知機分析深層的、非線性特徵。從這個角度講，最後幾層也可以接其他的分類模型，如支援向量機等，但這樣就脫離了神經網路系統，處理起來不太方便，不利於模型進行點對點的訓練和部署。

最近幾年，分類網路在卷積層之後、最後一層之前通常採用全域平均池化[23]，它與全連接層具有相似的效果（可以分析全域資訊），並且具有如下優點。

（1）參數量和計算量大幅降低。假設輸入特徵圖的尺寸$w \times h$，通道數為c，則全域平均池化的參數量為零，計算量僅為cwh；而如果選擇接一個輸出單元數為k的全連接層，則參數量和計算量均為$cwhk$。對於 AlexNet、VGGNet 等這種全連接層單元數動輒 1024 或 4096 的網路，全域平均池化與普通卷積層的計算量能相差千餘倍。

（2）具有較好的可解釋性，比如，我們可以知道特徵圖上哪些點對最後的分類貢獻最大。

問題 **3** 卷積神經網路中的瓶頸結構和沙漏結構提出的初衷是什麼？可以應用於哪些問題？　　難度：★★★★☆

分析與解答

■ **瓶頸結構**

瓶頸結構是在 GoogLeNet/Inception-v1 中提出的，而後的 ResNet、MobileNet 等很多網路也採用並發展了這個結構。瓶頸結構的初衷是為了降低大卷積層的計算量，即在計算比較大的卷積層之前，先用一個 1×1 卷積來壓縮大卷積層輸入特徵圖的通道數目，以減小計算量；在大卷積層完成計算之後，根據實際需要，有時候會再次使用一個 1×1 卷積來將大卷積層輸出特徵圖的通道數目復原。由此，瓶頸結構一般是一個小通道數的 1×1 卷積層，接一個較大卷積層，後面可能還會再跟一個大通道數的 1×1 卷積層（可選），如圖 1.18 所示。

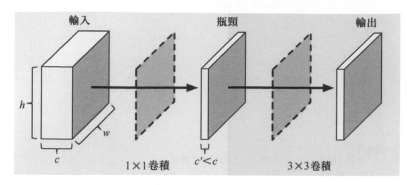

圖 1.18　瓶頸結構示意圖

　　瓶頸結構是卷積神經網路中比較基礎的模組，它可以用更小的計算代價達到與之前相似甚至更好的效果（因為瓶頸結構會增加網路層數，所以特徵分析能力可能也會有對應提升）。瓶頸結構基本上可以用於所有的卷積神經網路中，場景包含物體辨識和分割、生成式對抗網路等大方向，以及諸如人臉比對、再辨識、關鍵點辨識等細分領域。

■ 沙漏結構

　　沙漏結構也是卷積神經網路中比較基礎的模組，它類似瓶頸結構，但尺度要更大，有關的層也更多。沙漏結構一般包含以下兩個分支。

　　（1）自底向上（bottom-up）分支：利用卷積、池化等操作將特徵圖的尺寸逐層壓縮（通道數可能增加），類似自編碼器中的編碼器（encoder）。

　　（2）自頂向下（top-down）分支：利用反卷積或內插等上取樣操作將特徵圖的尺寸逐層擴大（通道數可能降低），類似自編碼器中的解碼器（decoder）。

　　參考文獻 [24] 用一個具有沙漏結構的網路來解決人體姿態估計任務，其基本單元如圖 1.19；整個網路則由多個沙漏結構堆疊而成，如圖 1.20 所示。此外，在物體辨識工作中，沙漏結構也具有大量應用，如 TDM（Top-Down Modulation）[25]、FPN（Feature Pyramid Network）[26]、RON（Reverse connection with Objectness prior Networks）[27]、DSSD（Deconvolutional Single-Shot Detector）[28]、RefineDet[29] 等 模型，它們的網路結構如圖 1.21 所示。圖中的 RFB（Reverse Fusion

Block）是將上取樣後的深層特徵和淺層特徵進行融合的模組。在這些應用中，沙漏結構的作用一般是將多尺度資訊進行融合；同時，沙漏結構單元中堆疊的多個卷積層可以提升感受野，增強模型對小尺寸但又依賴上下文的物體（如人體關節點）的感知能力。

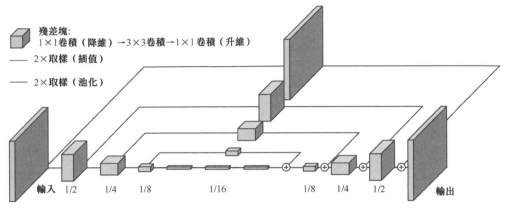

圖 1.19 沙漏結構基本單元

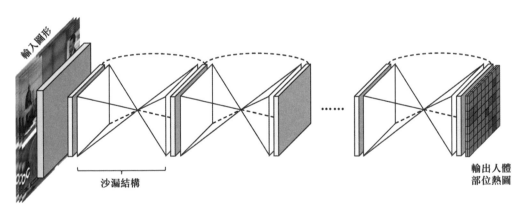

圖 1.20 用於人體姿態估計的沙漏結構網路示意圖

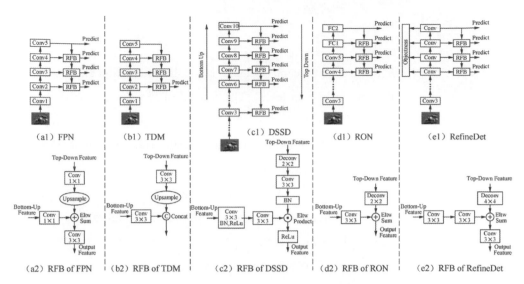

圖 1.21 基於沙漏結構的物體辨識模型

參考文獻

[1] HUBEL D H, WIESEL T N. Receptive fields, binocular interaction and functional architecture in the cat's visual cortex[J]. The Journal of Physiology, Wiley Online Library, 1962, 160(1): 106–154.

[2] DUMOULIN V, VISIN F. A guide to convolution arithmetic for deep learning[J]. arXiv preprint arXiv:1603.07285, 2016.

[3] HINTON G E, KRIZHEVSKY A, SUTSKEVER I. Imagenet classification with deep convolutional neural networks[C]//Advances in Neural Information Processing Systems, 2012: 1097–1105.

[4] HOWARD A G, ZHU M, CHEN B, et al. Mobilenets: Efficient convolutional neural networks for mobile vision applications[J]. arXiv preprint arXiv:1704.04861, 2017.

[5] MA N, ZHANG X, ZHENG H-T, et al. Shufflenet v2: Practical guidelines for efficient cnn architecture design[C]//Proceedings of the European Conference on Computer Vision, 2018: 116–131.

[6] ZEILER M D, KRISHNAN D, TAYLOR G W, et al. Deconvolutional networks[J]. IEEE, 2010.

[7] LONG J, SHELHAMER E, DARRELL T. Fully convolutional networks for semantic segmentation[C]//Proceedings of the IEEE Conference on Computer Vision and Pattern Recognition, 2015: 3431–3440.

[8] YU F, KOLTUN V. Multi-scale context aggregation by dilated convolutions[J]. arXiv preprint arXiv:1511.07122, 2015.

[9] DAI J, QI H, XIONG Y, et al. Deformable convolutional networks[C]//Proceedings of the IEEE International Conference on Computer Vision, 2017: 764–773.

[10] LECUN Y, BOTTOU L, BENGIO Y, et al. Gradient-based learning applied to document recognition[J]. Proceedings of the IEEE, Taipei, Taiwan, 1998, 86(11): 2278–2324.

[11] SIMONYAN K, ZISSERMAN A. Very deep convolutional networks for large-scale image recognition[J]. arXiv preprint arXiv: 1409. 1556, 2014.

[12] SZEGEDY C, LIU W, JIA Y, et al. Going deeper with convolutions[C]//Proceedings of the IEEE Conference on Computer Vision and Pattern Recognition, 2015: 1–9.

[13] SZEGEDY C, VANHOUCKE V, IOFFE S, et al. Rethinking the inception architecture for computer vision[C]//Proceedings of the IEEE Conference on Computer Vision and Pattern Recognition, 2016: 2818–2826.

[14] HE K, ZHANG X, REN S, et al. Deep residual learning for image recognition[C]// Proceedings of the IEEE Conference on Computer Vision and Pattern Recognition, 2016: 770–778.

[15] SZEGEDY C, IOFFE S, VANHOUCKE V, et al. Inception-v4, inception-resnet and the impact of residual connections on learning[C]//31st AAAI Conference on Artificial Intelligence, 2017.

[16] XIE S, GIRSHICK R, DOLLÁR P, et al. Aggregated residual transformations for deep neural networks[C]//Proceedings of the IEEE Conference on Computer Vision and Pattern Recognition, 2017: 1492–1500.

[17] ZOPH B, VASUDEVAN V, SHLENS J, et al. Learning transferable architectures for scalable image recognition[C]//Proceedings of the IEEE Conference on Computer Vision and Pattern Recognition, 2018: 8697–8710.

[18] HU J, SHEN L, SUN G. Squeeze-and-excitation networks[C]//Proceedings of the IEEE Conference on Computer Vision and Pattern Recognition, 2018: 7132–7141.

[19] BIANCO S, CADENE R, CELONA L, et al. Benchmark analysis of representative deep neural network architectures[J]. IEEE Access, IEEE, 2018, 6: 64270–64277.

[20] IOFFE S, SZEGEDY C. Batch normalization: Accelerating deep network training by reducing internal covariate shift[J]. arXiv preprint arXiv:1502.03167, 2015.

[21] SANDLER M, HOWARD A, ZHU M, et al. MobileNetv2: Inverted residuals and linear bottlenecks[C]//Proceedings of the IEEE Conference on Computer Vision and Pattern Recognition, 2018: 4510–4520.

[22] LIU R, LEHMAN J, MOLINO P, et al. An intriguing failing of convolutional neural networks and the coordconv solution[C]//Advances in Neural Information Processing Systems, 2018: 9605–9616.

[23] LIN M, CHEN Q, YAN S. Network in network[J]. arXiv preprint arXiv:1312.4400, 2013.

[24] NEWELL A, YANG K, DENG J. Stacked hourglass networks for human pose estimation[C]//European Conference on Computer Vision. Springer, 2016: 483–499.

[25] SHRIVASTAVA A, SUKTHANKAR R, MALIK J, et al. Beyond skip connections: Top-down modulation for object detection[J]. arXiv preprint arXiv:1612.06851, 2016.

[26] LIN T-Y, DOLLÁR P, GIRSHICK R, et al. Feature pyramid networks for object detection[C]//Proceedings of the IEEE Conference on Computer Vision and Pattern Recognition, 2017: 2117–2125.

[27] KONG T, SUN F, YAO A, et al. RON: Reverse connection with objectness prior networks for object detection[C]//Proceedings of the IEEE Conference on Computer Vision and Pattern Recognition. 2017: 5936–5944.

[28] FU C-Y, LIU W, RANGA A, et al. DSSD: Deconvolutional single shot detector[J]. arXiv preprint arXiv:1701.06659, 2017.

[29] ZHANG S, WEN L, BIAN X, et al. Single-shot refinement neural network for object detection[C]//Proceedings of the IEEE Conference on Computer Vision and Pattern Recognition, 2018: 4203–4212.

2

循環神經網路

循環神經網路（Recurrent Neural Network, RNN）是一種用於處理序列資料的網路結構，最早是在二十世紀八十年代被提出的。循環神經網路的輸入通常是連續的、長度不固定的序列資料。循環神經網路能夠較好地處理序列資訊，並能捕捉長距離樣本之間的連結資訊。此外，循環神經網路能夠用隱節點狀態儲存序列中有價值的歷史資訊，使得網路能夠學習到整個序列的濃縮的、抽象的資訊。近年來，得益於運算能力的大幅提升和網路設計的改進（如長短期記憶網路、注意力機制模型等），循環神經網路在處理序列資料工作中取得了突破性進展，特別是在語音辨識、文字預測等領域具有更好的刻畫能力，表現出較大優勢。

01 循環神經網路與序列建模

　　序列資料廣泛存在於各種工作中，如中英文翻譯、語音辨識等。這種工作通常需要實現輸入序列到輸出序列的轉換。在傳統機器學習的方法中，序列建模常用隱馬可夫模型（Hidden Markov Model，HMM）和條件隨機場（Conditional Random Field，CRF）。近幾年，循環神經網路憑藉強大的代表能力，在序列資料工作中的表現可謂令人驚歎連連，成為序列建模工作的預設設定。循環架構與序列建模具有非常緊密的關聯。本節將學習循環神經網路是如何進行序列建模的。

基礎知識

　　循環神經網路、卷積神經網路、基於時間的反向傳播（Back-Propagation Through Time, BPTT）、TextCNN、時間卷積網路（Temporal Convolutional Networks, TCN）

問題 *1* 描述循環神經網路的結構及參數更新方式。

難度：★★☆☆☆

分析與解答

　　在回答問題之前，先想一想，如果要用卷積神經網路來處理長度為 n 的序列資料，該怎麼設計？你可能會想到定義一個包含 n 個輸入的卷積神經網路，每一個輸入都會有對應的網路單元進行處理；為了降低參數量，這些網路單元之間可能會設計一些共用參數或連接的機制。其實，循環神經網路的想法與其類似。為了處理序列資料，循環神經網路設計了循環 / 重複的結構，這部分結構通常稱為事件鏈。事件鏈間存在依賴關係，即 t 時刻的定義及計算需要參考 $t–1$ 時刻的定義及計算。圖 2.1（a）是一個典型的循環神經網路的基本結構圖，若將其在時間步上

進行展開，可以獲得右側的展開圖（有時也稱為計算圖）。展開圖顯示了網路中各節點在不同時刻下的狀態，其大小取決於輸入序列的長度。從圖 2.1 中可以看出，循環神經網路可以將輸入序列對映為同等長度的輸出序列。

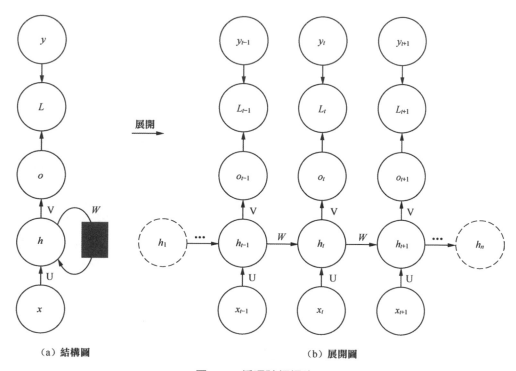

（a）結構圖　　　　　　　　　　　（b）展開圖

圖 2.1　循環神經網路

　　下面以圖 2.1 為例，實際說明循環神經網路的計算過程。記網路的輸入序列為 $x_1, x_2, \cdots, x_n$，則網路展開後可以看作一個 n 層的前饋神經網路，第 t 層對應著 t 時刻的狀態（$t=1,2,\cdots,n$）。記第 t 層（時刻）的輸入狀態、隱藏狀態、輸出狀態分別為 x_t、h_t、o_t，訓練時的目標輸出值為 y_t，則有

- 隱藏狀態 h_t 由目前時刻的輸入狀態 x_t 和上一時刻的隱藏狀態 h_{t-1} 共同決定。

$$h_t = \sigma(Ux_t + Wh_{t-1} + b) \qquad （2\text{-}1）$$

其中，U 是輸入層到隱藏層的權重矩陣，W 是不同時刻的隱藏層之間的連接權重，b 是偏置向量，$\sigma(\cdot)$ 是啟動函數（通常採用

Tanh 函數）。可以看到，與一般的前饋神經網路相比，循環神經網路有一個不同點：目前時刻的隱藏狀態不僅與目前時刻的輸入狀態有關，還受上一時刻的隱藏狀態影響。

- 輸出狀態 o_t 的計算公式為

$$o_t = g(Vh_t + c) \qquad (2\text{-}2)$$

其中，V 是隱藏層到輸出層的權重矩陣，c 是偏置向量，$g(\cdot)$ 是輸出層的啟動函數（對於分類工作可以採用 Softmax 函數）。

- 在訓練時，網路在整個序列上的損失可以定義為不同時刻的損失之和：

$$L = \sum_t L_t = \sum_t \text{Loss}(o_t, y_t) \qquad (2\text{-}3)$$

其中，L_t 表示 t 時刻的損失，而 $\text{Loss}(\cdot,\cdot)$ 則是損失函數（對於分類工作一般可以採用交叉熵損失函數）。

可以看到，在循環神經網路中，所有循環或重複的結構都共用參數（如上面的權重矩陣 U、W、V 是所有時刻共用的），也就是說，對於不同時刻的輸入，循環神經網路都執行相同的操作。這種共用機制不僅可以相當大地減少網路需要學習的參數量，而且使得網路可以處理長度不固定的輸入序列。

循環神經網路在訓練時，也是利用梯度下降法和反向傳播演算法進行 一輪輪的反覆運算。將循環神經網路按照時間展開，則有如下公式：

$$\frac{\partial L}{\partial U} = \sum_t \frac{\partial L}{\partial h_t} \frac{\partial h_t}{\partial U}$$

$$\frac{\partial L}{\partial W} = \sum_t \frac{\partial L}{\partial h_t} \frac{\partial h_t}{\partial W} \qquad (2\text{-}4)$$

$$\frac{\partial L}{\partial V} = \sum_t \frac{\partial L}{\partial o_t} \frac{\partial o_t}{\partial V}$$

其中，符號 $\dfrac{\partial y}{\partial x}$ 表示雅可比矩陣（Jacobian matrix），它的尺寸為 $d_y \times d_x$，其中 d_y 是向量 y 的維度，d_x 是向量 x 的維度，矩陣的第 i 行第 j 列的元素為 $\dfrac{\partial y_i}{\partial x_j}$。在上述式（2-4）中，$\dfrac{\partial h_t}{\partial U}$、$\dfrac{\partial h_t}{\partial W}$、$\dfrac{\partial o_t}{\partial V}$、$\dfrac{\partial L}{\partial o_t}$ 都可以根據式（2-1）、式（2-2）、式（2-3）直接計算出 ，只有 $\dfrac{\partial L}{\partial h_t}$ 的計算相對複雜，其計算公式為

$$\frac{\partial L}{\partial h_t} = \frac{\partial L}{\partial h_{t+1}}\frac{\partial h_{t+1}}{\partial h_t} + \frac{\partial L}{\partial o_t}\frac{\partial o_t}{\partial h_t} \qquad (2\text{-}5)$$

其中的 $\frac{\partial h_{t+1}}{\partial h_t}$、$\frac{\partial o_t}{\partial h_t}$、$\frac{\partial L}{\partial o_t}$ 都可以根據式（2-1）、式（2-2）、式（2-3）直接算出，所以式（2-5）其實是 $\frac{\partial L}{\partial h_t}$ 的遞推（循環）計算公式：先算 $\frac{\partial L}{\partial h_n}$，再算 $\frac{\partial L}{\partial h_{n-1}}$，再算 $\frac{\partial L}{\partial h_{n-2}}$，依次遞推。

上述方法就是基於時間的反向傳播演算法。在循環神經網路的訓練過程中，由於不同時刻的狀態是相互依賴的，所以我們需要儲存各個時刻的狀態資訊，而且無法進行平行計算，這導致整個訓練過程記憶體消耗較大，並且速度較慢。因此，現在也出現了不少方法對循環神經網路的反向傳播機制進行最佳化，試圖透過平行計算來更新不同時刻的梯度資訊。

問題 *2* 如何使用卷積神經網路對序列資料建模？　　　難度：★★☆☆☆

分析與解答

我們一般認為卷積神經網路更適用於影像領域，而循環神經網路則在序列工作中表現更為出色。然而最近的研究表明，某些卷積神經網路架構也可以在一些序列工作中獲得與循環神經網路相似的效能，這裡的序列工作包含情感分析、音訊合成、語言建模、機器翻譯等工作。

卷積神經網路的輸入一般是網格類型資料（如影像是 2D 資料，視訊可以看作 3D 資料）。近幾年裡，在用卷積神經網路處理序列資料時，一些工作將序列資料建模為 2D 網格類型資料，也有一些工作將序列資料建模為一維網格類型資料，下面針對這兩種方法分別介紹。

TextCNN[1] 模型將文字序列建模為 2D 網格類型資料，然後使用卷積神經網路來完成文字分類工作。實際來說，假設一個句子中含有 N 個單字（如圖 2.2 中的 "wait for the video and don't rent it"）。首先分別分

析每個單字的 M 維嵌入向量（embedding feature），這樣整個句子序列就組成了尺寸為 $N \times M$ 的 2D 矩陣；然後，採用卷積神經網路中的卷積、池化、全連接等操作進行分類工作。注意，這裡的詞嵌入向量，既可以用預訓練好的詞向量模型（如 Word2Vec）來分析，也可以在訓練 TextCNN 的過程中同步學習獲得。

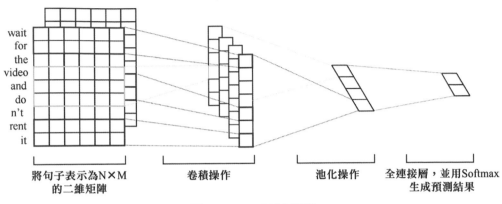

圖 2.2 TextCNN 模型

在最近提出的時間卷積網路 [2] 中，序列資料則被視為在時間軸上取樣而形成的一維網格類型資料，並利用因果卷積（Causal Convolution）和空洞卷積來進行處理，如圖 2.3 所示。因為在因果卷積中，t 時刻的卷積輸出只能使用 1 到 $t-1$ 時刻的輸入資料，因此可以用來捕捉序列資料在時間上的相依關係。而空洞卷積則可以增大感受野，這正是建置長期記憶功能所必需的。以圖 2.3 所示的四層卷積層為例，如果採用普通卷積，則輸出層每個節點只能觀察到輸入層上 5 個資料；而採用如圖 2.3 所示的空洞卷積（擴張率分別為 1、2、4、8）後，輸出層每個節點可以觀察到輸入層上 16 個資料。隨著層數加深，空洞卷積的觀測範圍可以增加數個量級。

回顧循環神經網路，其之所以在序列資料的處理上獲得出色的表現，是因為它擁有長期記憶功能，能夠壓縮並獲得長期資料的表示。然而實際上，在循環神經網路的訓練過程中，通常會採用帶截斷的反向傳播演算法，即僅反向傳播 k 個時間步的梯度，以防止梯度爆炸問題。也有一些研究表明，循環神經網路的無限記憶優勢在實作過程中幾乎不存

在 [2]。可能也正是這個原因，帶有空洞卷積的卷積神經網路對於序列資料的處理能力與循環神經網路相似。

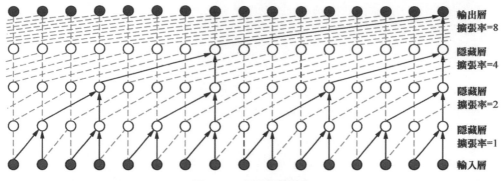

圖 2.3　時間卷積網路

在序列工作中，循環神經網路使用靈活，其處理能力毋庸置疑。然而，循環神經網路中不同時刻的狀態是相互依賴的，所以在平行計算和推理速度上不如卷積神經網路。此外，循環神經網路的可訓練性較差，容易遇到梯度消失或爆炸問題，相比卷積神經網路更難以最佳化。綜上所述，在序列工作中，卷積神經網路在平行化和可訓練性方面更具優勢。

· 歸納與擴充 ·

雖然卷積神經網路對序列資料的處理能力獲得了初步驗證，但這並不表示卷積神經網路可以完全替代循環神經網路，長短期記憶網路和 Seq2Seq 網路仍然是序列資料處理中最為通用的架構。近幾年，不僅有大量的工作嘗試採擷卷積神經網路與循環神經網路對於序列資料處理的優劣 [3]，還有很多工作對卷積神經網路和循環神經網路進行組合使用，以提升序列資料處理能力，如 TrellisNet[4]。此外，卷積神經網路和循環神經網路的結合，還可以應對一些既有關影像又有關文字的工作，如影像的語言描述或影像的問答系統（用卷積神經網路分析影像特徵，用循環神經網路生成影像描述）。整體來說，卷積神經網路和循環神經網路具有各自的魅力，二者在設計、組合和使用上仍然值得進一步深入。

循環神經網路中的 Dropout

場景描述

Dropout 是神經網路中非常重要的緩解過擬合的方法，在 2012 年的 AlexNet 中提出的 [5]。在卷積神經網路中，Dropout 是非常有效的正規化方法，那麼在循環神經網路中，是否也可以使用 Dropout 呢？

基礎知識

循環神經網路、Dropout、過擬合

問題 *1* Dropout 為什麼可以緩解過擬合 問題？ 難度：★☆☆☆☆

分析與解答

Dropout 操作是指在網路的訓練階段，每次反覆運算時會從基礎網路中隨機捨棄一定比例的神經元，然後在修改後的網路上進行資料的正向傳播和誤差的反向傳播，如圖 2.4 所示。注意，模型在測試階段會恢復全部的神經元。Dropout 是一種常用的正規化方法，可以緩解網路的過擬合問題。

一方面，Dropout 可以看作是整合了大量神經網路的 Bagging 方法。Bagging 是指用相同的資料訓練許多個不同的模型，最後的預測結果是這些模型進行投票或取平均值而獲得的。在訓練階段，Dropout 透過在每次反覆運算中隨機捨棄一些神經元來改變網路的結構，以實現訓練不同結構的神經網路的目的；而在測試階段，Dropout 則會使用全部的神經元，這相當於之前訓練的不同結構的網路都參與了對最後結果的投票，以此獲得較好的效果。Dropout 透過這種方式提供了一種強大、快

速且易實現的近似 Bagging 方法。需要注意的是，在原始 Bagging 中所有模型是相互獨立的，而 Dropout 則有所不同，這裡不同的網路其實是共用了參數的。

另一方面，Dropout 能夠減少神經元之間複雜的共適應（co-adaptation）關係。由於 Dropout 每次捨棄的神經元是隨機選擇的，所以每次保留下來的網路會包含著不同的神經元，這樣在訓練過程中，網路權重的更新不會依賴於隱節點之間的固定關係（固定關係可能會產生一些共同作用進一步影響網路的學習過程）。換句話説，網路中每個神經元不會對另一個特定神經元的啟動非常敏感，這使得網路能夠學習到一些更加泛化的特徵。

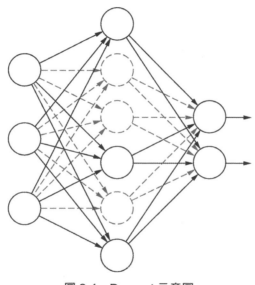

圖 2.4　Dropout 示意圖

問題 **2**　在循環神經網路中如何使用 Dropout ？　　難度：★★★☆☆

分析與解答

首先思考，Dropout 是否可以直接應用在循環神經網路中呢？經典的 Dropout 方法會在訓練過程中將網路中的神經元隨機地捨棄。然而，

循環神經網路具有記憶功能,其神經元的狀態包含了之前時刻的狀態資訊,如果直接用 Dropout 刪除一些神經元,會導致循環神經網路的記憶能力減退。另外,有實驗表明,如果在循環神經網路不同時刻間的連接層中加入雜訊,則雜訊會隨著序列長度的增加而不斷放大,並最後淹沒重要的訊號資訊 [6]。

在循環神經網路中,連接層可以分為兩種類型:一種是從 t 時刻的輸入一直到 t 時刻的輸出之間的連接,稱為前饋連接;另一種是從 t 時刻到 $t+1$ 時刻之間的連接,稱為循環連接。如果要將 Dropout 用在循環神經網路上,一個較為直觀的想法就是,只將 Dropout 用在前饋連接上,而不用在循環連接上 [7-8]。注意,這裡 Dropout 隨機捨棄的是連接,而非神經元。

然而,只在前饋連接中應用 Dropout 對於過擬合問題的緩解效果並不太理想,這是因為循環神經網路中的大量參數其實是在循環連接中的。因此,參考文獻 [9] 提出基於變分推理的 Dropout 方法,即對於同一個序列,在其所有時刻的循環連接上採用相同的捨棄方法,也就是說不同時刻捨棄的連接是相同的。實驗結果表明,這種 Dropout 在語言模型和情感分析中會獲得較好的效果。

此外,Krueger 等人根據 Dropout 想法提出了一種 Zoneout 結構,用之前時間步上的啟動值代替 Dropout 中置 0 的做法,這樣能夠讓網路更容易儲存過去的資訊 [10]。另外,有研究結果表明,Dropout 可以應用在普通循環神經網路、長短期記憶網路、門控循環單元等網路中的任何門控單元或隱藏狀態向量 [11]。

循環神經網路中的長期依賴問題

　　神經網路的結構如果很深，會帶來長期依賴問題。隨著網路層數的增大，誤差 / 梯度經過許多階段的傳播，容易出現消失或爆炸，讓最佳化變得困難，最後使得網路喪失學習先前資訊的能力。這一現象在循環神經網路中尤為突出。循環神經網路的輸入是序列資料，根據循環神經網路的展開圖（參考本章 01 節）可知，輸入序列越長，相當於網路結構越深，越容易出現長期依賴問題。舉例來說，讓循環神經網路了解「我喜歡吃橘子」這句話可能不難，但如果輸入的句子是「橘子很酸，蘋果很甜，我喜歡吃酸的橘子，而小明喜歡吃甜的蘋果」，則網路了解起來會困難得多。這並不僅是因為句子變得複雜了，還因為循環神經網路無法記住較長時間之前輸入的序列資訊。

基礎知識

長期依賴、梯度消失、梯度爆炸

問題　**循環神經網路為什麼容易出現長期依賴問題？**　難度：★★☆☆☆

分析與解答

　　　　捕捉輸入序列中的長距離相依關係，是循環神經網路設計初衷之一。循環神經網路針對序列中不同時刻的輸入，採用相同的循環結構和網路參數來建置計算圖，理論上可以學習任意長度的序列資訊；然而，也正是這種循環（重複）的結構設計，讓網路喪失了學習很久之前的資訊的能力，這就是循環神經網路中的長期依賴問題。那麼，為什麼採用循環（重複）結構就容易導致長期依賴問題呢？下面我們分別從循環神

經網路的資訊正向傳播和誤差反向傳播兩個方面進行解釋。

首先考慮一個簡單的、沒有輸入資料和啟動函數的循環神經網路，其正向傳播公式為

$$h_t = W\,h_{t-1}, \quad t = 1, 2, \cdots, n \tag{2-6}$$

對於之前的某一個時刻 t_0 $(0 \leqslant t_0 < t)$，有

$$h_t = W^{t-t_0}\,h_{t_0} \tag{2-7}$$

上述公式出現了權重矩陣 W 的冪，根據線性代數知識（矩陣的 Jordan 分解和 Jordan 標準型）可以知道，隨著冪數的增加（即 t 的增加），W 中強度小於 1 的特徵值會不斷向零衰減，而強度大於 1 的特徵值則會不斷發散，由此導致資訊在正向傳播時容易出現消失或發散現象。

接下來看梯度的反向傳播，記上述網路在 t 時刻的損失為 L_t，則有

$$\frac{\partial L_t}{\partial h_{t_0}} = \frac{\partial L_t}{\partial h_t}\frac{\partial h_t}{\partial h_{t-1}}\frac{\partial h_{t-1}}{\partial h_{t-2}}\cdots\frac{\partial h_{t_0+1}}{\partial h_{t_0}} = \frac{\partial L_t}{\partial h_t}\,W^{t-t_0} \tag{2-8}$$

可以看到，上述公式中也出現了權重矩陣 W 的冪，所以會遇到與正向傳播中類似的問題，導致梯度消失或爆炸。因此，對於上述簡單版本的循環神經網路來說，由於重複使用相同的循環模組（即 W），導致網路在資訊正向傳播和誤差反向傳播的過程中都出現了矩陣的冪，容易造成資訊／梯度的消失或爆炸。而在一般的深度神經網路（如卷積神經網路）中，層與層之間的參數並不是共用的（即不同層有不同的權重矩陣 W），因此問題沒有像循環神經網路中這麼嚴峻。

對於普通的循環神經網路，它在正向傳播時是有輸入資料和啟動函數的，公式如下（參考本章 01 節的式（1-1））

$$h_t = \sigma(Ux_t + Wh_{t-1} + b) \tag{2-9}$$

可以看出，式（2-9）並不會直接匯出像式（2-7）那樣帶有矩陣冪的公式。由於啟動函數和輸入資料的存在，資訊發散或衰減現象可能會有所緩解；但如果啟動函數是 ReLU 並且設定值大於零，仍然會出現之前的問題。在反向傳播中，由於公式

$$\frac{\partial h_t}{\partial h_{t-1}} = \mathrm{diag}(\sigma'(Ux_t + Wh_{t-1} + b)) \cdot W \tag{2-10}$$

中多出了一項啟動函數的導數 $\sigma'(\cdot)$，考慮到啟動函數的導數設定值一般不超過 1，因此這在某種程度上能減緩梯度的爆炸（相比於式（2-8）），但也可能會加速梯度的消失；特別地，如果啟動函數是 ReLU 並且設定值大於零，則仍然會出現與式（2-8）類似的問題。整體來看，在增加了輸入資料和啟動函數的普通循環神經網路中，依然容易出現資訊 / 梯度的消失或爆炸現象，長期依賴問題仍然存在。

　　循環神經網路的梯度消失或爆炸問題在 1991 年被研究人員發現，並列出了一系列的解決方案，舉例來說，選擇合適的初始化權重矩陣和啟動函數、加入正規化項等。在網路結構設計方面，在時間維度上增加跳躍連接，可以建置出具有較長延遲的循環神經網路。此外，長短期記憶網路在 1997 年被提出，在這之後，採用長短期記憶網路或其他門控循環單元成了更為普遍的解決方式。

04 長短期記憶網路

　　循環神經網路面臨著長期依賴問題，即隨著輸入序列長度的增加，網路無法學習和利用序列中較久之前的資訊。為了解決這一問題，1997 年 Sepp Hochreiter 等人提出了長短期記憶網路（Long Short Term Memory Network, LSTM）[12]。LSTM 不僅能夠敏感地應對短期資訊，而且能夠對有價值的資訊進行長期記憶，以提升網路的學習能力。在這之後，Kyunghyun Cho 等人提出門控循環單元（Gated Recurrent Unit, GRU）[13]，它是 LSTM 的簡單變形。LSTM 以及相關的門控循環單元可以較好地解決梯度消失或爆炸問題，是目前使用較為廣泛的循環神經網路結構，在語音辨識、語言翻譯、圖片描述等領域有不少成功應用。

基礎知識

長短期記憶網路（LSTM）、門控循環單元（GRU）

問題 1　LSTM 是如何實現長短期記憶功能的？

難度：★★☆☆☆

分析與解答

　　在一般的循環神經網路中，僅有一個隱藏狀態（hidden state）單元 h_t，且不同時刻隱藏狀態單元的參數是相同（共用）的，如圖 2.5（a）所示。這使得循環神經網路存在長期依賴問題，只能對短期輸入較為敏感。LSTM 則是在普通的循環神經網路的基礎上，增加了一個單元狀態（cell state）單元 c_t，其在不同時刻具有可變的連接權重，以解決普通循環神經網路中的梯度消失或爆炸問題，如圖 2.5（b）所示。圖中，h_t 是隱藏狀態單元（短期狀態單元），c_t 是單元狀態單元（長期狀態單元），二者配合形成長短期記憶。

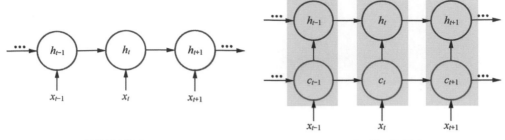

（a）一般的循環神經網路　　　　　　　　（b）長短期記憶網路

圖 2.5　循環神經網路

　　與一般的循環神經網路不同，LSTM 引用了門控單元。門控，是神經網路學習到的用於控制訊號的儲存、利用和捨棄的單元。對於每個時刻 t，LSTM 有輸入門 i_t、遺忘門 f_t 和輸出門 o_t 共 3 個門控單元。每個門控單元的輸入包含目前時刻的序列資訊 x_t 和上一時刻的隱藏狀態單元 h_{t-1}，實際計算公式為

$$i_t = \sigma(W_i x_t + U_i h_{t-1} + b_i)$$
$$f_t = \sigma(W_f x_t + U_f h_{t-1} + b_f) \qquad （2\text{-}11）$$
$$o_t = \sigma(W_o x_t + U_o h_{t-1} + b_o)$$

其中，W 和 U 是權重矩陣，b 是偏置向量，$\sigma(\cdot)$ 是啟動函數。可以發現，這 3 個門控單元的計算方式是相同的（都相當於一個全連接層），僅有權重矩陣和偏置向量不同。啟動函數 $\sigma(\cdot)$ 的設定值範圍一般是 $[0,1]$，常用的啟動函數是 Sigmoid 函數。

　　透過將門控單元與訊號資料做逐元素相乘，可以控制訊號透過門控後要保留的資訊量。舉例來說，當門控單元的狀態為 0 時，訊號會被全部丟棄；當狀態為 1 時，訊號會被全部保留；而當狀態處在 0 和 1 之間時，訊號則會被部分保留。

　　LSTM 是如何利用 3 個門控單元以及單元狀態單元來進行長短期記憶的呢？圖 2.6 是 LSTM 中門控單元和狀態單元的示意圖。可以看到，單元狀態單元從上一個時刻的 c_{t-1} 到目前時刻的 c_t 的傳輸是由輸入門和遺忘門共同控制的，輸入門決定了目前時刻輸入資訊 $\tilde{c}_t$ 有多少被吸收，遺忘門決定了上一時刻單元狀態單元 c_{t-1} 有多少不被遺忘，最後的單元狀態單元 c_t 由兩個門控處理後的訊號取和產生。實際公式為

$$\tilde{c}_t = \mathrm{Tanh}(W_c x_t + U_c h_{t-1} + b_c)$$
$$c_t = f_t \odot c_{t-1} + i_t \odot \tilde{c}_t \tag{2-12}$$

其中，$\odot$ 為逐元素點乘操作。LSTM 的隱藏狀態單元 h_t 則由輸出門和 c_t 決定：

$$h_t = o_t \odot \mathrm{Tanh}(c_t) \tag{2-13}$$

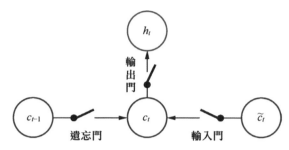

圖 2.6　LSTM 示意圖（包含門控單元和狀態單元）

可以看到，在 LSTM 中，不僅隱藏狀態單元 h_{t-1} 和 h_t 之間具有較為複雜的循環連接，內部的單元狀態單元 c_{t-1} 和 c_t 之間還具有線性自循環關係。單元狀態單元之間的線性自循環，可以看作是在滑動處理不同時刻的資訊。當門控單元開啟時，記住過去的資訊；當門控單元關閉時，捨棄過去的資訊。整體來說，LSTM 透過門控單元以及單元狀態單元的線性自循環，給梯度的長距離持續流通提供了路徑，改變了之前循環神經網路中資訊和梯度的傳播方式，解決了長期依賴問題。

LSTM 具有較為複雜的結構，其效能主要受哪個單元的影響呢？Greff 等人在 2015 年對 8 種 LSTM 變形網路進行比較 [14]，包含刪除某一種控單元、刪除門控單元的啟動函數、輸入門和遺忘門使用同一門控等。結果顯示，LSTM 中遺忘門和輸出門的啟動函數十分重要，刪除任何一個啟動函數都會對效能造成較大的影響。這可能是因為刪除遺忘門的啟動函數會導致之前的單元狀態單元不能很好地被抑制，影響網路的穩定性；而刪除輸出門的啟動函數，則可能會出現非常大的輸出狀態。

GRU 是如何用兩個門控單元來控制
時間序列的記憶及遺忘行為的？　　難度：★★★★☆

分析與解答

　　問題 1 介紹了擁有 3 個門控單元（輸入門、遺忘門、輸出門）的
LSTM，它在自然語言處理工作中具有成功的應用，這使讀者意識到門
控單元的有效性。那麼，在 LSTM 架構中哪些門控單元是必要的？是
否可以將其簡化呢？回顧 LSTM 的設計初衷：不僅希望能對短期記憶較
為敏感，而且希望能夠捕捉具有價值的長期記憶。由此，我們可否設計
一個僅擁有兩個門控單元的循環神經網路，讓一個門控單元控制短期記
憶，另一個門控單元控制長期記憶？答案是肯定的，這正是門控循環單
元（GRU）的思維。GRU 於 2014 年由 Kyunghyun Cho 等人提出，如圖
2.7 所示。相比於 LSTM，GRU 具有更少的參數，更易於計算和實現。

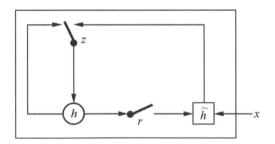

圖 2.7　門控循環單元（GRU）示意圖

　　與 LSTM 擁有兩個狀態單元（隱藏狀態單元和單元狀態單元）不
同，GRU 僅有一個隱藏狀態單元 h_t，其基本結構與普通的循環神經網路
大致相同。GRU 共有兩個門控單元，重置門 r_t 和更新門 z_t。每個門控單
元的輸入包含目前時刻的序列資訊 x_t 和上一時刻的隱藏狀態單元 h_{t-1}，實
際計算公式為

$$r_t = \sigma(W_r x_t + U_r h_{t-1})$$
$$z_t = \sigma(W_z x_t + U_z h_{t-1})$$

（2-14）

其中，W 和 U 是權重矩陣，$\sigma(\cdot)$ 是啟動函數，一般用 Sigmoid 函數。在 GRU 中，重置門決定先前的隱藏狀態單元是否被忽略，而更新門則控制目前隱藏狀態單元是否需要被新的隱藏狀態單元更新，實際公式為

$$\tilde{h}_t = \mathrm{Tanh}(W_h x_t + U_h (r_t \odot h_{t-1}))$$
$$h_t = (1 - z_t) h_{t-1} + z_t \tilde{h}_t \qquad (2\text{-}15)$$

其中，$(1 - z_t) h_{t-1}$ 表示上一時刻保留下來（沒被遺忘）的資訊，$z_t \tilde{h}_t$ 是當前時刻記憶下來的資訊。用 $1 - z_t$ 和 z_t 作為係數，表明對上一時刻遺忘多少權重的資訊，就會在這一時刻記憶多少權重的資訊以作為彌補。透過這種方式，GRU 用一個更新門 z_t 實現了遺忘和記憶兩個功能。

Rafal Jozefowicz 等人在 2015 年針對一萬多種循環神經網路架構進行測試 [15]，其中包含 LSTM 和 GRU 在不同資料集、不同超參設定下的詳細測評。結果顯示，GRU 可以取得與 LSTM 相當甚至更好的性能，並具有更快的收斂速度。

05　Seq2Seq 架構

場景描述

　　前面的問題中，我們學習了如何用循環神經網路將輸入序列對映成等長的輸出序列。但在諸如語音辨識、機器翻譯等實際應用中，輸入序列與輸出序列的長度通常是不一樣的。如何突破先前的循環神經網路的侷限，使其可以適應上述應用場景，成了 2013 年以來的研究熱點。序列到序列（Sequence to Sequence，Seq2Seq）的映射架構，就是用來解決這一問題的，它能將一個可變長序列對映到另一個可變長序列。Seq2Seq 架構憑藉著出色的編解碼能力和極強的靈活性，被大量應用在很多領域，包含機器翻譯、語音辨識、視頻處理等。

基礎知識

Seq2Seq、編碼 – 解碼架構、機器翻譯

問題 *1*　如何用循環神經網路實現 Seq2Seq 對映？　　難度：★★★☆☆

分析與解答

　　2014 年，Google Brain 和 Yoshua Bengio 兩個團隊各自獨立地提出了基於編碼 - 解碼的 Seq2Seq 對映架構。在 Seq2Seq 中，由於輸入序列與輸出序列是不等長的，因此整個處理過程需要拆分為對序列的了解和翻譯兩個步驟，也就是編碼和解碼。在實際應用中，編碼器和解碼器可以用兩個不同的循環神經網路來實現，並進行共同訓練。

　　圖 2.8 列出了一個基於編碼 - 解碼的 Seq2Seq 架構 [13]，它採用一個固定尺寸的狀態向量 C 作為編碼器與解碼器之間的「橋樑」。實際來說，假設輸入序列為 $X = (x_1, x_2, \cdots, x_T)$，編碼器可以是一個簡單的循環神

經網路，其隱藏狀態 h_t 的計算公式為

$$h_t = f(h_{t-1}, x_t) \qquad\qquad (2\text{-}16)$$

其中，$f(\cdot)$ 是非線性啟動函數，可以是簡單的 Sigmoid 函數，也可以是複雜的門控函數，如 LSTM、GRU 等。將上述循環神經網路（編碼器）最後一個時刻的隱藏狀態 h_T 作為狀態向量，並輸入到解碼器。C 是一個尺寸固定的向量，並且包含了整個輸入序列的所有資訊。

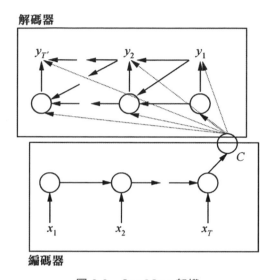

圖 2.8　Seq2Seq 架構

接下來考慮解碼器，它需要根據固定尺寸的狀態向量 C 來產生長度可變的解碼序列 $Y = (y_1, y_2, \cdots, y_{T'})$。注意，這裡解碼序列的長度 T' 與編碼序列的長度 T 可以是不同的。解碼器也可以用一個簡單的循環神經網路來實現，其隱藏狀態 h_t 可以按如下公式計算：

$$h_t = f(h_{t-1}, y_{t-1}, C) \qquad\qquad (2\text{-}17)$$

其中，y_{t-1} 是上一時刻的輸出，$f(\cdot)$ 是非線性啟動函數。解碼器的輸出由如下公式決定：

$$P(y_t \mid y_{t-1}, y_{t-2}, \cdots, y_1, C) = g(h_t, y_{t-1}, C) \qquad\qquad (2\text{-}18)$$

其中，$g(\cdot)$ 會產生一個機率分佈（例如可以利用 Softmax 函數產生機率分佈）。解碼器的工作流程大概是這樣的：首先在收到一個啟動訊號（如 $y_0 = $ <start>）後開始工作，根據 h_t、y_{t-1}、C 計算出 y_t 的機率分佈，

然後對 yt 進行取樣獲得實際設定值，循環上述操作，直到遇到結束訊號（如 $y_t = <eos>$）。特別地，參考文獻 [16] 用一種更簡單的方式來實現解碼器，僅在初始時刻需要狀態向量 C，其他時刻僅接收隱藏狀態和上一時刻的輸出資訊 $P(y_t) = g(h_t, y_{t-1})$。

在訓練階段，我們需要讓模型輸出的解碼序列盡可能正確，這可以透過最大化對數似然機率來實現：

$$\max_{\theta} \frac{1}{N} \sum_{n=1}^{N} \log p_{\theta}(Y_n \mid X_n)$$ （2-19）

其中，θ 為模型參數，X_n 是一個輸入序列，Y_n 是對應的輸出序列，(X_n, Y_n) 組成一個訓練樣本對。因為是序列到序列的轉換，實際應用中可以透過貪心法求解 Seq2Seq，當度量標準、評估方式確定後，解碼器每次根據目前的狀態和已解碼的序列，選擇一個最佳的解碼結果，直到結束。

問題 **2** Seq2Seq 架構在編碼 - 解碼過程中是否存在資訊遺失？有哪些解決方案？   難度：★★★☆☆

分析與解答

基於編碼 - 解碼的 Seq2Seq 架構，可以實現輸入序列到輸出序列的不等長對映，然而在實際應用中，這種架構面臨著一系列問題。一方面，隨著輸入序列長度的增加，編碼和解碼過程中的梯度消失或爆炸問題會變得更加嚴重。另一方面，由於只用固定大小的狀態向量來連接編碼模組和解碼模組，這就要求編碼器將整個輸入序列的資訊壓縮到狀態向量中，而這是一個失真壓縮過程，序列越長，資訊量越大，編碼的損失就越大，最後會讓編碼器無法記錄足夠詳細的資訊，進一步導致解碼器翻譯失敗。針對上述問題，研究人員列出了一系列解決方案。

參考文獻 [16] 提出，在機器翻譯中，將待翻譯序列的順序顛倒後再輸入到編碼器中，例如原句為 "Tom likes fish"，則輸入編碼器的句子為 "fish likes Tom"。經過這樣的處理，編碼器獲得的狀態向量能夠較好地

關注並保留原句中靠前的單字，這樣在解碼時，靠前的單字的辨識 / 了解準確率會獲得較大提升。翻譯過程中序列間的相依關係，使靠前的單字的準確率更為重要，因而這種方法能使模型更進一步地處理長句子。

序列翻轉的有效性是源於對序列前面資訊的關注，那麼，如果在處理 t 時刻的資料時只關注對 t 時刻有用的資訊，是否可以提升效能呢？這正是 Bahdanau 等人在 2014 年提出的注意力機制[17] 的核心思維。在前面的介紹中，狀態向量 C 是固定大小的，並且在解碼階段，所有時刻都共用同一個狀態向量。採用注意力機制後，解碼器在不同時刻採用的狀態向量不再是不變的，而是根據不同時刻的資訊動態調整的。

$$P(y_t) = g(c_t, y_1, \cdots, y_{t-1}) \qquad (2\text{-}20)$$

其中，c_t 即是透過注意力機制分析的、專門針對 t 時刻的狀態向量。

· 歸納與擴充 ·

Seq2Seq 具有較大的靈活性，編碼器和解碼器可以根據工作進行不同的設計，舉例來說，在編碼時使用卷積神經網路代替循環神經網路以處理影像資訊、在解碼時使用堆疊的循環神經網路或 LSTM 以增加網路的翻譯能力等。此外，該架構可以應用於不同的場景，舉例來說，對於機器翻譯工作，輸入是一種語言，輸出是另外一種語言；對於圖片內容描述工作，輸入是影像，輸出是描述文字；對於文字摘要工作，輸入是一段文章，輸出是摘要資訊；對於對話系統，輸入是問題，輸出是對應的回答。目前，Seq2Seq 的應用不再侷限於序列資訊，在語音、影像、文字等領域也展示出較好的效能。

參考文獻

[1]　KIM Y. Convolutional neural networks for sentence classification[J]. arXiv preprint arXiv:1408.5882, 2014.

[2]　BAI S, KOLTER J Z, KOLTUN V. An empirical evaluation of generic convolutional and recurrent networks for sequence modeling[J]. arXiv preprint arXiv:1803.01271, 2018.

[3]　YIN W, KANN K, YU M, et al. Comparative study of CNN and RNN for natural language processing[J]. arXiv preprint arXiv:1702.01923, 2017.

[4]　BAI S, KOLTER J Z, KOLTUN V. Trellis networks for sequence modeling[J]. arXiv preprint arXiv:1810.06682, 2018.

[5]　KRIZHEVSKY A, SUTSKEVER I, HINTON G E. ImageNet classification with deep convolutional neural networks[C]//Advances in Neural Information Processing Systems, 2012: 1097–1105.

[6]　BAYER J, OSENDORFER C, KORHAMMER D, et al. On fast dropout and its applicability to recurrent networks[J]. arXiv preprint arXiv:1311.0701, 2013.

[7]　PHAM V, BLUCHE T, KERMORVANT C, et al. Dropout improves recurrent neural networks for handwriting recognition[C]//2014 14th International Conference on Frontiers in Handwriting Recognition. IEEE, 2014: 285–290.

[8]　ZAREMBA W, SUTSKEVER I, VINYALS O. Recurrent neural network regularization[J]. arXiv preprint arXiv:1409.2329, 2014.

[9]　GAL Y, GHAHRAMANI Z. A theoretically grounded application of dropout in recurrent neural networks[C]//Advances in Neural Information Processing Systems, 2016: 1019–1027.

[10]　KRUEGER D, MAHARAJ T, KRAMÁR J, et al. Zoneout: Regularizing RNNs by randomly preserving hidden activations[J]. arXiv preprint arXiv:1606.01305, 2016.

[11]　SEMENIUTA S, SEVERYN A, BARTH E. Recurrent dropout without memory loss[J]. arXiv preprint arXiv:1603.05118, 2016.

[12] HOCHREITER S, SCHMIDHUBER J. Long short-term memory[J]. Neural Computation, MIT Press, 1997, 9(8): 1735–1780.

[13] CHO K, VAN MERRIËNBOER B, GULCEHRE C, et al. Learning phrase representations using RNN encoder-decoder for statistical machine translation[J]. arXiv preprint arXiv:1406.1078, 2014.

[14] GREFF K, SRIVASTAVA R K, KOUTNÍK J, et al. LSTM: A search space odyssey[J]. IEEE Transactions on Neural Networks and Learning Systems, 2017, 28(10): 2222–2232.

[15] JOZEFOWICZ R, ZAREMBA W, SUTSKEVER I. An empirical exploration of recurrent network architectures[C]//International Conference on Machine Learning, 2015: 2342–2350.

[16] SUTSKEVER I, VINYALS O, LE Q V. Sequence to sequence learning with neural networks[C]//Advances in Neural Information Processing Systems, 2014: 3104–3112.

[17] DZMITRY B, CHO K, YOSHUA B. Neural machine translation by jointly learning to align and translate.[J]. arXiv preprint arXiv:1409.0473, 2014.

第 3 章

圖神經網路

2019 年伊始，阿里巴巴達摩院發佈年度十大科技趨勢，其中之一是「超大規模圖神經網路系統將賦於機器常識」。這已不是圖神經網路第一次被放到深度學習技術的頭條了。2018 年，DeepMind、Google 大腦、麻省理工學院和愛丁堡大學的 27 名研究者，對圖神經網路及其推理能力進行全面說明 [1]。隨後，圖卷積網路（Graph Convolutional Network, GCN）、圖神經網路（Graph Neural Network, GNN）、關係網路（Relation Network）、幾何深度學習技術（Geometric Deep Learning）等關鍵詞頻頻出現在各大頂級機器學習、資料採擷會議上。圖神經網路引起廣泛關注的原因可以暫歸為兩點。一、圖（graph）是一種更為常見的資料結構，圖神經網路可以看作卷積神經網路在圖上的擴充；二、圖神經網路所具備的「推理能力」，剛好是基於傳統神經網路的人工智慧系統所欠缺的能力。從一定程度上講，圖神經網路是符號主義（symbolism）和非符號主義（non-symbolism）相結合的產物（Neural-symbolic System），其將規則、知識引用神經網路，使得神經網路具備了可解釋性和推理能力。本章將分別深入地討論上文中提及的兩個原因，包括圖神經網路的基本結構和演變過程、圖神經網路的一些應用，以及圖神經網路的推理能力。

圖神經網路的基本結構

　　圖（graph）[1] 作為一種更為常見的資料結構，目前卻沒有與之相對應的通用的神經網路模型。卷積神經網路在網格類型資料上具有出色的表現，而循環神經網路則被廣泛應用在鏈狀資料上。相較於這種規則的資料結構，圖（graph）更接近現實生活中資料、知識的組織形式（如社群網站、交通路網、化學分子結構等），節點具有更加複雜多變的鄰接關係，節點集和邊集的規模也更加龐大，節點和邊可能攜帶著豐富的屬性標籤。實際上，圖神經網路可以看作卷積神經網路在圖（graph）上的擴充，即將卷積的思維從歐幾里德域遷移到非歐幾里德域 [2]。透過圖神經網路，在圖片（image）、視訊、音訊、文字等工作上大放異彩的深度學習技術，現在也逐漸應用到社群網站分析、物理系統建模、化學分子屬性預測等更為廣闊的領域。

　　圖神經網路處理的物件是圖（graph）。正如卷積神經網路可以處理任意大小的圖片（image），循環神經網路可以處理任意長度的序列，我們對圖神經網路也有一些期望，如表 3-1 所示。

表 3-1　圖神經網路的工作需求及模型要求

工作需求	模型要求
處理多種基於圖的機器學習工作	產生節點、邊、圖的向量表示
處理任意大小和結構的圖	模型參數與圖的大小和結構無關
圖中的節點編號是任意的	模型的輸出與輸入的節點順序無關
利用圖的結構和節點特徵進行學習和預測	圖上特徵的傳遞 / 融合機制

　　基於此，我們對圖神經網路有了基本的認識。事實上，圖神經網路並不是近一兩年新誕生的技術，早在 2005 年這一概念已被提出 [3]。隨後，電腦科學領域、理論物理複雜網路領域的研究者在圖（graph）的空間域（spatial domain）和頻譜域（spectral domain）上分別提出了不同形式的圖神經網路，並最後在 2017 年實現了空間域模型和頻譜域模型的融合。自此，深度學習技術和圖神經網路迎來了廣泛關注。圖神經網

1　本章有關的多個概念皆與「圖」或「網路」有關。其中 "graph" 指網路型的資料組織形式，"network" 指神經網路，"image" 指圖片。在可能出現混淆或問題的地方，作者會用對應的英文標記。

路的核心在於，如何模擬卷積神經網路在網格類型資料上的卷積操作，來定義圖上的卷積操作？進一步來說，卷積操作背後所對應的圖片（image）的局部不變性（shift-invariance）和組合性（compositionality）是如何在圖（graph）上表現的？

局部不變性：包含平移不變性、旋轉不變性、尺度不變性。在卷積神經網路中，作用在局部區域的卷積核被整張圖片所共用。

組合性：簡單的卷積核所分析的基本特徵可以組合成為複雜特徵。在卷積神經網路中，隨著網路層數的增加，網路可以逐漸探測到初級的邊緣特徵、簡單的形狀特徵直到複雜的影像特徵（如指紋、人臉）。

空間域模型選取目標節點的鄰居進行卷積操作，更易於了解；頻譜域模型以圖訊號處理（Graph Signal Processing）為基礎，更具數學形式上的美感。不過，兩種模型都對局部不變性和組合性列出了各自的說明和實現方式，進一步奠定了兩種模型最後走向融合的基礎。

基礎知識

圖譜（Graph Spectrum）、圖傅立葉轉換、空間域圖神經網路、頻譜域圖神經網路、圖卷積網路（GCN）、圖注意力網路（Graph Attention Networks，GAT）、GraphSAGE（Graph + SAmple & aggreGatE）

問題 1 什麼是圖譜和圖傅立葉轉換？

難度：★★☆☆☆

分析與解答

圖譜是圖的拉普拉斯矩陣的特徵值。實際來說，指定圖 $G(V,E)$，其中 V 和 E 分別是 G 的點集和邊集，點集大小為 n，邊集大小為 m。圖 G 的鄰接矩陣 A 為一個 $n \times n$ 矩陣，如果 i, j 節點之間有邊相連，則 $A_{ij} = 1$，否則 $A_{ij} = 0$。圖的度矩陣為 $D = \mathrm{diag}(d_1, d_2, \cdots, d_n)$，其中 d_i 是第 i 個節點在圖中的度數（degree）。定義圖的拉普拉斯矩陣 $L = D - A$，特徵值分解：

$$L = U \Lambda U^{\mathrm{T}} \tag{3-1}$$

其中，$\Lambda = \mathrm{diag}(\lambda_1, \lambda_2, \cdots, \lambda_n)$ 是按照特徵值從小到大的順序排列的，$U = [u_1, u_2, \cdots, u_n]$ 是對應的特徵向量組成的正交矩陣。上述特徵值集合 $\{\lambda_1, \lambda_2, \cdots, \lambda_n\}$ 即為圖 G 的圖譜。注意，儘管 A 會隨著 G 的節點編號的

改改變而改變，但其圖譜卻不會改變，它只與圖的抽象結構有關。

圖譜有很多作用，代表性的應用是譜分群（Spectral Clustering）。譜分群也與主成分分析（Principal Components Analysis, PCA）、k-means 分群具有千絲萬縷的關聯，有興趣的讀者可以進一步探索。這裡，我們嘗試對圖譜的意義列出更為直觀的展示，並引出圖傅立葉轉換的定義。簡單來說，**拉普拉斯矩陣的特徵值可以類比為頻域中的頻率，而特徵向量可以類比為頻域中的基波**。舉例來說，圖 3.1（a）展示了一個特殊的圖，由 16 個節點組成的鏈圖；這個鏈圖的最小的特徵值為 $\lambda_1 = 0$，對應的特徵向量 u_1 是一個元素全為 1 的 16 維向量；我們選擇除 λ_1 以外的最小的 3 個特徵值 λ_2、λ_3、λ_4 和最大的 3 個特徵值 λ_{14}、λ_{15}、λ_{16} 所對應的 6 個特徵向量 u_2、u_3、u_4、u_{14}、u_{15}、u_{16}，分別繪制出它們的曲線圖（即向量中 16 維座標的設定值的連線），如圖 3.1（b）所示。從形態上看，特徵向量的曲線圖與 sin 函數或 cos 函數的曲線圖十分類似；而特徵值的大小則對應了波（特徵向量）的頻率，即特徵值越小，波（特徵向量）越平緩。

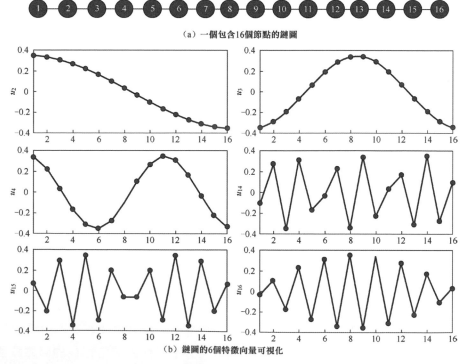

（a）一個包含16個節點的鏈圖

（b）鏈圖的6個特徵向量可視化

圖 3.1　鏈圖及其特徵向量的視覺化

實際上，我們也可以形式化地獲得如上結論。定義圖訊號 $x = [x_1, \cdots, x_n]^T$，這是一個長為 n、元素為實數的向量，意味圖中的每個節點都有個實數值與之對應：

$$x : V \to \mathbb{R}$$
$$v \to x_v \tag{3-2}$$

對於某個圖訊號 x，有

$$x^T L x = x^T D x - x^T A x = \sum_i d_i x_i^2 - \sum_{(i,j) \in E} A_{ij} x_i x_j = \sum_{(i,j) \in E} (x_i - x_j)^2 \tag{3-3}$$

這說明，圖訊號 x 與圖的拉普拉斯矩陣 L 的乘積 $x^T L x$ 的設定值，代表著圖訊號 x 在圖上的「一致性」，即圖中相鄰的節點是否會有相似的實數值。特別地，若將特徵向量作為圖訊號，即 $x = u_l$，則有

$$u_l^T L u_l = \lambda_l \tag{3-4}$$

因此特徵值反映了一致性的強弱，也就是訊號的「頻率」。有了頻率和基波，利用基本的數位訊號處理的知識，可以推導出圖訊號的傅立葉轉為

$$\hat{x} = U^T x \tag{3-5}$$

以及逆傅立葉轉為

$$x = U \hat{x} \tag{3-6}$$

問題 2 以 GCN 為例，簡述基於頻譜域的圖神經網路的發展。 難度：★★★☆☆

分析與解答

頻譜域圖神經網路的發展主要是圍繞著圖上卷積核的設計來進行的。我們參考圖卷積網路（GCN）模型論文[4]的想法來簡要整理這一發展過程。

根據卷積定理，兩個函數卷積後的傅立葉轉換，是它們各自函數傅立葉轉換後的乘積；也就是說，兩個函數的卷積是它們各自傅立葉轉換乘積的逆轉換。由此，可以列出圖訊號 x 與卷積核 h 在圖 G 上的卷積形式。記 x 和 h 的傅立葉轉為

$$\hat{x} = U^T x, \qquad \hat{h} = U^T h \tag{3-7}$$

則二者的卷積（即各自傅立葉轉換乘積的逆傅立葉轉換）為

$$x * h = U \cdot \mathrm{diag}(\hat{h}) \cdot U^{\mathrm{T}} x \qquad （3-8）$$

初級的頻譜域圖神經網路直接將 $\mathrm{diag}(\hat{h})$ 替換為 $\mathrm{diag}(\theta)$，其中 $\theta = [\theta_1, \theta_2, \cdots, \theta_n]$ 為待學習的參數。增加啟動函數 $\sigma(\cdot)$ 後，最後的輸出值為

$$y = \sigma(U \cdot \mathrm{diag}(\theta) \cdot U^{\mathrm{T}} x) \qquad （3-9）$$

這個模型中 $U \cdot \mathrm{diag}(\theta) \cdot U^{\mathrm{T}}$ 部分的計算量為 $O(n^2)$，計算量過高，對於大規模網路（graph）很難計算。

進一步地，將上述模型中的 $\mathrm{diag}(\hat{h})$ 取代為 $\sum_{k=0}^{K} \alpha_k \Lambda^k$，其中係數 $\{\alpha_k\}_{k=0}^{K}$ 是待學習的參數。由此，獲得無須特徵分解、計算量為 $O(n)$ 的 GCN 模型：

$$y = \sigma\left(U \cdot \left(\sum_{k=0}^{K} \alpha_k \Lambda^k\right) \cdot U^{\mathrm{T}} x\right) = \sigma\left(\sum_{k=0}^{K} \alpha_k L^k x\right) \qquad （3-10）$$

這種形式不僅大幅簡化了運算，而且還巧妙地具備了「局部性」。簡單來說，$L^k = (D - A)^k$ 包含了 D^k 項（節點度數）、A^k 項（節點的 k 步鄰居個數），以及 A 和 D 的交叉項（不大於 k 步的鄰居個數）。因此，**圖卷積網路（GCN）的卷積操作實際上是將每個節點的 K 步範圍內的鄰居的特徵融合起來**，這與空間域的圖神經網路的做法不謀而合。

需要注意的是，在上述推導過程中，為了簡化細節，我們將圖訊號 x 限定為長為 n、元素為實數的向量。在實際應用時，可以將每個節點所對應的實數擴充為節點的屬性向量，它可以是節點的類型標籤、節點的屬性工作表示向量、節點的結構特徵（如度數、PageRank 值）等。

問題 **3** 以 GAT、GraphSAGE 為例，簡述基於空間域的圖神經網路的主要思維。　難度：★★★☆☆

分析與解答

上一問中的 GCN 模型是典型的頻譜域圖神經網路，而 GAT[5] 和 GraphSAGE[6] 則是典型的空間域圖神經網路。

GAT 的核心操作是基於多頭注意力機制（Multi-head Attention）的鄰域卷積，實際的計算公式為

$$y_i = \sigma\left(\frac{1}{M} \sum_{m=1}^{M} \sum_{j \in \mathcal{N}_i} \alpha_{ij}^{(m)} (x_j \cdot W^{(m)}) \right)$$ （3-11）

其中，$x_j \in \mathbb{R}^{1 \times d_x}$ 是節點 j 的輸入特徵，$y_i \in \mathbb{R}^{1 \times d_y}$ 是節點 i 的輸出特徵，$\mathcal{N}_i$ 是節點 i 的鄰居節點集合，M 是頭（head）的個數；對於第 m 個頭，$\alpha_{ij}^{(m)}$ 是該頭中節點 i 對節點 j 的注意力係數，$W^{(m)}$ 是對應的線性轉換矩陣。

GraphSAGE 的核心操作包含兩個步驟：第一步，融合目標節點鄰域的特徵；第二步，將鄰域融合的特徵和節點本身的特徵進行連接，透過神經網路更新每個節點的特徵。實際公式為

$$\begin{aligned} h_{\mathcal{N}_i} &= \text{aggregate}(\{x_j \mid j \in \mathcal{N}_i\}) \\ y_i &= \sigma(\text{concat}(x_i, h_{\mathcal{N}_i}) \cdot W) \end{aligned}$$ （3-12）

這裡的 aggregate 操作有豐富的選擇，如最大值池化（max-pooling）、平均值池化（average-pooling）、LSTM 等。上述步驟反覆進行 K 次，每個節點就可以和它的 K 度鄰居的特徵做融合。

・歸納與擴充・

實際上，圖神經網路更常見和實用的架構是

$$Y = \sigma(\hat{D}^{-1} \hat{A} X W)$$ （3-13）

其中，X 和 Y 分別是輸入矩陣和輸出矩陣（每一行對應一個節點的特徵），$\hat{A}$ 是增加了自環邊的圖鄰接矩陣（即 $\hat{A} = A + I$），$\hat{D}$ 是 $\hat{A}$ 對應的度數矩陣，W 是待訓練的參數矩陣。我們將該架構分解開：

（1）XW 將節點的特徵向量進行線性變化。

（2）$\hat{A}XW$ 將轉換後的節點特徵傳播到鄰居節點（包含本身）。

（3）$\hat{D}^{-1} \hat{A}XW$ 將每個節點收到的特徵（來自鄰居節點和本身）進行正規化。

（4）$\sigma(\hat{D}^{-1} \hat{A}XW)$ 將正規化後的特徵透過非線性啟動單元。

儘管這一架構已與原始的頻譜域圖神經網路大相徑庭，但是它們背後的思維是類似的。圖訊號處理的相關理論也可以幫助我們更清晰地了解卷積操作的實際形式，以及它的優勢和限制 [7]。

圖神經網路在推薦系統中的應用

場景描述

PinSage[8] 是工業界應用圖神經網路完成推薦工作的第一個成功案例，其從使用者資料中建置圖（graph）的方法和應對大規模圖而採取的實現技巧都值得我們仔細學習。PinSage 被應用在圖片推薦類別應用 Pinterest 上。在 Pinterest 中，每個使用者可以建立並命名圖板（board），並將有興趣的圖片（pins）增加進圖板。推薦系統的工作是為每個圖片產生高品質的表示向量，並據此為每位使用者推薦其可能有興趣的圖片。

基礎知識

圖神經網路、PinSage

問題　簡述 PinSage 的模型設計和　　　　難度：★★★☆☆
　　　實現細節。

分析與解答

首先談談 PinSage 的輸入資料，也就是一張根據使用者行為和各種特徵產生的大規模網路（graph）。網路的建置主要包含兩個步驟：第一步是網路結構方面，邊如何定義；第二步是節點特徵方面，各種複雜的特徵如何表示。

對於第一步，Pinterest 的應用場景很自然地對應一個二部圖，一部分節點是圖片（pins），另一部分節點是使用者定義的各種圖板（boards），二部圖的邊對應著圖片被增加進圖板。透過這種方式，全體使用者的行為被一個極大的二部圖表示出來。

對於第二步，每個圖片對應多種特徵，包含圖片本身的視覺特徵、與圖片內容相關的文字標記資訊、圖片的流行度、圖板的文字標記資訊

等。PinSage 利用深度神經網路、預訓練的詞向量等技術將這些特徵整合成節點表示向量。值得注意的是，上述的特徵分析器是所有圖片共享的，因此對於那些沒有出現在訓練過程中的「新圖片」來說，我們也可以利用訓練好的特徵分析模型來計算該圖片的向量表示。換句話說，PinSage 不需要在這個極大的二部圖的全圖上進行訓練，只需要在一個規模較小的子圖上進行訓練即可。

再來說下 PinSage 的模型結構及實現技巧。PinSage 基本遵循 GraphSAGE 的架構，但在以下 3 個地方有獨特的設計。

（1）每個節點鄰域的定義。由於網路規模巨大，如果按照 GraphSAGE 那樣將每個節點的所有鄰居節點特徵進行融合，則計算量太大。PinSage 透過隨機遊走的方式從每個節點的 K 度鄰居中取出出 T 個重要的節點，其中的「重要性」定義為從目標節點出發的隨機遊走訪問到鄰居節點的機率。

（2）aggregate 操作的具體實現。具體來說，以加權平均的方式來實現 aggregate 操作。這裡，每個鄰居節點的「權重」即為其相對於目標節點的重要性。這一操作為模型效果帶來了 46% 的提升。

（3）訓練過程中負樣本的選取。在訓練過程中，PinSage 最佳化一個最大間隔函數（max-marginloss），盡可能地使正樣本和負樣本的差距大於預設的間距。出於效率考慮，PinSage 為每個正樣本取出 500 個負樣本。不過 500 個負樣本對於龐大的圖片集（200 萬的規模）來說太過渺小，取出的負樣本與正樣本有很大機率完全不相關，這使得學習的過程過於簡單，模型訓練效果不好。PinSage 採用課程學習（Curriculum Learning）的方式進行訓練，在每輪訓練中選取難以分辨的負樣本。這一操作為模型效果帶來了 12% 的提升。

· 歸納與擴充 ·

基於圖的機器學習工作主要有點分類、邊預測和圖分類 3 大類。記 $h_i \in \mathbb{R}^{1 \times d}$ 為節點 i 最終的融合特徵，下面分別是這 3 類工作具體形式化的實例。

- 點分類：$p(v_i) = \text{Softmax}(\boldsymbol{h}_i)$。
- 邊預測：$p(A_{ij}) = \sigma(\boldsymbol{h}_i \boldsymbol{h}_j^{\text{T}})$。
- 圖分類：$p(G) = \text{Softmax}(\sum_{i \in V} \boldsymbol{h}_i)$。

除了上文提到的 PinSage 模型，圖神經網路目前在工業界的應用還不多。不過，學術界對圖神經網路在多個領域中的應用已經做出了一些探索，表 3-2 列出一些代表性的應用論文，供有興趣的讀者繼續探索。

另一個與圖神經網路技術十分相關的話題是網路表示學習（Network Representation Learning），也就是為圖（graph）中每個節點產生一個固定維數的向量表示，使得節點在圖上的臨近關係可以透過向量距離表現出來。有興趣的讀者可以進一步思考網路表示學習技術和圖神經網路的關係。

表 3-2　圖神經網路在多個領域中的應用

領域	會議	工作	參考文獻
推薦系統	KDD 2018	根據學習到的使用者表示和商品表示推薦相關商品	[8]
推薦系統	AAAI 2019	建模使用者行為序列，推測下一個可能點擊的商品	[9]
圖型擷取	NIPS 2018	邊預測	[10]
圖型擷取	NIPS 2018	圖上的組合最佳化問題	[11]
圖型擷取	arXiv	圖編輯距離	[12]
自然語言處理	EMNLP 2017	語義角色標記	[13]
自然語言處理	ACL 2017	命名實體辨識	[14]
視訊	AAAI 2018	動作辨識	[15]

圖神經網路的推理能力

人類具有關係推理（Relational Reasoning）和組合泛化（Combinatorial Generalization）[1] 兩種突出的能力。

（1）關係推理：根據物體（objects）之間的關係，做出基於邏輯的判斷。舉例來說，在一張家庭合影中，判斷哪個人是母親。但是，判斷合影中是否有女性則不是一個關係推理問題。

（2）組合泛化：人類所掌握的零碎知識可以透過組合的方式來解決新問題。舉例來說，我們可能從未了解過因特拉肯（Interlaken）這個地方，不過當得知這是一個瑞士的小鎮時，便對這個地方產生了一些推測：富裕、風景如畫、度假勝地等。

這實際上是人類推理的兩個關鍵步驟：首先學習並整理物體（或概念）之間的關係，其次基於習得的關係對未知事物做出合理推測。反觀神經網路技術，卷積神經網路和循環神經網路都可以學習到物體之間某種類型的關係，儘管這種關係實際上是內化到神經網路的結構之中的。舉例來說，卷積神經網路利用卷積核捕捉局部相依關係，循環神經網路利用 LSTM 中的門結構捕捉序列相依關係。對於現實世界中更加複雜的關係，卷積神經網路和循環神經網路則無力刻畫。沒有對複雜關係的準確刻畫，神經網路的組合泛化能力幾乎為零。事實上，視訊場景了解、遷移學習、元學習、少次學習等工作關注的都是神經網路的組合泛化問題。

在這樣的背景下，圖神經網路可以看作卷積神經網路和循環神經網路的擴充，它可以對任意結構的資料（graph）進行表示和計算。需要注意的是，圖神經網路的輸入資料本身可能並不以圖的形式被組織起來，而是以人為指定的方式將輸入資料整理為圖的結構。神經網路所處理的圖 G 即是人為指定的內化的相依關係，神經網路學習的方式、推理的方向皆基於此。

實際上，圖神經網路所具備的「推理能力」，剛好是基於傳統神經網路的人工智慧系統所欠缺的能力。回望人工智慧的發展歷程，以符號主義和非符號主義為準則的兩大研究陣營具有不同的發展路徑，卻都取得豐厚碩果。

（1）以專家系統、知識工程為代表的符號主義陣營專注建置基於規則（rule）和知識（knowledge）的智慧系統。人工設定的規則和加工的知識使得智慧系統的行為具備可解釋性，也使智慧系統本身具有基於邏輯的推演能力。

（2）以神經網路、進化演算法為代表的非符號主義陣營力圖模仿生物高效的學習、計算方式。相較於符號主義的系統，非符號主義系統無須過多人力即可自主地發現資料的連結，不過常常是「知其然，而不知其所以然」。

而從某種程度上講，圖神經網路是兩種主義相結合的產物（Neural-symbolic System），其將規則、知識引入神經網路，使得神經網路具備了可解釋性和推理能力。

圖神經網路可能出現的應用場景和工作包含以下幾個方面。

● 邊預測：推測節點之間的狀態，如在視訊推薦系統中，使用者是否會對「阿凡達」電影有興趣。

● 點預測：推測某個節點的狀態，如在人物誌中，使用者是否為中年人。

● 圖預測：推測整個系統的狀態，如在場景了解中，視訊中是否展現了悲傷的情緒。

根據不同場景，圖神經網路需要基於輸入的圖結構，分別產生邊表示、節點表示和圖表示。圖 3.2 展示的是圖神經網路的基本計算框架[1]，其中，節點向量表示為 v，邊向量表示為 e，圖向量表示為 u，裡面有關的函數通常用如下方式來實現：

$$\phi^e(e_k, v_{r_k}, v_{s_k}, u) := \mathrm{NN}_e([e_k, v_{r_k}, v_{s_k}, u])$$
$$\phi^v(\overline{e'_i}, v_i, u) := \mathrm{NN}_v([\overline{e'_i}, v_i, u])$$
$$\phi^u(\overline{e'}, \overline{v'}, u) := \mathrm{NN}_u([\overline{e'}, \overline{v'}, u])$$
$$\rho^{e\to u}(E'_i) := \sum_{k:r_k=i} e'_k \qquad (3\text{-}14)$$
$$\rho^{v\to u}(V') := \sum_i v'_i$$
$$\rho^{e\to u}(E') := \sum_k e'_k$$

其中，v_{s_k} 和 v_{r_k} 分別是邊 e_k 的發射節點（sender）和接收節點（receiver）。注意，如果我們對模型所應用的場景認識不足，很難確定圖 G 的準確結構，那麼可以為模型輸入一個完全有方向圖，由模型自主判斷每一個關係的強弱。

```
function GRAPHNETWORK(E, V, u)
    for k ∈ {1...Nᵉ}do
        e′ₖ ← φᵉ(eₖ, vᵣₖ, vₛₖ, u)··· 1. 更新邊向量表示
    end for
    for i ∈ {1...Nⁿ}do
        let E′ᵢ = {(e′ₖ, rₖ, sₖ)}ᵣₖ=ᵢ,ₖ=₁:ₙᵉ
        ē′ᵢ ← ρᵉ→ᵘ(E′ᵢ) ·········· 2. 以每個節點為中心聚合鄰接邊的向量表示
        v′ᵢ ← φᵛ(ē′ᵢ, vᵢ, u) ········ 3. 更新節點向量表示
    end for
    let V′ = {v′}ᵢ=₁:ₙⁿ
    let E′ = {(e′ₖ, rₖ, sₖ)}ₖ=₁:ₙᵉ
    ē′ ← ρᵉ→ᵘ(E′) ············· 4. 聚合所有邊的向量表示
    v̄′ ← ρᵛ→ᵘ(V′) ············· 5. 聚合所有節點的向量表示
    u′ ← φᵘ(ē′, v̄′, u) ··········· 6. 更新圖向量表示
    return (E′, V′, u′)
end function
```

圖 3.2　圖神經網路的基本計算架構

基礎知識

推理、注意力機制（Attention Mechanism）、元學習、分解機（Factorization Machines）

問題 1　基於圖神經網路的推理架構有何優勢？

難度：★★★★☆

分析與解答

相比於一般的深度學習模型，基於圖神經網路的推理架構有如下優勢。

（1）具備推斷關係的能力。被輸入的圖 G 僅告訴圖神經網路模型節點之間潛在的關係，而實際的關係（如強度、正向或負向）則可以讓模型從資料中學習。正因如此，為模型輸入一個完全有向圖或一個經過專家設計的精準關係圖都是可行的。

（2）充分利用訓練資料。以圖 3.2 中的 $\phi^e(\cdot)$ 函數為例，它用來建模圖中任意一對鄰接節點之間的關係（即邊），而不僅是某一對節點的關係。這使得模型在訓練資料較少時也有相當的泛化能力。倘若用一個全連接神經網路來對整個圖（graph）有關的所有關係進行建模，那麼這個全連接網路的輸入需要整個節點集合，而且網路的參數需要能夠表示任意一對節點之間的關係。顯然，相較於圖神經網路中的 $\phi^e(\cdot)$，這個全連接網路需要更大量的訓練資料。

（3）模型的輸出與節點標號無關。只要 $\rho^{e\to v}(\cdot)$、$\rho^{v\to u}(\cdot)$、$\rho^{e\to u}(\cdot)$ 與輸入順序無關（例如求和操作、取均值操作），則模型最後的輸出也與節點標誌無關。相反，一般的深度神經網路都與輸入的順序有關。

問題 2 簡述圖神經網路的推理機制在其他領域中的應用。

難度：★★★★★

分析與解答

事實上，了解了圖神經網路的推理機制之後，再回顧其他領域中的一些研究，會發現其中的「異曲同工」之妙。在未來，這些領域很有可能因此受益於圖神經網路的發展。

■ **注意力機制**

Transformer 模型 [16] 基本上將自注意力（self-attention）機制的作用發揮到極致。對於一個元素個數為 n 的序列 $X = \{x_1, x_2, \cdots, x_n\}$，$x_i \in \mathbb{R}^{1 \times d_x}$，自注意力會產生一個與 X 等長的序列 $Z = \{z_1, z_2, \cdots, z_n\}$，$z_i \in \mathbb{R}^{1 \times d_z}$，其中 z_i 是 X 中的元素經過線性轉換後的加權求和：

$$z_i = \sum_{j=1}^{n} \alpha_{ij}(x_j W^V), \quad \alpha_{ij} = \frac{\exp(e_{ij})}{\sum_{k=1}^{n} \exp(e_{ik})} \tag{3-15}$$

其中，e_{ij} 代表了第 i 個元素和第 j 個元素之間的相關性：

$$e_{ij} = \frac{(x_i W^Q)(x_j W^K)^{\mathrm{T}}}{\sqrt{d_z}} \tag{3-16}$$

想像一個由 n 個節點組成的完全圖，$Z = \{z_1, z_2, \cdots, z_n\}$ 可以視為節點的向量表示，e_{ij} 的計算方式可以視為 $\phi^{e_{ij}}(\cdot)$，z_i 加權求和的計算方式可以視為 $\phi^{v_i}(\cdot)$。因此，自注意力機制等於在以序列元素為節點的完全圖上定義了邊表示、節點表示的圖神經網路。Transformer 中多個自注意力累積起來（層次結構的 Transformer），實現更高階注意力的計算，剛好等同於圖神經網路中的卷積操作，每個節點上的特徵沿著網路中的邊多次傳播。

■ 基於度量的元學習（Metric-based Meta-Learning）

在元學習中，基於少量訓練資料的分類是一個十分常見的工作。假設，資料集包含了 N 個類別的圖片，每個類別只有 K 張有標籤的圖片，K 可能比較小，如 $K = 1, 2, 3, \cdots$，工作是預測一張無標籤圖片的類別。在這種情況下，由於資料太少，傳統的神經網路一般無法訓練好，而基於度量的元學習 [17-18] 採取的方式是

$$y = \sum_i k_\theta(\boldsymbol{x}, \boldsymbol{x}_i) \cdot y_i \qquad (3\text{-}17)$$

其中，$\boldsymbol{x}_i$ 是有標籤圖片的向量表示，y_i 是圖片的標籤，$k_\theta(\cdot, \cdot)$ 是衡量相似性的核函數。這相當於一個以有標籤的圖片和待分類圖片為節點，待分類圖片和有標籤圖片之間連邊的圖神經網路，$\phi^{e_{ij}}(\cdot)$ 的功能由 $k_\theta(\cdot, \cdot)$ 實現。不過，基於度量的元學習目前沒有考慮高階的相似性，也許我們可以借用圖神經網路的想法，設計出考慮高階相似性的元學習方法。

■ 分解機

分解機 [19] 主要解決大規模稀疏資料下的特徵組合問題，在真實的推薦場景中具有重要的應用。基本的分解機模型為

$$y(\boldsymbol{x}) = w_0 + \sum_{i=1}^n w_i x_i + \sum_{i=1}^n \sum_{j=i+1}^n \langle \boldsymbol{v}_i, \boldsymbol{v}_j \rangle \cdot x_i x_j \qquad (3\text{-}18)$$

其中，x 是輸入向量，y 是輸出，x_i 是第 i 維特徵，$\boldsymbol{v}_i$ 是 x_i 的輔助表示向量，$\langle \cdot, \cdot \rangle$ 表示向量點積，w_i 是權重係數。在一個以特徵為節點的完全圖中，$\langle \cdot, \cdot \rangle \cdot x_i x_j$ 操作對應 $\phi^{e_{ij}}(\cdot)$，對所有二次項求和對應著 $\rho^{e \to u}(\cdot)$。為這個圖設計更多類型的邊甚至可以實現域分解機（Field-aware Factorization Machine）[20]。

關於圖神經網路推理能力的研究，重點不在於架構本身的設計如何，而在於它在神經網路中引用關係並對關係建模這一思維。正是這一思維指定了圖神經網路推理的能力。目前，基於圖神經網路的推理主要應用在視覺問答（Visual Question Answering, VQA）工作中 [21-22]。不過，我們在本章中也指出了這種思維在其他領域中的應用。可見，對關係的建模在各個領域中都有其價值。設計更高效的關係建模方式將成為一個富有前景的研究方向。

參考文獻

[1]   BATTAGLIA P W, HAMRICK J B, BAPST V, et al. Relational inductive biases, deep learning, and graph networks[J]. arXiv preprint arXiv:1806.01261, 2018.

[2]   BRONSTEIN M M, BRUNA J, LECUN Y, et al. Geometric deep learning: Going beyond euclidean data[J]. IEEE Signal Processing Magazine, IEEE, 2017, 34(4): 18–42.

[3]   GORI M, MONFARDINI G, SCARSELLI F. A new model for learning in graph domains[C]//Proceedings of the 2005 IEEE International Joint Conference on Neural Networks, 2005, 2: 729–734.

[4]   DEFFERRARD M, BRESSON X, VANDERGHEYNST P. Convolutional neural networks on graphs with fast localized spectral filtering[C]//Advances in Neural Information Processing Systems, 2016: 3844–3852.

[5]   VELIČKOVIĆ P, CUCURULL G, CASANOVA A, et al. Graph attention networks[J], 2018.

[6]   HAMILTON W, YING Z, LESKOVEC J. Inductive representation learning on large graphs[C]//Advances in Neural Information Processing Systems, 2017: 1024–1034.

[7]   ZÜGNER D, AKBARNEJAD A, GÜNNEMANN S. Adversarial attacks on neural networks for graph data[C]//Proceedings of the 24th ACM SIGKDD International Conference on Knowledge Discovery & Data Mining. ACM, 2018: 2847–2856.

[8]   YING R, HE R, CHEN K, et al. Graph convolutional neural networks for web-scale recommender systems[C]//Proceedings of the 24th ACM SIGKDD International Conference on Knowledge Discovery & Data Mining. ACM, 2018: 974–983.

[9]   WU S, TANG Y, ZHU Y, et al. Session-based recommendation with graph neural networks[C]//Proceedings of the AAAI Conference on Artificial Intelligence, 2019, 33:346-353.

[10] ZHANG M, CHEN Y. Link prediction based on graph neural networks[C]// Advances in Neural Information Processing Systems, 2018: 5171–5181.

[11] LI Z, CHEN Q, KOLTUN V. Combinatorial optimization with graph convolutional networks and guided tree search[C]//Advances in Neural Information Processing Systems, 2018: 537–546.

[12] BAI Y, DING H, BIAN S, et al. Graph edit distance computation via graph neural networks[J]. arXiv preprint arXiv:1808.05689, 2018.

[13] MARCHEGGIANI D, TITOV I. Encoding sentences with graph convolutional networks for semantic role labeling[J]. Conference on Empirical Methods in Natural Language Processing, 2017.

[14] CETOLI A, BRAGAGLIA S, O' HARNEY A D, et al. Graph convolutional networks for named entity recognition[J]. arXiv preprint arXiv:1709,10053, 2017.

[15] YAN S, XIONG Y, LIN D. Spatial temporal graph convolutional networks for skeleton-based action recognition[C]//32nd AAAI Conference on Artificial Intelligence, 2018.

[16] VASWANI A, SHAZEER N, PARMAR N, et al. Attention is all you need[C]//Advances in Neural Information Processing Systems, 2017: 5998–6008.

[17] VINYALS O, BLUNDELL C, LILLICRAP T, et al. Matching networks for one shot learning[C]//Advances in Neural Information Processing Systems, 2016: 3630–3638.

[18] SUNG F, YANG Y, ZHANG L, et al. Learning to compare: Relation network for few-shot learning[C]//Proceedings of the IEEE Conference on Computer Vision and Pattern Recognition, 2018: 1199–1208.

[19] RENDLE S. Factorization machines[C]//2010 IEEE International Conference on Data Mining. IEEE, 2010: 995–1000.

[20] JUAN Y, ZHUANG Y, CHIN W-S, et al. Field-aware factorization machines for CTR prediction[C]//Proceedings of the 10th ACM Conference on Recommender Systems. ACM, 2016: 43–50.

[21] SANTORO A, RAPOSO D, BARRETT D G, et al. A simple neural network module for relational reasoning[C]//Advances in Neural Information Processing Systems, 2017: 4967–4976.

[22] NARASIMHAN M, LAZEBNIK S, SCHWING A. Out of the box: Reasoning with graph convolution nets for factual visual question answering[C]//Advances in Neural Information Processing Systems, 2018: 2659–2670.

第 4 章

生成模型

為了讓機器更進一步地了解這個世界，我們不僅要讓機器知道資料「是什麼」，也要讓它了解資料是「怎麼來的」。相比於了解資料是什麼，學習資料是如何產生的則是一個更加困難和有挑戰的問題。前者有如有一個老師在指導你如何進行學習，後者則只有一堆冷冰冰的資料，你需要自己學習資料的本質和來源。生成模型（Generative Model）就是要讓機器找到生成資料的機率分佈 $P(x)$。有了生成資料的分佈 $P(x)$ 後，我們就可以讓機器從中取樣生成另一番「別樣生動」的世界。生成模型在影像、語音、文字等方面具有各式各樣的應用，例如從傳統的影像生成到如今的機器吟詩作對等。本章將為你掀開一些常見的生成模型的面紗。

深度信念網路與深度波茲曼機

　　神經網路自發展以來，由於其良好的擬合與泛化能力，受到了廣泛的關注。然而，將傳統的神經網路擴充到多層神經網路時，由於層數增加，參數量也隨之劇增，導致訓練效率不佳。此外，多層神經網路在做梯度反向傳播時，會存在梯度消失或爆炸等問題，導致訓練結果不理想。因此在 2000 年左右，相比於神經網路，邏輯回歸、支援向量機（Support Vector Machine，SVM）等方法統治著機器學習的天下。但在 2006 年，Hinton 提出了深度信念網路（Deep Belief Network, DBN），透過非監督方式預訓練一個深度信念網路來初始化一個神經網路模型，獲得了良好的效果，開啟了深度學習的浪潮。

基礎知識

　　概率圖模型、受限波茲曼機（Restricted Boltzmann Machine, RBM）、深度信念網路、深度波茲曼機（Deep Boltzmann Machine, DBM）

問題 *1* 簡單介紹 RBM 的訓練過程。如何擴充普通的 RBM 以對影像資料進行建模？　　難度：★★☆☆☆

分析與解答

　　RBM 是一個無向圖模型。相比於普通波茲曼機，RBM 刪除了可見層內部的連接以及隱藏層內部的連接，如圖 4.1 所示，其可見層 v 與隱藏層 h 的聯合機率分佈為

$$p(v, h) = \frac{1}{Z}\exp(-E(v, h))$$
$$E(v, h) = -\sum_{i,j} w_{ij} v_i h_j - \sum_i b_i v_i - \sum_j c_j h_j \tag{4-1}$$

其中，$E(v, h)$ 稱作能量函數，$Z = \sum_{v,h} \exp(-E(v, h))$ 是正規化因數（也稱劃分函數）。由於在可見層內部以及隱藏層內部沒有邊相連，v 與 h 的條件機率分佈都是分解的，即

$$p(h|v) = \prod_j p(h_j|v)$$
$$p(v|h) = \prod_i p(v_i|h)$$

（4-2）

此外，可見層 v 的邊緣機率分佈可根據聯合機率分佈求得，即

$$p(v) = \frac{1}{Z} \sum_h \exp(-E(v, h))$$

（4-3）

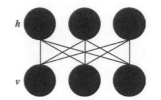

圖 4.1　受限波茲曼機（RBM）

在訓練時，RBM 以最大化資料似然為目標。似然函數 $\log p(v)$ 關於權重 w_{ij} 的梯度為

$$\frac{\partial \log p(v)}{\partial w_{ij}} = \langle v_i, h_j \rangle_{\text{data}} - \langle v_i, h_j \rangle_{\text{model}}$$

（4-4）

指定訓練資料 v 後，上述梯度公式中的第一項 $\langle v_i, h_j \rangle_{\text{data}}$ 可以很容易獲得，但第二項 $\langle v_i, h_j \rangle_{\text{model}}$ 則需要從目前模型中獲得無偏資料 (v, h)。模型的無偏資料可以透過對可見層進行隨機初始化，然後不斷反覆運算使用吉布斯取樣（Gibbs Sampling）來獲得，但這通常需要很多次反覆運算才能夠保證獲得的資料收斂到模型分佈。為了加快 RBM 的訓練速度，Hinton 在 2002 年提出了比較離散度（Contrastive Divergence, CD）演算法[1]，即在取得無偏資料 (v, h) 時，直接用目前資料 v 來對可見層進行初始化（而非隨機初始化），並且在取樣中也只使用 k 步吉布斯取樣（記作 CD-k 演算法）。一般來說，在訓練 RBM 時，CD-1 演算法（即只使用 1 步吉布斯取樣）就能夠對梯度有很好的近似並達到不錯的訓練效果。

在對圖像資料進行建模時，我們可以對原始 RBM 做以下修改。首先，由於普通 RBM 的可見層是二元形式的，即 $v_i \in \{0, 1\}$，而影像的像素

點設定值在正規化後是實數值,即 $v_i \in [0,1]$,所以需要對普通 RBM 進行擴充。我們可以將能量函數 $E(\boldsymbol{v},\boldsymbol{h})$ 做如下修改:

$$E(\boldsymbol{v},\boldsymbol{h}) = \sum_i \frac{(v_i - b_i)^2}{2\sigma_i^2} - \sum_{i,j} \frac{w_{ij} v_i h_j}{\sigma_i^2} - \sum_j c_j h_j \qquad (4\text{-}5)$$

此時可見層的條件分佈是一個高斯分佈: $p(v_i \,|\, \boldsymbol{h}) = \mathcal{N}(v_i \,|\, \sum_j w_{ij} h_j + b_i, \sigma_i^2)$ [2]。其次,考慮到圖像資料中相鄰像素之間其實存在著一定的關聯,因此可以在 RBM 的可見層內部增加連接,即能量函數變為

$$E(\boldsymbol{v},\boldsymbol{h}) = \sum_{i,j,k} w_{ijk} v_i h_j v_k - \sum_i b_i v_i - \sum_j c_j h_j \qquad (4\text{-}6)$$

但這種建模方式會導致參數量過大,因此參考文獻 [3] 對參數 w_{ijk} 採用了分解方式,即令 $w_{ijk} = \sum_f b_{if} c_{jf} p_{kf}$,這樣可以降低參數量,能夠更快速地對模型進行訓練。

問題 2 DBN 與 DBM 有什麼區別?　　　難度:★★★☆☆

分析與解答

首先,在模型結構上,DBN 通過不斷堆疊 RBM 得到一個深度信念網路,其最頂層是一個無向的 RBM,但下層結構則是有向的;與此不同,DBM 屬於真正的無向圖模型,所有層與層之間的連接都是無向的。以一個三層網路結構為例,兩者的結構對比如圖 4.2 所示。

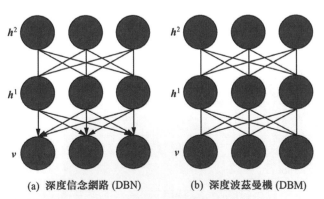

(a) 深度信念網路 (DBN)　　　(b) 深度波茲曼機 (DBM)

圖 4.2　DBN 與 DBM 模型結構圖

其次，在訓練模型方面，DBN 只需要透過逐層訓練 RBM，最後得到的就是一個 DBN 模型；而 DBM 由於是一個無向圖模型，有實際的概率分佈，它的目標是最大化似然函數，即 $\arg\max_{\theta} p(v;\theta)$。為了更好地訓練 DBM，參考文獻 [4] 將 DBM 的訓練過程分為兩個階段，即預訓練與模型整體訓練。該論文提出了類似 DBN 中逐層訓練 RBM 的方式，但考慮到在 DBM 中隱藏層的節點實際上受到上下兩層的影響，所以在逐層預訓練的過程中，為了消除這種影響，論文在預訓練過程中將每一個輸入層進行了一份複製，進而隱藏層的條件分佈變為

$$P(h_j = 1 \mid v) = \sigma(\sum_i w_{ij} v_i + \sum_i w_{ij} v_i) \qquad (4\text{-}7)$$

其中，v 為目前預訓練層的輸入，h 為目前預訓練層的輸出。另外，在預訓練完成後，DBM 還需要一個模型整體訓練過程，以最大化似然為目標進行模型的整體訓練。不過，由於正規化因數 Z 的存在，確切的似然值是無法計算的，因此參考文獻 [4] 採用變分推斷（Variationa lInference）方法，透過最佳化目標函數的下界來間接最佳化原始的目標函數，即

$$\ln p(v;\theta) \geqslant \ln p(v;\theta) - \mathrm{KL}(q(h \mid v;\mu) \| p(h \mid v;\theta)) \triangleq \mathcal{J} \qquad (4\text{-}8)$$

其中，$q(h \mid v;\mu)$ 是真實後驗分佈 $p(h \mid v;\theta)$ 的近似，並且可以分解為乘積形式，即 $q(h \mid v;\mu) = \prod_j q(h_j)$，其中 $q(h_j = 1) = \mu_j$。這種用可分解的乘積形式的假設分佈來近似真實後驗分佈的方法，又稱為平均場（Mean Field）法。這樣，似然函數的下界可以進一步寫為

$$\mathcal{J} = \frac{1}{2} \sum_{i,k} L_{ik} v_i v_k + \frac{1}{2} \sum_{j,m} J_{jm} \mu_j \mu_m + \sum_{i,j} W_{ij} v_i \mu_j - \ln Z(\theta) + \sum_j [\mu_j \ln \mu_j + (1 - \mu_j) \ln(1 - \mu_j)] \qquad (4\text{-}9)$$

因此 DBM 的模型整體訓練過程分為兩步：首先固定參數 θ，採用梯度下降法對 μ 進行最佳化；當 μ 收斂後，再採用上一節所提到的比較離散度演算法對參數 θ 進行最佳化。

最後，在將訓練好的模型用於初始化前饋神經網路時，兩個模型也有區別。對於 DBN，它可以直接將權重設定值給前饋神經網路；但對於 DBM，由於第一個隱藏層除了接收可見層的輸入，也接收第二個隱藏

層的輸入，因此在用 DBM 初始化前饋神經網路時，需要將模型的後驗分佈$q(h^2|v)$ 也作為前饋神經網路的額外輸入（這裡 h^2 代表第二層隱向量），如圖 4.3 所示。

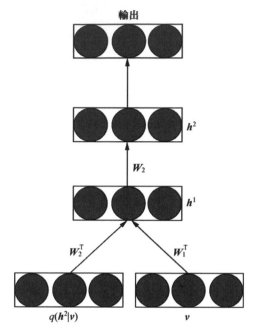

圖 4.3　用 DBM 來初始化前饋神經網路

02 變分自編碼器基礎知識

場景描述

目前學術界流行的生成模型主要有兩種，即變分自編碼器（Variational AutoEncoder, VAE）和生成式對抗網路（Generative Adversarial Network, GAN）。相比於 GAN 採用對抗訓練的思維，VAE 則是用了數學上更為優美的變分推斷來解決模型優化問題，通過最佳化目標函數的下界來達到訓練模型的目的。本節將對 VAE 的基礎知識進行簡要的介紹。

基礎知識

變分自編碼器、變分推斷、半監督學習、特徵解耦

問題 *1* 簡述 VAE 的基本思維，以及它是如何用變分推斷方法進行訓練的？

難度：★★☆☆☆

分析與解答

VAE 是 Kingma 和 Welling 在 2013 年提出的 [5]。他們假設資料 x_i 由一個隨機過程產生，該隨機過程分為兩步：先由先驗分佈 $P_{\theta^*}(z)$ 產生隱藏變數 z_i；再由條件分佈 $P_{\theta^*}(x|z_i)$ 生成資料 x_i。圖 4.4（a）是這個隨機過程的圖模型。這裡的參數 θ^* 可以透過最大化資料似然來求得：

$$\theta^* = \arg\max_{\theta} \sum_i \log P_{\theta}(x_i) \tag{4-10}$$

根據圖 4.4（a）中的圖模型，$P_{\theta}(x_i)$ 可以表示為

$$P_{\theta}(x_i) = \int P_{\theta}(x_i|z)P_{\theta}(z)\mathrm{d}z \tag{4-11}$$

這樣我們可以用取樣法估計 $P_{\theta}(x_i)$，即

$$P_\theta(\boldsymbol{x}_i) \approx \frac{1}{n}\sum_{j=1}^{n} P_\theta(\boldsymbol{x}_i \mid \boldsymbol{z}_j) \qquad (4\text{-}12)$$

$$\boldsymbol{z}_j \sim P_\theta(\boldsymbol{z}), \quad j = 1,2,\cdots,n$$

然而，取樣法存在一個問題：由於 $\boldsymbol{x}$ 的維度一般比較高，因此需要很多次取樣才能保障上述估計的準確性。此外，對於某些 $\boldsymbol{z}$，有 $P_\theta(\boldsymbol{x}_i \mid \boldsymbol{z}) \approx 0$，這對估計 $P_\theta(\boldsymbol{x}_i)$ 幾乎沒有什麼貢獻。因此，VAE 的核心想法就是找到一個容易生成資料 x 的 z 的分佈，即後驗分佈 $Q_\phi(\boldsymbol{z} \mid \boldsymbol{x}_i)$。注意，這裡 z 集中在低維空間中，其分佈與資料 x 是緊密相關的。有了 $Q_\phi(\boldsymbol{z} \mid \boldsymbol{x}_i)$ 之後，如何最佳化似然函數 $P_\theta(\boldsymbol{x}_i)$ 呢？這裡採用變分推斷，透過最佳化目標函數的下界來間接最佳化原始目標函數。考慮到後驗分佈 $Q_\phi(\boldsymbol{z} \mid \boldsymbol{x}_i)$ 應該和真實的後驗分佈 $P_\theta(\boldsymbol{z} \mid \boldsymbol{x}_i)$ 較為接近，二者間的 KL 散度會比較小，由此獲得似然函數的下界：

$$
\begin{aligned}
\log P_\theta(\boldsymbol{x}_i) &\geqslant \log P_\theta(\boldsymbol{x}_i) - \mathrm{KL}(Q_\phi(\boldsymbol{z} \mid \boldsymbol{x}_i) \| P_\theta(\boldsymbol{z} \mid \boldsymbol{x}_i)) \\
&= \log P_\theta(\boldsymbol{x}_i) - \mathbb{E}_{z\sim Q}[\log Q_\phi(\boldsymbol{z} \mid \boldsymbol{x}_i) - \log P_\theta(\boldsymbol{z} \mid \boldsymbol{x}_i)] \\
&= \log P_\theta(\boldsymbol{x}_i) - \mathbb{E}_{z\sim Q}[\log Q_\phi(\boldsymbol{z} \mid \boldsymbol{x}_i) - \log P_\theta(\boldsymbol{x}_i \mid \boldsymbol{z}) - \log P_\theta(\boldsymbol{z}) + \log P_\theta(\boldsymbol{x}_i)] \quad (4\text{-}13) \\
&= \mathbb{E}_{z\sim Q}[\log P_\theta(\boldsymbol{x}_i \mid \boldsymbol{z})] - \mathrm{KL}(Q_\phi(\boldsymbol{z} \mid \boldsymbol{x}_i) \| P_\theta(\boldsymbol{z})) \\
&\triangleq \mathcal{J}_{\mathrm{VAE}}
\end{aligned}
$$

因為無法直接對似然函數 $P_\theta(\boldsymbol{x}_i)$ 進行最佳化，所以在變分推斷中透過不斷最佳化其下界 $\mathcal{J}_{\mathrm{VAE}}$ 來達到最大化 $P_\theta(\boldsymbol{x}_i)$ 的目的。

上述介紹只是列出了 VAE 的大致架構，並沒有限定實際使用的分佈。在 VAE 中，我們採用如下分佈函數：

$$
\begin{aligned}
P_\theta(\boldsymbol{z}) &\sim \mathcal{N}(\boldsymbol{z} \mid \boldsymbol{0}, \boldsymbol{I}) \\
P_\theta(\boldsymbol{x}_i \mid \boldsymbol{z}) &\sim \mathcal{N}(\boldsymbol{x}_i \mid \mu(\boldsymbol{z};\theta), \sigma^2(\boldsymbol{z};\theta) * \boldsymbol{I}) \qquad (4\text{-}14) \\
Q_\phi(\boldsymbol{z} \mid \boldsymbol{x}_i) &\sim \mathcal{N}(\boldsymbol{z} \mid \mu(\boldsymbol{x}_i;\phi), \sigma^2(\boldsymbol{x}_i;\phi) * \boldsymbol{I})
\end{aligned}
$$

其中，高斯分佈的參數 $\mu(\boldsymbol{z};\theta)$、$\sigma(\boldsymbol{z};\theta)$、$\mu(\boldsymbol{x}_i;\phi)$ 和 $\sigma(\boldsymbol{x}_i;\phi)$ 可以用神經網路來建模。指定了分佈的實際形式之後，目標函數 $\mathcal{J}_{\mathrm{VAE}}$ 中的第二項 $\mathrm{KL}(Q_\phi(\boldsymbol{z} \mid \boldsymbol{x}_i) \| P_\theta(\boldsymbol{z}))$ 可以解析地計算出來（因為兩個分佈都是高斯分佈），所以問題主要落在如何計算 $\mathbb{E}_{z\sim Q}[\log P_\theta(\boldsymbol{x}_i \mid \boldsymbol{z})]$ 上。這裡可以使用取樣來逼近這個期望，即

$$\mathbb{E}_{z\sim Q}[\log P_\theta(x_i \mid z)] \approx \frac{1}{L}\sum_{l=1}^{L}\log P_\theta(x_i \mid z_l)$$

$$z_l \sim Q_\phi(z \mid x_i), \quad l=1,2,\cdots,L \qquad （4\text{-}15）$$

圖 4.4（b）是 VAE 的模型架構圖。

　　上述 VAE 的訓練過程存在對 z 的取樣，這使神經網路中存在一些隨機性的節點，導致在反向傳播時梯度沒有辦法在這些節點反向傳播回去。因此，參考文獻 [5] 在 VAE 中使用了一種參數化技巧，即

$$z = \mu(x_i;\phi) + \sigma(x_i;\phi)*\epsilon, \quad \epsilon \sim \mathcal{N}(\mathbf{0}, \mathbf{I}) \qquad （4\text{-}16）$$

取樣過程傳輸到了輸入層，只需要在輸入層進行均值為 $\mathbf{0}$、方差為 $\mathbf{I}$ 的高斯取樣即可，中間的節點都變成了確定性節點，梯度可以反向傳播回去了。圖 4.4（c）是經過參數化後的 VAE 模型架構圖。

　　至此，整個 VAE 模型就可以採用標準的批次梯度下降法進行訓練了。在產生新資料時，只需要從先驗分佈中取樣出 $z \sim P_\theta(z) = \mathcal{N}(\mathbf{0}, \mathbf{I})$，然後輸入到解碼器中就可以產生新樣本了，如圖 4.4（d）所示。

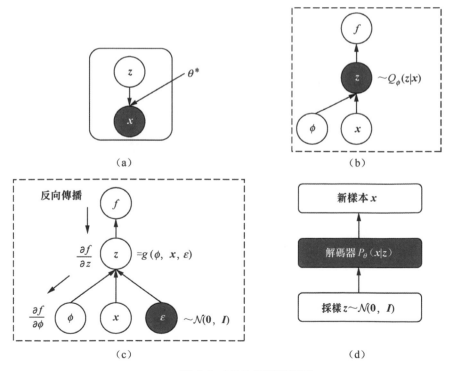

圖 4.4　VAE 模型結構圖

問題 **2** VAE 如何控制生成影像的類別？　　難度：★★★☆☆

分析與解答

　　普通的 VAE 在生成新資料時，先從先驗分佈中取樣出 $z \sim P_\theta(z) = \mathcal{N}(\mathbf{0}, \mathbf{I})$，然後送入解碼器生成新資料。在這個過程中，我們是沒有辦法控制生成資料的類別的，並且也無法極佳地解釋 z 中隱藏變數的含義。為了能夠在生成影像的過程中將類別考慮進去，Diederik 等人提出了一種半監督的生成模型架構 [6]。相比於原始 VAE，該架構在生成資料時還受到另一個隱藏變數 y 的影響，而這個 y 就控制著所生成的影像的類別。該架構的資料生成過程如下：

$$
\begin{aligned}
P_\theta(y) &= Cat(y \mid \pi) \\
P_\theta(z) &= \mathcal{N}(z \mid \mathbf{0}, \mathbf{I}) \\
P_\theta(\mathbf{x} \mid y, z) &= f(\mathbf{x}; y, z, \theta)
\end{aligned}
\tag{4-17}
$$

其中，$Cat(y \mid \pi)$ 表示一個多項分佈。有了各變數的分佈後，可以透過最大化似然函數來最佳化模型的參數。但與原始 VAE 一樣，由於變數間建模的非共軛、非線性等特性，準確的後驗分佈 $P_\theta(z \mid \mathbf{x}, y), P_\theta(y \mid \mathbf{x})$ 無法直接計算出來，因此這裡同樣使用變分推斷方法來進行模型的最佳化，即尋找一個參數化的分佈 $Q_\phi(z \mid \mathbf{x}, y), Q_\phi(y \mid \mathbf{x})$ 來近似真實的後驗分佈，然後透過最佳化目標函數的下界來達到最佳化目標函數的目的。

　　在半監督學習中，存在一部分有標籤的資料 $D_l(\mathbf{X}, \mathbf{Y}) = \{(\mathbf{x}_1, y_1), (\mathbf{x}_2, y_2), \cdots, (\mathbf{x}_n, y_n)\}$，以及一部分沒有標籤的資料 $D_u(\mathbf{X}) = \{\mathbf{x}_{n+1}, \mathbf{x}_{n+2}, \cdots, \mathbf{x}_{n+N}\}$。對於有標籤資料 $D_l(\mathbf{X}, \mathbf{Y})$，要優化的目標函數的下界是

$$
\begin{aligned}
\log P_\theta(\mathbf{x}, y) &\geqslant \log P_\theta(\mathbf{x}, y) - \mathrm{KL}(Q_\phi(z \mid \mathbf{x}, y) \| P_\theta(z \mid \mathbf{x}, y)) \\
&= \mathbb{E}_{Q_\phi(z \mid \mathbf{x}, y)}[\log P_\theta(\mathbf{x} \mid y, z) + \log P_\theta(y) + \log P_\theta(z) - \log Q_\phi(z \mid \mathbf{x}, y)] \\
&\triangleq \mathcal{J}_l(\mathbf{x}, y)
\end{aligned}
\tag{4-18}
$$

　　而對於沒有標籤的資料 $D_u(\mathbf{X})$ 而言，標籤 y 是一個隱藏變數，需要從數據中推測出來，此時要最佳化的目標函數的下界為

$$\log P_{\theta}(\boldsymbol{x}) \geqslant \log P_{\theta}(\boldsymbol{x}) - \mathrm{KL}(Q_{\phi}(y, \boldsymbol{z} \mid \boldsymbol{x}) \| P_{\theta}(y, \boldsymbol{z} \mid \boldsymbol{x}))$$

$$= \mathbb{E}_{Q_{\phi}(y, \boldsymbol{z} \mid \boldsymbol{x})}[\log P_{\theta}(\boldsymbol{x} \mid y, \boldsymbol{z}) + \log P_{\theta}(y) + \log P_{\theta}(\boldsymbol{z}) - \log Q_{\phi}(y, \boldsymbol{z} \mid \boldsymbol{x})]$$

（4-19）

$$= \sum_{y} Q_{\phi}(y \mid \boldsymbol{x})[\mathcal{J}_{l}(\boldsymbol{x}, y)] + \mathcal{H}(Q_{\phi}(y \mid \boldsymbol{x}))$$

$$\triangleq \mathcal{J}_{u}(\boldsymbol{x})$$

其中，$\mathcal{H}(Q_{\phi}(y \mid \boldsymbol{x}))$ 是分佈 $Q_{\phi}(y \mid \boldsymbol{x})$ 的熵。對於整個資料集而言，最佳化的目標為

$$\mathcal{J} = \sum_{(\boldsymbol{x}, y) \in D_{l}} \mathcal{J}(\boldsymbol{x}, y) + \sum_{\boldsymbol{x} \in D_{u}} \mathcal{J}_{u}(\boldsymbol{x})$$

（4-20）

注意，分佈 $Q_{\phi}(y \mid \boldsymbol{x})$ 其實就是一個分類器，但其參數的更新來自目標 $\mathcal{J}_{u}(\boldsymbol{x})$，也就是沒有標籤的資料集。如果想將 $Q_{\phi}(y \mid \boldsymbol{x})$ 作為最後的分類器的話，因為沒有監督資訊，這個分類器很可能是不能使用的。因此，參考文獻 [6] 增加了分類的最佳化目標來更進一步地訓練 $Q_{\phi}(y \mid \boldsymbol{x})$，最後的目標函數為

$$\mathcal{J}^{\alpha} = \mathcal{J} + \alpha \, \mathbb{E}_{D_{l}(X, Y)}[\log Q_{\phi}(y \mid \boldsymbol{x})]$$

（4-21）

其中，α 用來平衡生成模型與分類器的權重。在訓練過程中，我們使用同 VAE 訓練過程中一樣的參數化技巧，利用取樣和梯度下降法來更新參數 ϕ 和 θ。

問題 3 如何修改 VAE 的損失函數，使得隱藏層的編碼是相互解耦的？

難度：★★★☆☆

分析與解答

以圖像資料為例，隱藏層編碼解耦是指隱藏層編碼的每一個維度只控制影像的某一種特性，例如第一個維度控制形狀、第二個維度控制大小等，這樣我們可以更進一步地控制模型生成的影像的特性。為了能夠學習到隱藏層編碼 z 的解耦表示，Irina 提出了 β-VAE[7]。在該模型中，資料 x 仍然是由隱藏層編碼 z 生成的，z 中的一些維度之間是相互獨立的，它們分別控制著影像的形狀、大小等特性，這些維度記作 v；而 z 中的另外一些維度則是相關的，記作 w。在生成資料時，先取樣一個隱藏

層編碼 z，再據此生成資料 x，即 $x \sim P_\theta(x \mid z) = P_\theta(x \mid v, w)$。參數 θ 可以通過最大化資料生成機率來求得：

$$\max_\theta \mathbb{E}_{P_\theta(z)}[P_\theta(x \mid z)] \qquad (4\text{-}22)$$

與 VAE 一樣，真實的後驗分佈 $P_\theta(z \mid x)$ 無法直接求得，我們使用一個參數化的後驗分佈 $Q_\phi(z \mid x)$ 作為近似估計。為了確保這個近似的後驗分佈 $Q_\phi(z \mid x)$ 所得到的隱藏層編碼的各個維度之間是相互獨立的，我們使用一個 KL 散度進行約束，使 $Q_\phi(z \mid x)$ 與標準正態分佈 $P_\theta(z) = \mathcal{N}(\mathbf{0}, \mathbf{I})$ 相近，這是因為標準正態分佈的協方差為單位矩陣，代表其各個維度之間沒有相關性。這樣，在指定訓練資料集 D 的情況下，目標函數變為如下帶約束的形式：

$$\begin{aligned} \max_{\theta, \phi} \quad & \mathbb{E}_{x \sim D}[\mathbb{E}_{Q_\phi(z \mid x)}[\log P_\theta(x \mid z)]] \\ \text{s.t.} \quad & \mathrm{KL}(Q_\phi(z \mid x) \parallel P_\theta(z)) < \epsilon \end{aligned} \qquad (4\text{-}23)$$

我們可以引用拉格朗日乘子來求解上述帶約束最佳化問題，此時最佳化目標變為

$$\mathcal{F}(\theta, \phi, \beta) = \mathbb{E}_{Q_\phi(z \mid x)}[\log P_\theta(x \mid z)] - \beta(\mathrm{KL}(Q_\phi(z \mid x) \parallel P_\theta(z)) - \epsilon) \quad (4\text{-}24)$$

該最佳化目標的下界為

$$\begin{aligned} \mathcal{F}(\theta, \phi, \beta) &\geqslant \mathbb{E}_{Q_\phi(z \mid x)}[\log P_\theta(x \mid z)] - \beta \cdot \mathrm{KL}(Q_\phi(z \mid x) \parallel P_\theta(z)) \\ &\triangleq \mathcal{J}(\theta, \phi, \beta) \end{aligned} \qquad (4\text{-}25)$$

在上述公式中，為了使學習到的隱藏層編碼盡可能相互獨立，通常有 $\beta > 1$；而當 $\beta = 1$ 時，就是標準的 VAE。不過，β-VAE 也存在一些問題，舉例來說，當 β 太大時，網路會更關注 KL 散度的懲罰項，進一步導致模型重構誤差變大。讀者可以自己思考一下，如何在保障解碼器重構誤差較小的同時，使隱藏層編碼具有解耦性質呢？

變分自編碼器的改進

場景描述

　　VAE 模型在剛提出時，與當時的其他生成模型相比有很多優點，例如訓練穩定，透過學習獲得的隱藏變數 z 能夠較好地重建出原有影像等；但同時，VAE 也存在一些問題，比如損失函數是均方誤差形式，這使模型生成的影像較為模糊等。因此，有許多工作對原始的 VAE 模型進行了改進。

基礎知識

正規化流（Normalizing Flow）、重要性取樣、生成式對抗網路

問題 *1* 原始 VAE 存在哪些問題？有哪些 　難度：★★★★☆
改進方式？

分析與解答

　　原始 VAE 存在以下兩個方面的問題。

　　（1）在 VAE 中，假設近似後驗分佈 $Q_\phi(z|x)$ 是高斯分佈形式，但實際應用中真實的後驗分佈 $P_\theta(z|x)$ 不一定滿足這個形式，它可能是任意的複雜形式。

　　（2）VAE 以最佳化對數似然函數 $\log P_\theta(x)$ 的下界 $\mathcal{J}(x)$ 為目標，但這個下界與真正要最佳化的原始目標函數可能有一定的距離。

　　對於第一個問題，可以使用正規化流方法 [8] 或引用額外的隱藏變數 [9] 來改進。正規化流方法是指在擬合一個複雜分佈 $p(x)$ 時，先找到一個較為簡單的分佈 $Q_0(x)$，然後經過一系列可逆的參數化轉換依次獲得機率分佈 $Q_1(x), Q_2(x), \cdots, Q_K(x)$，用最後的 $Q_K(x)$ 來逼近複雜分佈 $p(x)$。在 VAE 中，為了擬合真實的後驗分佈，參考文獻 $P_\theta(z|x)$，參考文獻 [8] 假設初始的隱藏變數 z_0 服從一個簡單的機率分佈（例如高斯分佈），

即 $z_0 \sim Q_0(z_0)$；然後將 z_0 經過 K 次轉換獲得 z_K，每一次轉換具有如下形式：

$$z_k = f(z_{k-1}), \quad \forall\, k = 1, \cdots, K \qquad (4\text{-}26)$$

只要函數 f 的雅可比行列式是可計算的，就能很容易算出 z_K 的機率密度函數。參考文獻 [8] 使用了 $f(z_{k-1}) = z_{k-1} + u_k h(w_k^{\mathrm{T}} z_{k-1} + b_k)$ 作為轉換函數，其中，$u_k \in R^n$、$w_k \in R^n$ 和 $b_k \in R$ 為參數，$h(\cdot)$ 是一個非線性轉換函數。上述轉換的雅可比行列式的絕對值為

$$\left| \det \frac{\partial f}{\partial z_{k-1}} \right| = \left| \det(I + u_k\, \psi_k(z_{k-1})^{\mathrm{T}}) \right| = \left| 1 + u_k^{\mathrm{T}}\, \psi_k(z_{k-1}) \right| \qquad (4\text{-}27)$$

其中，$\psi_k(z_{k-1}) = h'(w_k^{\mathrm{T}} z_{k-1} + b)\, w_k$。最後在經過 K 次轉換後 z_K 的對數概率密度為

$$\log Q_K(z_K) = \log Q_0(z_0) - \sum_{k=1}^{K} \log \left| 1 + u_k^{\mathrm{T}}\, \psi_k(z_{k-1}) \right| \qquad (4\text{-}28)$$

令 $Q_\phi(z \mid x) = Q_K(z_K)$，這樣的近似後驗分佈足夠靈活，能盡可能逼近真實的後驗分佈。此時，VAE 最佳化的目標下界變為

$$
\begin{aligned}
\mathcal{J}(x) &= \mathbb{E}_{Q_\phi(z|x)}[\log P_\theta(x, z) - \log Q_\phi(z \mid x)] \\
&= \mathbb{E}_{Q_0(z_0)}[\log P_\theta(x, z_K) - \log Q_K(z_K)] \\
&= \mathbb{E}_{Q_0(z_0)}[\log P_\theta(x, z_K)] - \mathbb{E}_{Q_0(z_0)}[\log Q_0(z_0)] + \qquad (4\text{-}29) \\
&\quad \mathbb{E}_{Q_0(z_0)}\!\left[\sum_{k=1}^{K} \log |1 + u_k^{\mathrm{T}} \psi_k(z_{k-1})| \right]
\end{aligned}
$$

圖 4.5 是採用了正規化流的 VAE 模型結構圖，圖中左上半部分表示取樣獲得的 z 經過逐層轉換獲得最後的 z_K。

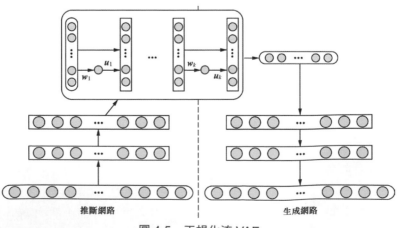

推斷網路　　　　　　　　　　　　　生成網路

圖 4.5　正規化流 VAE

對於第二個問題，一個可行的解決方案是透過重要性取樣法來逼近一個更為緊致的下界 [10]。實際來說，資料的對數似然可以表示為

$$
\begin{aligned}
\log P_\theta(\boldsymbol{x}) &= \log \int P_\theta(\boldsymbol{x},\boldsymbol{z})\,\mathrm{d}\boldsymbol{z} \\
&= \log \int \frac{P_\theta(\boldsymbol{x},\boldsymbol{z})}{Q_\phi(\boldsymbol{z}\,|\,\boldsymbol{x})} Q_\phi(\boldsymbol{z}\,|\,\boldsymbol{x})\mathrm{d}\boldsymbol{z} \\
&\approx \log\left(\frac{1}{k}\sum_{i=1}^{k}\frac{P_\theta(\boldsymbol{x},\boldsymbol{z}_i)}{Q_\phi(\boldsymbol{z}_i\,|\,\boldsymbol{x})}\right) = \log\left(\frac{1}{k}\sum_{i=1}^{k}w_i\right)
\end{aligned}
\tag{4-30}
$$

其中，$z_1, z_2, \cdots, z_k$ 是從 $Q_\phi(z\,|\,x)$ 中獨立取樣出來的 k 個樣本，$w_i = \dfrac{P_\theta(\boldsymbol{x},\boldsymbol{z}_i)}{Q_\phi(\boldsymbol{z}_i\,|\,\boldsymbol{x})}$ 是重要性權重。根據 Jensen 不等式可以獲得：

$$
\begin{aligned}
\mathcal{J}_k &= \mathbb{E}_{z_1,z_2,\cdots,z_k \sim Q_\phi(z|x)}\left[\log\left(\frac{1}{k}\sum_{i=1}^{k}w_i\right)\right] \\
&\leqslant \log\mathbb{E}_{z_1,z_2,\cdots,z_k \sim Q_\phi(z|x)}\left[\frac{1}{k}\sum_{i=1}^{k}w_i\right] = \log P_\theta(\boldsymbol{x})
\end{aligned}
\tag{4-31}
$$

可以看到 $\mathcal{J}_k$ 是資料對數似然函數 $P_\theta(\boldsymbol{x})$ 的下界，並且該下界具有如下性質（實際證明可見參考文獻 [10] 中的附錄）：

$$
\mathcal{J}_k \leqslant \mathcal{J}_{k+1} \leqslant \log P_\theta(\boldsymbol{x}) \tag{4-32}
$$

因此 k 越大，這個下界對於 $\log P_\theta(\boldsymbol{x})$ 而言就越緊致（當 $k=1$ 時這個下界與原始 VAE 中的目標函數相同）。所以，我們可以將 $\mathcal{J}_k(\boldsymbol{x})$ 作為為要優化的目標函數，並採用梯度下降法對參數 θ 和 ϕ 進行更新，實際的梯度公式為

$$
\begin{aligned}
\nabla_{\theta,\phi}\mathcal{J}_k(\boldsymbol{x}) &= \nabla_{\theta,\phi}\mathbb{E}_{z_1,z_2,\cdots,z_k}\left[\log\left(\frac{1}{k}\sum_{i=1}^{k}w_i\right)\right] \\
&= \nabla_{\theta,\phi}\mathbb{E}_{\epsilon_1,\epsilon_2,\cdots,\epsilon_k}\left[\log\left(\frac{1}{k}\sum_{i=1}^{k}w(\boldsymbol{x},\boldsymbol{z}(\boldsymbol{x},\epsilon_i,\theta,\phi),\theta,\phi)\right)\right] \\
&= \mathbb{E}_{\epsilon_1,\epsilon_2,\cdots,\epsilon_k}\left[\nabla_{\theta,\phi}\log\left(\frac{1}{k}\sum_{i=1}^{k}w(\boldsymbol{x},\boldsymbol{z}(\boldsymbol{x},\epsilon_i,\theta,\phi),\theta,\phi)\right)\right] \\
&= \mathbb{E}_{\epsilon_1,\epsilon_2,\cdots,\epsilon_k}\left[\sum_{i=1}^{k}\hat{w}_i\nabla_{\theta,\phi}\log w(\boldsymbol{x},\boldsymbol{z}(\boldsymbol{x},\epsilon_i,\theta,\phi),\theta,\phi)\right]
\end{aligned}
\tag{4-33}
$$

其中，$\epsilon_1,\epsilon_2,\cdots,\epsilon_k$ 為求解中引用的輔助變數，$\hat{w}_i = \dfrac{w_i}{\sum_{i=1}^{k}w_i}$ 是正規化的重要性權重。

問題 *2* 如何將 VAE 與 GAN 進行結合？　　　　難度：★★★★☆

　　VAE 與 GAN 都是目前非常優秀的生成模型。VAE 能夠學習一個顯性的後驗分佈；而 GAN 的生成網路沒有限制資料的分佈形式，理論上來説可以捕捉到任何複雜的資料分佈。將 VAE 與 GAN 結合起來，能夠綜合兩個模型各自的優點。

　　Larsen 等人使用參數共用方式將 GAN 的生成器與 VAE 的解碼器合二為一[11]，整個模型結構圖如圖 4.6 所示。模型的目標函數也是 VAE 和 GAN 的目標函數的結合：

$$
\begin{aligned}
\mathcal{L} &= \mathcal{L}_{\text{VAE}} + \mathcal{L}_{\text{GAN}} \\
&= -\mathbb{E}_{Q_\phi(z|x)}\left[\log\frac{P_\theta(\boldsymbol{x}\,|\,\boldsymbol{z})P_\theta(\boldsymbol{z})}{Q_\phi(\boldsymbol{z}\,|\,\boldsymbol{x})}\right] + \log(D(\boldsymbol{x})) + \log(1-D(G(\boldsymbol{z}))) \\
&= -\mathbb{E}_{Q_\phi(z|x)}\left[\log P_\theta(\boldsymbol{x}\,|\,\boldsymbol{z})\right] + \mathrm{KL}(Q_\phi(\boldsymbol{z}\,|\,\boldsymbol{x})\,\|\,P_\theta(\boldsymbol{z})) + \log(D(\boldsymbol{x})) + \log(1-D(G(\boldsymbol{z})))
\end{aligned}
$$
（4-34）

　　其中，$D(\boldsymbol{x})$ 代表判別器，$G(\boldsymbol{z})$ 表示生成器。在原始的 VAE 損失函數中，像素級的重構誤差 $-\mathbb{E}_{Q_\phi(z|x)}[\log P_\theta(\boldsymbol{x}\,|\,\boldsymbol{z})]$ 取代為 GAN 的判別網路 $D(\boldsymbol{x})$ 的第 1 層特徵向量的重構誤差 $-\mathbb{E}_{Q_\phi(z|x)}[\log P_\theta(D_l(\boldsymbol{x})\,|\,\boldsymbol{z})]$，同時 GAN 的生成網路 $G(\boldsymbol{z})$ 與 VAE 的解碼器 $P_\theta(\boldsymbol{x}\,|\,\boldsymbol{z})$ 採用同一個網路。

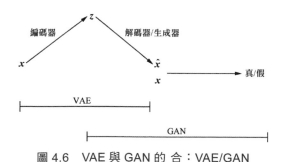

圖 4.6　VAE 與 GAN 的合：VAE/GAN

　　此外，Makhzani 等人將 VAE 的編碼器與 GAN 的生成器進行共用，提出了對抗自編碼器[12]。回顧 VAE 的目標函數：

$$
\mathcal{L}_{\text{VAE}} = -\mathbb{E}_{Q_\phi(z|x)}[\log P_\theta(\boldsymbol{x}\,|\,\boldsymbol{z})] + \mathrm{KL}(Q_\phi(\boldsymbol{z}\,|\,\boldsymbol{x})\,\|\,P(\boldsymbol{z}))
$$
（4-35）

等式右邊第一項為重構誤差；第二項是 KL 散度，可以看作一個正規

項，用來約束編碼器學習出來的隱藏變數分佈 $Q_\phi(z|x)$ 要盡可能與資料的先驗分佈 $P(z)$ 接接近，這一步也可以透過對抗學習的形式來完成，將資料的先驗分佈和編碼器學習到的分佈生成的樣本分別作為正負樣本，讓判別器學習區分這兩種樣本即可。圖 4.7 是對抗自編碼器的結構示意圖。

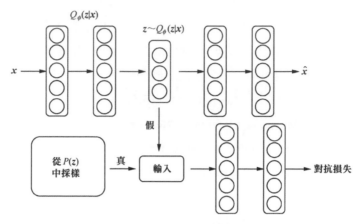

圖 4.7　對抗自編碼器

對抗學習推斷（Adversarially Learned Inference，ALI）則是在 GAN 的基礎上引用了 VAE[13]。原始的 GAN 並不能做推斷任務，即指定了資料 x，並不能知道 x 所對應的隱藏變數 z 的分佈是怎樣的（如果能根據資料 x 推斷出隱藏變數 z 的分布，則能造成對資料進行特徵分析的作用）。在原始的 GAN 中，判別器需要判斷資料 x 是來自真實的資料分佈 $Q(x)$ 還是模型所生成的分佈 $P(x)$。而在 ALI 中，判別器則需要判斷資料對 (x,z) 是來自編碼器的聯合分佈 $Q(x,z)=Q(x)Q(z|x)$，還是來自解碼器的聯合分佈 $P(x,z)=P(x|z)P(z)$，其中 $Q(z|x)$ 和 $P(x|z)$ 分別對應 VAE 的編碼器和解碼器。整個模型的結構如圖 4.8 所示。BiGANs 也採用了類似的思維，這裡不再贅述，有興趣的讀者可以閱讀參考文獻[14]。

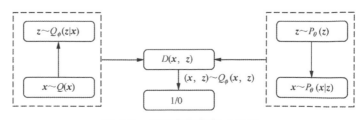

圖 4.8　對抗學習推斷（ALI）

生成式矩比對網路與深度自回歸網路

場景描述

在生成模型中，VAE 採用變分推斷方法來尋求 $P(x)$ 的近似，GAN 則採用生成對抗方法尋找一個生成模型 $P_G(x)$ 來擬合資料分佈 $P(x)$。除了 VAE 和 GAN 之外，目前還有很多其他的生成模型，它們分別從不同的角度來建模資料分佈 $P(x)$，如基於最大均值差異（Maximum Mean Discrepancy，MMD）的生成式矩比對網路（Generative Momentum Matching Network，GMMN）、基於自回歸方法的神經自回歸分佈估計器（Neural AutoRegressive Distribution Estimator，NADE）、深度自回歸網路（Deep AutoRegressive Network，DARN）等。

基礎知識

最大均值差異、自回歸

問題 *1* 什麼是最大均值差異？它是如何應用到生成式矩比對網路中的？　　難度：★★☆☆☆

分析與解答

假設現在有兩個分佈的取樣資料，資料集 $D(X) = \{x_i\}_{i=1}^{N}$ 來自分佈 $P_D(X)$，資料集 $D(Y) = \{y_i\}_{i=1}^{M}$ 來自分佈 $P_D(Y)$，如何判斷是否有 $P_D(X) = P_D(Y)$ 呢？最大均值差異（MMD）透過比較兩個資料集的統計量來度量兩個分佈之間的差異性。如果兩個分佈的各階統計量差異較小，說明兩個分佈較為相似。實際來説，MMD 的平方的計算公式為

$$L_{\text{MMD}^2} = \left\| \frac{1}{N}\sum_{i=1}^{N}\phi(x_i) - \frac{1}{M}\sum_{i=1}^{M}\phi(y_i) \right\|^2 \qquad (4\text{-}36)$$

當 $\phi(x) = x$ 時，L_{MMD^2} 是兩個分佈的均值統計量的差異；如果$\phi(x)$ 取其他函數，則可能是另外更高階統計量的差異。將 L_{MMD^2} 展開可以得到：

$$L_{MMD^2} = \frac{1}{N^2}\sum_{i=1}^{N}\sum_{i'=1}^{N}\phi(x_i)^{\mathrm{T}}\phi(x_{i'}) - \frac{2}{NM}\sum_{i=1}^{N}\sum_{j=1}^{M}\phi(x_i)^{\mathrm{T}}\phi(y_j) +$$
$$\frac{1}{M^2}\sum_{j=1}^{M}\sum_{j'=1}^{M}\phi(y_j)^{\mathrm{T}}\phi(y_{j'}) \qquad (4\text{-}37)$$

因為 L_{MMD^2} 只有關函數間的內積，所以可以使用核函數方法將上式表示為

$$L_{MMD^2} = \frac{1}{N^2}\sum_{i=1}^{N}\sum_{i'=1}^{N}k(x_i, x_{i'}) - \frac{2}{NM}\sum_{i=1}^{N}\sum_{j=1}^{M}k(x_i, y_j) +$$
$$\frac{1}{M^2}\sum_{j=1}^{M}\sum_{j'=1}^{M}k(y_j, y_{j'}) \qquad (4\text{-}38)$$

上述核函數通常選擇高斯核$k(x, y) = \exp\left(-\frac{\|x - y\|^2}{2\sigma^2}\right)$，這是因為高斯核相當於將原始特徵對映到了一個無窮的維度（透過泰勒展開式可以看出來）。此時，最小化 MMD 相當於將兩個分佈的各個高階統計量進行擬合。

生成式矩比對網路（GMMN）是想尋找一個分佈 $P_G(Y)$，使其與原始的資料分佈$P_D(X)$ 盡可能相似，而要最佳化的目標就是讓 $P_G(Y)$ 與 $P_D(X)$的 MMD 最小。與 VAE 類似，GMMN 先從一個先驗分佈 $P(h)$ 中取樣出一個隱藏編碼 $h \sim P(h)$，然後生成資料 $x = f(h, W)$，如圖 4.9（a）所示。然而，資料通常是比較高維的（例如圖像資料）。一些高階統計量並不能很好地透過取樣資料進行估計，所以參考文獻 [15] 將該模型與自編碼器進行結合，使用 MMD 來最佳化隱藏層的統計量差異，即 $P_G(Y)$ 負責生成資料的隱藏特徵，而自編碼器負責重構，如圖 4.9（b）所示。

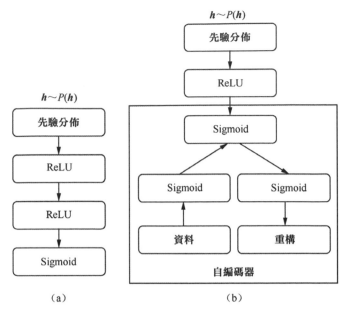

圖 4.9　生成式矩比對網路（GMMN）

問題 **2**　自回歸方法如何應用在生成模型上？　難度：★★★☆☆

分析與解答

　　自回歸是指對於資料 $x \in R^n$，第 i 個維度的設定值 x_i 與之前維度的設定值是相連結的，即 $x_i = f(x_1, x_2, \cdots, x_{i-1})$。在生成模型對資料分佈建模時，可以將資料 x 的機率函數表示為 $P_\theta(x) = \prod_{i=1}^n P_\theta(x_i \mid x_{<i})$，$x_{<i} = \{x_1, x_2, \cdots, x_{i-1}\}$，這被稱作完全可見的貝氏網路（Fully-Visible Bayes Networks, FVBN）。在神經自回歸分佈估計器（NADE）[16] 中，研究者使用了一種參數共用的方式來對機率 $P_\theta(x_i \mid x_{<i})$ 進行建模。以生成設定值為 0 或 1 的灰階影像為例，在生成每一個像素值 x_i 時，都使用一個隱藏變數 h_i 來表示生成該像素時目前的隱藏層特徵。記 $(W^T)_{i,\cdot}$ 表示權重矩陣 W^T 的第 i 行，$W_{\cdot,<i}$ 表示權重矩陣 W 中小於 i 的列組成的子矩陣，那麼生成第 i 個像素值 x_i 的分佈為

$$P_\theta(x_i = 1 \mid \boldsymbol{x}_{<i}) = \sigma\left(b_i + (\boldsymbol{W}^{\mathrm{T}})_{i,} \, \boldsymbol{h}_i\right)$$
$$\boldsymbol{h}_i = \sigma\left(\boldsymbol{c} + \boldsymbol{W}_{,<i} \, \boldsymbol{x}_{<i}\right)$$

（4-39）

整個模型的示意圖如圖 4.10 所示，隱藏層特徵 $\boldsymbol{h}_i$ 之間共用權重矩陣 $\boldsymbol{W}$。實際來說，一開始由初始隱藏層 $\boldsymbol{h}_1$ 生成 x_1；接下來在生成 x_2 的時候，將上一步生成的 x_1 作為輸入，生成新的隱藏層 $\boldsymbol{h}_2$，然後生成 x_2；依次類推，直到生成 x_n。

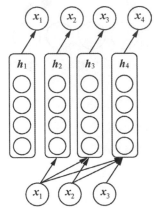

圖 4.10　神經自回歸分佈估計器（NADE）

　　自回歸方法除了用於生成可見層節點外，還可以用於生成隱藏特徵，如深度自回歸網路（DARN）[17]。在 DARN 中，整個模型分為編碼器與解碼器兩部分，兩部分都採用自回歸方式。對於編碼器，有 $Q_\phi(\boldsymbol{h} \mid \boldsymbol{x}) = \prod_{j=1}^{n_h} Q_\phi(h_j \mid \boldsymbol{h}_{<j}, \boldsymbol{x})$；而對於解碼器，有 $P_\theta(\boldsymbol{x} \mid \boldsymbol{h}) = \prod_{i=1}^{n_x} P_\theta(x_i \mid \boldsymbol{x}_{<i}, \boldsymbol{h})$。這裡的 $Q_\phi(h_j \mid \boldsymbol{h}_{<j}, \boldsymbol{x})$ 與 $P_\theta(x_i \mid \boldsymbol{x}_{<i}, \boldsymbol{h})$ 都可以使用參數化方式進行表示，例如 $P_\theta(x_i \mid \boldsymbol{x}_{<i}, \boldsymbol{h}) = \sigma(\boldsymbol{W}_i \cdot (\boldsymbol{x}_{<i}, \boldsymbol{h}) + b_i)$，$Q_\phi(h_j \mid \boldsymbol{h}_{<j}, \boldsymbol{x})$ 與此類似。深度自回歸網路模型示意圖如圖 4.11 所示。模型在訓練時，使用最小描述距離作為損失函數，即

$$L(\boldsymbol{x}) = -\sum_{\boldsymbol{h}} Q_\phi(\boldsymbol{h} \mid \boldsymbol{x})(\log_2 P_\theta(\boldsymbol{x}, \boldsymbol{h}) - \log_2 Q_\phi(\boldsymbol{h} \mid \boldsymbol{x}))$$

（4-40）

述公式中需要對所有 $\boldsymbol{h}$ 求和，在實際訓練中可以使用蒙特卡羅取樣進行近似估計。

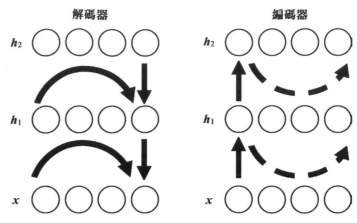

圖 4.11 深度自回歸網路（DARN）

除了以上兩種模型以外，像素循環神經網路（Pixel Recurrent Neural Network, Pixel RNN）等模型也採用了自回歸的思維，這裡不再一一贅述，有興趣的讀者可以參考相關文獻進一步閱讀。

參考文獻

[1]   HINTON G E. Training products of experts by minimizing contrastive divergence[J]. Neural Computation, MIT Press, 2002, 14(8): 1771–1800.

[2]   HINTON G E, SALAKHUTDINOV R R. Reducing the dimensionality of data with neural networks[J]. Science, American Association for the Advancement of Science, 2006, 313(5786): 504–507.

[3]   KRIZHEVSKY A, HINTON G, OTHERS. Factored 3-way restricted Boltzmann machines for modeling natural images[C]//Proceedings of the 13th International Conference on Artificial Intelligence and Statistics, 2010: 621–628.

[4]   SALAKHUTDINOV R, HINTON G. Deep Boltzmann machines[C]//Artificial Intelligence and Statistics, 2009: 448–455.

[5]   KINGMA D P, WELLING M. Auto-encoding variational Bayes[J]. arXiv preprint arXiv:1312.6114, 2013.

[6]   KINGMA D P, MOHAMED S, REZENDE D J, et al. Semi-supervised learning with deep generative models[C]//Advances in Neural Information Processing Systems, 2014: 3581–3589.

[7]   HIGGINS I, MATTHEY L, PAL A, et al. Beta-VAE: Learning basic visual concepts with a constrained variational framework[C]//International Conference on Learning Representations, 2017.

[8]   REZENDE D J, MOHAMED S. Variational inference with normalizing flows[J]. arXiv preprint arXiv:1505.05770, 2015.

[9]   MAALØE L, SØNDERBY C K, SØNDERBY S K, et al. Auxiliary deep generative models[J]. arXiv preprint arXiv:1602.05473, 2016.

[10] BURDA Y, GROSSE R, SALAKHUTDINOV R. Importance weighted autoencoders[J]. arXiv preprint arXiv:1509.00519, 2015.

[11] LARSEN A B L, SØNDERBY S K, LAROCHELLE H, et al. Autoencoding beyond pixels using a learned similarity metric[J]. arXiv preprint arXiv:1512.09300, 2015.

[12] MAKHZANI A, SHLENS J, JAITLY N, et al. Adversarial autoencoders[J]. arXiv preprint arXiv:1511.05644, 2015.

[13] DUMOULIN V, BELGHAZI I, POOLE B, et al. Adversarially learned inference[J]. arXiv preprint arXiv:1606.00704, 2016.

[14] DONAHUE J, KRÄHENBÜHL P, DARRELL T. Adversarial feature learning[J]. arXiv preprint arXiv:1605.09782, 2016.

[15] LI Y, SWERSKY K, ZEMEL R. Generative moment matching networks[C]// International Conference on Machine Learning, 2015: 1718–1727.

[16] LAROCHELLE H, MURRAY I. The neural autoregressive distribution estimator[C]//Proceedings of the 14th International Conference on Artificial Intelligence and Statistics, 2011: 29–37.

[17] GREGOR K, DANIHELKA I, MNIH A, et al. Deep autoregressive networks[J]. arXiv preprint arXiv:1310.8499, 2013.

第5章

生成式對抗網路

很多人認為演算法和程式設計離藝術很遙遠，但實際上演算法和程式設計中蘊藏著極具創造性的世界，這種創造性就是一種建立在邏輯之上的藝術。生成式對抗網路就是一種非常能展現「創造性」的模型。從名字就可以看出，它的核心在於「生成」和「對抗」。「生成」指的是生成式模型，其目的是模擬多個變數的聯合機率分佈，可以採用隱馬可夫模型、受限波茲曼機、變分自編碼器等經典模型；「對抗」指的是對抗訓練方法，這種「互懟」的藝術曾被 Yann LeCun 評論為「近十年機器學習領域最有趣的想法」。這兩者的結合，就產生出了神奇的生成式對抗網路。從 2014 年生成式對抗網路被提出至今，各種各樣的方法和應用不斷推進和拓寬著它的發展，讓我們看到它在影像、語音、文字、詩詞歌賦等領域展現的創造力。

01 生成式對抗網路的基本原理

生成式對抗網路（Generative Adversarial Network，GAN）一般由兩個神經網路組成，一個網路負責生成樣本，另一個網路負責鑑別樣本的真假，這兩個網路透過「相愛相殺」的博弈，一起成長為更好的自己。這種簡潔優美的產生方法背後的數學原理卻並不是這麼直觀。本節將從初始版本的 GAN 出發，透過學習 GAN 的原理，比較 GAN 與其他幾種生成式模型的異同，以及分析原始 GAN 中存在的問題，以獲得對 GAN 的深度了解。

基礎知識

生成模型、自編碼器（AutoEncoder, AE）、變分自編碼器（Variational AutoEncoder, VAE）、模式坍塌（mode collapse）、收斂性

問題 *1* 簡述 AE、VAE、GAN 的關聯與 區別。　　　　　難度：★★★☆☆

分析與解答

近年來，採用神經網路的生成式建模方法逐漸成為生成模型的主流。AE、VAE 和 GAN 同屬於可微生成網路，它們常常用神經網路來表示一個可微函數 $G(\cdot)$，用這個函數來刻畫隱藏變數 z 到樣本分佈的對映關係。透過分析這 3 種模型的關聯與區別，我們可以更加清晰地了解它們的特質。首先來看這 3 種模型各自的特點。

■ 自編碼器（AE）

標準的 AE 由編碼器（encoder）和解碼器（decoder）兩部分組成，如圖 5.1 所示。整個模型可以看作一個「壓縮」與「解壓」的過程：首

先編碼器將真實資料（真實樣本）x 壓縮為低維隱空間中的隱向量 z，該向量可以看作輸入的「精華」；然後解碼器將這個隱向量 z 解壓，獲得生成資料（生成樣本）$\hat{x}$。在訓練過程中，會將生成樣本 $\hat{x}$ 與真實樣本 x 進行比較，朝著減小二者之間差異的方向去更新編碼器和解碼器的參數，最後目的是期望由真實樣本 x 壓縮獲得的隱向量 z 能夠盡可能地抓住輸入的精髓，使得用其重建出的生成樣本 $\hat{x}$ 與真實樣本 x 盡可能接近。AE 可應用於資料去噪、視覺化降維以及資料產生等方向。

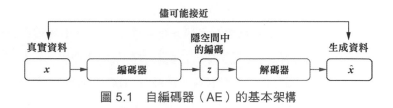

圖 5.1　自編碼器（AE）的基本架構

■　變分自編碼器（VAE）

　　VAE 是 AE 的升級版本，其結構也是由編碼器和解碼器組成，如圖 5.2 所示。AE 在生成資料時只會模仿而不會創造，無法直接生成任意的新樣本，這是因為 AE 在生成樣本時用到的隱向量其實是真實樣本的壓縮編碼，也就是說每一個生成樣本都需要有對應的真實樣本，AE 本身無法直接產生新的隱向量來生成新的樣本。作為 AE 的重要升級，VAE 的主要優勢在於能夠生成新的隱向量 z，進而生成有效的新樣本。VAE 能夠生成新樣本（即 VAE 與 AE 的最大區別）的原因是，VAE 在開發過程中加入了一些限制，迫使編碼器生成的隱向量的後驗分佈 $q(z|x)$ 儘量接近某個特定分佈（如正態分佈）。VAE 訓練過程的最佳化目標包含重構誤差和對後驗分佈 $q(z|x)$ 的約束這兩部分。VAE 編碼器的輸出不再是隱空間中的向量，而是所屬正態分佈的均值和標準差，然後再根據均值與標準差來取樣出隱向量 z。由於取樣操作存在隨機性，每一個輸入影像經過 VAE 獲得的生成影像不再是唯一的，只要 z 是從隱空間的正態分佈中取樣獲得的，生成的影像就是有效的。

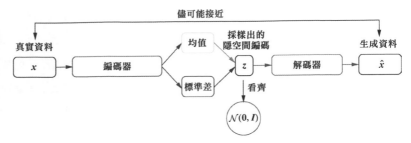

圖 5.2　變分自編碼器（VAE）的基本架構

■ 生成式對抗網路（GAN）

　　GAN 是專門為了最佳化生成工作而提出的模型。生成模型的一大困難在於如何度量生成分佈與真實分佈的相似度。一般情況下，我們只知道這兩個分佈的取樣結果，很難知道實際的分佈運算式，因此難以找到合適的度量方法。GAN 的想法是，把這個度量工作交給一個神經網路來做，這個網路被稱為判別器（Discriminator）。GAN 在訓練階段用對抗訓練方式來交替最佳化生成器 $G(\cdot)$ 與判別器 $D(\cdot)$。整個模型的最佳化目標是

$$\min_G \max_D V(G,D) = \mathbb{E}_{x \sim p_{data}(x)}[\log D(x)] + \mathbb{E}_{z \sim p_z(z)}[\log(1 - D(G(z)))] \quad （5\text{-}1）$$

　　上述公式直觀地解釋了 GAN 的原理：判別器 $D(\cdot)$ 的目標是區分真實樣本和生成樣本，對應在目標函數上就是使式（5-1）的值盡可能大，也就是對真實樣本 x 儘量輸出 1，對生成樣本 $G(z)$ 儘量輸出 0；生成器 $G(\cdot)$ 的目標是欺騙判別器，儘量生成「以假亂真」的樣本來逃過判別器的「法眼」，對應在目標函數上就是讓式（5-1）的值盡可能小，也就是讓 $D(G(z))$ 也盡量接近 1。這是一個 "MiniMax" 遊戲，在遊戲過程中 $G(\cdot)$ 和 $D(\cdot)$ 的目標是相反的，這就是 GAN 名字中「對抗」的含義。透過對抗訓練方式，生成器與判別器交替最佳化，共同成長，最後修煉為兩個勢均力敵的強者。圖 5.3 是 GAN 的基本架構圖。

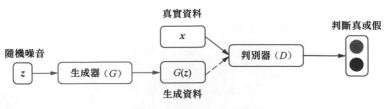

圖 5.3　GAN 的基本架構

在了解了 AE、VAE、GAN 這 3 種模型的原理後，下面歸納一下它們之間的聯繫和區別。

■ AE 和 VAE 的關聯與區別

AE 和 VAE 二者都屬於有方向圖模型，模型的目的都是對隱藏變數空間進行建模；但 AE 只會模仿而不會創造，VAE 則可以根據隨機生成的隱向量來生成新的樣本。

AE 的最佳化目標是最小化真實樣本與對應的生成樣本之間的重構誤差，但在 VAE 中，除了考慮重構誤差之外，還加入了對隱藏變數空間的約束目標。

AE 中編碼器的輸出代表真實樣本對應的隱向量，而 VAE 中編碼器的輸出可以看作由兩個部分組成：一部分是隱向量所對應的分佈的均值；另一部分是標準差。計算均值的編碼器就相當於 AE 中的編碼器，而計算標準差的編碼器相當於為重構過程增加雜訊，使得解碼器能夠對雜訊更為堅固（當雜訊為 0 時，VAE 模型就退化成 AE）。

■ GAN 和 AE/VAE 的關聯與區別

在 VAE 的損失函數中，重構損失的目的是降低真實樣本和生成樣本之間的差異，而迫使隱向量後驗分佈接近正態分佈，實際上是增加了生成樣本的不確定性，兩種損失相互對立。這與 GAN 一樣，它們內部都存在對抗思維，只不過 VAE 是將兩部分同步最佳化的，而 GAN 則是交替最佳化的。

與 AE 相同的是，GAN 的最佳化目標只有關生成樣本和真實樣本之間的比較，沒有 VAE 中對後驗分佈的約束。不同的是，GAN 設計了判別器，並用對抗訓練方式繞過了對分佈間距離的度量，且在判斷樣本真假時不需要真實樣本與生成樣本一一對應（而在 AE/VAE 中都需要二者一一對應才能計算重構誤差）。

GAN 沒有像 AE 那樣從學習到的隱向量後驗分佈$q(z|x)$中獲得生成樣本$\hat{x}$的能力，可能因此導致模式坍塌、訓練不穩定等問題。另外，在 AE/VAE 中隱向量空間是資料的壓縮編碼所處的空間，隱向量用「精煉」的形式表達了輸入資料的特徵。如果我們想在抽象的語義層次上對資料進行操控，例如改變一張影像中人的髮色，直接在原始資料空間中

很難操作，而 VAE 在隱空間的表達學習能力，使得可以透過在隱藏變數空間上的內插或條件性嵌入等操作來實現對資料在語義層次上的操控。

問題 *2* 原始 GAN 在理論上存在哪些問題？ 難度：★★★★★

分析與解答

在 Goodfellow 提出的原始 GAN[1] 中，模型的最佳化目標為式（5-1）。如果將判別器 $D(\cdot)$ 看作一個二分類器，對真實樣本輸出 1，對生成樣本輸出 0，$D(\cdot)$ 的最佳化目標可以解釋為最大化該分類問題的對數似然函數，即最小化交叉熵損失。這個看起來簡潔又直觀的定義，在理論上存在一些問題。簡單來說，就是在訓練的早期階段，目標函數式（5-1）無法為生成器提供足夠大的梯度。這是因為，在一開始訓練時，生成器還很差，產生的資料與真實資料相差甚遠，判別器可以以高可靠度將二者區分開來，這樣 $\log(1 - D(G(z)))$ 達到飽和，梯度消失。

上面只是做了簡單描述，接下來我們列出更加理論的解釋。當生成器 G 固定時，判別器的最佳解 D_G^* 的公式為

$$D_G^*(x) = \frac{p_{data}(x)}{p_{data}(x) + p_g(x)} \tag{5-2}$$

其中，$p_{data}(x)$ 表示真實樣本的機率分佈，$p_g(x)$ 表示生成樣本的機率分布（實際論證過程見參考文獻 [1]）。當判別器達到最佳時，生成器的損失函數為

$$
\begin{aligned}
\mathcal{L}(G) &= \max_D V(G, D) = V(G, D_G^*) \\
&= \mathbb{E}_{x \sim p_{data}(x)}[\log D_G^*(x)] + \mathbb{E}_{x \sim p_g(x)}[\log(1 - D_G^*(x))] \\
&= \mathbb{E}_{x \sim p_{data}(x)}\left[\log \frac{p_{data}(x)}{(p_{data}(x) + p_g(x))/2}\right] + \\
&\quad \mathbb{E}_{x \sim p_g(x)}\left[\log \frac{p_g(x)}{(p_{data}(x) + p_g(x))/2}\right] - \log 4 \\
&= 2 \cdot \text{JS}(p_{data}(x) \| p_g(x)) - 2\log 2
\end{aligned}
\tag{5-3}
$$

其中，JS(·) 是 JS 散度（Jensen–Shannon divergence），它與 KL 散度類似，用於度量兩個機率分佈的相似度，其定義為

$$JS(p_1 \| p_2) = \frac{1}{2} KL\left(p_1 \left\| \frac{p_1 + p_2}{2} \right.\right) + \frac{1}{2} KL\left(p_2 \left\| \frac{p_1 + p_2}{2} \right.\right) \qquad (5\text{-}4)$$

可以看到，JS 散度的設定值是非負的，當且僅當兩個分佈相等時取 0，此時 $\mathcal{L}(G)$ 取得最小值 $-2\log 2$。

　　當判別器達到最佳時，根據損失函數 $\mathcal{L}(G)$，此時生成器的目標其實是最小化真實分佈與生成分佈之間的 JS 散度。隨著訓練的進行，判別器會逐漸趨於最佳，所以生成器也會逐漸近似於最小化 JS 散度。然而，JS 散度有一個特性：當兩個分佈沒有重疊的部分或幾乎沒有重疊時，JS 散度為常數（這可以根據 JS 散度的定義式（5-4）獲得）。那麼在 GAN 中，真實分佈和生成分佈的重疊部分有多大呢？生成器一般是從一個低維空間（如 128 維）中取樣一個向量並將其對映到一個高維空間中（例如一個 32×32 的影像就是 1024 維），所以生成資料只是高維空間中的低維流形（例如生成樣本在上述 1024 維影像空間的所有可能性實際上是被 128 維的輸入向量限定了）。同理，真實分佈也是高維空間中的低維流形。高維空間中的兩個低維流形，在這樣「地廣人稀」的空間中碰面的機率趨於 0，所以生成分佈與真實分佈是幾乎沒有重疊部分的。因此，在最佳判別器 D_G^* 下，生成器的損失函數為常數，導致存在梯度消失問題。

　　為解決該問題，Goodfellow 提出了改進方案，採用以下公式來替代生成器的損失函數：

$$\mathcal{L}(G) = \mathbb{E}_{x \sim p_{data}(x)}[\log D(x)] + \mathbb{E}_{z \sim p_z(z)}[-\log(D(G(z)))] \qquad (5\text{-}5)$$

述損失函數與原始版本有相同的納許均衡點，但在訓練早期階段可以為生成器提供更大的梯度（見參考文獻 [1]）。然而，改進後的損失函數也存在不合理之處。將式（5-5）進行轉換，有

$$\mathcal{L}(G) = \max_D V(G,D) = V(G, D_G^*)$$

$$= \mathbb{E}_{x \sim p_{data}(x)}[\log D_G^*(x)] + \mathbb{E}_{x \sim p_g(x)}[-\log(D_G^*(x))]$$

$$= \mathbb{E}_{x \sim p_{data}(x)}[\log D_G^*(x)] - \mathbb{E}_{x \sim p_g(x)}\left[\log \frac{p_{data}(x)}{(p_{data}(x) + p_g(x))/2}\right] + \log 2$$

$$= \mathbb{E}_{x \sim p_{data}(x)}[\log D_G^*(x)] + \mathbb{E}_{x \sim p_g(x)}\left[\log \frac{p_g(x)}{p_{data}(x)}\right] - \qquad (5\text{-}6)$$

$$\mathbb{E}_{x \sim p_g(x)}\left[\log \frac{p_g(x)}{(p_{data}(x) + p_g(x))/2}\right] + \log 2$$

$$= 2\mathbb{E}_{x \sim p_{data}(x)}[\log D_G^*(x)] + \mathrm{KL}(p_g(x) \| p_{data}(x)) - 2\,\mathrm{JS}(p_g(x) \| p_{data}(x)) + 2\log 2$$

式（5-6）中第一項不依賴生成器，最小化損失函數相當於最小化 $\mathrm{KL}(p_g(x) \| p_{data}(x)) - 2\,\mathrm{JS}(p_g(x) \| p_{data}(x))$。這就既要最小化生成分布與真實分佈的 KL 散度（即減小兩個分佈的距離），又要最大化兩者的 JS 散度（即增大兩個分佈的距離），這會在訓練時造成梯度的不穩定。另外，KL 散度是一個非對稱度量，因此還會有對不同錯誤懲罰不一致的問題。舉例來說，當生成器缺乏多樣性時，即當 $p_g(x) \to 0, p_{data}(x) \to 1$ 時，$\mathrm{KL}(p_g(x) \| p_{data}(x))$ 對損失函數貢獻趨近於 0；而當生成器生成了不真實的樣本時，即當 $p_g(x) \to 1, p_{data}(x) \to 0$ 時，懲罰會趨於無限大。真實資料的分佈常常是高度複雜並且多模態的，資料分佈有很多模式，相似的樣本屬於一個模式。由於懲罰的不一致，生成器寧願多生成一些真實卻屬於同一個模式的樣本，也不願意冒著極大懲罰的風險去生成其他不同模式的具有多樣性的樣本來欺騙判別器，這就是所謂的模式坍塌。

整體來説，原始 GAN 在理論上主要有以下問題。

（1）原始 GAN 在判別器 $D(\cdot)$ 趨於最佳時，會面臨梯度消失的問題。

（2）採用 $-\log D$ 技巧改進版本的生成器同樣會存在一些問題，包含訓練梯度不穩定、懲罰不平衡導致的模式坍塌（缺乏多樣性）、不好判斷收斂性以及難以評價生成資料的品質和多樣性等。

問題 **3** 原始 GAN 在實際應用中存在哪些
問題？

難度：★★★★★

分析與解答

理論與實作常常是有差距的。除了上述理論上的問題外，GAN 在實際使用中還會出現一些新的問題。

在實際應用中，一般常用深度神經網路來表示 $G(\cdot)$ 和 $D(\cdot)$，然後採用梯度下降法和反向傳播演算法來更新網路參數，而非直接學習 $p_g(x)$ 本身。然而，Goodfellow 列出的收斂性證明是基於機率密度函數空間上 $V(G,D)$ 的凸性，當問題變成了參數空間的最佳化時，凸性便不再確定了，所以理論上的收斂性在實際中不再有效。此外，還有人對 GAN 中均衡的存在性提出質疑 [2-3]，他們指出在一個表達能力有限的 $D(\cdot)$ 下，即使其判別能力再強大，也不能保障生成器能夠完美地生成出所有覆蓋真實分佈的樣本，這表示均衡狀態可能並不存在。

交替訓練在實際應用中也會引發一定的問題。理論上，我們希望對參數固定的生成器 $G(\cdot)$，訓練出最佳的 $D^*(\cdot)$，但這會造成很大的計算量，因而在實際訓練中，在每一輪交替中常常只對 $D(\cdot)$ 訓練固定的 k 步。這樣交替循環的訓練方式會產生一個混淆，無法分清到底是在解一個 "min-max" 問題還是在解一個 "max-min" 問題，而這兩個問題是不能畫等號的，即

$$\min_G \max_D V(G,D) \neq \max_D \min_G V(G,D) \qquad (5\text{-}7)$$

對於一個 "max-min" 問題，最佳化 $G(\cdot)$ 的工作在內部，此時生成資料將被推向某個非最佳的 $D(\cdot)$ 相信是「真」的位置；而當 $D(\cdot)$ 更新後，發現了剛才被判錯的假資料，$G(\cdot)$ 又將生成資料推向這個新的非最佳的 $D(\cdot)$ 相信是「真」的位置。然而，真實資料常常是多模態的，非凸問題中存在局部納許均衡，這樣的訓練過程容易使博弈過程陷入這些局部均衡狀態，造成 $G(\cdot)$ 趨向於生成集中在少數模態上的資料，即模式坍塌。圖 5.4 具體地描繪了這個問題。

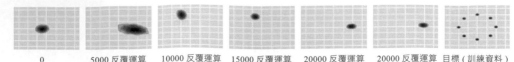

0　　　5000 反覆運算　10000 反覆運算　15000 反覆運算　20000 反覆運算　20000 反覆運算 目標 (訓練資料)

圖 5.4　原始 GAN 在 2D 高斯混合分佈資料集上的訓練過程

　　另外，訓練的收斂性的判斷也是一個難題。由於存在對抗，生成器與判別器的損失是反相關的，一個增大時另一個減小，因而無法根據損失函數的值來判斷什麼時候應該停止訓練。當然，我們也很難直接透過損失函數或生成器的輸出來判斷生成資料的品質，例如難以比較哪個圖更「真實」，哪些生成資料多樣性更高。

　　整體來説，原始 GAN 在實際應用中主要會出現以下幾個問題。

　　（1）GAN 在理論上的收斂性不能保障實際應用時的收斂性，這是因為 $G(\cdot)$ 和 $D(\cdot)$ 都是採用神經網路來建模的，因此優化過程是在參數空間而非在機率密度函數空間進行的。

　　（2）實際訓練時神經網路參數空間可能是非凸的以及交替最佳化的訓練過程，導致博弈過程可能陷入局部納許均衡，出現模式坍塌。

　　（3）何時應該停止訓練，以及生成資料的「好壞」的評估，都缺乏理想的評價方法和準則。

　　近幾年來，GAN 發展十分迅速，各式各樣的 GAN 不斷湧現，除了 GAN 在各種問題上的應用外，有很多工作都致力於解決 GAN 訓練的不穩定、生成資料真實性和多樣性等問題。

生成式對抗網路的改進

場景描述

原始的 GAN 雖然存在一些問題，但是它讓人們看到了極大的進步和擴充空間，可以說是一支潛力股。近幾年來，GAN 一直保持著較高的熱度，各種改進方法層出不窮。本節將從目標函數、模型結構、訓練技巧等角度來介紹一些具有代表性的改進方法。

基礎知識

f- 散度、積分機率度量 (Integral Probability Metric, IPM)、模型訓練技巧

問題 *1* 簡單介紹 GAN 目標函數的演進。 難度：★★★★☆

分析與解答

生成模型的本質在於使生成分佈儘量逼近真實分佈，所以減少兩個分佈之間的差異是訓練生成模型的關鍵。原始的 GAN 用 JS 散度來度量兩個分佈之間的距離，這容易引起梯度消失問題。近幾年出現的一些新的方法用其他距離或散度來取代 JS 散度建立目標函數，以加強 GAN 的效果。這些目標函數主要可以分為基於 f- 散度、基於 IPM、增加輔助項等類型。

■ **基於 f- 散度的 GAN**

首先介紹的一種方法是基於 f- 散度的 GAN（即 f-GAN），它 是從 f- 散度的角度來建置目標函數。f- 散度是用一個凸函數 f 來度量兩個分佈 $p_{data}(\boldsymbol{x})$ 與 $p_g(\boldsymbol{x})$ 之間的距離，其定義為

$$D_f(p_{data} \mid p_g) = \mathbb{E}_{\boldsymbol{x} \sim p_g(x)} \left[f\left(\frac{p_{data}(\boldsymbol{x})}{p_g(\boldsymbol{x})} \right) \right] \qquad (5\text{-}8)$$

f-GAN 首先用判別器來最大化生成分佈和真實分佈的 f- 散度上界，然後用生成器來最小化這個散度值，使生成分佈更接近真實分佈。f-GAN 透過設計不同的凸函數 f 來建置不同類型的散度。

表 5-1 列出了幾種 f-GAN 的實例，包含它們對應的 f 函數以及散度類型。當採用 JS 散度時，即原始的 GAN，原始 GAN 中的判別器相當於對輸入資料做真或假的二分類操作，損失函數採用的是交叉熵損失。若一個生成樣本被判別器以很高的可靠度判為「真」，交叉熵損失難以將該生成樣本推向真實分佈，因為它已經完成了「欺騙」判別器的使命，生成器將不再為這個生成樣本進行參數更新，即使該樣本距離判別器的決策邊界很遠。基於這個現象，LSGAN[4] 將交叉熵取代為均方誤差，直接對生成樣本到決策邊界的距離進行懲罰，其生成器的損失函數相當於最小化皮爾遜 χ 散度。在理想情況下，真實樣本應該分佈在接近判別器決策邊界的兩側，如果生成樣本距離決策邊界很遠，即使生成樣本被判別為「真」，也會產生較大的懲罰，進一步被推向決策邊界，使其更加接近真實分佈。另外，均方誤差損失比交叉熵損失更不容易出現梯度消失問題，能使訓練更加穩定。

表 5-1　基於 f- 散度的 GAN（即 f-GAN）

GAN	散度	$f(t)$
GAN	JSD $-2\log 2$	$t\log t-(t+1)\log(t+1)$
LSGAN	Pearson χ^2	$(t-1)^2$
EBGAN[5]	Total Variance	$\lvert t-1 \rvert$

■ 基於積分機率度量的 GAN

另外一種方法是基於積分機率度量（IPM）的 GAN（即 IPM-GAN）。與 f- 散度不同，IPM 採用判別函數 f 來定義兩個分佈之間的最大距離，這裡 f 被限制在一個特定的函數簇 $\mathcal{F}$ 上，該簇中的函數是實值的、有界的、可測的。用 IPM 來定義的兩個分佈間距離 $D_{\mathcal{F}}(p_{data}, p_g)$ 的計算公式為

$$D_{\mathcal{F}}(p_{data}, p_g) = \sup_{f \sim \mathcal{F}}\{\mathbb{E}_{x \sim p_{data}(x)}[f(x)] - \mathbb{E}_{x \sim p_g(x)}[f(x)]\} \qquad （5-9）$$

IPM-GAN 常用神經網路來建模這個判別函數 f，此時判別器的輸出不再是 0 或 1，而是一個實數。IPM-GAN 將 f 限制在特定函數簇 $\mathcal{F}$ 中，這

可以防止判別器的能力過強。在實際應用中，IPM-GAN 常常經過多次反覆運算後也不會出現梯度消失問題。IPM-GAN 的典型代表包含採用 Wasserstein 距離的 WGAN[6]，以及基於均值特徵符合的 McGAN[7]。

　　首先對 WGAN 進行分析。Wasserstein 距離又叫推土機（earth-mover）距離，其定義為

$$W(p_{data}, p_g) = \inf_{\gamma \sim \Pi(p_{data}, p_g)} \mathbb{E}_{(x,y) \sim \gamma} \left[\|x - y\| \right] \qquad （5\text{-}10）$$

其中，$\prod(p_{data}, p_g)$ 是 $p_{data}(x)$ 與 $p_g(y)$ 所有可能的聯合分佈組成的空間，γ 是其中一種可能的聯合分佈，$W(p_{data}, p_g)$ 表示在所有可能的聯合分佈中能夠對真實樣本 x 和生成樣本 y 的距離期望值取到的下確界。我們也可以用直觀的方式了解，$\mathbb{E}_{(x,y) \sim \gamma} \left[\|x - y\| \right]$ 就是在 γ 這個路徑規劃之下，將處在 P_{data} 的這堆點搬到 P_g 位置所移動的距離，其下確界就是路徑規劃為最佳時的距離（這也是它的別名「推土機距離」的由來）。相對於原始 GAN 中的 JS 散度，Wasserstein 距離在兩個分佈沒有重疊部分時並不是常數，它能夠反映兩個分佈的「遠近」，進一步避免梯度消失問題。在實際訓練中，由於 $\inf_{\gamma \sim \Pi(p_{data}, p_g)}$ 無法求解，需要利用 Kantorovich-Rubinstein 對偶原理將原問題轉化為對式（5-11）的求解：

$$W(p_{data}, p_g) = \sup_{\|f\|_L \leq K} \{ \mathbb{E}_{x \sim p_{data}}[f_\omega(x)] - \mathbb{E}_{x \sim p_g}[f_\omega(x)] \qquad （5\text{-}11）$$

其中，f_ω 為參數化的函數簇（ω 是參數），並需要滿足 Lipschitz 連續性，即 f_ω 的導數絕對值不超過常數 K ($K \geq 0$)。因此，WGAN 可以看作把 IPM-GAN 中的 f 所屬的函數簇 $\mathcal{F}$ 定義為滿足 Lipschitz 連續的函數簇的特例。

　　另一個比較有代表性的 IPM-GAN 是 McGAN，它從最小化 IPM 的角度將分佈之間距離的度量定義為有限維度特徵空間的分佈比對。在 Geometric GAN 中，研究者將 McGAN 解釋為在特徵空間進行的 3 步操作：首先，分類超平面搜尋；然後，判別器向遠離超平面的方向更新；最後，生成器向超平面的方向更新。實際上，這種幾何解釋同樣可以應用在其他 GAN 上，包含 f-GAN、WGAN 等。各種 GAN 之間的主要區別就在於分類超平面的建置方法以及特徵向量的幾何尺度縮放因子的選擇，實際理論推導見參考文獻 [8]。在訓練階段，批次（mini-batch）的

大小常常遠小於特徵空間的維度，這種情況下的分類問題被稱為高維低取樣尺寸（High-Dimension-Low-Sample-Size，HDLSS）問題。支援向量機中最大化兩種的分類邊界以及軟邊界的思維被廣泛應用在 HDLSS 問題中，並被證明具有堅固性。GeometricGAN 參考支援向量機的思維，將判別器和生成器的損失函數分別定義為

$$\mathcal{L}_D = \mathbb{E}_{x \sim p_{data}(x)}[\max(0, 1 - D(x))] + \mathbb{E}_{z \sim p_z(z)}[\max(0, 1 + D(G(z)))]$$
$$\mathcal{L}_D = \mathbb{E}_{z \sim p_z(z)}[-D(G(z))]$$

（5-12）

判別器的損失函數形式與支援向量機中的折頁損失（HingeLoss）的形式很相似。GeometricGAN 出現後，這種具有折頁損失形式的 GAN 損失函數在很多方法中被採用，包含 2018 年熱門的 SAGAN[9] 和 BigGAN[10]。

現在，更多的 GAN 採用基於 IPM 而非 f- 散度的目標函數，我們可以透過比較二者找到原因。由式（5-8）f- 散度的定義可以發現，當資料維度很高時，f- 散度將變得非常難以估計，兩個分佈的支撐集很難重疊，導致散度值趨於無窮；而基於 IPM 的方法不依賴於資料的分佈，這樣的度量一致逼近於兩個分佈間的真實距離，並且當兩個分佈無交集時也不會發散。

■ 其他類型的改進

除了上面介紹的 f-GAN 和 IPM-GAN 兩種方法，還有一些方法透過增加其他類型的最佳化目標作為輔助項來加強訓練的穩定性，或透過增加輔助項給 GAN 加入新的「技能」。這種輔助項主要包含重建目標和分類目標這兩種。

重建目標可以讓生成樣本和真實樣本盡可能相似。若將重建目標加在生成器中，則可以盡可能地保留原輸入影像的內容，這一般出現在一些影像語義資訊或特定模式需要被保留的工作中，例如影像翻譯工作。直觀上我們可以將加入重建目標的 GAN 看作有監督訓練，此時輸入圖像就是訓練的標籤。重建目標也可以加在判別器上，這種方式常見於與自編碼器相結合的 GAN。

還有的方法加入了分類目標，例如半監督學習或風格遷移。分類任務的交叉熵損失可以直接加在判別器中，使其在完成分辨真假工作的同

時完成分類工作；也可以重新加入一個專門負責分類的網路，將其產生的交叉熵損失增加到 GAN 的對抗訓練的損失函數中。

問題 *2* 簡單介紹 GAN 模型結構的演進。 難度：★★★☆☆

分析與解答

生成器和判別器的網路結構對於訓練過程的穩定性和模型表現至關重要。在 GAN 模型結構的各種改進方法中，最先要提到的是 DCGAN（Deep Convalutional GAN）[11]，它第一次將卷積神經網路用到 GAN 中，為 GAN 家族貢獻了一個重要的基準結構。之後比較具有代表性的結構改進包含層次化的結構以及加入自編碼器的結構。具有自編碼器的結構的 GAN 在上一章「生成模型」的 03 節中已有介紹，這裡不再贅述，下面我們主要介紹層次化結構的 GAN。

層次化結構的 GAN 一般透過多個步驟來生成高解析度、高品質的影像。例如在 Stacked GAN[12] 中，透過堆疊多個「生成器 - 判別器（D）- 編碼器」來建置層次化結構，每一級的「生成器 - 判別器」用來學習不同等級的表示，每一級的「編碼器」用於學習不同等級的隱藏變數表示，其模型結構如圖 5.5 所示。實際來説，在 Stacked GAN 中，對於每一級生成器，其輸入包含上一級生成器的輸出、該級編碼器輸出的特徵向量以及從標準正態分佈中的隨機取樣，其輸出為該級對應的生成表示。

除了上述的用多個 GAN 來實現層次化結構外，也有方法透過在訓練過程中對單一 GAN 進行動態的堆疊以組成層次化結構，例如 Progressive GAN[13] 就僅用一個「生成器 - 判別器」對，但在訓練過程中逐漸增加網路的層數，其模型結構如圖 5.6 所示。實際來説，Progressive GAN 在開始時層數較少，只能生成解析度較低的影像（如 4×4）；而後逐漸增加新的層到生成器和判別器網路中，並透過增加上取樣次數來增大生成影像的解析度。

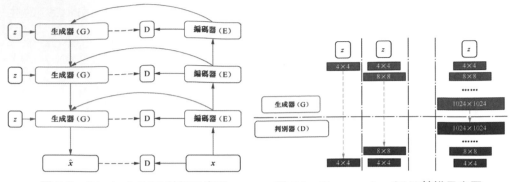

圖 5.5　Stacked GAN 結構示意圖　　　圖 5.6　Progressive GAN 結構示意圖

問題 **3**　列舉一些近幾年針對 GAN 的訓練　　難度：★★★☆☆
　　　　　　過程或訓練技巧的改進。

分析與解答

　　GAN 的訓練過程實際上是在極高維參數空間中尋找一個非凸最佳化問題的納許均衡點的過程，該過程常常是很不穩定的。很多論文提出了一些針對神經網路訓練過程的改進方法來提升 GAN 的效果，還有一些是在實際應用中發現的能夠穩定訓練過程的經驗和技巧，下面選擇幾種典型方法來介紹。

■　**特徵比對技術**

　　在原始 GAN 中，判別器和生成器的目標函數是根據其最後一層的輸出值來計算的。判別器的目標是讓生成樣本的輸出值盡可能接近 0，真實樣本的輸出值盡可能接近 1；生成器的目標則是盡可能地欺騙判別器，使生成樣本的輸出值盡可能接近 1。特徵比對技術則是將原目標函數中對最後一層輸出值的比較，改為對中間層輸出向量的比較。此時，判別器的工作是找出那些重要的、值得比對的統計資訊；而生成器的目標也不再是欺騙判別器，而是啟動生成器去比對真實樣本的統計資訊或特徵。

■ **單邊標籤平滑**

原始 GAN 採用 1/0 表示樣本的真 / 假。採用深度神經網路結構的判別器在層數很深時，對於簡單問題能夠經過少量訓練就獲得準確的預測，並且會對輸出結果列出很高的可靠度。當深度神經網路的輸入既有生成樣本又有真實樣本這樣的對抗組合時，這個問題會更加突出，分類器會偏好線性推斷並產生極高的機率值。因此，參考文獻 [3] 提出將真實樣本的標籤從 1 變為 0.9，啟動判別器列出更加平緩一些的預測。「單邊」表示對生成樣本的標籤不做平滑，為什麼呢？我們可以分析一下如果對雙邊都做平滑會出現什麼問題。假設對真實樣本以稍小於 1 的值 $1-\alpha$ 做標籤，生成樣本以稍大於 0 的值 β 做標籤，此時最佳判別器為

$$D_G^*(\boldsymbol{x}) = \frac{(1-\alpha)p_{data}(\boldsymbol{x}) + \beta p_g(\boldsymbol{x})}{p_{data}(\boldsymbol{x}) + p_g(\boldsymbol{x})} \qquad (5\text{-}13)$$

當 β 為 0 且 α 不為 0 時，標籤平滑只是對判別器的最佳值做了尺度上的改變；而當 β 不為 0 時，最佳判別器的函數表達會發生變化。在 $p_{data}(\boldsymbol{x})$ 非常小而 $p_g(\boldsymbol{x})$ 比較大時，$D_G^*(\boldsymbol{x})$ 會出現尖峰，這會強化生成器在此處的錯誤行為，進一步啟動生成器生成相似的樣本。

■ **譜正規化**

譜正規化技術 [14] 常用來正規化判別器的權重，目的是讓判別器滿足 Lipschitz 連續性。不同於 WGAN、WGAN-GP 透過在目標函數中增加約束項來間接地滿足 Lipschitz 連續性，譜正規化則是直接對模型參數進行約束，來直接地保障判別器的 Lipschitz 連續性。在訓練過程中每一次參數更新時，譜正規化會對每一層的權重做奇異值分解，並對奇異值做正規化以將其限制在 1 以內，確保網路中的每一層都滿足 $\frac{h_l(\boldsymbol{x}) - h_l(\boldsymbol{y})}{\boldsymbol{x} - \boldsymbol{y}} \leqslant 1$，進一步使整個網路 $f(\boldsymbol{x}) = h_N(h_{N-1}(\cdots h_1(\boldsymbol{x})\cdots))$ 都滿足 Lipschitz 連續性。當然，在訓練的每一步都對每層做奇異值分解會帶來極大的計算量，尤其是當網路參數維度很高時，為此研究者提出了一種反覆運算的方法來快速計算奇異值的近似解。

除此之外，還有一些其他的技術，包含虛擬批次正規化、批次（mini-batch）判別、在訓練和測試中都保留生成器的 Dropout 等方法，這裡不一一介紹了。

生成式對抗網路的效果評估

　　GAN 是當今最流行的影像生成模型之一，我們可以在很多論文中看到用不同的 GAN 產生的清晰又逼真的影像。然而，如果僅用肉眼來對影像品質進行主觀評價，顯然不能科學地評估一個模型的效能，我們需要用恰當的方法來定量地衡量 GAN 的生成能力，準確地刻畫生成樣本的品質和多樣性，度量生成分佈與真實分佈之間的差異。

基礎知識

IS（Inception Score）、FID（Frechet Inception Distance）

問題　**簡述 IS 和 FID 的原理。**　　　　難度：★☆☆☆☆

分析與解答

　　IS 常被用來評價生成影像的品質，它名字中的 Inception 來自 InceptionNet，因為計算 IS 時需要用到一個在 ImageNet 資料集上預訓練好的 Inception-v3[15] 分類網路。IS 實際上是在做一個 KL 散度計算，實際公式為

$$\text{IS}(G) = \exp(\mathbb{E}_{x \sim p_g(x)} \text{KL}(p(y \mid x) \| p(y)))\qquad（5\text{-}14）$$

其中，$p(y \mid x)$ 是指對一張指定的生成影像 x，將其輸入預訓練好的 Inception-v3 分類網路後輸出的類別概率；$p(y)$ 則是邊緣分布，表示對於所有的生成影像來說，這個預訓練好的分類網路輸出的類別的機率的期望。如果生成影像中包含有意義且清晰可辨認的目標，則分類網路應該以很高的可靠度將該影像判斷為一個特定的類別，所以 $p(y \mid x)$ 應該具有較小的熵。此外，要想生成影像具有多樣性，$p(y)$ 就應該具有較大的

熵。如果 $p(y)$ 的熵較大，$p(y|x)$ 熵較小，即所生成的影像包含了非常多的類別，而每一張影像的類別又明確且可靠度高，此時 $p(y|x)$ 與 $p(y)$ 的 KL 散度很大。可以看出，IS 並沒有將真實樣本與生成樣本進行比較，它僅在量化生成樣本的品質和多樣性。

FID[16] 為了彌補 IS 的不足，加入了真實樣本與生成樣本的比較。它同樣是將生成樣本輸入到分類網路中，不同的是，FID 不是對網路最後一層的輸出機率 $p(y|x)$ 操作，而是對網路倒數第二層的回應即特徵圖操作。實際來說，FID 是透過比較真實樣本和生成樣本的特徵圖的均值和方差來計算的：

$$\text{FID} = \left\| \mu_{data} - \mu_g \right\|^2 + Tr\left(\sum\nolimits_{data} + \sum\nolimits_{g} -2\left(\sum\nolimits_{data} \sum\nolimits_{g} \right)^{\frac{1}{2}} \right) \quad （5\text{-}15）$$

其中，μ_{data} 和 $\sum_{data}$ 分別表示真實樣本的均值和協方差矩陣，μ_g 和 $\sum_g$ 分別表示生成樣本的均值和協方差矩陣，$Tr(\cdot)$ 表示矩陣的跡。FID 值越低，表明生成樣本與真實樣本的統計量越接近。然而，FID 將特徵圖近似為高斯分佈，計算均值和方差的方式太過粗糙，無法實現對影像細節的評估。

· 歸納與擴充 ·

IS 和 FID 是目前 GAN 在影像領域中使用最為廣泛的兩種評估方法。IS 與 FID 實現了對 GAN 生成能力的定量評估，但它們都是對整體表現的刻畫，無法從多樣性、品質等角度對單一生成樣本進行獨立的衡量。另外，它們都依賴於用 ImageNet 預訓練的分類網路，對其他類型的資料集（如面部影像或醫學成像資料）不太適合。

除了 IS 和 FID，還有其他一些評估 GAN 生成能力的方法，如模式分數（ModeScore）[17]、最大均值差異 [18]、最近鄰雙樣本檢驗（C2ST）[19]、切片 W- 距離（Sliced Wasserstein Distance，SWD）[13] 等。由於篇幅限制此處不再一一贅述，感興趣的讀者可以閱讀原文，思考這些方法各自的特點和它們的異同。

生成式對抗網路的應用

場景描述

　　隨著 GAN 在理論上突飛猛進的發展，各種 GAN 在不同領域中的應用也遍地開花。GAN 在電腦視覺中的應用包含影像和視訊的生成、影像與影像或文字之間的翻譯、物體辨識、語義分割等。在自然語言處理領域，文字建模、對話生成、問答系統和機器翻譯等應用中也可以看到 GAN 的蹤影。

基礎知識

　　影像生成、影像到影像翻譯、Self-Attention GAN (SAGAN)、BigGAN、CycleGAN、半監督學習

問題 *1* GAN 用於生成高品質、高解析度影像　難度：★★★☆☆
時會有哪些困難？簡述從 SNGAN、
SAGAN 到 BigGAN 的發展過程。

分析與解答

　　影像生成一直都是電腦視覺領域的重要問題。自從 GAN 提出以來，這一領域出現了很多突破性的成果。隨著 GAN 的發展，影像生成已經從 2014 年的生成手寫數字，發展到 2018 年能夠非常逼真地生成 ImageNet 影像了。然而，GAN 在生成高解析度影像時，尤其是在包含很多類別的大類型資料集上訓練後，會出現無法明確區分影像類別、難以捕捉到影像語義結構、質地和細節不合理等問題。這些問題的原因是，解析度越高的影像在原始空間維度也越高，當資料集包含的類別眾多且類別內影像多樣性也很高時，影像所包含的模式也就越多，描述資料集中影像分佈的各個變數之間的關係也越複雜，用有限參數的網路表

示的生成模型就越難以訓練。

從 SNGAN[14]、SAGAN[9] 到 BigGAN[10]，影像生成的品質在短短一年時間內獲得了大幅提升，其在 ImageNet 上的 IS 指標從 37 增長到 166。BigGAN 已經可以生成清晰逼真的影像，如圖 5.7 所示。下面實際介紹從 SNGAN，SAGAN 到 BigGAN 的發展過程。

圖 5.7　BigGAN 的生成範例

■ SNGAN

SNGAN 第一次將譜正規化加入到判別器中，加強了訓練的穩定性。此外，SNGAN 還採用了折頁損失。採用譜正規化和折頁損失的 GAN 在前面的小節中已經介紹，這裡不再贅述。

■ SAGAN

SAGAN 在 SNGAN 的基礎之上，將自注意力機制加入其中。傳統的卷積神經網路由於卷積核尺寸的限制，更注重於捕捉局部區域內的空間聯繫。當生成高解析度影像時，除了局部的資訊以外，全域的語義和結構資訊也是不可忽視的，而自注意力機制則比較擅長捕捉較遠區域的資訊。如果將二者相結合，則每個生成區域既能夠獲得周圍區域的資訊，也能夠獲得與本身相關或相似的較遠區域的資訊。圖 5.8 是 SAGAN 中自注意力機制的示意圖。實際來說，在生成器中，將卷積特徵圖用 1×1 卷積進行線性轉換和通道壓縮，獲得 3 個分支；其中兩個分支用來計算注意力圖 β；另一分支與原特徵圖通道數一致，與注意力圖相乘，進一步獲得帶注意力資訊的特徵圖 o；最後，原始特徵圖 x 與自注意力特徵圖 o 做加權求和，獲得最後的輸出卷積特徵圖 y。該結構同時應用在生成器和判別器中的某些層上。除了引用注意力機制之外，SAGAN 還在 SNGAN 的基礎上，對生成器也加入了譜正規化。

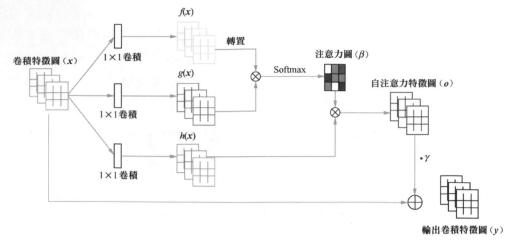

圖 5.8　SAGAN 中自注意力機制示意圖

■ BigGAN

BigGAN 在 SAGAN 的基礎上,主要做了以下改進。

(1)透過增大 GAN 的參數規模,增大訓練過程中的批次大小 (batch size),以及其他一些結構和約束機制上的改進,顯著地提升了模型的表現。增大訓練過程中的批次大小可能是因為更大的批次能夠覆蓋更多的模式,進一步為生成器和判別器提供更優的梯度。更大的批次大小也可以加強訓練效率,但是會導致訓練穩定性的下降。除了增加批次大小外,增加每層的通道數也能夠加強模型的生成能力,但增加網路深度卻不一定會帶來更好的效果。

(2)通過輸入雜訊的嵌入和截斷技巧,BigGAN 能夠在多樣性和真實性上實現精細化控制。對於輸入雜訊 z,大多數 GAN 都是直接從標準正態分佈或均勻分佈中隨機取樣獲得並直接輸入生成器的第一層,BigGAN 不僅將 z 輸入到第一層,而且還將其送入到每一個殘差區塊(ResBlock)中,如圖 5.9 所示。這樣做的理由是隱空間可能會直接影響不同層(不同解析度)的特徵。另外,BigGAN 還使用了截斷技巧,將從標準正態分佈中取樣出的 z 根據設定的設定值進行截斷。截斷設定值會影響生成影像的品質和多樣性,設定值越低,取樣範圍越窄,生成的影像品質越高,但影像的多樣性會降低。

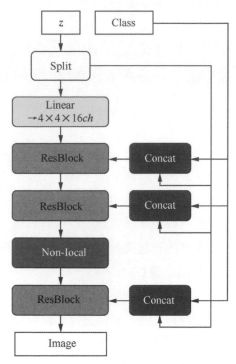

圖 5.9　BigGAN 雜訊嵌入技巧示意圖

（3）透過多種訓練技術上的改進，BigGAN 在大規模訓練時的穩定性也獲得了加強。模型在訓練過程中的穩定性的控制，可以分別從生成器或判別器角度來進行調節。對於生成器的控制，參考文獻 [10] 得出的結論是，透過調節各層權重的奇異值大小可以改善模型的穩定性，但是無法確保能夠避免訓練的當機；對於判別器，論文比較了各種不同的正規化方法，發現不同的正規化方法有類似的規律，即對判別器的約束越高，訓練過程也就越穩定，但是模型生成能力也會下降，並且會造成效能的下降。

問題*2* 有哪些問題是屬於影像到影像翻譯的範圍的？ GAN 是如何應用在其中的？　難度：★★☆☆☆

分析與解答

　　影像到影像的翻譯是一個比較寬泛的概念，指由來源影像域的影像生成目標圖表面域的對偶影像，在轉換過程中需要保留來源影像域中的一些屬性。很多電腦視覺領域的問題廣義上來說都屬於影像到影像的翻譯，如影像的風格遷移、影像超解析度重建、影像補全或修復、影像著色等。與標準的 GAN 不同，這些工作的輸入一般都是影像而非隨機雜訊，並且生成的資料需要保留輸入影像的部分屬性。基於 GAN 的影像到影像的翻譯方法，可以分為有監督和無監督兩種。有監督方法需要兩個域之間的影像一一配對，此時目標圖表面域的配對影像就可以看作標籤，例如基於 GAN 的超解析度重建和影像補全問題。無監督方法可以採用非配對的訓練方式，即訓練時兩個域樣本不需要一一對應，例如基於 GAN 的影像風格遷移。下面實際介紹基於 GAN 的超解析度重建、影像補全以及風格遷移。

■ 超解析度重建

　　在超解析度重建問題中，訓練資料和標籤就是原始影像的降取樣和原始影像。由於輸出影像的尺寸是輸入影像尺寸的數倍，生成器常常採用含有上取樣結構的全卷積神經網路。與普通 GAN 的生成器不同的是，超解析度重建的 GAN 不需要從一個低維的雜訊向量變成高解析度影像，因此上取樣操作會相對少一些。超解析度重建中除了影像大小和細節資訊外，影像中所有的顏色、結構、形態等屬性都不能夠被改變，而填充的細節資訊又要合理。要滿足上述要求，GAN 的損失函數除了對抗損失以外，還需要加入能夠衡量真實影像與生成影像相似性的損失，例如感知域損失。在 SRGAN 中，採用真實影像與生成影像在生成器中某些層的卷積特徵圖的差異作為感知域損失。圖 5.10 即是基於 SRGAN 的超解析度重建的結果範例 [20]。

(a) 4倍超解析度重建樣本   **(b) 原始樣本**

圖 5.10　基於 SRGAN 的超解析度重建範例

■ 影像補全

　　對於影像補全問題，訓練資料和標籤分別是挖掉某一區域的影像和被摳掉的這一部分。基於 GAN 的影像補全方法也常常包含兩種損失，一種是標準 GAN 的對抗損失，用來確保生成影像的真實性；另一種是標籤與生成影像間的感知域損失或重構損失，例如參考文獻 [21] 和參考文獻 [22] 採用的是均方誤差、參考文獻 [23] 採用的是像素的絕對值誤差、參考文獻 [24] 採用的是感知域損失等。圖 5.11 列出了影像補全的結果範例 [25]。

（a）待補全圖形

（b）補全圖形

圖 5.11　基於 GAN 的影像補全範例

■ 影像風格遷移

影像風格遷移是指在保留影像主要內容的前提下，對影像內容在抽象語義層次上的某些特性（例如物體種類、藝術風格等）做一致的改變。一些諸如人像換臉、換裝、表情轉換等應用，都可以用風格遷移的方法來實現。在基於 GAN 的風格遷移方法中，目前主流的是無監督方法，這是因為對於不同域的影像，想要找到一一對應的訓練資料常常比較困難或成本較高。在無監督方法中，生成的影像是新的，在目標圖表面域真實資料中沒有出現過的，不能像影像補全那樣獲得有監督的重構誤差或感知域誤差，因此需要用其他方式來指導模型保留特定的屬性。下一問中將以 CycleGAN 為例，分析如何利用 GAN 實現無監督的風格遷移。

問題 **3** 簡述 CycleGAN 的原理。　　　　　　難度：★★★☆☆

CycleGAN 是影像風格遷移的經典方法。請從原理上解釋其非配對的訓練方式是怎麼實現的？如果去掉重構誤差，會出現什麼問題？

分析與解答

指定來源影像域資料集和目標圖表面域資料集，CycleGAN[4] 不需要兩個資料集中的影像一一配對，就可以訓練出一個風格遷移模型。圖 5.12 展示了一些用 CycleGAN 進行風格遷移的範例圖片。

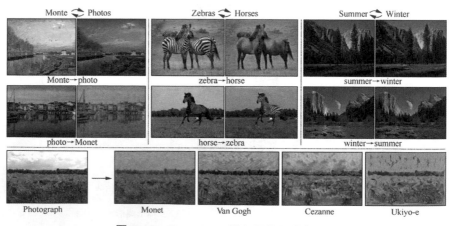

圖 5.12　CycleGAN 進行風格遷移的範例

CycleGAN 一共包含兩個判別器和兩個生成器，如圖 5.13 所示。實際來說，整個結構可以分成兩部分，一部分負責從一個風格域 X 到另一個風格域 Y 的轉換工作；另一部分反過來，負責從風格域 Y 到風格域 X 的轉換工作。以從 X 域到 Y 域為例，X 域中訓練影像（輸入樣本）x 被輸入到生成器 G_{X2Y} 中，生成屬於 Y 域的樣本 $G_{X2Y}(x)$，生成樣本 $G_{X2Y}(x)$ 與 Y 域中的真實影像（輸入樣本）y 一同被送入判別器 D_Y 中，以判斷影像是否屬於 Y 域；同時，生成樣本 $G_{X2Y}(x)$ 還會被輸入到另一個生成器 G_{X2Y} 中，重建出 X 域中的樣本 $\hat{x}$，根據 $\hat{x}$ 與 x 計算重構誤差，該誤差與對抗誤差一起作為模型的損失函數。另一部分（即從 Y 域到 X 域）的結構與此類似，只是域的轉換方向相反。

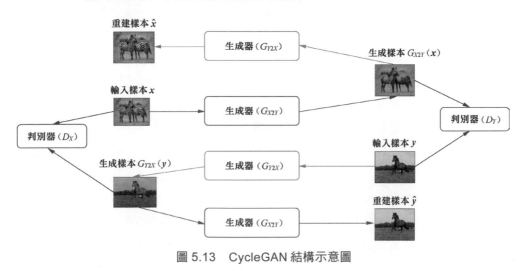

圖 5.13　CycleGAN 結構示意圖

CycleGAN 不需要一一配對的樣本，核心點在於兩個負責各自域的判別器。對任意一個輸入樣本，它們可以判斷影像是否屬於該域，並不需要成對的輸入；而透過一個風格轉換的循環獲得的重建影像，可以用來最小化與原影像之間的重構誤差，造成保留影像的高層次語義資訊的作用。生成影像如果能夠被正確重構，除了需要重構被改變的風格屬性之外，其結構、背景、物體、姿態等資訊都應該被生成器完好保留。如果去掉重構誤差，訓練出的網路仍然能夠實現風格遷移，但其中部分高層次的、不應該被更改的屬性也有可能被破壞。

問題 **4** GAN 為什麼適用於半監督學習？生成 難度：★★★★☆
資料在半監督學習中產生什麼作用？

分析與解答

　　半監督學習是指在訓練資料僅有部分標記的情況下，同時利用標記過和未標記過的樣本進行學習的方法。對於很大規模的資料，獲得全部資料的標籤會耗費大量時間和成本，這個問題在如今資料量不斷增長的時代越來越顯著，因而半監督學習也越來越被重視。現有的半監督學習方法主要包含低密度分離方法、基於生成模型的方法、基於平滑假設的方法等。GAN 的出現，為基於生成模型的半監督學習方法提供了新的想法。

　　在原始的 GAN 中，訓練資料是不需要標籤的，判別器的工作只是判別影像的「真假」。在用於半監督學習時，判別器除了這個判別工作外，還被指定了分類工作。真實訓練資料中包含有標籤樣本和無標籤樣本，對於判別器的判別真假工作，它們都屬於「真」樣本陣營，與生成的「假」樣本對抗；對於判別器的分類工作，真樣本的標籤資訊可以用於標準的分類損失項（如交叉熵損失），而無標籤樣本和生成樣本可以在特定假設下以其他方式對目標函數做貢獻。不同方法會採用不同的形式來使判別器實現這兩個工作。舉例來說，在參考文獻 [3] 中，判別器的輸出變為 $K+1$ 維，其中 K 維對應分類工作的 K 個類別，而剩下一維對應「假」樣本，判別器損失函數為

$$\mathcal{L}_D = -\mathbb{E}_{x \sim p_{data}(x)}[\log D(x)] - \mathbb{E}_{z \sim p_z}[\log(1 - D(G(z)))] - \\ \mathbb{E}_{(x,y) \sim p_{data}(x,y)}[\log p(y \mid x, y < K+1)]$$ （5-16）

其中，$D(x) = 1 - p(y = K+1 \mid x)$。

　　而在 CatGAN[26] 中，判別器的輸出只有 K 維。實際來說，對於所有的「真」樣本，判別器需要對它們輸出非常確定的類別，即對指定樣本 x，判別器希望其條件分佈具有高度確定性，也就是希望樣本的資訊熵 $H(p(y \mid x))$ 盡可能低；對於生成的「假」樣本，判別器希望在每一種上

的輸出機率都儘量相等，也就是最大化熵$H(p(y|G(z)))$；對於所有的樣本，判別器希望能夠均勻地使用所有類別，即最大化熵$H(p(y))$；對於有標籤的「真」樣本，同樣對判別器貢獻交叉熵$CE[y_{gt}, p(y|x)]$。綜上所述，判別器損失函數的實際公式為

$$\mathcal{L}_D = -H[p(y)] + \mathbb{E}_{x \sim p_{data}(x)} H[p(y|x)] - \\ \mathbb{E}_{z \sim p_z(z)} H[p(y|G(z))] + \lambda CE[y_{gt}, p(y|x)] \qquad (5\text{-}17)$$

　　無論是什麼樣的實現形式，基於 GAN 的半監督學習在訓練判別器時都包含有標籤資料、無標籤資料和生成資料這 3 種資料。既然有了無標籤的真實資料，為什麼還需要無標籤的生成資料呢？要回答這個問題，首先應該注意到的是，在半監督學習中，我們的重點在於判別器，在訓練完成後我們需要的是判別器的分類能力，而非用生成器來生成資料（生成資料的目的在於提升判別器對樣本真實分佈的學習能力）。此時，即使是無標籤的真實資料，也被隱含地指定了「真」的標籤，即使不知道類別標籤，判別器也同樣能利用無標籤資料來更進一步地學習真實資料的分佈。此外，生成器此時不僅需要在真實性上努力欺騙判別器，也需要使生成的資料明確地屬於某一種，所以生成器除了要學習所有真實資料的整體分佈，還需要學習到每一種各自所屬的「子分佈」。雖然有了無標籤「真」樣本的補充，真實訓練樣本對於資料的分佈來説常常仍然是稀疏的，這時生成器的作用可以看作對各種訓練樣本的進一步擴充，生成器需要生成屬於各種「子分佈」邊界之內的資料才能騙過判別器。在這樣的對抗工作下，判別器能夠更進一步地學習到分類的「邊界」。

・歸納與擴充・

　　如今隨著 GAN 的理論發展日漸成熟，它在各個領域開始大放異彩，各種 GAN 的應用還在持續不斷地湧現。本節介紹的內容可以説僅是 GAN 茫茫大海般的優秀應用中的幾朵小浪花。想要了解更多、更新、更驚豔的應用，讀者需要保持對學術界和工業界中與 GAN 相關的應用方法和成功案例的持續關注，並對它們進行思考和歸納。

參考文獻

[1] GOODFELLOW I, POUGET-ABADIE J, MIRZA M, et al. Generative adversarial nets[C]//Advances in Neural Information Processing Systems, 2014: 2672–2680.

[2] KODALI N, ABERNETHY J, HAYS J, et al. On convergence and stability of GANs[J]. arXiv preprint arXiv:1705.07215, 2017.

[3] SALIMANS T, GOODFELLOW I, ZAREMBA W, et al. Improved techniques for training GANs[C]//Advances in Neural Information Processing Systems, 2016: 2234–2242.

[4] ZHU J-Y, PARK T, ISOLA P, et al. Unpaired image-to-image translation using cycle-consistent adversarial networks[C]//Proceedings of the IEEE International Conference on Computer Vision, 2017: 2223–2232.

[5] ZHAO J, MATHIEU M, LECUN Y. Energy-based generative adversarial network[J]. arXiv preprint arXiv:1609.03126, 2016.

[6] ARJOVSKY M, CHINTALA S, BOTTOU L. Wasserstein GAN[J]. arXiv preprint arXiv:1701.07875, 2017.

[7] MROUEH Y, SERCU T, GOEL V. McGAN: Mean and covariance feature matching gan[J]. arXiv preprint arXiv:1702.08398, 2017.

[8] LIM J H, YE J C. Geometric GAN[J]. arXiv preprint arXiv:1705.02894, 2017.

[9] ZHANG H, GOODFELLOW I, METAXAS D, et al. Self-attention generative adversarial networks[J]. arXiv preprint arXiv:1805.08318, 2018.

[10] BROCK A, DONAHUE J, SIMONYAN K. Large scale GAN training for high fidelity natural image synthesis[J]. arXiv preprint arXiv:1809.11096, 2018.

[11] RADFORD A, METZ L, CHINTALA S. Unsupervised representation learning with deep convolutional generative adversarial networks[J]. arXiv preprint arXiv:1511.06434, 2015.

[12] ZHANG H, XU T, LI H, et al. StackGAN: Text to photo-realistic image synthesis with stacked generative adversarial networks[C]//Proceedings of the IEEE International Conference on Computer Vision, 2017: 5907–5915.

[13] KARRAS T, AILA T, LAINE S, et al. Progressive growing of GANs for improved quality, stability, and variation[J]. arXiv preprint arXiv:1710.10196, 2017.

[14] MIYATO T, KATAOKA T, KOYAMA M, et al. Spectral normalization for generative adversarial networks[J]. arXiv preprint arXiv:1802.05957, 2018.

[15] SZEGEDY C, VANHOUCKE V, IOFFE S, et al. Rethinking the inception architecture for computer vision[C]//Proceedings of the IEEE Conference on Computer Vision and Pattern Recognition, 2016: 2818–2826.

[16] HEUSEL M, RAMSAUER H, UNTERTHINER T, et al. GANs trained by a two time-scale update rule converge to a local Nash equilibrium[C]//Advances in Neural Information Processing Systems, 2017: 6626–6637.

[17] CHE T, LI Y, JACOB A P, et al. Mode regularized generative adversarial networks[J]. arXiv preprint arXiv:1612.02136, 2016.

[18] IYER A, NATH S, SARAWAGI S. Maximum mean discrepancy for class ratio estimation: Convergence bounds and kernel selection[C]//International Conference on Machine Learning, 2014: 530–538.

[19] LOPEZ-PAZ D, OQUAB M. Revisiting classifier two-sample tests[J]. arXiv preprint arXiv:1610.06545, 2016.

[20] LEDIG C, THEIS L, HUSZÁR F, et al. Photo-realistic single image super-resolution using a generative adversarial network[C]//Proceedings of the IEEE Conference on Computer Vision and Pattern Recognition, 2017: 4681–4690.

[21] IIZUKA S, SIMO-SERRA E, ISHIKAWA H. Globally and locally consistent image completion[J]. ACM Transactions on Graphics, 2017, 36(4): 107.

[22] PATHAK D, KRAHENBUHL P, DONAHUE J, et al. Context encoders: Feature learning by inpainting[C]//Proceedings of the IEEE Conference on Computer Vision and Pattern Recognition, 2016: 2536–2544.

[23] YEH R A, CHEN C, YIAN LIM T, et al. Semantic image inpainting with deep generative models[C]//Proceedings of the IEEE Conference on Computer Vision and Pattern Recognition, 2017: 5485–5493.

[24] SONG Y, YANG C, LIN Z, et al. Contextual-based image inpainting: Infer, match, and translate[C]//Proceedings of the European Conference on Computer Vision, 2018: 3–19.

[25] YU J, LIN Z, YANG J, et al. Generative image inpainting with contextual attention[C]//Proceedings of the IEEE Conference on Computer Vision and Pattern Recognition, 2018: 5505–5514.

[26] SPRINGENBERG J T. Unsupervised and semi-supervised learning with categorical generative adversarial networks[J]. arXiv preprint arXiv:1511.06390, 2015.

第 6 章

強化學習

強化學習（Reinforce Learning, RL）可以追溯到二十世紀八十年代，其思維來自行為心理學。強化學習是指智慧體透過不斷「試錯」的方式進行學習，利用與環境進行互動時獲得的獎勵或懲罰來指導行為。在強化學習中，獲得獎勵的行為會被「強化」，受到懲罰的行為則會被「弱化」；憑藉著這些經驗，系統可以自主地學習決策過程，以獲得最大的收益。得益於生物相關性和學習自主性，強化學習在博弈論、模擬最佳化、智慧群眾最佳化以及遺傳演算法等領域都有涉及和應用。2016 年 3 月，AlphaGo 橫空出世並戰勝了世界圍棋冠軍李世石，在機器學習和人工智慧領域引起了相當大的關注和震撼，其中就用到了強化學習演算法。近幾年，除了遊戲領域外，強化學習在自動駕駛、機器人路線規劃、神經網路架構設計、網路資源轉換等領域也都展現出了實用價值。

01 強化學習基礎知識

場景描述

強化學習是從動物學習、行為心理學等理論發展而來的。Thorndike 在《動物智慧》一書中提出了效應法則：對特定行為的獎勵會鼓勵動物在類似的情況下採取相同的策略；相反，如果某一行為受到懲罰，則它不太可能重複該行為。舉例來說，對於寵物狗來說，在主人發出「握手」指令後，如果狗將爪子遞給主人就會獲得骨頭，則它會記住「握手」指令和「將爪子遞給主人」這個行為是正確的、會獲得獎勵的。透過獎勵和懲罰來學習行為和策略的過程就是強化學習。那麼，如何用強化學習來建模上述過程呢？

基礎知識

強化學習、馬可夫決策過程（Markov Decision Process, MDP）、有模型（model-based）學習、無模型（model-free）學習、策略反覆運算（policy-based iteration）、價值反覆運算（value-based iteration）

問題 *1* 什麼是強化學習？如何用馬可夫 決策過程來描述強化學習？　　難度：★☆☆☆☆

分析與解答

強化學習主要由智慧體（agent，也可稱為代理）和環境（environment）兩部分組成。智慧體代表具有行為能力的物體（如機器人、無人車），也可以視為強化學習演算法本身。環境指的是智慧體執行動作時所處的場景（例如超級瑪莉的遊戲世界）。在強化學習中，外部環境提供的資訊很少，且沒有帶標籤的監督資訊，智慧體需要以不斷「試錯」的方式來嘗試不同的動作。透過學習本身的經歷，即採取的策略在互動過程中獲得的獎勵或懲罰訊號，智慧體能自主地發現和選擇產生最大回報的動作。如果智慧體的某個策略獲得了環境的獎勵訊號，那

麼它在相似環境下採取這個策略的趨勢會加強；相反，如果某個策略獲得了懲罰，那麼在相似環境下智慧體會避開這個行為策略。

　　學習演算法大致可以分為 3 種類型，即監督學習、無監督學習和強化學習。在強化學習中，我們無法直接告訴智慧體如何產生正確的動作，智慧體透過在與環境互動過程中獲得的獎懲訊號來對動作的好壞給予評價。這一點與監督學習或無監督學習有很大不同。對於監督學習，它能直接獲得監督訊號的回饋，以此來指導學習過程，對未知資料進行預測；對於無監督學習，其主要工作是找到資料本身的規律或隱藏結構。以新聞發送任務為例，無監督學習演算法會採擷使用者之前讀過文章的特徵，並向他們推薦類似的文章；而強化學習演算法則會與使用者不斷地進行互動，先發送少量的文章給使用者，可以根據使用者的回饋情況建置一個關於使用者喜好的知識圖譜（Knowledge Graph），據此來確定給使用者推薦的文章，並在後續互動過程中繼續根據使用者的回饋來不斷維護和更新上述知識圖譜。

　　1957 年 Bellman 提出用馬可夫決策過程來求解最佳控制問題。馬可夫決策過程將馬可夫過程與動態規劃相結合，採用了類似於強化學習的試錯反覆運算機制序貫地做出決策。儘管 Bellman 只是採用了強化學習的思維來求解馬可夫決策過程，但由於該方法的可操作性，馬可夫決策過程成為定義強化學習問題的最普遍形式。

　　那麼，如何用馬可夫決策過程來描述強化學習呢？首先，我們要定義一些重要元素。

- 狀態集合 S：環境傳回給智慧體的狀態的集合。
- 動作集合 A：智慧體可以採取的動作的集合。
- 狀態傳輸函數 P：目前狀態傳輸到下一狀態的機率分佈函數。
- 獎勵函數 R：環境傳回的強化訊號，對智慧體所做動作的獎勵或懲罰。

　　以下圍棋為例，「環境」是棋盤與對手，「狀態」是目前棋盤上的棋子分佈，「動作」是落子的位置，「狀態傳輸函數」是落子後棋盤上棋子分佈的變化；至於「獎勵函數」，在圍棋世界，採取的動作不僅會影響立即獎勵值，還會影響最後獎勵值，其中，立即獎勵值可以透過落子動作執行後棋盤上不同顏色棋子的數量來評估，而最後獎勵值則是整

盤棋的輸贏。圖 6.1 列出了強化學習的學習過程。

圖 6.1　強化學習圖示

整體來説，強化學習可以使用四元組 $\langle S, A, P, R \rangle$ 來表示。

（1）在時刻 t，智慧體所處的狀態為 $s_t \in S$，它需要根據一定的策略（policy）從動作集合中選擇一個動作 $a_t \in A$。這裡動作集合 A 可以是連續的（如對機器人行走路線的控制），也可以是離散的（如遊戲中的上下左右控制），動作的連續性和動作集合的大小直接影響到工作的難度。

（2）在完成動作 a_t 後，環境會給智慧體一個強化訊號（獎勵或懲罰），記作 r_t。強化訊號計算方法的合理性會直接影響強化學習的效能，因此有大量的工作在研究強化訊號的計算，其中較為經典的方法為

$$G_t = r_t + \gamma r_{t+1} + \cdots + \gamma^n r_{t+n} \tag{6-1}$$

其中，G_t 是累積獎勵（也稱為回報），γ 是衰減因數（$0 \leqslant \gamma \leqslant 1$），$n$ 是獎勵的累積步數（n 可以取 1 到 $+\infty$）。當 $\gamma = 0$ 時，回報的計算只考慮當下的獎勵；當 $\gamma = 1$ 時，回報的計算不僅考慮當下獎勵，還會累積計算對之後決策帶來的影響；一般來説，$0 < \gamma < 1$，當下的回饋是較為重要的，獎勵越靠後，權重越小。

（3）動作 a_t 同時還會觸發環境發生變化，從目前狀態 s_t 傳輸到下一狀態 s_{t+1}，即 $s_t \times a_t \to s_{t+1}$。在此之後，智慧體根據 $t+1$ 時刻的狀態 s_{t+1} 選擇下一個動作，進入下一時間節點的反覆運算，整個狀態傳輸過程如圖 6.2 所示。根據馬可夫性質可知，$t+1$ 時刻的狀態 s_{t+1} 僅取決於當前狀態 s_t 和目前的動作 a_t。

$$S_0 \xrightarrow{a_0} S_1 \xrightarrow{a_1} S_2 \xrightarrow{a_2} S_3 \xrightarrow{a_3} \cdots$$

圖 6.2　馬可夫狀態傳輸過程

強化學習的目的是尋找一個最佳策略，使智慧體在執行過程中所獲得的累積獎勵達到最大。強化學習方法可以從不同的角度進行劃分。舉

例來説，根據是否對真實環境建模，可以劃分為有模型學習和無模型學習；根據更新策略，可以劃分為單步更新和回合更新；根據產生實際行為的策略與更新價值的策略是否相同，可以劃分為現實策略（on-policy）學習和參考策略（off-policy）學習。此外，根據是否可以推測出狀態傳輸機率，強化學習的求解可以採用動態規劃法或蒙特卡羅方法。

問題 **2** 強化學習中的有模型學習和無模型學習有什麼區別？   難度：★★☆☆☆

分析與解答

針對是否需要對真實環境建模，強化學習可以分為有模型學習和無模型學習。有模型學習是指根據環境中的經驗，建置一個虛擬世界，同時在真實環境和虛擬世界中學習；無模型學習是指不對環境進行建模，直接與真實環境進行互動來學習到最佳策略。

在上一問中，我們用馬可夫決策過程來定義強化學習工作，並表示為四元組 $\langle S, A, P, R \rangle$，即狀態集合、動作集合、狀態傳輸函數和獎勵函數。如果這四元組中所有元素均已知，且狀態集合和動作集合在有限步數內是有限集，則機器可以對真實環境進行建模，建置一個虛擬世界來模擬真實環境的狀態和互動反應。實際來説，當智慧體知道狀態傳輸函數 $P(s_{t+1} \mid s_t, a_t)$ 和獎勵函數 $R(s_t, a_t)$ 後，它就能知道在某一狀態下執行某一動作後能帶來的獎勵和環境的下一狀態，這樣智慧體就不需要在真實環境中採取動作，直接在虛擬世界中學習和規劃策略即可。這種學習方法稱為有模型學習，圖 6.3 列出了有模型強化學習的流程圖。

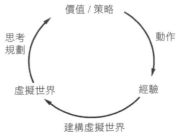

圖 6.3　有模型強化學習流程

然而在實際應用中，智慧體並不是那麼容易就能知曉馬可夫決策過程中的所有元素的。大部分的情況下，狀態傳輸函數和獎勵函數很難估計，甚至連環境中的狀態都可能是未知的，這時就需要採用無模型學習。無模型學習沒有對真實環境進行建模，智慧體只能在真實環境中透過一定的策略來執行動作，等待獎勵和狀態遷移，然後根據這些回饋資訊來更新行為策略，這樣反覆反覆運算直到學習到最佳策略。

那麼，有模型強化學習與無模型強化學習有哪些區別？各自有哪些優勢呢？

整體來說，有模型學習相比於無模型學習僅多出一個步驟，即對真實環境進行建模。因此，一些有模型的強化學習方法，也可以在無模型的強化學習方法中使用。在實際應用中，如果不清楚該用有模型強化學習還是無模型強化學習，可以先思考一下，在智慧體執行動作前，是否能對下一步的狀態和獎勵進行預測，如果可以，就能夠對環境進行建模，進一步採用有模型學習。

無模型學習通常屬於資料驅動型方法，需要大量的取樣來估計狀態、動作及獎勵函數，進一步最佳化動作策略。舉例來說，在 Atari 平台上的《小蜜蜂》（*Space Invader*）遊戲中，無模型的深度強化學習需要大約 2 億頁框遊戲畫面才能學到比較理想的效果。相比之下，有模型學習可以在某種程度上緩解訓練資料匱乏的問題，因為智慧體可以在虛擬世界中進行訓練。

無模型學習的泛化性要優於有模型學習，原因是有模型學習演算法需要對真實環境進行建模，並且虛擬世界與真實環境之間可能還有差異，這限制了有模型學習演算法的泛化性。

有模型的強化學習方法可以對環境建模，使得該類別方法具有獨特的魅力，即「想像能力」。在無模型學習中，智慧體只能一步一步地採取策略，等待真實環境的回饋；而有模型學習可以在虛擬世界中預測出所有將要發生的事，並採取對自己最有利的策略。

目前，大部分深度強化學習方法都採用了無模型學習，這是因為：一方面，無模型學習更為簡單直觀且有豐富的開放原始碼資料，像 DQN（Deep Q-Network）[1]、AlphaGo[2] 系列等都採用無模型學習；另一方面，在目前的強化學習研究中，大部分情況下環境都是靜態的、可

描述的，智慧體的狀態是離散的、可觀察的（如 Atari 遊戲平台），這種相對簡單確定的問題並不需要評估狀態傳輸函數和獎勵函數，直接採用無模型學習，使用大量的樣本進行訓練就能獲得較好的效果。

問題 **3** ## 基於策略反覆運算和基於價值反覆運算的強化學習方法有什麼區別？

難度：★★☆☆☆

分析與解答

對於一個狀態傳輸機率已知的馬可夫決策過程，我們可以使用動態規劃演算法來求解；從決策方式來看，強化學習又可以劃分為基於策略反覆運算的方法和基於價值反覆運算的方法。決策方式是智慧體在指定狀態下從動作集合中選擇一個動作的依據，它是靜態的，不隨狀態變化而變化。

在基於策略反覆運算的強化學習方法中，智慧體會制定一套動作策略（確定在指定狀態下需要採取何種動作），並根據這個策略操作。強化學習演算法直接對策略進行最佳化，使制定的策略能夠獲得最大的獎勵。

而在基於價值反覆運算的強化學習方法中，智慧體不需要制定顯性的策略，它維護一個價值表格或價值函數，並透過這個價值表格或價值函數來選取價值最大的動作。基於價值反覆運算的方法只能應用在不連續的、離散的環境下（如圍棋或某些遊戲領域），對於行為集合規模龐大、動作連續的場景（如機器人控制領域），其很難學習到較好的結果（此時基於策略反覆運算的方法能夠根據設定的策略來選擇連續的動作）。

基於價值反覆運算的強化學習演算法有 Q-Learning、Sarsa 等，而基於策略反覆運算的強化學習演算法有策略梯度（Policy Gradients）演算法等。此外，演員 - 評論家（Actor-Critic）演算法同時使用策略和價值評估聯合做出決策，其中，智慧體會根據策略做出動作，而價值函數會對做出的動作列出價值，這樣可以在原有的策略梯度演算法的基礎上加速學習過程，取得更好的效果。

02　強化學習演算法

在前面的介紹中，我們了解到強化學習能夠在沒有額外監督資訊的環境下，自主地學習並做出決策。對於一個狀態傳輸機率已知的馬可夫決策過程，一般可以使用動態規劃演算法來求解。那麼，在狀態傳輸機率未知的情況下，強化學習如何學習到策略並根據策略選擇動作呢？蒙特卡羅強化學習 (Monte-Carlo Reinforcement Learning）和時序差分強化學習（Temporal-Difference Reinforcement Learning）可以在不知道馬可夫狀態傳輸機率的情況下，讓智慧體根據經驗來估計狀態的價值。本節我們將介紹最為經典的時序差分強化學習演算法 Q-learning 和 Sarsa。

基礎知識

時序差分強化學習、蒙特卡羅強化學習、Q-learning、Sarsa

問題 *1*　舉例說明時序差分強化學習和　　　　難度：★☆☆☆☆
　　　　蒙特卡羅強化學習的區別。

分析與解答

　　時序差分強化學習是指在不清楚馬可夫狀態傳輸機率的情況下，以取樣的方式獲得不完整的狀態序列，估計某狀態在該狀態序列完整後可能獲得的收益，並透過不斷的取樣持續更新價值。與此不同，蒙特卡羅強化學習則需要經歷完整的狀態序列後，再來更新狀態的真實價值。舉例來說，你想獲得開車去公司的時間，每天上班開車的經歷就是一次取樣。假設今天在路口 A 遇到了塞車，那麼，時序差分強化學習會在路口 A 就開始更新預計到達路口 B、路口 C……，以及到達公司的時間；而蒙特卡羅強化學習並不會立即更新時間，而是在到達公司後，再修改到

達每個路口和公司的時間。時序差分強化學習能夠在知道結果之前就開始學習，相比蒙特卡羅強化學習，其更快速、靈活。

問題 2 什麼是 Q-learning？   難度：★★☆☆☆

分析與解答

Q-learning 是非常經典的時序差分強化學習演算法，也是基於價值反覆運算的強化學習演算法。在 Q-learning 中，我們需要定義策略的動作價值函數（即 Q 函數），以表示不同狀態下不同動作的價值。記策略的動作價值函數為 $Q^\pi(s_t, a_t)$，它表示在狀態 s_t 下，執行動作 a_t 會帶來累積獎勵 G_t 的期望，實際公式為

$$
\begin{aligned}
Q^\pi(s_t, a_t) &= \mathbb{E}[G_t \mid s_t, a_t] \\
&= \mathbb{E}[r_t + \gamma r_{t+1} + \gamma^2 r_{t+2} + \cdots \mid s_t, a_t] \\
&= \mathbb{E}[r_t + \gamma (r_{t+1} + \gamma r_{t+2} + \cdots) \mid s_t, a_t] \\
&= \mathbb{E}[r_t + \gamma Q^\pi(s_{t+1}, a_{t+1}) \mid s_t, a_t]
\end{aligned}
\qquad (6\text{-}2)
$$

式（6-2）是馬可夫決策過程中 Bellman 方程式的基本形式。累積獎勵 G_t 的計算，不僅考慮當下 t 時刻的動作 a_t 的獎勵 r_t，還會累積計算對之後決策帶來的影響（公式中的 $\gamma < 1$ 是後續獎勵的衰減因數）。從式（6-2）可以看出，當前狀態的動作價值 $Q^\pi(s_t, a_t)$，與當前動作的獎勵 r_t 以及下一狀態的動作價值 $Q^\pi(s_{t+1}, a_{t+1})$ 有關，因此，動作價值函數的計算可以透過動態規劃演算法來實現。

從另一方面考慮，在計算 t 時刻的動作價值 $Q^\pi(s_t, a_t)$ 時，需要知道在 t、$t+1$、$t+2$……時刻的獎勵，這樣就不僅需要知道某一狀態的所有可能出現的後續狀態以及對應的獎勵值，還要進行全寬度的回溯來更新狀態的價值。這種方法無法在狀態傳輸函數未知或大規模問題中使用。因此，Q-learning 採用了淺層的時序差分取樣學習，在計算累積獎勵時，基於目前策略預測接下來發生的 n 步動作（n 可以取 1 到 $+\infty$）並計算其獎勵值。實際來說，假設在狀態 s_t 下選擇了動作 a_t 並獲得了獎勵 r_t，此時狀態傳輸到 s_t+1，如果在此狀態下根據同樣的策略選擇了動作 a_{t+1}，則

$Q^{\pi}(s_t, a_t)$可以表示為

$$Q^{\pi}(s_t, a_t) = \mathbb{E}_{s_{t+1}, a_{t+1}}[r_t + \gamma Q^{\pi}(s_{t+1}, a_{t+1}) | s_t, a_t] \tag{6-3}$$

Q-learning 演算法在使用過程中，可以根據獲得的累積獎勵來選擇策略，累積獎勵的期望值越高，價值也就越大，智慧體越偏好選擇這個動作。因此，最佳策略 π^* 對應的動作價值函數 $Q^*(s_t, a_t)$ 滿足如下關係式：

$$Q^*(s_t, a_t) = \max_{\pi} Q^{\pi}(s_t, a_t) = \mathbb{E}_{s_{t+1}}[r_t + \gamma \max_{a_{t+1}} Q(s_{t+1}, a_{t+1}) | s_t, a_t] \tag{6-4}$$

Q-learning 演算法在學習過程中會不斷地更新 Q 值，但它並沒有直接採用式（6-4）中的項進行更新，而是採用類似梯度下降法的更新方式，即狀態 s_t 下的動作價值$Q^*(s_t, a_t)$會朝著狀態 s_t+1 下的動作價值 $r_t + \gamma \max_{a_{t+1}} Q^*(s_{t+1}, a_{t+1})$ 做一定比例的更新：

$$Q^*(s_t, a_t) \leftarrow Q^*(s_t, a_t) + \alpha(r_t + \gamma \max_{a_{t+1}} Q^*(s_{t+1}, a_{t+1}) - Q^*(s_t, a_t)) \tag{6-5}$$

其中 α 是更新比例（學習速率）。這種漸進式的更新方式，可以減少策略估計造成的影響，並且最後會收斂至最佳策略。

在實際學習過程中，Q-learning 演算法會根據動作價值函數及動作選擇策略獲得出下一狀態要執行的動作。動作選擇策略可以採用ξ貪婪演算法，即每次都選擇會獲得最大價值的動作；也可以用貪婪策略，即以ξ的機率隨機採取動作，以 $1-\xi$ 的機率選擇獲得最大價值的動作。Q-learning 演算法實際流程如下。

1: $Q(s, a) \leftarrow 0$；　　// 初始化

2: for episode = 1 to M do：

3:　　　建置初始狀態 s_1；

4:　　　for t = 1 to N do：

5:　　　　　$a_t \leftarrow$基於狀態 s_t 和特定策略（如 ξ 貪婪策略）來選擇動作；

6:　　　　　執行動作 a_t，獲得收益 r_t 以及下一個狀態 s_{t+1}；

7:　　　　　$Q(s_t, a_t) \leftarrow Q(s_t, a_t) + \alpha(r_t + \gamma \max_{a_{t+1}} Q(s_{t+1}, a_{t+1}) - Q(s_t, a_t))$；

8:　　　end for

9: end for

從上述學習過程可以看出，Q-learning 是無模型、參考策略的強化學習演算法。Q-learning 完全不考慮所處環境的實際情況，只考慮與環境互動獲得的獎勵和到達的狀態，因此是無模型的方法。此外，Q-learning 產生實際行為的策略（如貪婪策略）與更新價值的策略（最佳策略）不相同，因此是參考策略的學習方法。2013 年，DeepMind 團隊提出的深度強化學習也使用了 Q-learning 學習架構，足見 Q-learning 的經典性和普適性。

問題 **3** 簡述 Sarsa 和 Sarsa(λ) 演算法，
並分析它們之間的關聯與區別。

難度：★★★★☆

分析與解答

Sarsa 是現實策略學習的時序差分強化學習演算法，其名字來自圖 6.4 所示的序列：在狀態 s_t 下，智慧體根據某種策略執行動作 a_t，獲得獎勵 r_t，然後狀態傳輸到 s_t+1，智慧體再根據策略產生一個新的動作 a_t+1。

$$s_t,\ a_t \qquad\qquad s_{t+1} \qquad\qquad a_{t+1}$$

圖 6.4　Sarsa 序列示意圖

Sarsa 的更新策略同 Q-learning 相似但又不同，實際的反覆運算公式為

$$Q(s_t,a_t) \leftarrow Q(s_t,a_t) + \alpha(r_t + \gamma Q(s_{t+1},a_{t+1}) - Q(s_t,a_t)) \qquad (6\text{-}6)$$

其中，α 是學習速率參數，γ 是累積獎勵中的衰減因數。在 Sarsa 演算法中，也採用了一張大表來儲存 $Q(s,a)$ 的數值。在狀態 s_t，智慧體根據當前行為策略選擇動作 a_t；對應地，在更新動作價值時，智慧體仍然依據該策略在狀態 s_t+1 下選擇動作 a_t+1。由於選擇動作 a_t 和 a_t+1 的策略是一致的，因此是現實策略演算法。比較 Q-learning 的更新的式（6-5）和 Sarsa 的更新的式（6-6）可以發現，Sarsa 並沒有選取最大值的 max 操作。因此，Q-learning 是一非常激進的演算法，希望每一步都獲得最大的利益；而 Sarsa 則相比較保守，會選擇一條相對安全的反覆運算路

線。Sarsa 演算法的實際流程如下。

1: $Q(s,a) \leftarrow 0$ ；　// 初始化

2: for episode = 1 to M do：

3:　　　建置初始狀態 s_1 ；

4:　　　$a_1 \leftarrow$ 基於狀態 s_1 和特定策略（如 ζ 貪婪策略）來選擇動作；

5:　　　for t = 1 to N do：

6:　　　　　執行動作 a_t，獲得收益 r_t 以及下一個狀態 s_{t+1} ；

7:　　　　　$a_{t+1} \leftarrow$ 基於狀態 s_{t+1} 和與之前相同的策略來選擇動作；

8:　　　　　$Q(s_t,a_t) \leftarrow Q(s_t,a_t) + \alpha(r_t + \gamma\, Q(s_{t+1},a_{t+1}) - Q(s_t,a_t))$ ；

9:　　　end for

10: end for

　　Sarsa 屬於單步更新法，也就是說每執行一個動作，就會更新一次價值和策略。如果不進行單步更新，而是採取 n 步更新或回合更新，即在執行了 n 步之後再來更新價值和策略，這樣就獲得了 n 步 Sarsa。實際來說，對於 Sarsa，在 t 時刻其價值的計算公式為

$$q_t = r_t + \gamma\, Q(s_{t+1},a_{t+1}) \tag{6-7}$$

而對於 n 步 Sarsa，它的 n 步 Q 收穫為

$$q_t^{(n)} = r_t + \gamma r_{t+1} + \cdots + \gamma^{n-1}\, r_{t+n-1} + \gamma^n Q(s_{t+n},a_{t+n}) \tag{6-8}$$

如果給 $q_t^{(n)}$ 加上衰減因數 λ 並進行求和，即獲得 Sarsa(λ) 的 Q 收穫：

$$q_t^\lambda = (1-\lambda)\sum_{n=1}^{\infty} \lambda^{n-1} q_t^{(n)} \tag{6-9}$$

因此，n 步 Sarsa(λ) 的更新策略可以表示為

$$Q(s_t,a_t) \leftarrow Q(s_t,a_t) + \alpha(q_t^\lambda - Q(s_t,a_t)) \tag{6-10}$$

整體來說，Sarsa 和 Sarsa(λ) 的差別主要表現在價值的更新上。

　　我們以瑪利歐找寶藏為例，當找到寶藏時，獎勵值會 +1，否則獎勵值為 0。圖 6.5 列出了 Sarsa 和 Sarsa(λ) 的示意圖，圖 6.5（a）列出了一個取樣路線；對於 Sarsa 來說，每前進一步都會更新價值，但是在沒有找到寶藏的時候，每一步的獎勵都為 0，只有最後一步會獲得獎勵

+1，如圖 6.5（b）所示；而對於衰減因數 $\lambda = 0.8$ 的 Sarsa(λ) 來說，目前取樣的每一步都與找到寶藏有關，離寶藏最近的動作對找到寶藏的貢獻最大，較遠的步數對找到寶藏的貢獻較小，其價值更新如圖 6.5（c）所示。特別地，對於 Sarsa(λ) 來說，當 $\lambda = 0$ 時，就是單步更新的 Sarsa 演算法。

整體來說，Sarsa 和 Q-learning 十分類似。它們的決策部分完全相同，僅有策略更新方式不同：Sarsa 是現實策略的時序差分強化學習演算法，而 Q-learning 是參考策略的時序差分強化學習演算法。

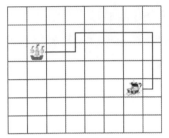
(a) 取樣路線

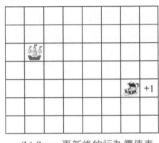
(b) Sarsa 更新後的行為價值表

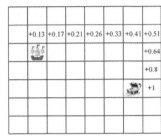
(c) Sarsa(λ) 更新後的行為價值表

圖 6.5　Sarsa 和 Sarsa(λ) 的比較示意圖

03 深度強化學習

場景描述

2013 年 DeepMind 在 NIPS 會 議 上 第 一 次 提 出 了 深 度 強 化 學 習（Deep Reinforcement Learning）的思維 [3]，將深度學習與強化學習結合起來，實現從感知到動作的點對點學習。2015 年 DeepMind 在 Nature 上發表了論文 [1]，對 DQN（Deep Q-Network）進行了改進，在 Atari 遊戲平台上的 49 個不同遊戲場景下全面超越了人類。自此之後，深度強化學習迅速成為人工智慧領域的焦點。那麼，基於深度網路的強化學習相比前面提到的傳統強化學習演算法有哪些魅力呢？

基礎知識

深度強化學習、DQN、經歷重播（Experience Replay）

問題 ## 什麼是 DQN ？它與傳統 Q-learning 有什麼關聯與區別？

難度：★★★☆☆

分析與解答

DQN[3] 是指基於深度學習的 Q-learning 演算法，主要結合了價值函數近似（Value Function Approximation）與神經網路技術，並採用了經歷重播的方法進行網路的訓練。

在 Q-learning 中，我們使用表格來儲存每個狀態 s 下採取動作 a 獲得的獎勵，即動作價值函數 $Q(s,a)$。然而，這種方法在狀態量極大甚至是連續的工作中，會遇到維度災難問題，常常是不可行的。因此，DQN 採用了價值函數近似的表示方法。

什麼是價值函數近似呢？簡單來說，就是透過建置函數來近似計算狀態或行為的價值。建置的函數可以是簡單的線性函數，也可以是複雜的決策樹、傅立葉轉換，甚至是神經網路。使用函數進行價值的近似計

算,替代原來的表格儲存,無疑是更加經濟、高效的解決方案。這個過程可以表示為,建立一個由參數 θ 組成的網路 Q,它接收狀態變數 s 和行為變數 a 作為輸入;透過不斷地調整參數θ的值,Q 會逐漸符合基於某一策略π的動作價值函數,即

$$Q(s,a;\theta) \approx Q_\pi(s,a) \qquad (6\text{-}11)$$

需要注意的是,對於動作空間比較小的工作(例如僅有離散的上、下、左、右這 4 個動作的超級瑪莉遊戲),我們可以僅將狀態變數作為 Q 的輸入,此時 Q 的輸出是針對動作空間中每一個動作的價值,也即 Q 的輸出不再是一個純量值,而是由多個數值組成的向量,每個數值對應一個動作的價值。這種設計方式能讓 Q-learning 演算法更方便地進行價值的更新和動作的選擇。

對於深度網路,我們需要設計一個損失函數,據此來計算梯度並更新參數。DQN 演算法採用了與 Q-learning 相似的思路,即使用 $r_t + \gamma \max_{a_{t+1}} Q(s_{t+1},a_{t+1};\theta)$ 作為 $Q(s_t,a_t;\theta)$ 目標。如果價值函數最後收斂,也就表示在任何狀態選取任何動作,價值函數計算出的價值與目標價值相似,此即為深度網路的訓練目標。參照 Q-learning,我們可以得到 DQN 的價值函數更新公式:

$$Q(s_t,a_t;\theta) \leftarrow Q(s_t,a_t;\theta) + \alpha(r_t + \gamma \max_{a_{t+1}} Q(s_{t+1},a_{t+1};\theta) - Q(s_t,a_t;\theta)) \qquad (6\text{-}12)$$

對應的損失函數為

$$Loss(\theta) = \mathbb{E}[(r_t + \gamma \max_{a_{t+1}}(s_{t+1},a_{t+1};\theta) - Q(s_t,a_t;\theta))^2] \qquad (6\text{-}13)$$

此外,DQN 在訓練過程中還使用了經歷重播。舉例來說,在用 DQN 學習 Atari 遊戲時,我們可以對遊戲圖片進行取樣,並將樣本的狀態、動作、獲得的獎勵以及傳輸後的下一個狀態,即元組$\langle s_t,a_t,r_t,s_{t+1}\rangle$,存儲起來。這樣,如果儲存的樣本足夠大,就可以每次隨機選取資料進行學習。這個過程與監督學習中對訓練資料的取樣很相似。

基於經歷重播的 DQN 演算法的實際流程如下。

1: 初始化經歷資料$\mathbb{D}$,並隨機初始化動作價值函數 Q;

2: for episode = 1 to M do:

3:　　　建置初始狀態 s_1;

4:　　　　for t = 1 to N do：

5:　　　　　　a_t ←基於狀態 s_t 和特定策略（如 ξ 貪婪策略）來選擇動作；

6:　　　　　　執行動作 a_t，獲得收益 r_t 以及下一個狀態 s_{t+1}；

7:　　　　　　$\mathbb{D} \leftarrow \mathbb{D} + \langle s_t, a_t, r_t, s_{t+1} \rangle$；

8:　　　　　　在 $\mathbb{D}$ 中隨機取樣獲得樣本 $\langle s_j, a_j, r_j, s_{j+1} \rangle$；

9:　　　　　　$y_j = \begin{cases} r_j, & \text{如果 } s_{j+1} \text{ 是終點，} \\ r_j + \gamma \max_a Q(s_{j+1}, a; \boldsymbol{\theta}), & \text{如果 } s_{j+1} \text{ 不是終點；} \end{cases}$

10:　　　　　　計算誤差 $(y_j - Q(s_j, a_j; \boldsymbol{\theta}))^2$ 並進行梯度反向傳播；

11:　　　　end for

12: end for

　　整體來說，DQN 與 Q-learning 的目標價值以及價值的更新方式都十分類似，主要的不同點在於：一、DQN 將 Q-learning 與深度學習結合，用深度網路來近似表示動作價值函數，這與 Q-learning 中採用表格儲存不同；二、DQN 採用了經歷重播的訓練方法，從歷史資料中隨機取樣；而 Q-learning 直接採用下一個狀態的資料進行學習。

・歸納與擴充・

　　DQN 開啟了嶄新的深度強化學習領域，具有創新的價值。在這之後，有大量的工作對 DQN 進行了改進，其中較為經典的有以下工作。

　　（1）為了改進目標價值的計算，DoubleDQN[4] 使用一個單獨的網路計算目標價值，以減少 Q-learning 計算目標價值時帶來的偏差。

　　（2）針對強化學習中高品質樣本較少的問題，Prioritied Replay[5] 利用梯度損失的大小來定義樣本的品質，並提出對高品質樣本進行優先學習。

　　（3）DeepMind 團隊在 2016 年提出的 Dueling Network[6] 架構，在評估 $Q(s,a)$ 時，同時評估了這個狀態的價值函數 $V(s)$ 和在該狀態下各個動作的相對價值函數 $A(s,a)$，該方法相當大地提升了 DQN 的效能。

強化學習的應用

2015 年 Hinton、Bengio 及 LeCun 發表在 Nature 上的論文中提到，深度強化學習將是未來深度網路的發展方向 [7]。強化學習透過與環境進行互動、不斷「試錯」的方式來學習行為策略，這種學習方法有很多的應用場景，包含遊戲、自動駕駛、神經網路架構設計、廣告投放等領域。

基礎知識

強化學習、自動駕駛、神經網路架構設計、對話系統、廣告競價策略

問題 **簡述強化學習在人工智慧領域的一些應用場景。**　　難度：★★☆☆☆

分析與解答

強化學習能夠在沒有額外監督資訊的環境下，自主地學習並做出決策。AlphaGo 的作者之一 David Silver 表示，深度網路 + 強化學習 = 人工智慧，深度網路給智慧體提供了大腦，而強化學習則提供了學習機制，這足以證明強化學習機制的重要性。近幾年，強化學習在遊戲、自動駕駛、控制論、神經網路架構設計、對話系統、推薦系統、廣告競價等領域都有所涉及。下面簡單列舉一些強化學習的應用場景，實際細節可以參閱本書的各個應用章節。

■ **遊戲中的策略制定**

2013 年 DeepMind 團隊發表的論文 [3] 是強化學習應用在遊戲領域的里程碑式工作。在這之後，強化學習在棋類遊戲（如圍棋、五子棋等），Atari/Gym 遊戲平台的小遊戲（如倒立擺、月球登陸者、毀滅戰士等），甚至是策略類電腦遊戲（如星際爭霸等）中，都超越了人類玩

家。強化學習滿足了電子遊戲中「非玩家」角色的需求;與此同時,電子遊戲提供了定義和建置人工智慧問題的平台,促進了強化學習演算法的發展。

很多強化學習演算法都是專門針對遊戲領域設計的。例如前面介紹的 DQN,結合了強化學習已有的 Q-learning 架構與深度神經網路技術,採用了經歷重播方法來訓練網路,在 Atari 遊戲平台中勝過了人類玩家。對於更複雜的即時策略類遊戲(如星際爭霸),演算法則需要考慮多種要素,設計複雜的計畫,並隨時根據環境調整策略。阿里巴巴在 2017 年提出多智慧體協同學習的架構,其可透過學習一個多智慧體雙向協作網路,來維護一個高效的通訊協定,實驗表明該方法可以學習並掌握星際爭霸中的各種戰鬥任務[8]。

此外,針對圍棋的 AlphaGo 和 AlphaGo Zero 更是戰勝了人類圍棋冠軍,一戰成名。AlphaGo 演算法運用了強化學習和深度學習技術,透過設計策略網路和價值網路來指導蒙特卡羅樹搜尋演算法。實際來說,AlphaGo 的訓練過程分為兩個階段:第一階段,基於有監督學習,使用強化學習中的策略梯度方法,最佳化策略網路;第二階段,基於大量的自我對弈棋局,使用蒙特卡羅策略評估方法獲得新的價值網路。AlphaGo Zero 則是 AlphaGo 的進階版,不再以人類棋譜為基礎,直接透過自我對弈進行網路訓練。

■ 自動駕駛中的決策系統

目前,自動駕駛在決策和控制方面還處在初步的嘗試階段。傳統的自動駕駛決策系統多採用人工定義的規則,但人工定義的規則不夠全面,容易漏掉一些邊界情況。因此,我們可以考慮用強化學習方法來設計一個自動駕駛決策系統,使之能從駕駛經驗中自動學習並最佳化本身的決策。

自動駕駛決策系統需要保障策略的安全性,並需要即時監測其他車輛、行人的行為,因此相比其他場景下的決策系統更為複雜[9]。在自動駕駛系統中,危險事故出現的機率一般非常低,這會導致危險事故對應的樣本在訓練資料集中通常不存在或數量很少,因而在訓練過程中很容易被模型忽略。要解決這一問題,我們需要調整行為的獎勵值,為危險

事故設定非常大的懲罰值。

此外，為了確保行車安全，一些方法將駕駛策略劃分為兩部分，即可以學習的策略和不可以學習的策略。其中，不可以學習的策略會定義一些強制限制條件，用來處理邊界情況以確保安全性。這樣，整個駕駛策略可以表示為$\pi_{\theta} = \pi' \circ \pi''_{\theta}$，其中$\pi'$是強制性的約束，可以是人工定義的規則，確保行車安全；π''_{θ}是可學習的策略（θ是模型參數），它需要最大化累積獎勵。

■ 自動化機器學習中的神經網路架構搜尋

在自動化機器學習領域中，神經網路架構的自動設計是一個重要的研究方向。我們通常使用神經網路架構搜尋來實現針對特定問題的自動化網路架構設計。顧名思義，神經網路架構搜尋是在特定搜尋空間內，透過一定搜尋策略，搜尋出合適的神經網路架構的過程。針對神經網路架構搜尋，較為常用的方法包含隨機搜尋策略、演化演算法、強化學習以及梯度演算法。

使用強化學習完成神經網路架構搜尋的基本流程為，先定義一個控制器作為強化學習的智慧體，將產生一個網路架構的過程視為一個動作，將每一輪對搜尋出的網路架構的評估結果作為動作的獎勵並回傳給控制器。Google Brain 在 2017 年 ICLR 會議上發表的論文 [10] 就是使用強化學習完成神經網路架構搜尋的經典工作之一，論文中的方法使用了循環神經網路作為強化學習的控制器。

■ 自然語言處理中的對話系統

對話系統是指可以透過文字、語音、影像等自然的溝通方式自動地與人類交流的電腦系統。對話系統根據設計目標的不同可以被劃為工作型對話系統與非工作型對話系統。工作型對話系統需要根據使用者的需求完成對應的工作，如發郵件、打電話、行程預約等。而非工作型對話系統大多是根據人類的日常聊天行為而設計的，對話沒有明確的工作目標，只是為了和使用者更進一步地溝通。一個典型的工作型對話系統包含對話了解、對話產生和策略學習 3 個部分。

在對話系統中，使用者的輸入常常是多種多樣的；對於不同領域的對話內容，對話系統可以採取的行為也是多種多樣的。這種問題如果用

普通的有監督學習方法（如深度神經網路）來求解，則無法獲得充足的訓練樣本。強化學習可以在某種程度上解決這個問題。對於工作型對話系統來說，使用者的對話以及系統可以採取的行動的組合數量相對龐大，這個部分比較適合使用強化學習來解決 [11-13]。在非工作型對話系統（如微軟小冰）的設計中 [14]，有類似的對話管理模組設計。強化學習不僅可以用於策略模組的最佳化，也可以對整個對話系統進行點對點的建模，以簡化對話系統設計。

■　廣告投放中的廣告主競價策略

在即時競價場景中，流量交易平台會把廣告流量即時發給廣告主；廣告主根據流量資訊，列出一個競價，這個競價即時產生，每次出價時廣告主可以決定合適的競價；流量交易平台接收到所有廣告主的競價之後，把廣告位分配列出價最高的廣告主，廣告主為廣告付出的價格是第二高的競價，或平台事先列出的底價。廣告主的付費方式有很多種，業內主流的方法是按廣告點擊收費，即只有使用者點擊了廣告，平台才對廣告主收費，沒有點擊則不收費。廣告主的競價策略，即為每一個符合廣告主條件的廣告位設計一個合適的競價。

廣告主競價策略可以使用強化學習來求得。在這個場景下，智慧體為競價策略本身，環境是流量交易平台，狀態是行銷活動的剩餘預算和剩餘時間，動作是列出競價，收益是使用者點擊行為。參考文獻 [15] 用深度強化學習方法，並結合「探索」與「利用」的方式進行初始化和訓練，進一步完成競價策略的設計。

・歸納與擴充・

雖然深度強化學習是最接近通用人工智慧的範式之一，並且在各個領域中都有大量的工作，但它在一些領域中還不能真正地奏效，常常很難超越在特定工作中設計的監督學習的方法，哪怕是在一些遊戲中（例如對於 Atari 遊戲，使用簡單的蒙特卡羅搜尋也能獲得優於 DQN 的效能 [16]）。此外，目前大部分強化學習方法都是無模型方法，但是基於無模型的強化學習方法，資料使用率較差，常常需要大量的樣本進行訓練。因此，強化學習領域還有不少需要深入探索的問題。

參考文獻

[1]　MNIH V, KAVUKCUOGLU K, SILVER D, et al. Human-level control through deep reinforcement learning[J]. Nature, Nature Publishing Group, 2015, 518(7540): 529.

[2]　SILVER D, HUANG A, MADDISON C J, et al. Mastering the game of Go with deep neural networks and tree search[J]. Nature, Nature Publishing Group, 2016, 529(7587): 484.

[3]　MNIH V, KAVUKCUOGLU K, SILVER D, et al. Playing Atari with deep reinforcement learning[J]. arXiv preprint arXiv:1312.5602, 2013.

[4]　VAN HASSELT H, GUEZ A, SILVER D. Deep reinforcement learning with double Q-learning[C]//30th AAAI Conference on Artificial Intelligence, 2016.

[5]　SCHAUL T, QUAN J, ANTONOGLOU I, et al. Prioritized experience replay[J]. arXiv preprint arXiv:1511.05952, 2015.

[6]　WANG Z, SCHAUL T, HESSEL M, et al. Dueling network architectures for deep reinforcement learning[J]. arXiv preprint arXiv:1511.06581, 2015.

[7]　LECUN Y, BENGIO Y, HINTON G. Deep learning[J]. Nature, Nature Publishing Group, 2015, 521(7553): 436.

[8]　PENG P, YUAN Q, WEN Y, et al. Multiagent bidirectionally-coordinated nets for learning to play starcraft combat games[J]. arXiv preprint arXiv:1703.10069, 2017, 2.

[9]　SHALEV-SHWARTZ S, SHAMMAH S, SHASHUA A. Safe, multi-agent, reinforcement learning for autonomous driving[J]. arXiv preprint arXiv:1610.03295, 2016.

[10]　ZOPH B, LE Q V. Neural architecture search with reinforcement learning[J]. arXiv preprint arXiv:1611.01578, 2016.

[11]　YOUNG S, GAŠIĆ M, THOMSON B, et al. Pomdp-based statistical spoken dialog systems: A review[J]. Proceedings of the IEEE, 2013, 101(5): 1160–1179.

[12] WEISZ G, BUDZIANOWSKI P, SU P-H, et al. Sample efficient deep reinforcement learning for dialogue systems with large action spaces[J]. IEEE/ACM Transactions on Audio, Speech and Language Processing, 2018, 26(11): 2083–2097.

[13] CUAYÁHUITL H, KEIZER S, LEMON O. Strategic dialogue management via deep reinforcement learning[J]. arXiv preprint arXiv:1511.08099, 2015.

[14] ZHOU L, GAO J, LI D, et al. The design and implementation of XiaoIce, An empathetic social chatbot[J]. arXiv preprint arXiv:1812.08989, 2018.

[15] WU D, CHEN X, YANG X, et al. Budget constrained bidding by model-free reinforcement learning in display advertising[C]//Proceedings of the 27th ACM International Conference on Information and Knowledge Management. ACM, 2018: 1443–1451.

[16] GUO X, SINGH S, LEE H, et al. Deep learning for real-time Atari game play using offline Monte-Carlo tree search planning[C]//Advances in Neural Information Processing Systems, 2014: 3338–3346.

第 7 章

元學習

深度學習模型吃資料的情況越來越嚴重。以 ImageNet 為例，它大約有 1500 萬張圖片，若每張圖片透過平移、旋轉、縮放等轉換擴充出 60 張不同的圖片，每張圖片在人眼前曝光時間為 1 秒，則人即使不睡覺、不閉眼也需要 28 年才能看完這些圖片。

2019 年年初，DeepMind 的 AlphaStar 在星際爭霸中戰勝了人類玩家高手，訓練它所用的遊戲時長達 200 年。有句話說明了訓練資料的規模的重要性：一個再精密的深度網路結構，不如眾包標記出一個千萬級的訓練集。智慧的本質難道就是訓練資料嗎？當令眾生神往的各種深度模型降格為靠經驗資料的擬合函數，對智慧時代的憧憬是否會被尷尬取代？回頭看看「人類學習」，在許多層面上機器學習遠未達到人類的水準：第一，人類可以從少量樣本中獲得強大的泛化能力，透過幾個教學範例就能快速掌握新技能；第二，人類一生都在面對著持續的任務流，時刻都在學習處理各種工作。人類學習，不僅學習知識，更是在學習如何學習，這在學術界被稱為學會學習（Learning to Learn）。它不關注實際工作，而是研究如何提升本身學習能力。我們希望機器可以像人類一樣，觸類而旁通、溫故而知新，從過去的工作學習中獲得針對新工作的學習能力。這裡我們稱之為元學習（Meta-Learning）。在本章中，我們先回顧元學習的概念和方法，以及如何建置元學習的資料集，然後詳細論述幾種經典模型和現在的前端模型，解答從理論到實作中可能遇到的許多問題。

元學習的主要概念

場景描述

　　從元學習的學習過程看，它有另一個常用名叫學會學習。從元學習的使用角度看，元學習可以幫助模型在少量樣本下快速地學習，人們也稱之為少次學習（Few-Shot Learning）。更實際地，如果訓練樣本數為 1，則稱為一次學習（One-Shot Learning）；如果訓練樣本數為 K，則稱為 K 次學習；更極端地，訓練樣本數為 0，則稱為零次學習（Zero-Shot Learning）。另外，多工學習（Multi-Task Learning）和遷移學習（Transfer Learning）在理論層面上都能歸結到元學習中。

　　追溯元學習的起點，幾乎所有相關論文在參考早期元學習文獻時，都會指向這兩位學者—Jürgen Schmidhuber 和 Yoshua Bengio。1987 年夏，Schmidhuber 在德國慕尼黑工業大學讀完大學，他的畢業論文 [1] 被認為是最早提出元學習概念的。隨後的幾年，Schmidhuber 繼續在本校攻讀並於 1991 年博士畢業轉為博士後，然後在 1992 年和 1993 年兩年裡他借助循環神經網路進一步發展元學習方法。與此同時，1991 年夏，比 Schmidhuber 小一歲的 Bengio 在大西洋彼岸的加拿大麥吉爾大學拿到博士學位，並在當年發表了論文 [2]（合著者中還有他的弟弟 Samy Bengio）。這篇論文提出透過學習帶參函數來模擬學習大腦神經元中突觸的學習法則，從最佳化神經網路的角度看，該法則是把最佳化過程本身看成了一個可學習問題，而非一個事先定好的梯度下降演算法。

基礎知識

學會學習、少次學習、小樣本、泛化、假設空間

問題 *1* 元學習適合哪些學習場景？可解決
什麼樣的學習問題？

難度：★★☆☆☆

分析與解答

　　元學習適合小樣本、多工的學習場景，可解決在新工作缺乏訓練樣本的情況下快速學習（rapid learning）和快速適應（fast adaptation）的問題。

　　對於小樣本的單一工作，常見的機器學習模型容易過擬合。應對辦法有資料增強和正規化技術，但是它們沒有從根本上解決問題。人類學習不存在小樣本的限制，究其本質，是因為人類在成長過程中始終面對不斷到來的各種工作，如畫畫、寫字等，它們雖不一樣，但具有某些共性，如坐姿、握筆、畫線等。因此，完成畫畫的學習工作後，人類不必回到娘胎自呱呱墜地起重新學習，而是在已經掌握握筆、畫線的基礎上，更快地學會寫字等新工作。人類在學習一系列不同但相關的工作時，能夠透過學習它們彼此交換的基礎知識和技能點，獲得舉一反三的泛化能力。這種泛化能力讓我們在面對新工作時有章可循，進一步快速上手。元學習即是根據上述思維來設計的。

　　元學習需要多個不同但相關的工作支援，每個工作都有自己的訓練集和測試集。為了解決小樣本新工作的快速學習問題，我們需要構造多個與新工作有相似設定的工作，它們將作為訓練集參與元訓練（meta-training）。舉例來說，在一個圖片分類工作中，要分類如東北虎、金絲猴、藏羚羊等珍稀動物，由於拍攝它們的圖片實在太少，訓練樣本很匱乏。反觀身邊常見的動物，如貓、狗等，它們的圖片有很多，因此可以在這些常見的動物的圖片中，隨機選擇一組類別建置一個常見動物的圖片分類工作，同時還可以換另一組類別建置第二個常見動物的圖片分類任務。我們可以建置出很多個這樣的圖片分類任務，並在這些工作上做元訓練，然後再在小樣本的新工作上實現快速學習。

問題 **2**　元學習與有監督學習 / 強化學習　　　難度：★★★☆☆
實際有哪些區別？

分析與解答

我們把有監督學習和強化學習稱為從經驗中學習（Learning from Experiences），下面簡稱 LFE；而把元學習稱為學會學習（Learning to Learn），下面簡稱 LTL。兩者的區別如下。

■ 訓練集不同

LFE 的訓練集針對一個工作，由大量的訓練經驗組成，每條訓練經驗即為有監督學習的〈樣本，標籤〉對，或強化學習的回合（episode）；而 LTL 的訓練集是一個工作集合，其中的每個工作都各自帶有自己的訓練經驗。

■ 預測函數不同

LFE 的預測函數寫入成 $\hat{y} = f(x; \theta)$，其中 θ 是指定工作的模型參數；而 LTL 的預測函數寫入成 $\hat{y} = f(x, \mathcal{D}_{\text{train}}; \Theta)$，其中 Θ 代表元參數，它不依賴於某個工作，$\mathcal{D}_{\text{train}}$ 是單一工作的全部訓練資料，它與一個測試樣本 x 共同作為 f 的輸入。

■ 損失函數不同

LFE 的目標函數是指定某個工作下最小化訓練集 $\mathcal{D}_{\text{train}}$ 上的損失函數，即

$$\min_{\theta} \sum_{(x,y) \in \mathcal{D}_{\text{train}}} L(y, f(x; \theta)) \tag{7-1}$$

而 LTL 的目標函數考慮所有訓練任務 $t \in \mathcal{T}_{\text{train}}$，最小化它們在各自測試集 $\mathcal{D}_{\text{test}}^t$ 上的損失函數之和，即

$$\min_{\Theta} \sum_{t \in \mathcal{T}_{\text{train}}} \sum_{(x,y) \in \mathcal{D}_{\text{test}}^t} L(y, f(x, \mathcal{D}_{\text{train}}^t; \Theta)) \tag{7-2}$$

■ 評價指標不同

LFE 的評價指標是在指定工作的測試集 $\mathcal{D}_{\text{test}}$ 上的預測準確率，即

$$\frac{1}{|\mathcal{D}_{\text{test}}|} \sum_{(x,y) \in \mathcal{D}_{\text{test}}} \mathbf{1}[y = f(x; \theta)] \tag{7-3}$$

而 LTL 的評價指標是在測試工作集$\mathcal{T}_{\text{test}}$的每個工作 t 上,利用它的小樣本訓練集$\mathcal{D}_{\text{train}}^{t}$,在測試集$\mathcal{D}_{\text{test}}^{t}$上做預測,然後計算所有工作的預測準確率之和,即

$$\frac{1}{|\mathcal{T}_{\text{test}}|} \sum_{t \in \mathcal{T}_{\text{test}}} \frac{1}{|\mathcal{D}_{\text{test}}^{t}|} \sum_{(x,y) \in \mathcal{D}_{\text{test}}^{t}} \mathbf{1}[y = f(x, \mathcal{D}_{\text{train}}^{t}; \Theta)] \qquad (7\text{-}4)$$

■ 學習內涵不同

LFE 是基層面的學習,學習的是樣本特徵(或資料點)與標籤之間呈現的相關關係,最後轉化為學習一個帶參函數的形式;而 LTL 是在基層面之上,元層面的學習,學習的是多個相似工作之間存在的共通性。不同工作都有一個與自己轉換的最佳函數,因此 LTL 是在整個函數空間上做學習,要學習出這些最佳函數遵循的共同屬性。

■ 泛化目標不同

LFE 的泛化目標是從訓練樣本或已知樣本出發,推廣到測試樣本或新樣本;而 LTL 的泛化目標是從多個不同但相關的工作入手,推廣到一個個新任務。LTL 的泛化可以指導 LFE 的泛化,提升 LFE 在面對小樣本工作時的泛化效率。

■ 與其他工作的關係不同

LFE 只關注目前指定的工作,與其他工作沒關係;而 LTL 的表現不僅與目前工作的訓練樣本相關,還同時受到其他相關工作資料的影響,原則上提升其他工作的相關性與資料量可以提升模型在目前工作上的表現。

問題 3 從理論上簡要分析一下元學習可以幫助少次學習的原因。

難度:★★★★★

分析與解答

建立傳統的機器學習模型,經常可以簡化為根據資料點擬合一個函數的過程。根據 Blumer 在 1987 年提出的定理,我們可以估計出學習一個函數所需訓練樣本數的下限。

定理：指定函數空間 H 中的目標函數 f，以及一個不含雜訊的資料集 $\mathcal{D}$，對於任何在 $\mathcal{D}$ 上與 f 一致的假設 $h \in H$, h 的錯誤率大於的機率可控制在 $(1-\varepsilon)^{|\mathcal{D}|} |H|$ 以內。換句話說，如果訓練樣本數滿足：

$$|\mathcal{D}| \geqslant \frac{1}{-\ln(1-\varepsilon)}\left(\ln(|H|) + \ln(\frac{1}{\delta}) \right) \qquad (7\text{-}5)$$

則任何在 $\mathcal{D}$ 上與 f 一致的假設 h 會以 $(1-\delta)$ 的機率保障對未來資料預測的錯誤率低於 ε。

在上述定理中，h 是一個假設，H 稱為假設空間，h 本質上可以看成 H 中的候選函數或一個估計出的函數參數解。h 與目標函數 f 在資料集 $\mathcal{D}$ 上一致，表明擬合的 h 在所給資料點上的函數值與 f 相同，也就是說 h 擬合資料點的均方誤差已降為零，無法再最佳化下去。從式（7-5）可以看出，訓練一個函數所需的樣本規模只與 3 個量有關係：預期的錯誤率、保障的機率 δ 和假設空間 H 的大小，而與使用的學習演算法、目標函數 f 及樣本資料的分佈無關。因此，在保障假設空間始終包含目標函數的情況下，想辦法縮小它，就能降低所需的訓練樣本數，提升模型的泛化能力。支援向量機就採用了這樣的想法。

再看元學習的模型，同時在多個擁有共同屬性的工作上做學習，例如多個不同的影像辨識工作（如姿態辨識、表情辨識、年齡辨識等）都遵循影像的平移不變性和旋轉不變性。這些共同屬性某種程度上對假設空間做了剪枝，削減了假設空間的大小，縮小了最佳參數解的搜尋範圍，進一步降低了訓練模型的樣本複雜度，讓模型在新工作只有少量樣本的情況下依然有很強的泛化能力。

・**歸納與擴充**・

可以這樣來了解元學習的基本概念：傳統的機器學習模型 f 可以看作一個學習器（learner），輸入一個樣本 x，輸出一個類別標籤 $\hat{y} = f(x;\theta)$；元學習的模型則被稱為元學習器（meta-learner），輸入一個工作的訓練集 $\mathcal{D}_{train}$，輸出一個學習器 $f(\cdot;\theta(\mathcal{D}_{train},\Theta)) = \mathcal{M}(\mathcal{D}_{train};\Theta)$。關於本節的更多資料詳見參考文獻 [3]。

元學習的主要方法

場景描述

上一節介紹了元學習的主要概念,那麼如何設計實際的方法來實現元學習的思維?元知識(Meta-Knowledge)代表了跨越實際工作的模型知識,那麼如何設計模型的結構或學習過程來代表元知識、而不僅是捕捉目前工作下的資料規律呢?

基礎知識

元參數、函數分解、帶參規則和程式

問題 **試概括並列舉目前元學習方法的主要想法。它們大致可以分為哪幾種?** 難度:★★★★☆

分析與解答

本題考驗面試者對於元學習相關進展的了解程度以及對演算法的對比、歸納能力。這裡列出一種主流分類方法以供參考。

大部分主流元學習方法可以分成兩個大類:一種著眼於從參數空間層面來刻畫「元」的概念,將參數劃分成通用的元參數和特定工作相關的參數;另一種試圖學習出不同工作共同遵循的限制條件,這些約束條件本身不能透過參數的方式來表達。

■ **按劃分參數空間的方法分類**

(1)**元參數定義在函數中**。元參數和工作相關參數共同組成要學習函數的參數空間,即 $f(\cdot; \theta_t, \Theta)$,其中 t 代表目前工作。對函數的建置進行建模,可分為

● **遞迴式分解**:大致有 3 種分解形式,(i) $f(\cdot; \theta_t, \Theta) = h(g(\cdot; \Theta); \theta_t)$,即 $f_t = h_t \circ g$,這種分解讓不同工作共用學出的底層特徵,例如不同的自

然語言處理工作共用一個預訓練的詞向量字典 但是接近輸出層的部分可以因工作目標的不同而有所改變；(ii) $f(\cdot; \theta_t, \Theta) = g(l(\cdot; \theta_t); \Theta)$，即 $f_t = g \circ l_t$，這種分解對應工作目標相同但輸入域不同，例如同是語音辨識的兩個工作，一個是會議室環境下的語音輸入，一個是廣場環境下的語音輸入，需要輸入部分能適應來自不同域的輸入；(iii) $f_t = h_t \circ g \circ l_t$，這種分解具有上面兩種分解的優點。上面的函數分解中，g 部分參與到所有工作的學習中，它的參數在切換工作後不需重置，因此 g 中學習的知識可以帶到新工作中，它本身學出的複雜度反映了跨工作遷移知識的多少，當 g 的複雜度遠大於每個 h_t 和 l_t 時，訓練單一工作所需的樣本複雜度會大幅降低。

- **分段式分解**：最簡單的形式為 $f_t = w_t^1 h^1 + \cdots + w_t^m h^m$ 或 $f_t = \max(w_t^1 h^1, \cdots, w_t^m h^m)$，其中 $w_t = (w_t^1, \cdots, w_t^m)$ 代表與工作 **t** 相關的參數，每個 w_t^i 為一個純量，而 h_i 為一個函數，可看作定義在某個子空間上的基函數。**m** 個這樣的基函數組成與實際工作無關的基礎「積木」，為單一特定工作下架設更複雜模型提供「基建材料」。其他的複雜形式需要根據工作場景自行設定，例如將總目標分解成層級結構下的多個子目標，將控制按粗細粒度不同組織成層級結構等。當處理的工作數遠大於基函數個數時，訓練單一工作所需的樣本複雜度會大幅降低。

（2）**元參數定義在規則和程式中**。這裡的規則和程式是指透過符號和演算法建立的學習模型。相比依靠函數擬合的學習模型，它們的參數定義方式更多樣、更複雜。舉例來說，歸納式邏輯規劃（Inductive Logic Programming）可用於建立基於規則的學習系統，遺傳規劃可建置基於程式碼描述的學習系統。如果把規則和程式看成非解析型的函數，它們同樣擁有遞迴呼叫和條件陳述式連接的架設模式，而且比函數型的遞歸式分解和分段式分解更靈活。將參數適當嵌入到規則和程式中，透過多個工作學習它們的最佳值，可以獲得比人工指定更好的規則和程式。值得一提的是，函數擬合的過程常常使用基於梯度的最佳化演算法，從最佳化演算法的角度看，函數擬合也是一種透過演算法建立的學習模型，只不過傳統方法中使用的最佳化演算法是指定好的，而非帶參的。將最

佳化演算法本身的步驟看成可參數化、可學習的實例將在本章 07 節中詳細介紹。

（3）**元參數定義在控制參數中**。函數的擬合過程通常有關對控制參數的人工調節，如偵錯模型和演算法的超參數，這些超參數可以在多任務的語境下透過學習的方式確定。簡單來説，我們可以將控制參數當作多個工作共用的元參數；複雜一些，可以定義一個基於元參數的學習網路，輸入一個工作，輸出該工作對應的控制參數。另一個實例是使用基於記憶的最近鄰方法，實際細節將在本章 04 節中介紹。計算最近鄰需要定義距離度量，因此可以把參數定義在距離度量裡，透過多個工作學習出一個最佳的距離度量。

■ **按學習限制條件的方法分類**

（1）**學習從真實資料到模擬資料的轉換規則**。該方法從已知工作的資料集中學習出資料樣本遵守的約束規則，並以此產生大量高逼真度的合成資料。最簡單的實例，指定一張圖片，根據平移、旋轉、縮放不變性處理原圖片，獲得一張新圖片，這張新圖片不在訓練集中，但是它與原圖片幾乎沒有差別。當然，這些不變性已存在於我們的先驗知識中，是不需要學習的。複雜一點的轉換是需要學習的，如某個物體的照片因拍攝角度變化而變成一張新圖片，則需要知道 3D 空間中射影轉換等的多個參數。應用這種方法有兩個前提：一是這些工作上的資料轉換規則是一樣的；二是資料轉換規則是容易學習的。

（2）**學習目標函數的斜率 / 梯度約束**。斜率 / 梯度約束從某種程度上控制擬合函數的複雜度，如果發現相似工作上的目標函數都是低次的，且函數變化比較平緩，那麼在學習新工作的函數時，我們可以將函數形式控制在低次，且限制函數斜率的大小。

（3）**學習內部代表的約束**。如果我們可以通過多個任務的學習，將樣本資料對映到一個受約束的低維流形上，獲得內部因數解耦後的向量代表，那麼對於相似的新工作，有理由相信該工作的樣本也將對映到這個學出的流形上，利用解耦後的向量代表，降低模型後續處理的複雜度，進一步降低依賴的樣本複雜度。

■ **其他劃分維度**

（1）**按學習多個任務的順序**：採用增量的模式，即一個一個工作學，該方法有記憶體優勢，且適用於流式資料登錄的線上學習（onlinelearning）場景；採用並列的模式，即所有工作一起學，可以採擷工作間更複雜的連結和共通性。

（2）**按工作間的優先順序**：工作沒有優先順序，同等對待每一個工作；工作有優先順序之分，會計算新工作與每個訓練工作的相似性，挑選最相似的工作給予高優先順序或高權重。

（3）**按工作間共用資料的情況**：有的多個工作擁有完全相同的輸入資料，只是標籤集或工作目標有差異；有的多個工作擁有各自不同的資料來源，但是工作目標是相同的。

（4）**按在參數搜尋步驟中的位置**：初始搜索偏置，通過多個任務學習一個好的初始點；搜尋約束，透過多個工作學習搜尋過程中要遵守的約束。

（5）**按效能評估針對的工作範圍**：有針對所有任務的效能評估，以及針對某個指定工作的效能評估。

近年來，基於深度學習模型做元學習已成為主流趨勢，其中提出的方法基本都屬於第一大類。從最近發表的論文看，元學習的方法可分為基於度量學習的方法、基於外部記憶的方法和基於最佳化的方法。這些方法在後面幾節中會一一介紹。

・歸納與擴充・

正如有監督學習、強化學習，元學習也代表一種學習問題，實際的實現方法可以有很多種，大致思維是在訓練階段針對多個工作做聯合訓練，在測試階段單獨針對某個新工作做小樣本訓練。這裡舉一個最不影像元素學習的實例，假設有一個分類器 $f(\cdot; \theta)$，可用於多個不同工作上的分類，初始參數為 θ_0；訓練階段，將多個工作的資料合併在一起，然後當作一個大工作來訓練分類器，獲得參數 θ^*；測試階段，對任何一個新工作 t，在 θ^* 的基礎上繼續訓練分類器，獲得參數 θ_t^{**}。在這個實例中，從 θ_0 到 θ^* 的過程為元學習，從 θ^* 到 θ_t^{**} 的過程為普通的有監督學習。

03 元學習的資料集準備

場景描述

在做元學習的實驗前，需要為它量身定做包含多工的資料集，這些工作需要是相關的，並且工作的個數越多越好。然而，實際中找到多個滿足相關或相似條件的工作並不容易，手上現有的常常都是傳統的資料集，如手寫數字辨識資料集 MNIST、ImageNet 大規模視覺識別競賽資料集 ILSVRC 等，這就需要將手上現有的資料集改造成適合元學習的多工資料集。

基礎知識

元訓練集（meta-training）、元驗證集（meta-validation）、元測試集（meta-testing）、K 次 N 分類（K-shot, N-class）資料集

問題 指定一個傳統的多分類資料集，如何建置一份適於元學習的 K 次 N 分類資料集？　　　　　難度：★★★☆☆

分析與解答

準備元學習的 K 次 N 分類資料集，其核心思維是構造多個相關的小樣本工作，每個工作都有一個自己的 N 分類資料集，且每個類別只有 K 個訓練樣本。

首先，將原多分類資料集按類別劃分成 3 個互不相交的元集合，分別對應元訓練集、元驗證集和元測試集。這樣做的目的是，保障元驗證集和元測試集中的工作為新工作。舉例來說，指定一個類別數為 100 的原多分類資料集，我們可以將總類別按 64：16：20 劃分到元訓練集、元驗證集和元測試集中。

其次，準備元訓練集 $\mathcal{D}_{\text{meta-train}}$。我們需要建置出多個工作，每個工作 t 都是一個 K 次 N 分類工作：從劃分給元訓練集的類別中隨機挑選 N 個類別，建置該工作的資料集 $\mathcal{D}_t = (\mathcal{D}^t_{\text{train}}, \mathcal{D}^t_{\text{test}})$。這裡需要 $\mathcal{D}^t_{\text{train}}$ 中每個類別只有 K 個訓練樣本，並且 D^t_{train} 和 $\mathcal{D}^t_{\text{test}}$ 共用類別資訊但不共用樣本，因此要先給 D^t_{train} 抽出 $K \times N$ 個樣本作為訓練集，再在剩下的樣本中給 D^t_{train} 選出許多個測試樣本。面對工作 t 的訓練集 D^t_{train}，傳統模型每次預測時都獨立地處理每個訓練樣本，而元學習模型綜合所有訓練樣本一起考慮。最後獲得的元訓練集形式為 $\mathcal{D}_{\text{meta-train}} = (\mathcal{D}_1, \cdots, \mathcal{D}_T)$，如果是透過隨機抽樣的方式建置實際的工作實例，則可以不斷地重複此抽樣過程，理論上可以造出無限多個工作。圖 7.1 展示了圖片分類工作中一個元訓練集的實例，每個盒子代表一個獨立的工作資料集，包含訓練樣本和測試樣本，在本例中是一個一次五分類工作，即訓練樣本共有 5 個類別，每個類別僅含一個樣本，而最右側的兩個測試樣本，它們的類別均來自訓練集已有的類別。

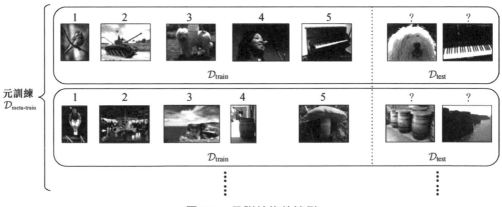

圖 7.1　元訓練集的範例

最後，準備元驗證集 $\mathcal{D}_{\text{meta-valid}}$ 和元測試集 $\mathcal{D}_{\text{meta-test}}$，步驟類似元訓練集 $\mathcal{D}_{\text{meta-train}}$ 的建置，只需造出有限個工作用來滿足模型評估即可。圖 7.2 展示了一個元測試集的實例，其設定與上面元訓練集的實例一樣，但是擁有與元訓練集完全不一樣也就是互不相交的類別資訊。

圖 7.2　元測試集的範例

　　總之，元學習的資料集擁有兩層巢狀結構結構：外層對應元層，按訓練集、驗證集、測試集劃為 3 個集合；內層對應基層，按訓練集和測試集分成 2 個集合，內層的測試集常參與到元學習模型的訓練中。

・歸納與擴充・

　　建置元學習資料集的關鍵是找出很多個不同工作，並要求它們相關甚至相似。目前的元學習模型尚不具備從差別較大的工作間採擷共通性的能力。我們知道在有監督學習中，通常會對訓練資料和測試資料做獨立同分佈假設，兩者的實際分佈也需要盡可能保持一致，否則分佈偏差會顯著降低模型的泛化能力。同樣地，在元學習中對測試用的新工作也有類似要求，要求新工作與訓練工作在分佈上盡可能一致。注意，這裡的分佈指的是工作層面的分佈，而非工作中樣本資料的分佈。舉個實例，對花卉的圖片分類、對鳥類的圖片分類、對岩石的圖片分類以及對雲層的圖片分類，這些都屬於圖片分類的工作集，我們可以拿前三個分類工作作元訓練集，將最後一個工作當作新工作，但是每個工作中圖片樣本的分佈差別非常大，不可能用訓練辨識花卉的分類器來辨識雲層。因此，有監督學習是樣本層面上的泛化，而元學習是工作層面上的泛化。

元學習的兩個簡單模型

　　元學習的方法不一定都是複雜的，它可能很簡單。一個有監督學習模型稍作改造，就可以變成一個元學習模型。你要時刻提醒自己，元學習不是在目前工作下學習，而是在與目前工作相關的多個工作下學習，學習的是工作到工作間的泛化，而非樣本到樣本的泛化。元學習的過程常常跟著目前工作下的學習，在元學習所獲知識的基礎上針對目前工作的小樣本做快速適應、快速學習。本節主要探討實現元學習的兩個簡單模型，它們常常在元學習的論文裡被拿來做基準線模型。

基礎知識

非參數方法、最近鄰方法、微調

問題 *1* 如何用最近鄰方法將一個普通的神經　　難度：★★★☆☆
網路訓練過程改造為元學習過程？

　　　　在一個有監督學習的設定下，有一個資料集 $\mathcal{D}$ 和一個基於神經網路的模型 f，如何改造並借助簡單的最近鄰方法，把它變成一個元學習的過程？

分析與解答

　　　　改造為元學習的過程大致可以分成 3 個階段。

■　**準備元學習資料集**

　　　　按照本章 03 節描述的實際步驟，我們可以將原資料集構造成 3 個互不相交的元集合，分別是元訓練集 $\mathcal{D}_{\text{meta-train}}$、元驗證集 $\mathcal{D}_{\text{meta-valid}}$ 和元測試集 $\mathcal{D}_{\text{meta-test}}$。每個元集合都由多個不同的工作資料集組成，如 $\mathcal{D}_{\text{meta-train}} = (\mathcal{D}_{\text{task1}}, \mathcal{D}_{\text{task2}}, \cdots)$。一個工作資料集又包含一個訓練集和一個測試集，記 $\mathcal{D}_{\text{task}} = (\mathcal{D}_{\text{train}}, \mathcal{D}_{\text{test}})$。

■ **在 $\mathcal{D}_{\text{meta-train}}$ 上訓練元學習模型（元訓練）**

現有一個標準的神經網路模型 f，但是它只能應對單一工作。為了利用 f，將 $\mathcal{D}_{\text{meta-train}}$ 中所有工作的樣本資料合在一起，當成一個大的工作來訓練這個神經網路。因此，f 的輸出應是一個對應到 $\mathcal{D}_{\text{meta-train}}$ 上所有類別的向量，表示輸入樣本所屬類別的機率分佈。對於 $\mathcal{D}_{\text{meta-train}}$ 上的這個大工作來說，訓練 f 是一個有監督學習的過程，f 是一個普通的學習器；但是，對於 $\mathcal{D}_{\text{meta-valid}}$ 和 $\mathcal{D}_{\text{meta-test}}$ 中的一個新工作來說，這是一個元學習的過程，f 是它們的元學習器。

■ **在 $\mathcal{D}_{\text{meta-valid}}$ 和 $\mathcal{D}_{\text{meta-test}}$ 上用最近鄰方法預測分類**

在元訓練集上訓練的模型 f 不能直接用於元驗證集和元測試集的樣本分類，這是因為 $\mathcal{D}_{\text{meta-valid}}$ 和 $\mathcal{D}_{\text{meta-test}}$ 上的類別與 $\mathcal{D}_{\text{meta-train}}$ 的完全不同，f 的輸出不再反映對類別的預測。但是，可以將 f 的輸出（一般是網路中靠後的一層或許多層的輸出）當作輸入樣本經神經網路轉換後的向量表示，也稱嵌入（embedding），此時 f 由一個分類器變成一個嵌入模型。這樣，每一個樣本都可以轉換成一個向量，即高維空間中的點。面對一個新工作，首先，獲得該工作的 $\mathcal{D}_{\text{train}}$ 中所有訓練樣本的向量表示，將這一群點作為最近鄰方法的記憶資料；然後，對於一個新進入的點，也計算出它的向量表示，並據此尋找出它在訓練樣本中的 K 個最近鄰；最後，根據這些近鄰點的類別來確定該點的分類。這是一個非參數的過程，沒有利用 $\mathcal{D}_{\text{train}}$ 上的樣本做參數訓練。圖 7.3 列出了圖片分類的元學習加最近鄰方法的實例。

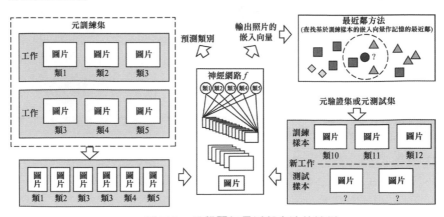

圖 7.3 元學習加最近鄰方法的範例

$\mathcal{D}_{\text{meta-valid}}$ 的用法説明如下：大部分的情況，在 $\mathcal{D}_{\text{meta-train}}$ 上的元訓練過程，針對不同的超參數和反覆運算次數，會提供 f 的多個模型快照。這時，可以透過 $\mathcal{D}_{\text{meta-valid}}$ 來評估這些模型快照，挑出最好的 f 來做最後的測試。

問題 2 如何用微調訓練的方法將一個普通的神經網路訓練過程改造為元學習過程？

難度：★★★★☆

分析與解答

沿用上面的元學習過程，只是在新工作的處理上，把最近鄰方法改為繼續訓練的方法，也稱微調（fine-tune）。

只需修改問題 1 的解答中在 $\mathcal{D}_{\text{meta-valid}}$ 和 $\mathcal{D}_{\text{meta-test}}$ 上做計算的部分，其他地方保持不變。

在 $\mathcal{D}_{\text{meta-valid}}$ 的新任務上做微調訓練和模型評估，以確定微調過程的最佳超參數，包含隨機梯度下降的反覆運算次數、學習率、學習率衰減因數等。實際來講，在一組候選超參數設定下，對於 $\mathcal{D}_{\text{meta-valid}}$ 的每一個新工作，拿到它的資料集 $(\mathcal{D}_{\text{train}}, \mathcal{D}_{\text{test}})$，複製一份元訓練的模型參數作為 f 的初值，調整網路的輸出層並在 $\mathcal{D}_{\text{train}}$ 上做微調訓練，然後在 $\mathcal{D}_{\text{test}}$ 上做評估。最後，整理每組候選超參數在 $\mathcal{D}_{\text{meta-valid}}$ 的所有工作上的評估結果，挑選出最佳的一組超參數設定。

在 $\mathcal{D}_{\text{meta-test}}$ 的新工作上做微調訓練和模型評估，以對模型做最後評估。實際來講，在上一步挑選出來的最佳超參數設定下，對於 $\mathcal{D}_{\text{meta-test}}$ 的每一個新工作，拿到它的資料集 $(\mathcal{D}_{\text{train}}, \mathcal{D}_{\text{test}})$，複製一份元訓練的模型參數作為 f 的初值，調整網路的輸出層並在 $\mathcal{D}_{\text{train}}$ 上做微調訓練，然後在 $\mathcal{D}_{\text{test}}$ 上做評估。最後，整理在 $\mathcal{D}_{\text{meta-test}}$ 的所有工作上的評估結果，作為模型的最後評估。

・歸納與擴充・

在上述兩個簡單模型的元訓練過程中，我們並沒有區分 $\mathcal{D}_{\text{meta-train}}$ 中每個工作的訓練集和測試集，或只用了訓練集，因為我們僅是為了獲得訓練後的神經網路模型。直覺上，還是想儘量發揮測試集的作用，否則會感覺欠缺點什麼。請讀者思考一下，怎樣利用測試集才是有意義的？

基於度量學習的元學習模型

場景描述

基於度量學習（Metric Learning）的元學習方法，是基於最近鄰方法的元學習的延伸，用帶參的神經網路模型去武裝非參數方法，將非參數方法快速吸收新樣本的能力與神經網路在多工下的泛化能力有機結合，將歐氏空間中的樣本比對擴充到更一般的兩兩關係上。

基礎知識

災難性忘卻（Catastrophic Forgetting）、度量學習、外部記憶、注意力機制

問題 *1* 元學習中非參數方法相比參數方法 　難度：★★★☆☆
有什麼優點？

在 04 節的基準線模型中，我們已見識了最近鄰方法這樣的非參數方法，請問非參數方法相比參數方法的優點是什麼？

分析與解答

非參數方法是指在 $\mathcal{D}_{\text{meta-valid}}$ 的元驗證階段和在 $\mathcal{D}_{\text{meta-test}}$ 的元測試階段中，在每個新工作的 $\mathcal{D}_{\text{train}}$ 上沒有使用訓練帶參函數的方法，也就是說，在新工作上沒有參數學習的過程。如果是參數方法，則在新工作上需要繼續微調模型，例如使用隨機梯度下降法對模型的權重參數進行更新。

參數方法有兩個缺點：一是隨機梯度下降法通常需要多步更新才能達到較優的點，這會使新工作上的學習過程變得很慢，無法達到快速學習的效果，更不適於訓練樣本很少的情況；二是在微調的過程可能受新工作本身攜帶雜訊、部分樣本表現的工作徵模式與訓練工作差異過大等因素的影響，讓原先在 $\mathcal{D}_{\text{meta-train}}$ 上預訓練好的模型參數值被錯誤訊息覆蓋，這種現象稱為**災難性忘卻**。

相比而言，非參數方法不依賴梯度下降的最佳化過程，不修改預訓練的參數資訊，而且因為在新工作中無參數訓練過程，新樣本資訊不會相互干擾，避免了災難性忘卻。結合適當的距離度量並採用最近鄰方法，模型可以快速吸收和利用新樣本，尤其適於一次學習這種極端的實例。

問題 **2** 如何用度量學習和注意力機制來改造基於最近鄰的元學習方法？　　難度：★★★★★

04 節的最近鄰方法使用的距離度量過於簡單，如果想改用度量學習方法，並基於注意力機制存取作為外部記憶的 $\mathcal{D}_{\text{train}}$，該如何改造？

分析與解答

首先介紹一種新的利用訓練集和測試集的模型結構。指定單一工作的資料集 $\mathcal{D}_{\text{task}} = (\mathcal{D}_{\text{train}}, \mathcal{D}_{\text{test}})$，將 $\mathcal{D}_{\text{train}}$ 定義成一個由〈樣本，標籤〉對構成的支援集，視作一個外部記憶（external memory）。然後，當預測一個來自 $\mathcal{D}_{\text{test}}$ 的新樣本時，可對這個外部記憶做快速尋找，靈活地存取已知的每個樣本資訊。存取的方法採取軟注意力（soft-attention）機制，這是一種形如加權平均的存取機制，完全可導，方便利用梯度下降進行點對點的學習。

其次要對元學習做建模，定義函數 $f(x, \mathcal{D}_{\text{train}}; \Theta)$。元學習的泛函意義，是指從單一工作 t 到該工作分類器函數的對映，即 $t \mapsto f(\cdot, \mathcal{D}_{\text{train}}^t; \Theta)$。也就是說，元學習會為每個工作產生一個分類器，不同工作基於各自的訓練集 $\mathcal{D}_{\text{train}}^t$，但共享一份元參數 Θ。注意，元訓練階段的模型是帶參的，這個參數是元參數，不妨礙元驗證和元測試階段使用非參數方法。

接下來看實現 $f(x, \mathcal{D}_{\text{train}}; \Theta)$ 的實際結構。在圖 7.4 的範例中，有兩個計算嵌入向量的神經網路結構，即 g_Θ 和 h_Θ，其中 g_Θ 負責計算訓練樣本的嵌入向量，h_Θ 負責計算測試樣本的嵌入向量，神經網路參數就代表元參數。g_Θ 和 h_Θ 可以是不同的神經網路，也可以採用同一個網路。舉例來說，對於圖片資料，可以用深層卷積神經網路；對於文字資料，處理字詞可以用淺層嵌入網路，處理句子可以用循環神經網路。

- 基於訓練樣本的嵌入向量，建置外部記憶。假設 $z_i = g_\Theta(x_i)$ 為樣本 x_i 的嵌入向量，對應的類別標籤記為 y_i，將 (z_i, y_i) 儲存在記憶模組的槽裡。當有存取時，基於 z_i 計算比對權重，比對傳回 y_i。這樣的記憶模組稱為**連結記憶（Associative Memory）**。

- 對於一個測試樣本 x，先計算它的嵌入向量 $z = h_\Theta(x)$，再利用注意力機制存取記憶模組以獲得最後的標籤，公式是 $y = \sum_i a(z, z_i) y_i$，其中 $a(\cdot, \cdot)$ 可以是一個神經網路，也可以是採用更簡單的非參數方法（如計算餘弦相似度然後再透過一個 Softmax 層做正規化）。

可以看到，這個注意力機制的兩兩計算方式，本質就是核方法（Kernel Method），故稱它為**注意力核（Attention Kernel）**。也有人注意到它與最近鄰方法的相似處，但比起最近鄰方法的離散特點，注意力核的連續可導性質讓它具有可學習的能力，這也是度量學習的意義所在。

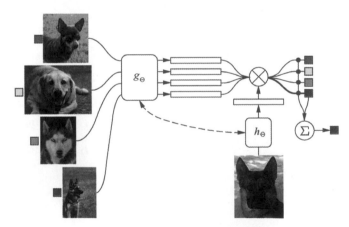

圖 7.4　基於度量學習和外部記憶的模型架構

上面對 g_Θ 和 h_Θ 的建模是單一計算一個樣本的嵌入向量，即 $g_\Theta(x_i)$ 和 $h_\Theta(x)$，網路每次只能考慮一個樣本，無法通盤考慮。對這兩個嵌入網路做改造，將整個訓練集 $\mathcal{D}_{\text{train}}$ 記為支援集 S 輸入到網路中，即 $g_\Theta(x_i, S)$ 和 $h_\Theta(x, S)$，這樣嵌入網路在計算每個樣本的嵌入向量時就擁有了全域視野。採用基於循環神經網路的設計，實際結構如下。

- $g_\Theta(\cdot, S)$ 是一個雙向 LSTM。指定 S 中樣本的一種排列順序，構造兩個方向上的 LSTM 模組，第 i 個位置上輸入未考慮 S 時的樣

本嵌入 $g_\Theta(x_i)$，輸出的是兩個方向上的隱向量，記為 h_i^1 和 h_i^2，最終 $g_\Theta(x_i, S) := h_i^1 + h_i^2 + g_\Theta(x_i)$。這裡的元參數包含的參數以及兩個 LSTM 的參數。

- $h_\Theta(x, S)$ 是一個基於測試樣本 x 的帶注意力 LSTM。實際來説，展開一個事先定好的步數 K，每步的輸入都是未考慮 S 時的樣本嵌入 $h_\Theta(x)$，對第 k 步的隱向量 h_k 進行如下修改：

$$\tilde{h}_k, c_k = \text{LSTM}(h_\Theta(x), [h_{k-1}, r_{k-1}], c_{k-1}) \qquad (7\text{-}6)$$

$$h_k = \tilde{h}_k + h_\Theta(x) \qquad (7\text{-}7)$$

$$r_k = \sum_{i=1}^{|S|} a(h_k, g_\Theta(x_i)) \cdot g_\Theta(x_i) \qquad (7\text{-}8)$$

$$a(h_k, g_\Theta(x_i)) = \text{Softmax}(\langle h_k, g_\Theta(x_i) \rangle_{i=1}^{|S|})_i \qquad (7\text{-}9)$$

其中，式（7-7）相當於在每步的輸入端和輸出端之間加了一個直接通道，式（7-8）和式（7-9）表明採用了基於內容相似度的注意力機制讀取支援集上訓練樣本的嵌入資訊。$h_\Theta(x, S)$ 是上述 LSTM 最後一步的隱向量 h_K，即 $h_\Theta(x, S) = h_K$。

最後，分析了模型的結構，再談一談如何做元訓練。訓練的每步反覆運算，取樣元訓練集上的工作，$\mathcal{D}_{\text{task}} = (\mathcal{D}_{\text{train}}, \mathcal{D}_{\text{test}})$，拿 $\mathcal{D}_{\text{train}}$ 作支援集建置外部記憶，同時從 $\mathcal{D}_{\text{test}}$ 中取樣一批次（batch）或拿整個 $\mathcal{D}_{\text{test}}$ 作目前批次 $\mathcal{B}$，輸入到模型 $f(\mathcal{B}, \mathcal{D}_{\text{train}}; \Theta)$，最小化 $\mathcal{B}$ 上的損失，如此多步反覆運算後，獲得一個訓練好的元參數 Θ。

・歸納與擴充・

本節介紹的基於度量學習的元學習採用了非參數方法，一個明顯的缺點是，外部記憶的大小會隨著支援集的樣本數增大而增大，沒有一個上限，這會造成訓練複雜度的急劇上升。在下一節我們會使用神經圖靈機解決這個問題。

本節的解答主要參考了 2016 年 DeepMind 的 Oriol Vinyals 等人提出的比對網路（Matching Networks）[4]。此外，用度量學習來處理元學習的工作還包含孿生神經網路（Siamese Neural Network）[5]、關係網路（Relation network）[6]、原型網路（Prototypical Network）[7]、TADAM[8] 等。

基於神經圖靈機的元學習模型

　　如果列出一張天安門的照片，影像分類系統通常能快速地辨識；但要做到這點，需要先在大量的圖片上做訓練，使用基於梯度的方法學習模型參數，這個過程不怎麼快。如果我問你天安門在哪，你腦中若存有「天安門在北京」這筆資訊，它就會迅速從記憶中被檢索出來，產生一個正確答案；反之，你若不知道這筆資訊，一定無法作答，但是你可以將此答案記住，以便下次用到。

　　從上面的描述中，我們可以看到兩種不同的學習過程：一種是慢的，透過反覆訓練獲得；另一種是快的，透過記住與檢索實現，靠的是記憶。這裡說到記憶，自然要提一下神經網路版的記憶模型—神經圖靈機（Neural Turing Machine）[9] 和記憶網路（Memory Network）[10]，這兩個經典記憶模型在 2014 年分別由 DeepMind 的 Graves 等人和 Facebook AI Research 的 Weston 等人提出。

神經圖靈機、編碼綁定與檢索、讀 / 寫頭、最少與最近使用原則

問題 *1* 帶讀/寫操作的記憶模組（如神經圖靈機）難度：★★★☆☆
在元學習中可以產生什麼樣的作用？

分析與解答

　　帶讀 / 寫操作的記憶模組在元學習中的作用主要表現在以下兩個方面。

　　（1）在新工作上能夠快速學習、快速適應。寫入操作時，透過快速編碼（encode）和綁定（bind）查詢資訊（如輸入樣本）與目標資訊（如標籤），產生記憶資訊快速寫入記憶模組，記憶資訊可以是顯性連結的樣本標籤對，也可以是隱式編碼後的向量；讀取操作時，透過檢

索（retrieve）獲得相關的已綁定資訊，實現對記憶模組的快速讀取。總之，記憶模組的快讀和快寫機制，有利於快速地吸收和利用新到來的樣本標籤資料。

（2）有利於減小災難性忘卻的影響。因為基於梯度的學習過程需要依賴大量樣本和多步反覆運算，學出的結果也偏好高頻出現的模式，所以當稀有模式的樣本僅出現一次時，梯度方法很難捕捉到它；而記憶模組會主動地編碼每筆樣本資料，並寫入記憶模組，不遺失資訊，不受其他不相關樣本的干擾。當然，如果記憶模組大小有限，使用頻率過低的記憶槽也可能會歸零。

問題 2 如何建置基於神經圖靈機和循環 神經網路的元學習模型？ 難度：★★★★★

基於訓練集建置外部記憶，記憶的大小不可控。現在如果使用神經圖靈機做一個有動態讀寫能力的記憶模組，並基於循環神經網路的架構來實現元學習，該如何實現？？

分析與解答

首先，我們要意識到記憶模組與快慢兩個層面學習的關係。慢層面的學習，是元學習發生的地方，學習的元知識反映了不同工作間的共通性，實際的實現方式是透過梯度下降更新記憶模組的參數，在多次反覆運算的過程中緩慢接近最佳參數區域；快層面的學習，是在單一工作下發生的，利用記憶模組的編碼和綁定以及檢索的機制，快速載入目前工作的已見過樣本資訊作記憶內容，在預測下一個樣本時，可迅速定位、取得與當前輸入有關的記憶資訊，而非一個參數學習的最佳化過程。

其次，我們要考慮如何處理作輸入的訓練樣本資料，以便載入到記憶模組中。一種方法是類似前一節，將 $\mathcal{D}_{\text{train}}$ 每個樣本編碼後整體載入到記憶中。這裡是基於循環神經網路的架構，將 $\mathcal{D}_{\text{train}}$ 序列化成 $(x_1, 0), (x_2, y_1), \cdots, (x_T, y_{T-1})$，一個接一個地寫入記憶，如圖 7.5 所示。這樣處理的資料集輸入也叫回合（episode），如果再次使用，我們需要對序列做洗牌（shuffle），目的是打亂樣本的輸入順序，以及目前樣本 x_t 與

上一個樣本標籤 y_{t-1} 的連結。這種連結是隨機組對造成的，不是我們想要的，我們想要的是當前樣本 x_t 與對應標籤 y_t 的連結，只不過 y_t 出現在下一對輸入 (x_t+1, yt) 中。

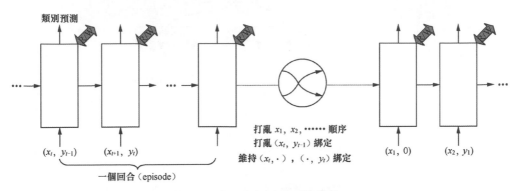

圖 7.5　序列化的樣本標籤對輸入

　　為什麼要這樣設計輸入序列呢？一方面，我們要在位置 t 上預測目前樣本 x_t 的類別，不希望此時引用 y_t 作輸入，而引用 y_{t-1} 作輸入與目前樣本的標籤無關，不會干擾模型正常做預測；另一方面，我們想把正確的樣本標籤連結寫入記憶模組，在預測完樣本 x_t 後，如果能盡快將它的標籤資訊 y_t 載入到記憶中，就能讓後續樣本的預測早點利用前面載入的資訊，故把 y_t 和下一個樣本 x_{t+1} 一起送入下一次輸入。當然，我們沒有顯性地連結 x_t 和 y_t，而是透過一個 LSTM 編碼這些資訊，認為每步輸出的隱狀態向量 h_{t+1} 吸收了 x_t 和 y_t 的資訊，並在最佳化過程中學到它們的連結。理論上，這樣的輸入序列可以讓模型雖然無法預測新類別中見到的第一個樣本，但在獲得類別標籤後可以迅速建立樣本與標籤的連結關係，並用於後續預測工作中，進一步實現少樣本學習。

　　下面，我們詳細設計用作記憶模組的神經圖靈機，如圖 7.6 所示。它由控制器和外部記憶兩部分組成。控制器使用上面提到的 LSTM 編碼每步的輸入 (x_t, y_{t-1}) 並輸出 h_t 作為對外部記憶 M_t 的查詢向量，記為 k_t。控制器附帶一個讀取頭和一個寫入頭。讀取頭用於檢索，先計算讀取權重向量 w_t^r，再從外部記憶讀取內容 r_t，公式為

$$w_t^r(i) = \text{Softmax}(\text{cosine}(k_t, M_t(\cdot)))_i \qquad (7\text{-}10)$$

$$r_t = \sum_i w_t^r(i) M_t(i) \qquad (7\text{-}11)$$

讀取頭讀取的資訊 r_t 會和 h_t 連接成 $[h_t, r_t]$，去預測目前樣本的類別。

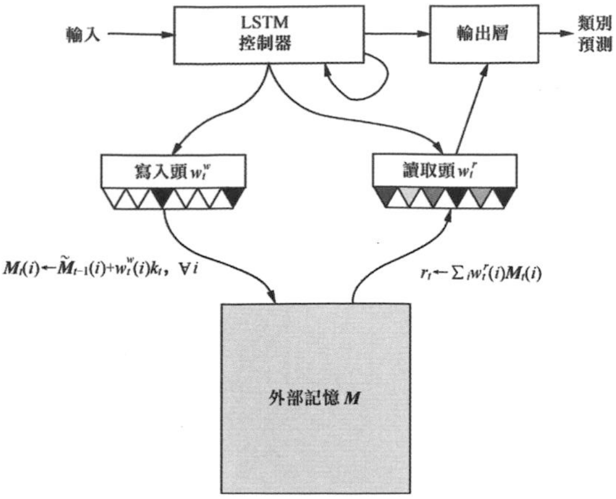

圖 7.6　基於 LSTM 控制器的神經圖靈機架構

寫入頭相對複雜些，一方面要根據目前上下文及時更新最近使用的相關記憶槽，稱為**最近使用原則**；另一方面要對不常用的記憶槽歸零，並寫入新的資訊，稱為**最少使用原則**。因此，寫入頭採用的是**最少與最近使用的存取模組（Least Recently Used Access Module）**。與讀取頭一樣，寫入頭要計算寫入權重向量 w_t^w，然後用 k_t 根據寫入權重大小更新外部記憶的每個槽，公式為

$$w_t^w = \sigma(\alpha)w_{t-1}^r + (1-\sigma(\alpha))w_{t-1}^{lu} \qquad (7\text{-}12)$$

$$M_t(i) = \widetilde{M}_{t-1}(i) + w_t^w(i)k_t, \forall i \qquad (7\text{-}13)$$

可以看出，寫入權重來自兩部分：上一步的讀取權重 w_{t-1}^r 和上一步的最少使用權重 w_{t-1}^{lu}。前者表現了最近使用原則，後者表現了最少使用原則，二者透過帶有參數 α 的 Sigmoid 函數進行加權平均獲得 w_t^w。這裡的 w_{t-1}^{lu} 是一個 0/1 向量，設定值為 1 的位置表示目前被歸零的位置，而 $\widetilde{M}_{t-1}$ 就是基於 w_{t-1}^{lu} 對上一步外部記憶 M_{t-1} 歸零後的結果。

留下一個關鍵問題，如何定義最少使用權重 w_{t-1}^{lu}？先定義使用權重 w_{t-1}^u。「使用」二字的含義，既要考慮目前的讀取操作，又要考慮目前的寫入操作，還要考慮過去的使用情況。因此，w_{t-1}^u 由 3 部分組成：

$$w_{t-1}^u = \gamma w_{t-2}^u + w_{t-1}^r + w_{t-1}^w \qquad (7\text{-}14)$$

其中，γ 為一個衰減因數。在 w_{t-1}^u 的基礎上，將最小 **n** 個元素置 1 其餘置 0，並定義這個新向量為最少使用權重 w_{t-1}^{lu}。

　　最後，整個元學習的過程可由圖 7.7 所示，主要由 3 個資訊流組成：一是綁定和編碼輸入資訊並寫入記憶的資訊流；二是透過檢索綁定資訊讀取記憶並由此輸出分類預測的資訊流；三是從損失函數做反向傳播到前面步驟並由此修正模型參數的資訊流。每步操作，模型先寫入記憶再讀取記憶，然後做分類預測。因此，越往後，記憶模組的資訊越豐富，讀取的記憶越能幫助到分類預測。實驗中可能會出現：預測第 1 個樣本的準確率很低，如 36.4%，接著第 2 個的準確率為 82.8%，第 3 個為 91.0%，第 5 個為 94.9%，第 10 個為 98.1%。那麼，如果要保障 90% 的準確率，就要做 3 次學習（3-Shot Learning）；如果要保障 98% 的準確率，就要做 10 次學習（10-Shot Learning）。

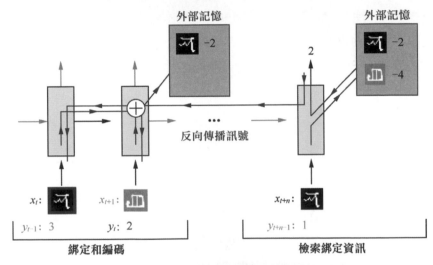

圖 7.7　基於神經圖靈機的元學習模型架構

・歸納與擴充・

　　本節主要參考了 2016 年 DeepMind 的 Adam Santoro 等人提出的記憶增強神經網路（Memory-Augmented Neural Network）[11]，該模型通過學習記憶模組的控制器和使用記憶模組的檢索機制，分別實現元等級和工作等級的一慢一快兩個層面的學習。2017 年 Tsendsuren Munkhdalai 等人提出的元網（MetaNet）[12]，也採用記憶增強神經網路，它的記憶模組是一個複雜的連結記憶，從工作級的樣本動態代表連結到樣本級的快學習權重，模型做預測時同時考慮元等級的慢權重和樣本級的快權重，將元等級、工作級和樣本級的參數一一區分，充分反映了由慢到快的學習過程。

基於學習最佳化器的元學習模型

場景描述

在深度學習的語境下，說到「學習」二字，離不開最佳化演算法，例如 SGD、Momentum、Adagrad、Adadelta、Adam 等，但是如果換作「快速學習」呢？我們知道，剛才提到的優化演算法都不是為有限步參數更新而設計的，它們收斂到最佳點附近通常需要百萬次的反覆運算。那麼，如何針對快速學習設計最佳化演算法呢？單獨解決這個問題有非常大的困難，我們不妨借助元學習，與其設計快速學習版的最佳化演算法，不如學習一個快速學習的最佳化演算法。在元學習的架構下，有快、慢兩個層面的學習，雖然我們期待實現單工作等級上的快學習，但是這不代表要捨棄元等級上的慢學習。透過跨工作組成的大量資料，我們可以學習出一個適應多個工作的通用快速學習最佳化器。

基礎知識

基於梯度的最佳化、LSTM 遺忘門和輸入門、海森矩陣（Hessian matrix）

問題 *1* 使用學習最佳化演算法的方式處理 難度：★★☆☆☆
元學習問題，與基於記憶的元學習
模型有哪些區別？

分析與解答

先看基於記憶的元學習模型，它可以形式化為 $f(x, \mathcal{D}_{train}; \Theta)$，其中 Θ 為訓練記憶模組中學習的元參數，是組成嵌入網路、編碼網路或控制器的參數。元訓練完成後，Θ 固定下來；之後，在面對一個新工作時，有工作資料 $\mathcal{D}_{task} = (\mathcal{D}_{train}, \mathcal{D}_{test})$，該模型不再基於梯度的最佳化演算法繼續慢學習的微調過程，而是利用記憶模組的快速檢索機制，編碼樣本 $x \in \mathcal{D}_{train}$ 透過查詢記憶讀取相關資訊，以助於對該樣本的預測。

再看學習優化演算法的方式，元學習模型可形式化為

$f(x; \theta = \text{optimizer}(\mathcal{D}_{\text{train}}; \Theta))$，其中 θ 為單工作下的模型參數，而元參數 Θ 轉化為最佳化器的參數。元訓練的學習目標，是學習出一個好的最佳化器，替代常用的基於梯度的最佳化演算法（如 SGD、Adam 等）。為什麼要這麼做呢？上面說到，基於梯度的學習通常是一個慢學習的過程，受制於梯度下降這個事先設計的演算法，受制於人工設定的學習率。因此，想通過元學習，在許多相關或相似工作上獲得一個通用且自我調整的可學習的最佳化過程，以取得加速學習的效果。記這個最佳化器為 $\text{optimizer}(\cdot; \Theta)$，接收單工作的訓練集 $\mathcal{D}_{\text{train}}$ 作輸入，輸出該工作下最佳化後的模型參數 θ。我們希望最佳化器透過元學習，可以在小樣本訓練資料下快速列出一個接近最佳的模型參數。

問題 2 如何基於 LSTM 設計一個可學習的最佳化器？

難度：★★★★☆

基於梯度的最佳化是一個反覆運算過程，形式與 LSTM 的計算規則有點像。是否可基於 LSTM 設計一個可學習的最佳化器，使其有助在單工作上的快速學習？

分析與解答

在傳統基於梯度下降的最佳化演算法中，參數更新規則可寫為

$$\theta_t = \theta_{t-1} - \alpha_t \nabla_{\theta_{t-1}} L_t \qquad （7\text{-}15）$$

其中，α_t 為學習率，可以是一個常數，也可以出自簡單的自我調整規則（如 Adam）；梯度 $\nabla_{\theta_{t-1}} L_t$ 是針對目前損失 L_t 和模型參數 θ_{t-1} 而言的。考慮 LSTM 的結構，單元狀態（cellstate）的更新公式為

$$c_t = f_t \odot c_{t-1} + i_t \odot \tilde{c}_t \qquad （7\text{-}16）$$

其中，f_t 和 i_t 分別為遺忘門和輸入門，$\tilde{c}_t$ 為加入目前輸入的候選單元狀態。我們可以看到，上面兩條更新規則是何等相似：如果令 $f_t = 1$，$c_{t-1} = \theta_{t-1}$，$i_t = \alpha_t$，$\tilde{c}_t = -\nabla_{\theta_{t-1}} L_t$，那麼這個 LSTM 的更新公式就完全表達了梯度下降的最佳化過程，LSTM 的單元狀態 c_t 刻畫了反覆運算更新中的模型參數 θ_t。

當然，因為 LSTM 的遺忘門和輸入門的權重從資料中學習獲得，

不會硬性指定為 1 和 α_t，所以給元學習模型留下了施展能力的空間。我們有理由認為，人為指定的 $f_t = 1$ 和 $i_t = \alpha$，造成了傳統梯度下降演算法的低效率，因此需要設計一種讓 f_t 和 i_t 可學習的最佳化過程，其中 i_t 表現了可學習的學習率，f_t 則代表可學習的收縮率。基於 LSTM 的實際設計如下。

（1）**單元狀態** $c_{t-1} = \theta_{t-1}$：要將模型參數扁平化連接成一個長向量。

（2）**候選單元狀態** $\tilde{c}_t = -\nabla_{\theta_{t-1}} L_t$：取對模型參數的負梯度。

（3）**可學習的輸入門** i_t：不是純量，表現了向量維度等級自我調整的學習率，用一層 Sigmoid 網路來學習：

$$i_t = \sigma(W_I \cdot [\nabla_{\theta_{t-1}} L_t, L_t, \theta_{t-1}, i_{t-1}] + b_I) \tag{7-17}$$

網路的輸入綜合考慮了目前損失 L_t、梯度資訊 $\nabla_{\theta_{t-1}} L_t$、模型參數 θ_{t-1} 以及上一次輸入門 i_{t-1}。使用 Sigmoid 函數將輸出控制在 (0,1)，是因為考慮到學習率不宜偏大，避免造成發散。

（4）**可學習的遺忘門** f_t：同輸入門，也用一層 Sigmoid 網路來學習：

$$f_t = \sigma(W_F \cdot [\nabla_{\theta_{t-1}} L_t, L_t, \theta_{t-1}, f_{t-1}] + b_F) \tag{7-18}$$

網路的輸入綜合考慮了目前損失 L_t、梯度資訊 $\nabla_{\theta_{t-1}} L_t$、模型參數 θ_{t-1} 以及上一次遺忘門 f_{t-1}。我們將 f_t 解釋成收縮率，但是通常在最佳化演算法中沒有這一項，為什麼這裡還要考慮呢？一方面，如果不讓 f_t 恒為 1，而是一個可學習的介於 0 和 1 之間的數，具有向原點接近的含義，可看作施加正規項的效果，意義表現在參數空間上搜尋範圍的約束，避免設定值遠離原點進而引起最佳化中的發散。另一方面的意義是幫助模型參數跳出可能的局部最佳或鞍點。尤其是在梯度飽和的情況下，即 $\tilde{c}_t \approx 0$，只剩下 $c_t = f_t \odot c_{t-1}$，僅能靠 f_t 調節 c_t 的變化。舉例來說，當損失 L_t 很大但此時梯度趨於零時，參數所處曲面趨於平坦，無法提供有效的下降資訊，若讓 $f_t < 1$，透過向原點處收縮的方式試圖逃出梯度飽和的高原陷阱，不失為一種可行的策略。

（5）**可學習的初始狀態** c_0：c_0 也可以作為最佳化器的參數，其意義是找到一個通用的模型參數的最佳初始點 θ_0，作為每個工作共用的初始模型參數。好的公共初始點有助模型在單一工作上的快速學習。

在最佳化過程的初始階段，我們透過設定 b_F 的初值儘量讓 f_t 接近

1，以保障反向傳播時梯度流的通暢；同時透過設定 b_I 的初值儘量讓 i_t 接近 0，這對應著一個小的學習率，有助保持訓練初始的穩定，抑制發散。

問題 3　如何設計基於 LSTM 最佳化器的元學習的目標函數和訓練過程？

難度：★★★★★

基於問題 2 的 LSTM 最佳化器，如何設計元學習模型的目標函數，並組織元訓練的過程？

分析與解答

假設將模型（也稱學習器）的參數記為 θ，元模型（也稱元學習器）的參數記為 Θ。這裡，LSTM 最佳化器要最佳化更新的模型參數是 θ，而它自己的參數是 Θ，實際包含組成 LSTM 遺忘門和輸入門的權重 W_F 和 W_I、偏置 b_F 和 b_I 以及公共初始點 θ_0。

指定單一工作的資料集 $(\mathcal{D}_{\text{train}}, \mathcal{D}_{\text{test}})$，元訓練的目標函數不是定義在訓練樣本上的損失函數，而是基於 T 步反覆運算更新的參數 θ_T 在測試樣本上計算的損失函數。一句話，我們要最小化的是元模型在快速適應 $\mathcal{D}_{\text{train}}$ 後泛化到 $\mathcal{D}_{\text{test}}$ 上的錯誤率。從圖 7.8 可知，在 $\mathcal{D}_{\text{train}}$ 樣本上計算的損失 $L_1, L_2, \cdots, L_T$ 不作為目標函數，而是與它們各自對應的梯度 $\nabla_{\theta_0} L_1, \nabla_{\theta_1} L_2, \cdots, \nabla_{\theta_{T-1}} L_T$ 一起，僅作為輸入傳給 LSTM 最佳化器。定義在 $\mathcal{D}_{\text{test}}$ 的測試樣本上的 $L(f_{\theta_T}(x), y)$ 才是真正用於反向傳播並更新元參數 Θ 的損失函數。

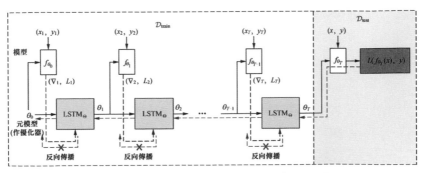

圖 7.8　基於學習最佳化器的元學習模型架構

值得注意的是，反向傳播在經過$(\nabla_{\theta_{t-1}}L_t, L_t)$時需要計算$\nabla_{\theta_{t-1}}L_t$的梯度 $\nabla^2_{\theta_{t-1}}L_t$，即海森矩陣。考慮到訓練模型的計算負擔會由此大幅增加，可以採用近似方法，免去這條計算線路上的反向傳播，因此回傳的梯度只走 LSTM 展開的一路。

至此，根據上面目標函數的計算架構，我們可以將元訓練過程分為內、外兩層循環。

（1）**外層循環**：每次從元訓練集 $\mathcal{D}_{\text{meta-train}}$ 中選取一個訓練工作，$\mathcal{D}_{\text{task}} = (\mathcal{D}_{\text{train}}, \mathcal{D}_{\text{test}})$，執行內層循環，利用 LSTM 最佳化器檢查 $\mathcal{D}_{\text{train}}$ 樣本做多步反覆運算，獲得一個最後的模型參數 θ_T，然後在 $\mathcal{D}_{\text{test}}$ 上計算損失函數，並啟動反向傳播更新元模型參數 Θ。

（2）**內層循環**：每步從 $\mathcal{D}_{\text{train}}$ 中取一批樣本，透過模型 f_θ 計算目前批次的損失和梯度，作為輸入傳給 LSTM 最佳化器。

問題 4　上述 LSTM 最佳化器如何克服參數規模過大的問題？

難度：★★★★★

問題 2 和問題 3 忽略了一個現實問題，目前主流的深度學習模型，其參數規模都非常大，包含多個權重矩陣和偏置向量，扁平化後連接在一起將是一個很長的向量，實際中無法用作 LSTM 的單元狀態，怎麼辦？

分析與解答

實際計算中，LSTM 通常基於批次而非單一樣本，而一個批次內的狀態張量大小是批次內樣本個數與 LSTM 狀態維數的乘積。LSTM 的狀態維數取決於模型（內層學習器）的參數，即 $\theta = (W_1, b_1, \cdots, W_n, b_n)$，扁平化後變成一個很長的向量$(\theta^{(1)}, \theta^{(2)}, \cdots, \theta^{(d)})$，其中 d 是的長度（即元素個數或座標個數）。目前主流的深度學習模型，其參數規模一般都非常大，因此 **d** 是一個非常大的值，實際應用中無法作為 LSTM 的狀態維數。

對於問題 3 中的 LSTM 最佳化器，一個批次內通常只有一個樣本，因此一個批次的狀態張量可以寫成 $1 \times d$ 的 2D 張量。現在，我們把轉置

為 d×1 的 2D 張量,將 θ 的每個座標都看成一個獨立的樣本,此時 d 變成批次內樣本個數,1 是 LSTM 的狀態維數,這樣 LSTM 單元的參數規模會大幅減小。這個做法的含義是什麼?答案是讓**模型參數 θ 的不同座標共用同樣的 LSTM 參數,即這裡的元參數**。實際來說,如果把 d 當作狀態維數,那麼遺忘門和輸入門的權重矩陣會非常大,θ 的每個座標對應權重矩陣的不同列;如果把 d 當作批次內樣本個數,θ 的每個座標相當於不同的樣本,均使用權重矩陣的同一列。同樣,對於梯度 $\nabla_\theta L$,其大小等於 θ 的大小,可沿用上面處理 θ 的做法;對於損失 L,由於它只是一個純量,不妨將其併到每個座標旁,形成一個 $d×2$ 的 $(\nabla_\theta L, L)$ 作輸入。最後,我們建置出一個座標級的 LSTM,如圖 7.9 所示。

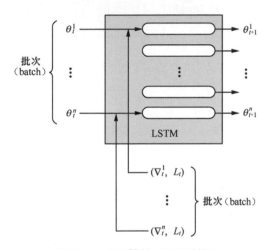

圖 7.9 座標級的 LSTM 結構

這樣做的確大幅削減了 LSTM 參數的複雜度,但是會造成一個新的問題:刻畫單元狀態的維度個數太少、通道太窄,不利於前後的資訊傳遞,因此需要考慮通道加寬。目前有以下兩種辦法。

(1)從每個坐標上下手,一分為二,將 $(\nabla_\theta^i L, L)$ 變成 $(\nabla_\theta^{i,1} L, \nabla_\theta^{i,2} L, L^1, L^2)$,讓維數加倍。考慮到梯度和損失在不同座標上的取值量級相差很大,為了更精準地刻畫很大與很小的正負值,可以將一個座標值拆解成兩部分:

$$x \to \begin{cases} \left(\dfrac{\log|x|}{p}, \mathrm{sign}(x)\right), & |x| \geqslant e^{-p} \\ (-1, e^p x), & \text{其他} \end{cases} \quad (7\text{-}19)$$

其含義為對大數取對數置於第一個座標，對小數乘一個很大的數置於第二個座標。

（2）在坐標級的 LSTM 結構下面，加一層大通道的 LSTM，如維數為 20，進一步有能力將歷史的梯度和損失資訊考慮進來，如圖 7.10 所示。底層 LSTM 輸出到上層 LSTM 的資訊，不僅包含了目前的$(\nabla L_t, L_t)$，而且透過較寬的通道得以吸收歷史的$(\nabla L_i, L_i)_{i<t}$，以此參與上層 LSTM 的遺忘門和輸入門的計算。同時，為了確保 $\tilde{c}_t = -\nabla_{\theta_{t-1}} L_t$，需要有一條線路將梯度直接送入上層的 LSTM。

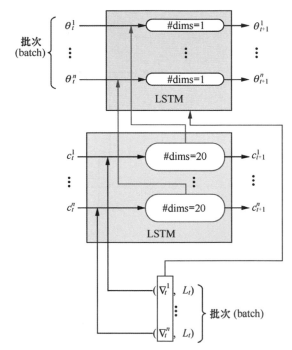

圖 7.10　底層大通道 LSTM 對上層 LSTM 最佳化器的支援

・歸納與擴充・

本節的解答主要參考了 2017 年 Sachin Ravi 和 Hugo Larochelle 提出的基於 LSTM 的元學習器 [13]。該論文對最佳化器本身進行建模，主要學習小樣本下的最佳化演算法，雖然每步依然利用梯度資訊，但是已經不同於傳統基於梯度的最佳化演算法。類似的基於 LSTM 學習最佳化演算法的工作，可追溯到 2016 年 DeepMind 的 Marcin Andrychowicz 等人發表的論文 [14]。

基於學習初始點的元學習模型

上一節學習最佳化器的方法，包含了學習初始點和最佳化過程，主要偏重於後者，即學習最佳化中更新參數的規則。但是，最佳化結果的好壞，除了依賴所用的更新規則，還與初始點的選取密切相關。考慮到學習更新規則的複雜和不確定性，我們後退半步，沿用傳統基於梯度的最佳化演算法，不去動梯度下降演算法本身，只是學習一個好的初始點。乍一看，這個思維很簡單，但它提供了一個簡潔通用的元學習架構，適用於任意基於梯度的學習系統，而且實驗表現相當不錯。

公共初始點、元目標、反向傳播、海森 – 向量積、一階導數方法、策略梯度的強化學習

問題 *1* 簡單描述基於初始點的元學習方法。　難度：★★★★★

既不用記憶模組，也不學習最佳化器，回歸到更簡潔的一種學習初始點的方法，使得對每個工作，可以基於該初始點使用傳統的基於梯度的最佳化演算法，快速收斂到近似最佳點。請問怎麼做？

分析與解答

相比於基於記憶的 $f(x, \mathcal{D}_{train}; \Theta)$，以及學習優化器的 $f(x; \theta = \text{optimizer}(\mathcal{D}_{train}; \Theta))$，基於學習初始點的元學習模型可以形式化為

$$f(x; \theta = \text{SGD}(\mathcal{D}_{train}; \theta^0 = \Theta)) \qquad (7\text{-}20)$$

其中，θ 為針對單一工作的模型參數，SGD 可以是任何基於梯度的最佳化演算法（如 Adam），元參數 Θ 作為最佳化單一工作時 θ 的初始點 $\theta^0 = \Theta$，也就是說，所有工作在單獨最佳化時都基於這個初始點。問題來了，是否存在一個好的公共初始點，使得每個工作都能從中大幅獲益？

　　學習公共初始點的想法看似簡單，背後的洞見卻是深刻的。它基於這樣一個假設：在一群相似或相關的工作集上，存在針對每個工作都不錯的初始點，也就是說，每個工作都存在一個離公共初始點不遠的最佳點，如圖 7.11 所示。熟悉深度學習的人知道，神經網路模型的最佳點通常不止一個，可能存在很多個，甚至是含無限個點的點集，或是一個最佳區域。不同工作的最佳點集合在高維空間中可能存在相互接近的地方，使得可以找到一個公共初始點，讓不同工作的最佳點集合中都存在一個接近該公共初始點的最佳點。舉例說明，在圖片分類工作中，無論是分類貓、狗等動物，還是分類花、草等植物，模型可以共用底層的視覺特徵，所以最佳模型的參數在網路下層部分可以比較接近，即在參數的高維空間中，存在某個子空間，使得二者的最佳區域幾乎重合。

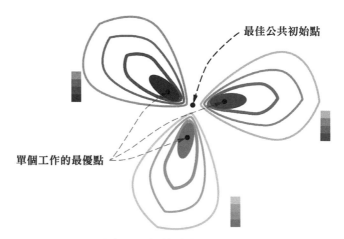

圖 7.11　最佳公共初始點與單一工作的最佳點

　　有了好的公共初始點，當一個新工作到來時，模型利用少量樣本做幾步梯度下降，就能接近該工作的最佳點，進一步指定模型透過簡單微調達到快速學習、快速適應的能力，如圖 7.12 所示。這裡，考慮採用一步梯度下降的簡單設計，對於每個工作 t，微調後的模型參數 θ_t 為

$$\theta_t = \Theta - \alpha \nabla_\Theta L_t(f(X_t; \Theta), Y_t) \qquad (7\text{-}21)$$

其中，α 是一個事先設定的超參數（也可以透過學習獲得），(X_t, Y_t) 是取自工作 t 中 $\mathcal{D}_{\text{train}}$ 的一批樣本。進而，可以獲得元學習模型的總目標函數，也稱為元目標（meta-objective）：

$$\min_{\Theta} \sum_t L_t(f(X_t';\Theta - \alpha\nabla_{\Theta}L_t(f(X_t;\Theta),Y_t)),Y_t') \qquad (7\text{-}22)$$

其中，(X_t',Y_t') 是另一批樣本。該元目標的意義是，優化公共初始點，使得在每個工作上僅做一步梯度下降，各個工作的損失之和最小。

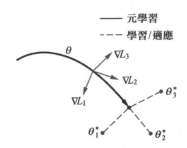

圖 7.12　利用公共初始點快速適應各個工作

該元學習模型的優點是，適用於一切基於梯度下降的學習系統，如分類模型、回歸模型、策略梯度的強化學習模型。雖然一直以來都有試圖取代梯度下降最佳化演算法的研究，但是相較於學習的最佳化器，傳統基於梯度的最佳化演算法簡單、有效，不需引用附加參數，不需額外訓練模擬最佳化過程的模型，而且收斂情況穩定，在合適的初始點和學習率下可以做到快速學習（但要防止小樣本下過擬合）。

問題 **2**　學習公共初始點的方法與預訓練的方法有什麼不同？　　難度：★★☆☆☆

分析與解答

　　預訓練的方法，通常是先在已有的一批訓練工作上，或在一個更大數據集的工作上，學習獲得一個模型參數，然後在面對新工作時，將其當作初始點繼續訓練微調。這裡「預」的含義，是對新工作而言，對於舊工作不存在「預」的意義。

　　學習公共初始點的方法，「初始」二字既是對已有的訓練工作而言，也是對新工作而言。無論面對哪個工作，該方法都要從這個初始點開始，經過一系列梯度下降的過程，微調至該工作的最佳點附近。訓練

過程中，最佳化的是初始點參數 $\theta^0 = \Theta$，而傳給每個工作模型的是微調後的模型參數 θ_t。

問題 3 基於初始點的元學習方法中的兩次 難度：★★★☆☆
反向傳播有什麼不同？

訓練問題 1 中的元學習模型時，會遇到兩次反向傳播，請問這兩次反向傳播有什麼不同？

分析與解答

訓練元學習模型，通常有關內、外兩層循環，內層循環檢查每個訓練工作，外層循環反覆運算更新元參數。由此，可以找到兩次反向傳播的不同。

第一次反向傳播發生在內層，是在每個工作內進行的。反向傳播基於該工作的損失，獲得對模型參數的梯度資訊，用於執行一步梯度下降，達到快速收斂、快速適應的目的。這裡的「反向」是針對單一工作的模型而言，其計算流在整個元模型看來仍屬於正向計算階段。

第二次反向傳播發生在外層，是在元等級上進行的。反向傳播基於元目標，獲得對元參數 Θ 的梯度資訊，用於訓練元模型。由於元模型的正向計算階段包含第一次反向傳播的求梯度操作，第二次反向傳播有關求二階導數，即海森矩陣，可以利用**海森 - 向量積**（Hessian-vectorproduct）來降低計算複雜度，也可以忽略此路反向傳播，退化成**一階導數**（first order derivatives）的近似方法來更新元參數。

問題 4 基於初始點的元學習模型，用在強 難度：★★★★☆
化學習中時與分類或回歸工作有何
不同？

如果將問題 1 中的元學習模型應用於基於策略梯度的強化學習，相比分類和回歸，它的訓練過程有哪些不同，需要注意什麼？

分析與解答

首先，從分類和回歸到策略梯度的強化學習，元學習模型的架構沒有變，但是針對單一工作的模型 f 變化了，f 不再是一個分類器或回歸器，而是表示強化學習中的策略 $\pi(a|s)$，即指定狀態 s 下選擇動作 a 的機率分佈。

其次，訓練樣本不再是 N 個〈樣本，標籤〉對，而是 N 個由一串狀態和動作組成的軌跡。〈樣本，標籤〉對的分佈因訓練集指定而固定不變，但是狀態動作軌跡會因策略的改變而動態變化。問題 1 的訓練步驟涉及兩次樣本取樣，即 (X_t, Y_t) 和 (X'_t, Y'_t)。對有監督學習來說，這兩次取樣所用分佈都是完全一致的；但對於強化學習而言，第一次取樣所用策略的參數為 $\theta^0 = \Theta$，第二次取樣所用策略是基於微調後的參數，即 $\theta_t = \Theta - \alpha \nabla_\Theta L_t(f_\Theta)$。因此，為了維護強化學習的現實策略，這兩次取樣軌跡一定要基於不同的策略參數。

最後，策略梯度的方法有其高方差、不穩定的一面，需要額外考慮一些常見技巧，如控制變數（control variate）等。

・ 歸納與擴充 ・

本節的解答主要參考了 2017 年 Chelsea Finn 等人提出的模型無關元學習模型（Model-Agnostic Meta-Learning，MAML）[15]。此後，來自 OpenAI 的 Alex Nichol 等人提出 Reptile 演算法 [16]，繼承並發展了 MAML，從理論上擴充了一階近似 MAML 的方法家族，從實作上簡化了元參數更新公式。2018 年，DeepMind 的 Andrei Rusu 等人提出潛在嵌入最佳化（Latent Embedding Optimization，LEO）[17] 的方法，考慮到深度模型的參數空間一般是超高維的，小樣本情況下幾步梯度下降的做法在實際中仍有不足，因此該方法要學習高維參數的低維嵌入，在這個低維空間中實施有限步的梯度下降，每步後都可以將低維的參數嵌入對映回正常的參數空間，用以計算模型的損失和梯度。

參考文獻

[1]   SCHMIDHUBER J. Evolutionary principles in self-referential learning. On learning how to learn: The meta-meta-... hook[D]. Technische Universitat Munchen, Germany, 1987.

[2]   BENGIO Y, BENGIO S, CLOUTIER J. Learning a synaptic learning rule[M]. Université de Montréal, Département d'informatique et de recherche, 1990.

[3]   THRUN S, PRATT L. Learning to learn[M]. Springer Science & Business Media, 2012.

[4]   VINYALS O, BLUNDELL C, LILLICRAP T, et al. Matching networks for one shot learning[C]//Advances in Neural Information Processing Systems, 2016: 3630–3638.

[5]   KOCH G, ZEMEL R, SALAKHUTDINOV R. Siamese neural networks for one-shot image recognition[C]//ICML Deep Learning Workshop, 2015.

[6]   SUNG F, YANG Y, ZHANG L, et al. Learning to compare: Relation network for few-shot learning[C]//Proceedings of the IEEE Conference on Computer Vision and Pattern Recognition, 2018: 1199–1208.

[7]   SNELL J, SWERSKY K, ZEMEL R. Prototypical networks for few-shot learning[C]//Advances in Neural Information Processing Systems, 2017: 4077–4087.

[8]   ORESHKIN B, LÓPEZ P R, LACOSTE A. TADAM: Task dependent adaptive metric for improved few-shot learning[C]//Advances in Neural Information Processing Systems, 2018: 719–729.

[9]   GRAVES A, WAYNE G, DANIHELKA I. Neural Turing machines[J]. arXiv preprint arXiv:1410.5401, 2014.

[10] WESTON J, CHOPRA S, BORDES A. Memory networks[J]. arXiv preprint arXiv:1410.3916, 2014.

[11] SANTORO A, BARTUNOV S, BOTVINICK M, et al. Meta-learning with memory-augmented neural networks[C]//International Conference on Machine Learning, 2016: 1842–1850.

[12] MUNKHDALAI T, YU H. Meta networks[C]//Proceedings of the 34th International Conference on Machine Learning-Volume 70. JMLR. org, 2017: 2554–2563.

[13] RAVI S, LAROCHELLE H. Optimization as a model for few-shot learning[J]. 2016.

[14] ANDRYCHOWICZ M, DENIL M, GOMEZ S, et al. Learning to learn by gradient descent by gradient descent[C]//Advances in Neural Information Processing Systems, 2016: 3981–3989.

[15] FINN C, ABBEEL P, LEVINE S. Model-agnostic meta-learning for fast adaptation of deep networks[C]//Proceedings of the 34th International Conference on Machine Learning-Volume 70. JMLR. org, 2017: 1126–1135.

[16] NICHOL A, ACHIAM J, SCHULMAN J. On first-order meta-learning algorithms[J]. CoRR, abs/1803.02999, 2018, 2.

[17] RUSU A A, RAO D, SYGNOWSKI J, et al. Meta-learning with latent embedding optimization[J]. arXiv preprint arXiv:1807.05960, 2018.

自動化機器學習

近年來機器學習在越來越多的業務場景裡發揮關鍵性作用，例如推薦系統、人臉辨識、自動駕駛等領域。然而在各種業務場景裡，機器學習的應用流程都需要大量的機器學習人類專家參與。從學術角度看，目前的機器學習演算法並沒有讓機器「自動」地學習；從工業角度看，人類專家供不應求，很多企業難以在有限的預算下覓得需要的人才。在這樣的背景下，自動化機器學習（Automated Machine Learning）成了一個熱門領域。自動化機器學習的目標是將機器學習演算法的應用流程自動化，這個自動化的流程可以透過反覆反覆運算去搜尋針對特定業務場景的最佳的資料前置處理操作、超參數設定以及演算法模型。

自動化機器學習的基本概念

場景描述

　　自動化機器學習的終極目標是要將人類專家移出機器學習模型的建置流程，人類專家只需要負責定義機器學習工作、提供資料並確定評估指標。

基礎知識

自動化、機器學習

問題　自動化機器學習要解決什麼問題？　　難度：★☆☆☆☆
　　　有哪些主要的研究方向？

分析與解答

　　自動化機器學習要解決的問題是，針對特定的一種或許多類機器學習任務，在沒有人類專家干預且運算資源有限的條件下，自動化地建置機器學習演算法流程。這裡的機器學習演算法流程包含根據資料建立演算法模型、演算法效果評估、不斷最佳化演算法效果等。自動化機器學習在建置演算法流程時的主要目標如下。

- 能夠在不同資料集甚至不同工作間泛化。
- 不需要人類專家干預。
- 計算效率（在有限的運算資源下、有限的時間內列出最佳的演算法流程）。

　　自動化機器學習的研究方向包含自動化特徵分析、自動化模型選擇、自動化模型參數最佳化、自動化模型結構搜尋（主要針對神經網路）、自動化模型評估、元學習、遷移學習等。每一個研究方向又會包含多種具體技術，例如其中的自動化模型參數最佳化有關的技術就有簡單 / 啟發式搜尋、無梯度最佳化、強化學習、梯度下降最佳化等 [1]。

02 模型和超參數自動化最佳化

對於同一個業務場景或同一個資料集，一般可以選擇多種機器學習演算法或模型；而在指定的演算法模型下，通常又會有大量的可調超參數。對於大部分機器學習演算法應用者來說，模型和超參數的最佳化快速地依賴於本身的從業經驗、直覺以及對演算法與業務場景本身的了解。那麼是否可有一些自動化、系統化的方式來輔助人們進行模型和超參數的最佳化呢？這就是本節要探討的問題。

超參數最佳化、網格搜尋、隨機搜尋、貝氏最佳化、高斯過程回歸（Gaussian Process Regression, GPR）

問題 1　模型和超參數有哪些自動化最佳　難度：★★★☆☆
化方法？它們各自有什麼特點？

分析與解答

我們首先來定義模型和超參數的最佳化問題。這裡把機器學習模型的選擇和超參數的指定統稱為機器學習模型的設定。對於一個指定的機器學習問題和一個資料集 $\mathcal{D}$，我們可以配置一個實際的機器學習模型，然後在這個資料集上訓練並拿到測試效果指標。這裡的效果指標可以是測試集上的損失函數平均值，也可以是某種業務指標（例如預測準確率）。如果把一個實際的機器學習模型的設定記為 λ（包含用哪個模型，以及該模型的超參數設定值），所有可能的設定參數空間記為 Λ，效果指標記為 $f(\lambda) = \mathcal{L}(\lambda, \mathcal{D}_{\text{train}}, \mathcal{D}_{\text{valid}})$，則要最佳化的問題可定義為 $\lambda^* = \operatorname{argmax}_\lambda f(\lambda)$，其中 $f(\lambda)$ 是要最佳化的目標函數，λ^* 是模型的最佳設定。需要注意的是，這裡假設效果指標是越大越好。另外，如果計算資源

允許的話,還可以使用 *k* 折疊交換驗證,此時最佳化的目標函數就是

$$f(\lambda) = \frac{1}{k} \sum_{i=1}^{k} \mathcal{L}(\lambda, \mathcal{D}_{\text{train}}^{(i)}, \mathcal{D}_{\text{valid}}^{(i)}) \qquad (8\text{-}1)$$

通常來説,機器學習模型設定的最佳化目標函數是一個黑盒函數,即除了執行模型訓練並驗證效果指標以外,沒有其他方法獲得目標函數的資訊。因此大多數演算法應用者會依據對資料集或業務場景的領域知識、對機器學習演算法的了解以及直覺來指定一組或嘗試少量組模型設定進行訓練並驗證,然後選擇一個最佳的。大數據時代,機器學習演算法的訓練和驗證通常十分耗時,因此這種人工最佳化方法在運算資源有限、嘗試機會較少的情況下是有優勢的。但是,當運算資源相對充足,同時對效果指標又有較高追求時,自動化最佳化的方法變得可行。常見的自動化最佳化的方法有網格搜尋、隨機搜尋和貝氏最佳化。

■ **網格搜尋**

網格搜尋,顧名思義就是把模型的設定參數空間Λ劃分為網格,然後給模型訓練、驗證程式加一個最外層循環,在此循環內檢查所有的網格點並訓練獲得效果指標,最後挑出效果指標最佳的那個設定。

第一個需要注意的問題是,設定參數空間通常是一個有層次的空間,即有一些參數的存在是依賴於另一些參數的設定值的。例如,如果有一個關於演算法種類的設定參數λ_a,那麼只有當λ_a設定值為「神經網路演算法」時,網路層數、啟動函數類型等超參數才有意義。即使在指定一個演算法以後,超參數空間仍可能具有層次性,例如只有網路層數取值大於等於 2 時,第 2 隱藏層的神經元個數才會成為有意義的設定參數。因此,在對設定參數空間Λ進行劃分網格時,需要分層次劃分。

第二個需要注意的問題是設定參數的類型。通常設定參數有種類型(如演算法種類、啟動函數種類)、整型(如網路層數、神經元個數)和連續型(如學習率、正規化項係數)。對於種類型參數,一般不需要劃分,只需要按種類檢查即可;對於整型和連續型參數,可以採取均勻劃分或對數均勻劃分。舉例來說,對於網路層數可以簡單檢查 1、2、3(或者更大的間距),對於隱藏層的神經元個數可以檢查 128、256、512(對數均勻),對於學習率可以檢查 0.001、0.01、0.1(對數均勻)。

第三個需要注意的問題是設定參數的設定值範圍，這一點通常是依據領域知識和直覺來指定。網格搜尋的優點是在限定的設定參數空間內可以找到最佳解；缺點是當設定參數的個數很多時，網格點的數量會由於組合爆炸變得相當大，使得檢查所有網格點的計算量變得難以承受。為了緩解計算量過大的問題，通常只能人為縮小搜尋範圍，或把網格加粗，但是這樣又會導致最佳化效果的下降。另外，網格搜尋完全支援平行訓練最佳化。

■ **隨機搜尋**

隨機搜尋則是在模型的設定參數空間內進行隨機取樣，然後訓練驗證，透過多次嘗試獲得最佳的設定參數。網格搜尋和隨機搜尋的區別如圖 8.1 所示 [2]。相比於網格搜尋，隨機搜尋可以在有限的運算資源下，透過調節取樣速率覆蓋更大的搜尋空間，不會受到組合爆炸的限制，也不會受到網格粒度限制（即使是隨機網格搜尋也可以把網格粒度調細），這樣就有更大的機率接近最佳解。同時隨機搜尋也完全支援平行訓練最佳化。實驗表明隨機搜尋可以在更少的運算資源下達到人工輔助網格搜尋的最佳化效果。隨機搜尋還有一種進階策略，就是自我調整資源設定策略，例如先在隨機取樣的一組設定參數下訓練模型，但是只訓練一輪；然後把一輪過後在驗證集上表現較差的一部分設定參數扔掉，再繼續訓練下一輪，直到篩選出最佳解。關於自我調整資源設定策略的研究可見參考文獻 [3] 和參考文獻 [4]。

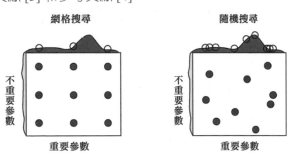

圖 8.1　網格搜尋和隨機搜尋的比較

■ **貝氏最佳化**

貝氏最佳化是近年來模型設定參數最佳化領域的熱門方向。簡單來說就是先隨機嘗試一些設定參數 $\lambda_1, \lambda_2, \cdots, \lambda_n$，並訓練驗證獲得效果指標

$f_1, f_2, \cdots, f_n$；然後根據這些 $f(\lambda)$ 的取樣值，透過貝氏公式推斷出 f 在任意 λ 下的後驗機率分佈 $p(f \mid \lambda)$；根據這個後驗分佈可以去選擇一個在當前已知資訊下最佳的 λ^* 作為下一次訓練驗證嘗試的設定參數。

可以看到，貝氏最佳化是一個順序最佳化的過程，兩個關鍵步驟分別是計算 $f(\lambda)$ 的後驗分佈和在後驗分布下尋求最佳的 λ^*。第一個步驟需要對 $f(\lambda)$ 進行統計建模，常見的建模方法有高斯過程回歸[5-6]、隨機森林[7]、樹狀 Parzen 估計[6] 和深度神經網路[8]；第二個步驟需要將後驗分佈轉換成一個可最佳化的目標函數，這個目標函數稱為獲得函數（Acquisition Function）。常見的獲得函數有「期望提升」（Expected Improvement）[5,9]、「上限信賴界」（Upper Confidence Bound）[5,10] 和「知識梯度」（Knowledge Gradient）[11]。

一些經驗性結果表明，貝氏最佳化可以用比網格搜尋或隨機搜尋更少的嘗試次數接近最佳解，甚至超過人類專家的最佳化效果。此外，貝氏最佳化並不直接支援平行最佳化，但是可以透過一些技巧和近似來實現平行。

問題 2 簡述貝氏最佳化中用高斯過程回歸計算目標函數後驗分佈的方法。高斯過程回歸可以用於種類型或者層次型模型設定參數的最佳化嗎？

難度：★★★★☆

分析與解答

我們現在考慮用貝氏最佳化演算法來最佳化黑盒函數 $f(\lambda)$。已知 $f(\lambda)$ 在取樣點 $\lambda_1, \lambda_2, \cdots, \lambda_n$ 上的取值分別為 $f_1, f_2, \cdots, f_n$，我們需要根據這些 $f(\lambda)$ 的取樣值來推斷出 f 在任意 λ 下的後驗機率分佈 $p(f \mid \lambda)$，這裡 $\lambda \in R^k, f \in R$。高斯過程回歸方法假設 $f(\lambda)$ 是一個定義在 R^k 上的高維高斯過程的取樣，這個高斯過程在任意 m 個點上的設定值滿足聯合高斯分佈，即

$$p(f(\lambda'_{1:m})) \sim \text{Normal}(\mu_0(\lambda'_{1:m}), \Sigma_0(\lambda'_{1:m}))$$

（8-2）

那麼在已知前面 n 個取樣點設定值的條件下，對任意一點 λ 上的設定值 $f(\lambda)$ 的後驗機率為

$$p(f \mid f_{1:n}) = \frac{p(f, f_{1:n})}{p(f_{1:n})} \qquad (8\text{-}3)$$

將式（8-2）代入式（8-3）右側的分子分母，可以獲得如下公式：

$$p(f \mid f_{1:n}) \sim \text{Normal}(\mu_n(\lambda), \sigma_n^2(\lambda))$$

$$\mu_n(\lambda) = \Sigma_0(\lambda, \lambda_{1:n})\Sigma_0(\lambda_{1:n}, \lambda_{1:n})^{-1}(f(\lambda_{1:n}) - \mu_0(\lambda_{1:n})) + \mu_0(\lambda) \qquad (8\text{-}4)$$

$$\sigma_n^2(\lambda) = \Sigma_0(\lambda, \lambda) - \Sigma_0(\lambda, \lambda_{1:n})\Sigma_0(\lambda_{1:n}, \lambda_{1:n})^{-1}\Sigma_0(\lambda_{1:n}, \lambda)$$

由此看到，只要在 λ 全空間任意點上定義了這個高斯過程的均值 μ_0 和協方差矩陣 Σ_0，就可以在已知取樣點設定值的條件下算出 $f(\lambda)$ 的後驗機率分佈。在每個點 λ 上 $f(\lambda)$ 的後驗機率分佈仍是一個高斯分佈，其均值和方差是 λ 的函數。

那麼現在的問題是，如何確定在 1 全空間點上的均值和協方差矩陣呢？通常的做法是將均值 μ_0 設為一個常數 c，將任意兩點 λ_1 和 λ_2 之間的協方差矩陣 $\Sigma_0(f(\lambda_1), f(\lambda_2))$ 用一個核函數 $K(\lambda_1, \lambda_2)$ 表示。這個核函數顯然反映了 $f(\lambda_1)$ 和 $f(\lambda_2)$ 的設定值之間的相關性，因此當 λ_1 和 λ_2 距離越遠時核函數會逐漸減小並趨於 0。通常定義兩點間距離為 $r(\lambda_1, \lambda_2)$ $= \sqrt{\sum_{i=1}^{k}(\lambda_{1(i)} - \lambda_{2(i)})^2 / \theta_i^2}$，其中，$\lambda_{(i)}$ 是 λ 的第 i 個分量，θ_i 是對 λ 第 i 維度的正規化系數，而核函數通常定義為距離的函數，即 $K(\lambda_1, \lambda_2) = K(r(\lambda_1, \lambda_2))$。常見的核函數有平方指數核（如式（8-5）所示）以及 *Matérn* 5/2 核（如式（8-6）所示），這裡參數 θ_0 反映了協方差的絕對大小，顯然 θ_0 必須大於 0。通常在實際問題中，平方指數核過於光滑，難以描述複雜的最佳化目標函數，因此更傾向使用 *Matérn*5/2 核 [5,11]。此外，考慮到 $f(\lambda)$ 的取樣雜訊，一般會在協方差矩陣的對角線上增加一個常數的分量 ν（即雜訊僅貢獻給同一點的方差，但不貢獻給不同點的協方差）。

$$K_{\text{SE}}(\lambda_1, \lambda_2) = \theta_0 \exp\left(-\frac{r^2(\lambda_1, \lambda_2)}{2}\right) \qquad (8\text{-}5)$$

$$K_{\text{M52}}(\lambda_1, \lambda_2) = \theta_0\left(1 + \sqrt{5}r(\lambda_1, \lambda_2) + \frac{5}{3}r^2(\lambda_1, \lambda_2)\right)\exp(-\sqrt{5}r(\lambda_1, \lambda_2)) \qquad (8\text{-}6)$$

這樣一來確定了高斯過程的均值和協方差矩陣，但是引用了待定參數 c、$\theta_{0:k}$、ν。我們需要確定這些參數才能將均值和協方差矩陣代入式（8-4）獲得 $f(l)$ 的後驗機率分佈。通常這些參數可以透過將已知設定值的取樣點資料 $f(\lambda_{1:n})$ 代入聯合高斯分佈（式（8-2）），然後對待定參數 c、$\theta_{0:k}$、ν 做最大似然估計獲得。然而由於在貝氏最佳化中已知的取樣點通常很少，這個最大似然估計常常並不穩定，因此較好的做法不是直接反演出這些參數，而是用貝氏推斷在各種可能的參數下計算出 $f(l)$ 的後驗分佈，然後按參數的似然對後驗分佈做帶權平均，即後驗分佈的期望：

$$\overline{p(f \mid f_{1:n})} = \int p(f \mid f_{1:n}, c, \theta_{0:k}, \nu)\, p_{\text{Normal}}(f_{1:n}, c, \theta_{0:k}, \nu)\, dc\, d\theta_{0:k}\, d\nu \quad (8\text{-}7)$$

上述計算期望的積分可以透過馬可夫鏈蒙特卡羅（MCMC）取樣計算 [5,11]。這樣我們就獲得了目標函數 $f(\lambda)$ 的後驗分佈了。

根據上面的描述可以看到，高斯過程回歸不能直接用於種類型或層次型參數的最佳化。一個直接原因就是高斯過程回歸需要建置高斯過程的核函數，而核函數的基本要求就是使得距離相近的設定參數之間有較大的協方差（即較高的相關性）。對於種類型或層次型參數，通常很難定義一個距離，進而難以建置出核函數，也就無從使用高斯過程回歸。因此對於種類型或層次型參數的最佳化，可以選擇其他的後驗分佈建模方法，例如隨機森林、樹狀 Parzen 估計等；或也可以將設定參數空間按種類和層次劃分為多個局部，對每個局部單獨做高斯過程回歸。

問題 3 貝氏最佳化中的獲得函數是什麼？產生什麼作用？請介紹常用的獲得函數。

難度：★★★☆☆

分析與解答

在貝氏最佳化中，獲得了目標函數 $f(\lambda)$ 的後驗分佈後（見問題 2 的解答），要根據該後驗分佈來推斷出目前最佳的解 λ^*。然而，後驗分佈是一個分佈，而「最佳化」（找最大或最小值點）只能針對一個確定性

函數進行，因此需要將後驗分佈轉化為一個確定性函數 $a(\lambda)$ 再進行最佳化。這個由後驗分佈轉化成的確定性函數就是獲得函數。

獲得函數的建置依賴於我們期望推斷出來的最佳解 λ^* 所能達到的效果。一種最常見的獲得函數是「期望提升」，其基本假設是期望目前推斷出來的最佳解比之前已經觀察到的解有儘量大的提升。例如已經有 $f(\lambda)$ 的許多個觀察值 $f(\lambda_1), f(\lambda_1), \cdots, f(\lambda_n)$，這些觀察值中的最大值是 f_{max}（假設目前最佳化目標是最大化），那麼，獲得函數如下：

$$a_{EI}(\lambda) = \mathbb{E}[[f(\lambda) - f_{max}]^+] \qquad (8\text{-}8)$$

其中，$[\cdot]^+$ 表示 $\max(\cdot, 0)$。可以看到，$a_{EI}(\lambda)$ 的含義是在後驗分佈下 λ 點的設定值相對之前已觀察到的目標函數最大設定值的超出部分的期望。之所以只計算「超出部分」，原因是如果用獲得函數推斷出來的最佳解的最後實際觀察值低於之前已觀察到的最大值，那麼就取之前已經觀察到的最大值點作為解就可以了。在定義了獲得函數之後，最佳解就是 $\lambda^* = \text{argmax}_\lambda \, a_{EI}(\lambda)$。

以高斯過程回歸獲得的後驗分佈為例（見問題 2 的解答），$f(\lambda)$ 在每個點 λ 上服從高斯分佈，均值為 $\mu(\lambda)$，方差是 $\sigma(\lambda)$，則 $a_{EI}(\lambda)$ 有如下解析運算式：

$$a_{EI}(\lambda) = [\Delta(\lambda)]^+ + \sigma(\lambda)\,\phi\left(\frac{\Delta(\lambda)}{\sigma(\lambda)}\right) - |\Delta(\lambda)|\,\Phi\left(\frac{\Delta(\lambda)}{\sigma(\lambda)}\right) \qquad (8\text{-}9)$$

其中，$\phi(\cdot)$ 是標準正態分佈密度函數，$\Phi(\cdot)$ 是標準正態分佈的累計分佈函數，$\Delta(\lambda) = \mu(\lambda) - f_{max}$。可以看到，這個獲得函數可以求一階、二階導數，因此可以用正常的梯度最佳化方法（如擬牛頓法）求解最大值點 λ^* [11-12]。

期望提升獲得函數可以在目標函數期望值相同的條件下，在目標函數方差越大的點上設定值越大，如圖 8.2 所示。這種期望和方差之間的平衡實現了一種探索和利用（exploration and exploitation）的策略 [11]。

除了期望提升獲得函數以外，還有其他一些獲得函數的建置方式，例如「上限信賴界」和「知識梯度」。這些方式本質上都是探索與利用策略的數學表達。

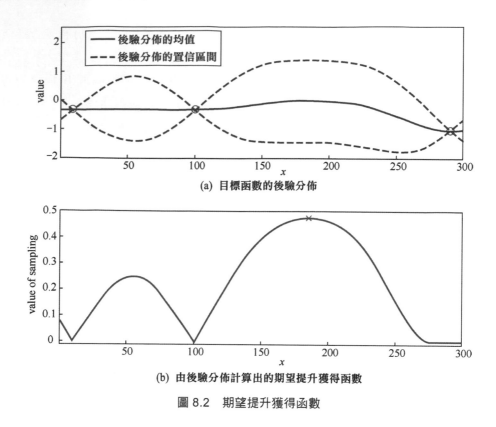

(a) 目標函數的後驗分佈

(b) 由後驗分佈計算出的期望提升獲得函數

圖 8.2　期望提升獲得函數

・歸納與擴充・

　　模型和超參數自動化最佳化是自動化機器學習領域裡相對成熟的技術。針對連續型、整型、種類型、層次型的參數最佳化都有對應的處理方法。這裡列出一些貝氏最佳化的軟體套件供讀者參考（可在 GitHub 或 Google 上搜尋）：spearmint、SMAC、hyperopt、hpolib。另請讀者思考，模型和超參數自動化最佳化有哪些不足之處？這些不足之處在自動化機器學習的其他分支領域裡獲得了怎樣的解決（例如神經網路架構搜尋）？

神經網路架構搜尋

場景描述

在自動深度學習（Automatic Deep Learning）領域，自動設計深度模型的網路架構是一個重要課題。神經網路架構搜尋（Neural Architecture Search, NAS），顧名思義，就是在特定搜尋空間內，透過一定搜尋策略，搜尋出合適的神經網路架構的過程。從業者們期待透過神經網路架構搜尋，讓神經網路自動完成對特定問題的網路架構設計工作。神經網路架構搜尋在神經網路的超參數自動化最佳化這一基礎上更進一步，對整個網路架構進行聯合最佳化，進一步更接近針對新問題自動產生一個神經網路的最後目標。

基礎知識

神經網路架構搜尋、一次架構搜尋（One-shot Architecture Search）、可微架構搜尋（Differentiable Architecture Search, DARTS）

問題 *1* 簡述神經網路架構搜尋的應用場景 難度：★☆☆☆☆
和大致工作流程。

分析與解答

隨著深度學習的發展，越來越多的研究者投身於深度神經網路架構的設計工作。為一個新的應用場景設計適用的神經網路是一項繁雜的工作，因此許多從業者致力於自動搜尋網路架構的研究。神經網路架構搜索（NAS）可以在一定的可選範圍內選擇適用的網路架構，也可以在科學研究工作中搜尋和設計新穎的網路架構。NAS 的搜尋範圍包含網路的拓撲結構（如網路的總層數和連接方式）、卷積核的大小和種類、時序模組的種類、池化的類型等。在定義神經網路架構搜尋時，一般會將這些待搜尋的網路架構以參數的形式表達出來，形成搜尋空間。

一般的 NAS 演算法的工作流程是，定義特定的搜尋空間，使用特定的搜尋策略在搜尋空間中找到某網路架構 A，對網路架構 A 進行評估，回饋結果並進行下一輪搜尋，如圖 8.3 所示 [13]。這裡以一個最簡單的多層感知機網路為例，簡單介紹 NAS 的大致步驟。假設我們在某一步固定網路的其他部分，只考慮對其中一個全連接層的神經元數量進行搜索，搜尋空間為 Φ。任取 $k \in \Phi$ 為該層的神經元數量，就形成了一個候選的網路架構 A；選用最簡單的完全訓練評估策略，將資料集劃分成訓練集、驗證集和測試集，在訓練集上對網路架構 A 進行訓練，在驗證集上進行驗證並將驗證結果作為網路架構 A 的評估結果；重複這個過程若干次，最後根據評估結果選擇最佳的網路架構 A^*。如果想要得到最佳網路架構 A^* 的最後效果，則需要重新在訓練集和驗證集上訓練和驗證，並在測試集上測試。

圖 8.3　神經網路架構搜尋的工作流程

問題 *2*

簡單介紹神經網路架構搜尋中有哪些主要的研究方向。

難度：★★☆☆☆

分析與解答

在上一問中，我們列出了 NAS 的基本工作流程。NAS 領域的大部分研究工作都是圍繞這些流程開展的。

■ 搜索空间

搜尋空間是網路架構的定義域，一個良好的搜尋空間是 NAS 的基礎。在 NAS 誕生之初，搜尋空間還較為簡單，一般只考慮基本的鏈式架構，如圖 8.4（a）所示，架構的約束參數主要包含鏈式架構的總層數、每一層的網路種類以及對應的超參數等。隨著 ResNet 等多分支網路架構在深度學習中日益常見，網路架構的搜尋空間也擴充到了多分支、更複

雜的架構，如圖 8.4（b）所示。在此基礎上，考慮到一些神經網路中開始出現重複的單元（cell）或區塊（block）結構，因此也產生了基於單元或區塊的搜尋空間 [13]。

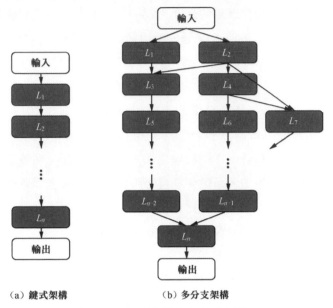

（a）鏈式架構　　　（b）多分支架構

圖 8.4　鏈式架構和多分支架構

■ 搜尋策略

搜尋策略是 NAS 的核心，一般可以分為以下幾種。

（1）在將神經網路架構參數化的情況下，很大一部分 NAS 的問題與神經網路上的超參數自動化最佳化是等同的。因此上一節中提到的隨機搜尋和貝氏最佳化等方法也可以應用於 NAS 中。這些策略的原理在上一節中已有過描述，貝氏最佳化應用於 NAS 的實際範例則可以參見參考文獻 [14]。

（2）演化演算法，很早就用於神經網路參數的最佳化，同時早在二十世紀就開始用於神經網路架構的優化 [15] 並一直在不斷發展中。以 Google 的兩篇經典論文為例 [16-17]，使用演化演算法進行 NAS 的一種流程一般是：首先產生一個架構群；每一代演化時，從架構群中隨機選出一部分架構，將其中最佳者設為親代架構；對親代架構進行某些修改，產生子代架構，重新加入架構群中，直到反覆運算結束或最佳架構滿足效能標準為止。在此過程中，符合某些條件的架構會被淘汰，從架構群

中移除。從架構群中選擇架構的策略、從親代架構產生子代架構的流程以及架構的淘汰標準是這種演化演算法的關鍵。

（3）強化學習演算法，它用來做 NAS 工作時，要先定義一個控制器作為強化學習的代理（agent），將產生一個網路架構的過程視為一個動作（action），將每一輪對搜尋出的架構的評估結果作為強化學習的獎勵（reward）回傳給控制器。GoogleBrain 在 ICLR2017 會議上發表的論文 [18] 是使用強化學習演算法完成 NAS 工作的經典工作之一。

（4）基於梯度的最佳化演算法，它在 2018 年卡內基美隆大學和 DeepMind 聯合發表了可微架構搜尋（DARTS）[19] 後進入了 NAS 研究人員的視野。不同於強化學習演算法和演化演算法將搜尋空間視為離散空間的做法，可微架構搜尋將離散的搜尋空間鬆弛為連續的搜尋空間，然後用梯度方法進行最佳化。相比於強化學習演算法和演化演算法，可微架構搜尋更簡單高效。除了可微架構搜尋之外，還有一些基於其他原理的梯度演算法。

其他一些不太常見的策略，這裡不再贅述。

■ 評估策略

評估策略用來評估搜尋出的架構的好壞，這是 NAS 中非常重要的一環。由於每產生一個新架構都要進行一次性能評估，而效能評估過程一般計算量極大（需要先訓練網路），因此評估策略一般也是 NAS 算法的效能瓶頸。圍繞著評估策略的大部分工作，其主要目的都是在保持一定準確度的情況下盡可能減少計算量。

問題 *3* 什麼是一次架構搜尋？它有什麼優勢和劣勢？　　　　難度：★★★☆☆

....

分析與解答

....

在問題 1 中我們提到，如果不採取最佳化措施，NAS 每選擇出一個架構就需要將這個架構訓練一遍以獲得效能評估結果，這會造成極大的計算負擔。一次架構搜尋是 NAS 中的一種效能最佳化方法，基本原理是

將整個搜尋空間中可能的候選架構都視為一個超級圖的子圖[20]，這樣只需要訓練一次超級圖（超級架構）就可以完成所有子圖（子架構）在驗證集上的效能評估。具體地說，一次架構搜尋的基本步驟如下。

（1）設計一個能覆蓋所有候選架構的超級架構。

（2）訓練該超級架構，使之能用來預測子架構在驗證集上的效能。

（3）每選出一個子架構，就用預訓練過的超級架構對其在驗證集上的效能進行評估（例如將不在這個子架構中的其他部分從超級架構中移除或置零）。

（4）從所有候選子架構中選出效果最好的，重新訓練並在測試集上獲得最後的效能指標。

一次架構搜尋的主要優勢在於：所有架構均分享超級架構的權重，因此只需要訓練一次超級架構，就可以直接評估所有架構的效能，大幅節省了 NAS 的整體時間。但是，一次架構搜尋也存在一些劣勢。

（1）建置一個滿足條件的超級架構並不容易。該超級架構必須滿足一致性條件，即從超級架構中移除某些不重要部分後不會導致其預測結果發生劇烈的變化，同時預訓練的超級架構在移除某些部分後的預測結果要與單獨訓練的子架構保持高相關性。

（2）建置一個超級架構，表示給候選架構集合在種類和大小上加了一個強限制，縮小了可能的搜尋空間。

（3）一次架構搜尋採取的評估方法有可能導致在搜尋中錯失最優解。

問題 **4** 簡述可微架構搜尋的主要原理。 難度：★★★★☆

分析與解答

一般情況下 NAS 的搜尋空間是離散的，將網路架構參數化後，參數空間也是離散的。離散的參數空間表示不能用梯度搜尋策略對參數選擇過程進行加速，只能透過「搜尋→選擇→比較」這樣的流程進行參數更新。可微架構搜尋是由卡內基美隆大學和 DeepMind 聯合提出的一種以

梯度為依據的搜尋策略，它使用 Softmax 函數將離散的搜尋空間鬆弛為連續的搜尋空間，進一步可以使用梯度下降方法進行參數更新，大幅加速參數優化過程[19]。

　　這一方法將單元定義為一個由 N 個節點組成的有向無環圖，單一單元可以視為一個小架構。若想要更加複雜的網路架構，可以將多個單元進行疊加而獲得（例如層層疊加組成卷積神經網路，或循環連接組成循環神經網路）。下文中的網路架構搜尋，其搜尋策略只搜尋單元的架構（而非整個大網路的架構），以下論述中直接將單元當作一個獨立小架構來處理，不再區分二者。

　　下面介紹可微架構搜尋的主要原理。記 $x^{(i)}$ 為網路架構中節點 i 的表徵向量；(i, j) 是節點 i 到節點 j 的有向邊，它對應著一個對 $x^{(i)}$ 進行轉化的操作 $o^{(i,j)}$。這裡的操作包含向量運算、連接、池化、零操作（代表兩個節點之間沒有關聯）等，用 $\mathcal{O}$ 代表所有可能操作組成的集合。這樣，節點 $x^{(j)}$ 就可以表示為之前節點的操作的函數，即

$$x^{(j)} = \sum_{i < j} o^{(i,j)}(x^{(i)}) \tag{8-10}$$

為了將離散的搜尋空間轉化為連續的搜尋空間，我們為每條邊 (i, j) 引入變數 $\alpha^{(i,j)}$。這裡 $\alpha^{(i,j)}$ 是一個定義在連續空間上的 $|\mathcal{O}|$ 維向量，其在經過 Softmax 轉換後對應著不同操作在邊 (i, j) 上的權重分佈。這樣，節點 i 到節點 j 的邊就可以被鬆弛為所有操作的加權混合，即

$$\overline{o}^{(i,j)}(x) = \sum_{o \in \mathcal{O}} \frac{\exp(\alpha_o^{(i,j)})}{\sum_{o' \in \mathcal{O}} \exp(\alpha_{o'}^{(i,j)})} o(x) \tag{8-11}$$

在確定了 $\alpha^{(i,j)}$ 後，邊 (i, j) 上最後採取的操作為

$$o^{(i,j)} = \operatorname*{argmax}_{o \in \mathcal{O}} \alpha_o^{(i,j)} \tag{8-12}$$

　　綜上，在節點個數確定的情況下，只要求出參數集合 $\alpha = \left\{ \alpha^{(i,j)} \right\}$，就能確定網路架構，因此 α 也被認為是對網路架構的編碼。圖 8.5 是可微架構搜尋的示意圖，圖中的方塊表示節點，節點之間的邊表示操作[19]。

　　在訓練時，可微架構搜尋需要聯合最佳化架構參數 α 和網路權重 w，這是一個連續空間上的最佳化問題。記 $\mathcal{L}_{\mathrm{train}}$ 和 $\mathcal{L}_{\mathrm{val}}$ 分別表示某個架構在訓練集和驗證集上的損失，我們使用訓練集來調整架構的網路權重，用驗

證集來衡量網路架構本身的表現並據此調整架構參數，這樣就獲得一個雙層最佳化問題：

$$\min_{\alpha} \quad \mathcal{L}_{\text{val}}(w^*(\alpha), \alpha)$$
$$\text{s.t.} \quad w^*(\alpha) = \arg\min_{w} \mathcal{L}_{\text{train}}(w, \alpha)$$

（8-13）

上述雙層最佳化問題可以利用梯度法來聯合求解，進一步最後完成最佳架構的搜尋。

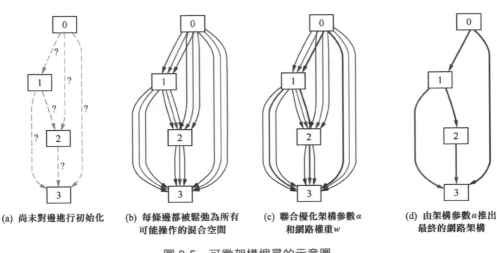

(a) 尚未對邊進行初始化 　(b) 每條邊都被鬆弛為所有 　(c) 聯合優化架構參數α 　(d) 由架構參數α推出
　　　　　　　　　　　　　可能操作的混合空間 　　　和網路權重w 　　　　　最終的網路架構

圖 8.5　可微架構搜尋的示意圖

除了上面提到的幾個問題，還有一些關於 NAS 的擴充問題，例如 NAS 中的強化學習演算法和演化演算法有什麼區別和關聯？如果要設計一個新的 NAS 演化演算法，應該如何入手？讀者可以自己嘗試思考一下這些問題。

神經網路架構搜索是神經網路自設計之路中不可缺失的一部分，也是自動化機器學習中關注度最高的問題之一。隨著自動資料處理、自動特徵工程、超參數自動化最佳化和神經網路架構搜尋的不斷發展，很可能在不遠的將來，人工智慧就能為自己新面對的問題設計解決方案。

參考文獻

[1] QUANMING Y, MENGSHUO W,HUGO J E, et al. Taking human out of learning applications: A survey on automated machine learning[J]. arXiv preprint arXiv: 1810.13306, 2018.

[2] BERGSTRA J, BENGIO Y. Random search for hyper-parameter optimization[J]. Journal of Machine Learning Research, 2012, 13(Feb): 281–305.

[3] LI L, JAMIESON K, DESALVO G, et al. Hyperband: A novel bandit-based approach to hyperparameter optimization[J]. arXiv preprint arXiv:1603.06560, 2016.

[4] JAMIESON K, TALWALKAR A. Non-stochastic best arm identification and hyperparameter optimization[C]//Artificial Intelligence and Statistics, 2016: 240–248.

[5] SNOEK J, LAROCHELLE H, ADAMS R P. Practical bayesian optimization of machine learning algorithms[C]//Advances in Neural Information Processing Systems, 2012: 2951–2959.

[6] BERGSTRA J S, BARDENET R, BENGIO Y, et al. Algorithms for hyper-parameter optimization[C]//Advances in Neural Information Processing Systems, 2011: 2546–2554.

[7] THORNTON C, HUTTER F, HOOS H H, et al. Auto-WEKA: Combined selection and hyperparameter optimization of classification algorithms[C]// Proceedings of the 19th ACM SIGKDD International Conference on Knowledge Discovery and Data Mining. ACM, 2013: 847–855.

[8] SNOEK J, RIPPEL O, SWERSKY K, et al. Scalable bayesian optimization using deep neural networks[C]//International Conference on Machine Learning, 2015: 2171–2180.

[9] MOCKUS J, TIESIS V, ZILINSKAS A. The application of Bayesian methods for seeking the extremum[J]. Towards Global Optimization, 1978, 2(117-129): 2.

[10] SRINIVAS N, KRAUSE A, KAKADE S M, et al. Gaussian process optimization in the bandit setting: No regret and experimental design[J]. arXiv preprint arXiv:0912.3995, 2009.

[11] FRAZIER P I. A tutorial on Bayesian optimization[J]. arXiv preprint arXiv:1807.02811, 2018.

[12] JONES D R, SCHONLAU M, WELCH W J. Efficient global optimization of expensive black-box functions[J]. Journal of Global optimization, Springer, 1998, 13(4): 455–492.

[13] ELSKEN T, METZEN J H, HUTTER F. Neural architecture search: A survey[J]. arXiv preprint arXiv:1808.05377, 2018.

[14] KANDASAMY K, NEISWANGER W, SCHNEIDER J, et al. Neural architecture search with Bayesian optimisation and optimal transport[C]//Advances in Neural Information Processing Systems, 2018: 2016–2025.

[15] ANGELINE P J, SAUNDERS G M, POLLACK J B. An evolutionary algorithm that constructs recurrent neural networks[J]. IEEE Transactions on Neural Networks, IEEE, 1994, 5(1): 54–65.

[16] REAL E, MOORE S, SELLE A, et al. Large-scale evolution of image classifiers[C]//Proceedings of the 34th International Conference on Machine Learning. JMLR. org, 2017: 2902–2911.

[17] REAL E, AGGARWAL A, HUANG Y, et al. Regularized evolution for image classifier architecture search[J]. arXiv preprint arXiv:1802.01548, 2018.

[18] ZOPH B, LE Q V. Neural architecture search with reinforcement learning[J]. arXiv preprint arXiv:1611.01578, 2016.

[19] LIU H, SIMONYAN K, YANG Y. DARTS: Differentiable architecture search[J]. arXiv preprint arXiv:1806.09055, 2018.

[20] BENDER G, KINDERMANS P-J, ZOPH B, et al. Understanding and simplifying one-shot architecture search[C]//International Conference on Machine Learning, 2018: 549–558.

第二部分

應用

第 **9** 章

電腦視覺

提到深度學習，就不能不談電腦視覺。近年來，伴隨著深度學習技術突飛猛進的發展，影像分類、物體辨識、語義分割、文字辨識等電腦視覺領域的研究也在高速前進。從最初 Yan LeCun 利用卷積神經網路在 MNIST 資料集上更新了手寫數字的辨識率，到如今基於深度學習的人臉辨識演算法在多個場景下遠超人眼的辨識率，深度學習模型在很多電腦視覺工作上成就非凡，落地的產品隨處可見。本章針對電腦視覺領域的一些經典工作，介紹深度學習在這些工作上的應用、發展和近況。

01 物體辨識

場景描述

物體辨識（Object Detection）工作是電腦視覺中極為重要的基礎問題，也是解決實例分割（Instance Segmentation）、場景了解（Scene Understanding）、物件追蹤（Object Tracking）、影像標記（Image Captioning）等問題的基礎。物體辨識，顧名思義，就是辨識輸入影像中是否存在指定類別的物體，如果存在，則輸出物體在影像中的位置資訊。這裡的位置資訊通常用矩形邊界框（bounding box）的座標值來表示。物體辨識模型大致可以分為單步（one-stage）模型和兩步（two-stage）模型兩大類。本節分析和比較了這兩種模型在架構、效能和效率上的差異，列出了原理解釋，並介紹了其各自的典型模型和發展前端，以幫助讀者對物體辨識領域建立一個較為全面的認識。

基礎知識

物體辨識、單步模型、兩步模型、R-CNN 系列模型、YOLO 系列模型

問題 *1* 簡述物體辨識領域中的單步模型和
兩步模型的效能差異及其原因。　　　難度：★★☆☆☆

分析與解答

物體辨識中的**單步模型**是指沒有獨立地、顯性地分析候選取畫面域（region proposal），直接由輸入影像獲得其中存在的物體的類別和位置資訊的模型。典型的單步模型有 OverFeat[1]、SSD（Single Shot multibox-Detector）[2]、YOLO（You Only Look Once）[3-5] 系列模型等。與此不同，物體辨識中的**兩步模型**有獨立的、顯性的候選取畫面域分析過程，即先在輸入影像上篩選出一些可能存在物體的候選取畫面域，然後針對每個候選取畫面域，判斷其是否存在物體，如果存在，就列出

物體的類別和位置修正資訊。典型的兩步模型有 R-CNN[6]、SPPNet[7]、Fast R-CNN[8]、Faster R-CNN[9]、R-FCN[10]、Mask R-CNN[11] 等。 圖 9.1 歸納了物體辨識領域中一些典型模型（包含單步模型和兩步模型）的發展歷程（截至 2017 年年底）[12]。

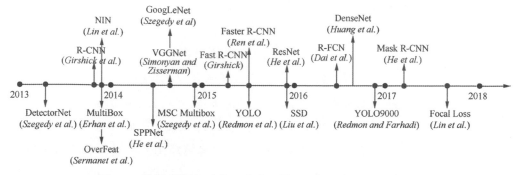

圖 9.1　物體辨識領域的一些典型模型（截至 2017 年年底）

　　一般來說，單步模型在計算效率上有優勢，兩步模型在辨識精度上有優勢。參考文獻 [13] 比較了 Faster R-CNN 和 SSD 等模型在速度和精度上的差異，如圖 9.2 所示。可以看到：當辨識時間較短時，單步模型 SSD 能取得更高的精度；而隨著辨識時間的增加，兩步模型 FasterR-CNN 則在精度上取得優勢。對於單步模型與兩步模型在速度和精度上的差異，學術界一般認為有如下原因。

　　（1）多數單步模型是利用預設的錨框（Anchor Box）來捕捉可能存在於影像中各個位置的物體。因此，單步模型會對數量龐大的錨框進行是否含有物體及物體所屬類別的密集分類。由於一幅影像中實際含有的物體數目遠小於錨框的數目，因而在訓練這個分類器時正負樣本數目是極不均衡的，這會導致分類器訓練效果不佳。RetinaNet[14] 透過 Focal Loss 來抑制負樣本對最終損失的貢獻以提升網路的整體表現。而在兩步模型中，由於含有獨立的候選取畫面域分析步驟，第一步就可以篩選掉大部分不含有待辨識物體的區域（負樣本），在傳遞給第二步進行分類和候選框位置 / 大小修正時，正負樣本的比例已經比較均衡，不存在類似的問題。

　　（2）兩步模型在候選取畫面域分析的過程會對候選框的位置和大小進行修正，因此在進入第二步前，候選取畫面域的特徵已被對齊，這樣

有利於為第二步的分類提供品質更高的特徵。另外，兩步模型在第二步中候選框會被再次修正，因此一共修正了兩次候選框，這帶來了更高的定位精度，但同時也增加了模型複雜度。單步模型沒有候選取畫面域分析過程，自然也沒有特徵對齊步驟，各錨框的預測基於該層上每個特徵點的感受野，其輸入特徵未被對齊，品質較差，因而定位和分類精度容易受到影響。

（3）以 Faster R-CNN 為代表的兩步模型在第二步對候選取畫面域進行分類和位置回歸時，是針對每個候選取畫面域獨立進行的，因此該部分的演算法複雜度線性正比於預設的候選取畫面域數目，這常常十分巨大，導致兩步模型的頭重腳輕（heavy head）問題。近年來雖然有部分模型（如 Light-Head R-CNN[15]）試圖精簡兩步模型中第二步的計算量，但較為常用的兩步模型仍受累於大量候選取畫面域，相比於單步模型仍存在計算量大、速度慢的問題。

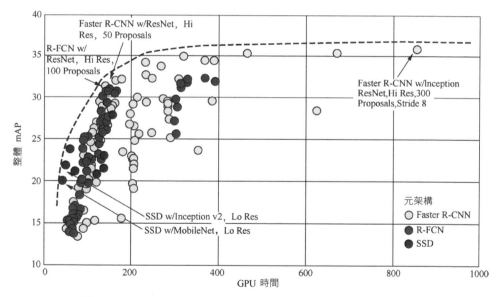

圖 9.2　物體辨識中單步模型和兩步模型在速度和精度上的比較

最新的一些基於單步模型的物體辨識方法有 CornerNet[16]、RefineDet[17]、ExtremeNet[18] 等，而基於兩步模型的物體辨識方法則有 PANet[19]、Cascade R-CNN[20]、Mask Score R-CNN[21] 等，這裡不再贅述這些模型的細節，有興趣的讀者可以閱讀相關的論文。

問題 *2* 簡單介紹兩步模型 R-CNN、SPPNet、   難度：★★★☆☆
Faster R-CNN、FasterR-CNN 的發展過程。

分析與解答

■ R-CNN

R-CNN（Regional CNN）是第一個將卷積神經網路用於目標辨識的深度學習模型。它的主要想法是，首先使用無監督的選擇性搜尋（Selective Search, SS）方法將輸入影像中具有相似顏色長條圖特徵的區域進行遞迴合併，產生約 2000 個候選取畫面域；然後從輸入影像中截取這些候選取畫面域對應的影像，將其修改縮放至合適的尺寸，並相繼送入一個 CNN 特徵分析網路進行高層次的特徵分析，分析出的特徵再被送入一個 SVM 分類器進行物體分類，以及一個線性回歸器進行邊界框位置和大小的修正；最後對辨識結果進行非極大值抑制（Non-Maximum Suppression, NMS）操作，獲得最後的辨識結果。

■ SPPNet

SPPNet 中的 SPP 是指空間金字塔池化（Spatial Pyramid Pooling）。由於 R-CNN 中的 SVM 分類器和線性回歸器只接受固定長度的特徵輸入，這就要求之前由 CNN 分析的特徵必須是固定維度的，進一步要求輸入的影像也是固定尺寸的，這也是上文提到的 R-CNN 中要對候選取畫面域影像進行修改或縮放至固定尺寸的原因。然而，這種操作會破壞截取影像的長寬比，並損失一些資訊。針對這一缺陷，SPPNet 提出了空間金字塔池化層，該層被放置於 CNN 的末端，它可以接受任意尺寸的特徵圖作為輸入，然後透過 3 個視窗大小可變但視窗個數固定的池化層，最後輸出具有固定尺寸的池化特徵。此外，R-CNN 還會有另一個問題：它產生的大量候選取畫面域常常是互相有重疊的，這表明特徵分析過程存在大量的重複計算，進而導致了 R-CNN 的速度瓶頸。為解決該問題，SPPNet 在 R-CNN 的基礎上，只進行一次全圖的特徵分析，而後每個候選取畫面域對應的特徵直接從全圖特徵中進行截取，然後送入空間金字塔池化層進行尺寸的統一。SPPNet 的其他流程與 R-CNN 基本一致。

■ Fast R-CNN

Fast R-CNN 的思維與 SPPNet 幾乎一致，主要區別在於前者使用有興趣區域池化（Region-of-Interest Pooling）而非空間金字塔池化。同時，Fast R-CNN 在獲得了固定長度的特徵後，使用全連接網路代替了之前的 SVM 分類器和線性回歸器來進行物體分類和辨識框修正，這樣可以與前面用於分析特徵的 CNN 組成一個整體，大幅增強了辨識工作的一體性，加強了計算效率。

■ Faster R-CNN

FasterR-CNN 在 Fast R-CNN 的基礎上，將其最耗時的候選取畫面域分析步驟（即選擇性搜尋）用一個區域候選網路（Region Proposal Network, RPN）進行了替代，並且這個 RPN 和用於辨識的 Fast R-CNN 網路共用特徵分析部分的權重。在 FasterR-CNN 中，一幅輸入影像先由 RPN 分析候選取畫面域，再取出各個候選取畫面域對應的特徵圖，送入 Fast R-CNN（獨立於 RPN 的後半部分）進行物體分類和位置回歸。FasterR-CNN 第一次做到了即時的物體辨識，具有里程碑意義。

問題 **3**　簡單介紹單步模型 YOLO、YOLOv2、　　難度：★★★☆☆
　　　　　 YOLO9000、YOLOv3 的發展過程。

分析與解答

■ YOLO

YOLO 的基本思維是使用一個點對點的卷積神經網路直接預測目標的類別和位置。相對於兩步模型，YOLO 即時性高，但辨識精度稍低。YOLO 將輸入圖片劃分成 $S \times S$ 的方格，每個方格需要辨識出中心點位於該方格內的物體。在實際實施時，每個方格會預測 B 個邊界框（包含位置、尺寸和可靠度）。YOLO 的主體網路結構參考 GoogLeNet，由 24 個卷積層和 2 個全連接層組成。

■ YOLOv2

YOLOv2 針對 YOLO 的兩個缺點，即低召回率和低定位準確率，進行了一系列的改進，下面簡單介紹其中的幾點。

（1）YOLOv2 在卷積層後面增加了批次正規化（BN）層，以加快收斂速度，防止過擬合。

（2）YOLOv2 的卷積特徵分析器在進行辨識工作前，先在高精度的圖片上最佳化（fine-tune）10 個批次（batch），這樣能使辨識模型提前適應高解析度影像。

（3）YOLOv2 採用 k-means 演算法進行分群取得先驗錨框，並且聚類沒有採用歐氏距離，而是有針對性地改進了距離的定義，即

$$d(\text{box, centroid}) = 1 - IOU(\text{box, centorid}) \tag{9-1}$$

使其更適合於辨識工作。

（4）YOLOv2 直接在預先設定的錨框上分析特徵。YOLO 使用卷積神經網路作為特徵分析器，在卷積神經網路之後加上全連接層來預測邊界框的中心位置、大小和可靠度；而 YOLOv2 參考了 Faster R-CNN 的想法，用卷積神經網路直接在錨點框上預測偏移量和可靠度，該方法要比 YOLO 更簡單、更容易學習。

（5）YOLOv2 將輸入影像的尺寸從 448×448 變成 416×416，這是因為在真實場景中，圖片通常是以某個物體為中心，修改輸入影像的尺寸後，將整幅影像經過卷積層後變成 13×13（416/32=13）的特徵圖，長寬都是奇數，可以有效地辨識出中心。

（6）YOLOv2 在 13×13 的特徵圖上辨識物體，對於小物體辨識這個精度還遠遠不夠。因此，YOLOv2 還將不同大小的特徵圖結合起來進行物體辨識。實際來說，YOLOv2 將最後一個池化層的輸入 26×26×512 經過直通層變成 13×13×2048 的特徵圖，再與池化後的 13×13×1024 特徵圖結合在一起進行物體辨識。

（7）YOLOv2 使用不同尺寸的圖片同時訓練網路。為了增強模型的堅固性，模型在訓練過程中，每隔 10 個批次就改變輸入圖片的大小。

（8）YOLOv2 使用新的卷積特徵分析網路 DarkNet-19。當時大多數辨識模型的特徵分析部分都採用 VGGNet-16 作為網路主體，VGGNet-16 雖然效果良好，但是參數過多，執行緩慢。DarkNet-19 採用 3×3 的卷積核，共有 19 個卷積層和 5 個池化層。

■ YOLO9000

YOLO9000 可以即時地辨識超過 9000 種物體，其主要貢獻是使用辨

識資料集和分類資料集進行聯合訓練。辨識資料集相對於分類資料集來說，資料量小、類別少、類別粒度粗且取得困難，因此研究人員考慮使用分類和辨識資料集進行聯合訓練，加強模型的泛化能力。然而，一般分類資料集的標籤粒度要遠小於辨識資料集的標籤粒度，為了能夠聯合訓練，YOLO9000 模型建置了字典樹，合併 ImageNet 的分類數據集標籤與 COCO 的辨識資料集標籤。

■ YOLOv3

YOLOv3 在 YOLOv2 的基礎上進行了一些小的改動來最佳化模型的效果。首先，辨識資料可能存在一些語義上重疊的標籤（如女人和人），但 Softmax 函數基於一個假設，即每個辨識框內的物體只存在一個類別。因此，YOLOv3 使用二元交叉熵損失函數，而非 Softmax 函數，這樣可以更進一步地支援多標籤的辨識。其次，YOLOv3 採用了更深的網路作為特徵分析器，即 DarkNet-53，它包含了 53 個卷積層。為了避免深層網路帶來的梯度消失問題，DarkNet-53 參考了殘差網路的快速連接（shortcut）結構。同時，YOLOv3 還採用了 3 個不同大小的特徵圖進行聯合訓練，使其在小物體上也能獲得很好的辨識效果。

問題 **4** 有哪些措施可以增強模型對於小物體的辨識效果？ 難度：★★☆☆☆

分析與解答

對於小物體辨識，我們可以從以下幾個角度入手。

（1）在模型設計方面，可以採用特徵金字塔、沙漏結構等網路子結構，來增強網路對多尺度尤其是小尺度特徵的感知和處理能力；盡可能提升網路的感受野，使得網路能夠更多地利用上下文資訊來增強辨識效果；同時減少網路整體下取樣比例，使最後用於辨識的特徵解析度更高。

（2）在訓練方面，可以加強小物體樣本在總體樣本中的比例；也可以利用資料增強方法，將影像縮小以產生小物體樣本。

（3）在計算量允許的範圍內，可以嘗試使用更大的輸入影像尺寸。

影像分割

影像分割是指像素等級的影像辨識，即標記出影像中每個像素所屬的物件類別。與影像分類對整張影像進行辨識不同，影像分割需要進行稠密的像素級分類。影像分割的應用場景有很多，例如我們看到的視訊軟體中的背景取代、避開人物的彈幕範本、自動駕駛以及醫療輔助判斷等都使用了基於影像分割的技術。根據應用場景的不同，影像分割工作可以更精細地劃分成以下幾種：前景分割（foreground segmentation）、語義分割（semantic segmentation）、實例分割（instance segmentation）以及從 2018 年開始興起的全景分割（panoptic segmentation），如圖 9.3 所示 [22]。其中，語義分割更注重類別之間的區分，實例分割更注重個體之間的區分，而全景分割則是語義分割和實例分割的結合。學術界常用的影像分割方面的資料集有 PASCAL VOC2012[23]、MS COCO[25] 和 CityScapes[24]。

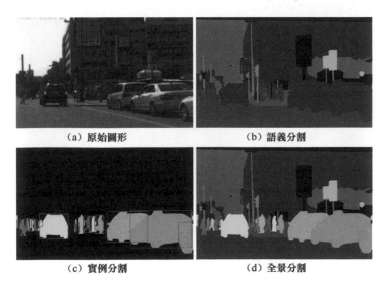

（a）原始圖形　　　　　　　（b）語義分割

（c）實例分割　　　　　　　（d）全景分割

圖 9.3　影像分割範例

影像分割、編碼器 – 解碼器結構、空洞卷積、DeepLab 演算法

問題 *1* 簡述影像分割中經常用到的編碼器 - 解碼器網路結構的設計理念。列出 2 ～ 3 個基於編碼器 - 解碼器結構的 影像分割演算法。

難度：★★☆☆☆

分析與解答

　　影像分割中的編碼器可視為特徵分析網路，通常使用池化層來逐漸縮減輸入資料的空間維度；而解碼器則透過上取樣 / 反卷積等網路層來逐步恢復目標的細節和對應的空間維度。圖 9.4 以 U-Net 為例，給出了一個實際的編碼器 - 解碼器網路結構[27]。在編碼器中，引用池化層可以增加後續卷積層的感受野，並能使特徵分析聚焦在重要資訊中，降低背景干擾，有助影像分類。然而，池化操作使位置資訊大量流失，經過編碼器分析出的特徵不足以對像素進行精確的分割。這給解碼器逐步修復物體的細節造成了困難，使得在解碼器中直接由上取樣 / 反卷積層產生的分割影像較為粗糙。因此，一些研究人員提出在編碼器和解碼器之間建立快速連接（shortcut/skip connection），使高解析度的特徵資訊參與到後續的解碼環節，進而幫助解碼器更進一步地復原目標的細節資訊。

　　經典的影像分割演算法 FCN（Fully Convolutional Networks）[26]、U-Net[27] 和 SegNet[28] 都是基於編碼器 - 解碼器的理念設計的。FCN 和 U-Net 是最先出現的編碼器 - 解碼器結構，都利用了快速連接向解碼器中引用編碼器分析的特徵。FCN 中的快速連接是透過將編碼器分析的特徵進行複製，疊加到之後的卷積層分析出的特徵上，作為解碼器的輸入來實現的。與 FCN 不同，SegNet 提出了最大池化索引（max-pooling indicies）的概念，快捷連接傳遞的不是特徵本身，而是最大池化時所使用的索引（位置座標）。利用這個索引對輸入特徵進行上取樣，省去了反卷積操作，這也使得 SegNet 比 FCN 節省了不少儲存空間。

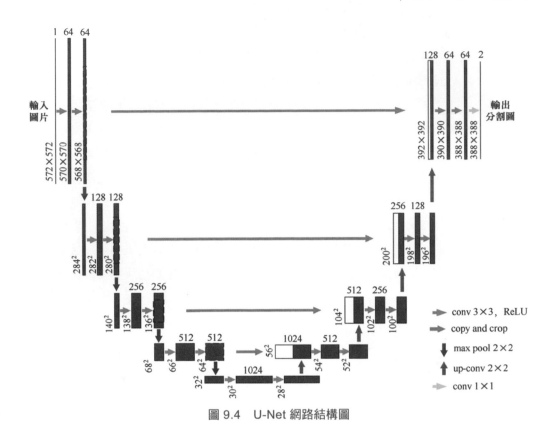

圖 9.4 U-Net 網路結構圖

問題 *2* DeepLab 系列模型中每一代的創新 難度：★★★☆☆
是什麼？是為了解決什麼問題？

分析與解答

　　DeepLab 是 Google 團隊提出的一系列影像分割演算法。DeepLab
v1 在 2014 年被提出，並在 PASCAL VOC2012 資料集上取得了圖像分
割任務第二名的成績。Google 團隊之後還陸續推出了 DeepLab v2 和
DeepLab v3。DeepLab 系列已經成為影像分割領域不可不知的經典演
算法。

■ DeepLab v1

DeepLab v1 演算法主要有兩個創新點，分別是空洞卷積（Atrous Covolution）和全連接條件隨機場（fully connected CRF），實際演算法流程如圖 9.5 所示。空洞卷積是為了解決開發過程中訊號不斷被下取樣、細節資訊遺失的問題。由於卷積層分析的特徵具有平移不變性，這就限制了定位精度，所以 DeepLab v1 引用了全連接條件隨機場來提高模型捕捉局部結構資訊的能力。實際來説，將每一個像素作為條件隨機場的節點，像素與像素間的關係作為邊，來建置基於全圖的條件隨機場。參考文獻 [29] 採用基於全圖的條件隨機場而非短程條件隨機場（short-range CRF），主要是為了避免使用短程條件隨機場帶來的平滑效果。正是如此，與其他先進模型比較，DeepLab v1 的預測結果擁有更好的邊緣細節。

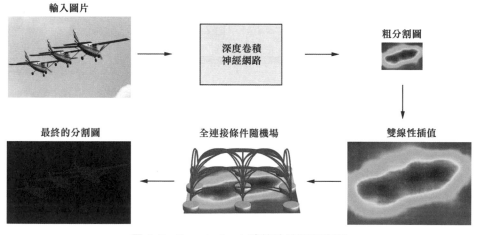

圖 9.5 DeepLab v1 演算法流程示意圖

■ DeepLab v2

相較於 DeepLab v1，DeepLab v2 的不同之處是提出了空洞空間金字塔池化 Atrous Spatial Pyramid Pooling, ASPP）[30]，並將 DeepLab v1 使用的 VGG 網路取代成了更深的 ResNet 網路。ASPP 可用於解決不同辨識目標大小差異的問題：透過在指定的特徵層上使用不同擴張率的空洞卷積，ASPP 可以有效地進行重取樣，如圖 9.6 所示。模型最後將 ASPP 各個空洞卷積分支取樣後的結果融合到一起，獲得最後的分割結果。

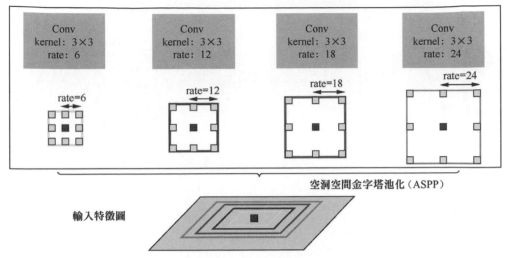

圖 9.6　空洞空間金字塔池化示意圖（有效感受野的大小由不同顏色標記）

■ **DeepLab v3 & DeepLab v3+**

DeepLab v3 在 ASPP 部分做了進一步改動。首先，DeepLab v3 加入了批次正規化（BN）層；其次，將 ASPP 中尺寸為 3×3、空洞大小為 24 的卷積（圖 9.6 中最右邊的卷積）取代為一個普通的 1×1 卷積，以保留濾波器中間部分的有效權重。這麼做的原因是研究者透過實驗發現，隨著空洞卷積擴張率的增大，濾波器中有效權重的個數在減小。為了克服長距離下有效權重減少的問題，DeepLab v3 在空洞空間金字塔的最後增加了全域平均池化以便更進一步地捕捉全圖資訊。改進之後的 ASPP 部分如圖 9.7 所示 [31]。此外，DeepLab v3 去掉了 CRF，並透過將 ResNet 的 Block4 複製 3 次後串聯在原有網路的最後一層來增加網路的深度。網路深度的增加是為了捕捉更高層的語義資訊。

DeepLab v3+[32] 在 DeepLab v3 的基礎上，增加了一個簡單的解碼器模組，用來修復物體邊緣資訊。同時 DeepLab v3+ 還將深度可分卷積（Depthwise Separable Convolution）應用到空洞空間金字塔和解碼器模組上，以獲得更快、更強大的語義分割模型。

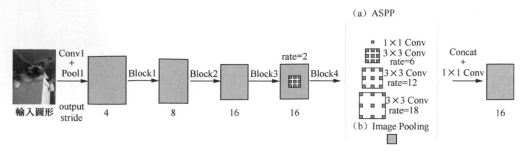

圖 9.7 改進後的空洞空間金字塔池化

　　相比語義分割和實例分割，全景分割從 2018 年才開始興起，雖然目前相關的研究還不是特別多，但已經可以觀察到越來越多的機構將研究重心從語義分割、實例分割傳輸到全景分割上。可以預測，全景分割將成為影像分割領域的下一個熱點。

03 光學字元辨識

　　很多視訊（如 Hulu 的巨量娛樂視訊）中都包含了大量的影像文字，例如新聞視訊中的文字標題、體育視訊中的比分牌、電影視訊中內嵌的字幕等。這些影像文字攜帶了大量的文字資訊，如果能將它們採擷出來，就可以更進一步地了解視訊及影像的內容，進一步促進很多應用的發展，如影像 / 視訊的搜尋和推薦。採擷影像中的文字資訊，需要對影像中的文字進行檢測和辨識，這也稱作光學字元辨識（Optical Character Recognition，OCR）。光學字元辨識的確切定義是，將包含輸入、印刷或場景文字的電子影像轉換成機器編碼文字的過程。從二十世紀五十年代第一個辨識英文字母的 OCR 產品面世以來，OCR 的領域逐步擴充到數字、符號和很多語言文字。如今，我們日常生活中見到的卡證辨識、表單辨識、加值稅發票辨識等都是基於 OCR 技術開發的。

　　OCR 演算法通常分為兩個基本模組，即文字檢測（嚴格來説是物體辨識的子類別）和文字辨識。

　　傳統的文字檢測主要依賴於一些淺層次的影像處理和分割方法，例如早期的基於二值化的連通區域分析，或後期的基於最大極值穩定區域（Maximally Stable Extremal Regions，MSER）的字元區域分析等，以完成最後的文字定位。傳統方法中使用的特徵也主要以人工設計的特徵為主，比較經典的有方向梯度長條圖（Histogramof Oriented Gradient，HOG）。這些技術使傳統 OCR 所處理的物件常常侷限於成像清晰、背景乾淨、字型簡單且排列規整的文件影像。

　　最初的文字辨識演算法是基於字元分割的。檢測出文字行之後，需要將文字行分割成一個個獨立的字元，之後對單獨的字元進行辨識，並利用隱馬可夫模型（Hidden Markov Model，HMM）對最後的詞語進行預測。這種方法想法相對簡單，但辨識準確率很大程度上受到字元分割效果的影響。

　　現在隨著深度學習的興起，越來越多的研究者採用神經網路來解決文字檢測及文字識別的問題。研究問題的場景也從單純的印刷文件影像、車牌等簡單規則的文字形式擴充到了自然場景中千變萬化的文字。本節介紹了一些利用深度神經網路實現自然場景下的文字檢測及文字辨識的方法。

自然場景、文字檢測、文字辨識

問題 *1* 簡單介紹基於候選框和基於像素分割的文字檢測演算法,並分析它們的優劣。

難度:★★☆☆☆

分析與解答

相比早年的針對印刷文件的文字檢測,近些年比較熱門的自然場景下的文字檢測更具有挑戰性。首先,自然場景中文字的背景更加複雜且多樣化;其次,文字行的形態和方向、文字的字型和大小也是千變萬化;不僅如此,自然場景下的文字圖片常常存在著不同程度的透視干擾、遮擋以及光源問題。圖 9.8 展示的是一些自然場景中的文字範例[33]。

(a) 不同的透視角度　　　　　　　(b) 彎曲的文字行

圖 9.8　自然場景中的文字範例

傳統的文字檢測方法由於演算法過於簡單,手動設計的特徵堅固性不足,已經很難在自然場景中取得令人滿意的效果。當下主流的文字檢測方法採用的都是基於深度神經網路的點對點架構。

基於候選框的文字檢測架構是在通用物體辨識的基礎上,透過設定更多不同長寬比的錨框來適應文字變長的特性,以達到文字定位的效果。例如基於經典的 Faster R-CNN 所衍生出來的 Facebook 大規模文字分析系統 Rosetta[34]、基於 SSD 架構的 SegLink[35] 和 TextBoxes++[36] 等。

　　基於像素分割的文字檢測架構首先透過影像語義分割獲得可能屬於的文字區域的像素，之後透過像素點直接回歸或對文字像素的聚合得到最後的文字定位。例如基於 FCN 的 TextSnake[37]、由 MaskR-CNN 所衍生的 SPCNet[38] 和 MaskTextSpotter[39] 等。

　　基於候選框的文字檢測對文字尺度本身不敏感，對小文字的檢出率高；但是對於傾斜角度較大的密集文字區塊，該方法很容易因為無法適應文字方向的劇烈變化以及對文字的包覆性不夠緊密而檢測失敗。此外，由於基於候選框的檢測方法是利用整體文字的粗粒度特徵，而非像素級別的精細特徵，它的檢測精度常常不如基於像素分割的文字檢測。基於像素分割的文字檢測常常具有更好的精確度，但是對於小尺度的文字，因為對應的文字像素過於稀疏，檢出率通常不高，除非以犧牲檢測效率為代價對輸入影像進行大尺度的放大。

　　由於這兩種主流方法各有利弊，所以最近有研究者提出了將兩種方法結合在一起的混合檢測架構。例如 2018 年年底，雲從科技公司提出的 pixel-anchor[40] 文字檢測方法就是將基於候選框的文字檢測架構和基於像素分割的文字檢測架構結合在一起，共用特徵分析部分，並將像素分割的結果轉為候選框檢測回歸過程中的一種注意力機制，進一步使文字檢測的準確性和召回率都獲得了加強。

問題 **2**　　列舉 1 ～ 2 個基於深度學習的點對點文字檢測和辨識演算法。　　難度：★★☆☆☆

分析與解答

　　現在有不少研究者開始嘗試將文字檢測和文字辨識統一在一個網路架構下，其目標是直接從圖片中定位並辨識出文字內容，整合式地解決文字檢測和辨識問題。點對點的文字檢測＋辨識方法可以讓檢測和辨識工作共用卷積特徵層，相對於將檢測與辨識分別進行的兩階段方法，能大幅節省計算時間。下面，我們先介紹一個點對點的文字辨識演算法，在此基礎上，再介紹一個點對點的文字檢測＋辨識演算法。

CRNN（CNN + RNN）

2015 年提出的 CRNN 是一個點對點的文字辨識演算法，它是 CNN + RNN + CTC（Connectionist Temporal Classification）架構中非常經典的演算法之一。CRNN 的網路結構包含卷積層、循環層以及轉錄層 3 個部分，如圖 9.9 所示 [41]。其中，卷積層從輸入圖片中分析特徵序列，循環層負責對卷積層分析的特徵序列進行預測，轉錄層將循環層預測的結果經過去重整合等操作轉為最後的標籤序列。雖然整個 CRNN 框架由不同類型的網路組成，但它們可以透過一個損失函數進行聯合訓練。

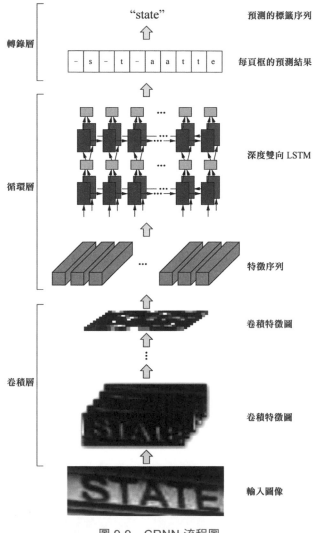

圖 9.9　CRNN 流程圖

■ FOTS（Fast Oriented Text Spotting）

FOTS 是一個點對點的文字檢測 + 辨識演算法，它的整體結構主要由共享卷積層、文字檢測分支、感興趣區域旋轉模組（RoIRotate）以及文字辨識分支 4 個部分組成，如圖 9.10 所示 [42]。由於引用了有興趣區域旋轉模組，FOTS 可以將帶轉向的文字區域對齊回來，進一步支援傾斜文字的識別。另外，模型中的文字辨識分支採用的是上述介紹的 CRNN結構。

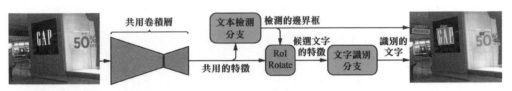

圖 9.10　FOTS 流程圖

・歸納與擴充・

OCR 領域的發展歷史悠久，應用場景廣泛，Google、微軟、亞馬遜、阿里巴巴等大型網際網路公司都在 OCR 技術上耕耘多年。由於篇幅有限，這一節我們只針對自然場景下利用深度學習來實現文字檢測及文字辨識中用到的一些基礎知識進行了介紹。相對於電腦視覺領域中的其他方向，OCR 技術發展得相對成熟，衍生出了例如文件辨識、車牌辨識、證件資訊自動輸入等很多應用。基於 OCR 技術的落地專案比比皆是。然而就工業界而言，目前仍有一些痛點沒有很好解決。首先，儘管印刷體 OCR 早已不是學術界的熱點，但目前實際能使用的 OCR 技術效果仍然相當尷尬，更別提接近人類認知等級的效果了。究其原因，以英文為例，簡單的辨識流程都很容易做到 90% 以上的正確率，但在之後，長尾問題就開始凸顯（如首字下沉、字元間距不一致），所以，為了做到 99% 以上的正確率，需要引用語言模型和文件模型。此外，對於多語言的支援也很重要。由於目前的方法的泛化能力有限，在英文上辨識結果比較好的模型在其他語言上並不一定有效，所以像 Google 的 Tesseract、Facebook 的 Rosetta 等都是針對不同語言特徵分別設計模型，一個語言一個語言地去支援。

04 影像標記

場景描述

　　影像標記是一個融合電腦視覺、自然語言處理和機器學習的綜合工作，它將一張圖片翻譯為一段描述性文字，如圖 9.11 所示。該工作對於人類來説非常容易，但是對於機器卻非常有挑戰性，它不僅需要用模型去了解圖片的內容，還需要用自然語言去表達這些內容（包括物體、關係等）並產生人類可讀的句子。作為一個新興的熱門研究方向，該領域除了演算法在不斷地推陳出新之外，對於影像標記工作的評測指標也在不斷地演變，例如從最初直接使用機器翻譯領域中的 BLEU、METEOR 指標和自動產生摘要領域的 ROUGE 指標，到後面專門針對影像標記工作本身特點設計的 CIDEr 和 SPICE 指標。透過演算法以及評測指標的演變，我們可以明顯地看到影像標記領域的研究還在不斷地改進和提升。

I think it's a herd of cattle standing on top of a grass covered field.

圖 9.11　微軟的影像標記 API：CaptionBot

基礎知識

BLEU（Bilingual Evaluation Understudy）、ROUGE(Recall-Oriented

Understudy for Gisting Evaluation)、METEOR(Metric for Evaluation of Translation with Explicit ORdering)、CIDEr(Consensus-based Image Description Evaluation)、SPICE(Semantic Propositional Image Caption Evaluation)

問題 影像標記工作的評測指標有哪些？ 簡述它們各自的評測重點和存在的 不足。　　　　　　　　　　　　**難度：★★★☆☆**

分析與解答

　　現實中很多時候我們需要用人工來評價影像標記的結果，例如使用 Amazon Mechanical Turk 平台。一般這種人工評價都偏主觀，因此每一張圖的標記結果都需要找至少兩個人來評判，導致這種方式非常慢並且成本非常高。於是，研究者提出了一些自動評價影像標記效果的方法。下面我們按照提出時間的先後順序逐一介紹幾個主流的用於影像標記的評測指標。

■ BLEU

　　BLEU[43] 是 IBM 在 2002 年提出的用於機器翻譯的評測指標，主要用來評估機器翻譯和專業人工翻譯之間的相似度。機器翻譯結果越接近專業人工翻譯的結果，則認為翻譯結果越好。後來該指標被引入到影像標記工作中，用來評估機器產生的文字同人工註釋之間的相似度。相似度的度量是基於 N-gram 比對間接計算出來的。實際來說，BLEU 評價演算法中的 3 個重要部分是，N-gram 比對精度的計算，針對標記文字長度小於參考註釋的懲罰機制，以及為了平衡 N-gram 不同階之間的精度差別而採用的幾何平均。

　　BLEU 的優點是它評測的粒度是 N 個詞而非一個詞，考慮了更長的匹配資訊。BLEU 的缺點是沒有考慮不同的詞性在圖像標記上所表達的資訊重要性可能不同這一點，舉例來說，動詞符合的重要性通常是大於冠詞的。此外，BLEU 也沒有考慮同義詞或相似表達的情況，這可能會

導致合理的影像標記由於用詞與參考標記不同而被否定。

■ ROUGE

ROUGE[44] 是為自動產生摘要而設計的一套評測指標。它是一種純粹基於召回率的相似度度量方法，實際是透過比較重疊的 N 個詞中單字序列和單字對來實現的，主要檢查影像標記的充分性和真實性，但無法評價標記結果的流暢度。ROUGE 又分為 4 個不同版本的評測指標，分別是 ROUGE-N、ROUGE-L、ROUGE-W 和 ROUGE-S。 除 ROUGE-N 以外，其餘的 3 個評測指標均可以應用到影像標記工作上。

■ METEOR

METEOR 同 BLEU 一樣，是針對機器翻譯工作而提出的評測指標，後來被引用到影像標記工作中。METEOR 的設計初衷就是為了解決 BLEU 中的一些問題。首先，METEOR 透過 3 個不同的比對模組（精確比對模組、"porter stem" 模組、基於 WordNet 的同義字模組）來支援同義字、詞根和詞綴之間的比對。其次，METEOR 不僅考慮了比對精度，還在評測中引用了召回率，這是因為研究表明，與單純的基於比對精度的標準（如 BLEU）相比，基於召回率的評測指標與參考標記（人工註釋）具有更大的相關性。METEOR 放棄了 BLEU 中所採用的基於 N-gram 的比對方法，因為 N-gram 的比對並未直接考慮詞的順序，進一步會產生很多錯誤的比對結果，尤其是那些常見的單字及片語。舉例來說，參考譯文是 "A B C D"，模型列出的譯文是 "B A D C"，雖然每個詞對應上了，但順序是錯誤的。METEOR 為此特意設計了對應的懲罰機制。在懲罰機制中，METEOR 使用了詞塊（chunk）來取代一元詞（unigram）。詞塊由相鄰的一元詞組成，組成詞塊的一元詞必須同時出現在參考標記和模型產生標記中，並且個數要盡可能多。舉例來說，參考標記是 "the president then spoke to the audience"，模型產生標記是 "the president spoke to the audience"，這個實例中存在兩個詞塊，分別是 "the president" 和 "spoke to the audience"。懲罰因子的計算方式就是建立在詞塊個數上的，實際公式為

$$penalty = 0.5 \times \left(\frac{chunks}{unigrams\_matched} \right)^3 \tag{9-2}$$

同 BLEU 相比，METEOR 的評分與人工註釋在敘述層面上具有更好的相關性，而 BLEU 則在語料庫這一等級上與人工註釋具有更好的相關性。不過，雖然 METEOR 彌補了很多 BLEU 的缺陷，但是正如在參考文獻 [45] 中提到的，METEOR 也存在著一些問題，有待進一步改進。首先，METEOR 使用了一些超參數，這些參數都是依據資料集呼叫出來的，而非學習獲得，這對在不同的資料集上推廣 METEOR 評測帶來了困難。其次，METEOR 只考慮了比對最佳的那一個參考標記，不能充分利用資料集中提供的多個參考標記資訊。此外，METEOR 使用了 WordNet 作為同義字比對對齊的參照，對於 WordNet 中沒有包含的語言，就無法使用 METEOR 來進行評測了。

■ CIDEr

CIDEr[46] 是專門為影像標記問題而設計的。這個指標將每個句子都看作一個「文件」，將其表示成「詞頻 - 逆文件頻率」（Term Frequency-Inverse Document Frequency，TF-IDF）向量的形式。實際來說，對於一幅影像 $I_i \in I$（其中 I 是測試集全部影像的集合），w_k 是一個 N-gram 詞彙，它在參考標記 s_{ij} 中出現的次數記為 $h_k(s_{ij})$，則 w_k 的 TF-IDF 權重 $g_k(s_{ij})$ 的計算公式為

$$g_k(s_{ij}) = \frac{h_k(s_{ij})}{\sum_{w_l \in \Omega} h_l(s_{ij})} \times \log\left(\frac{|I|}{\sum_{I_p \in I} \min(1, \sum_q h_k(s_{pq}))}\right) \qquad （9\text{-}3）$$

其中，Ω 是所有 N-gram 組成的詞彙表。式（9-3）等號右邊的第一部分用來計算 w_k 的 TF 值，第二部分透過 IDF 的值來評估 w_k 的稀有性。計算完每個 N-gram 詞彙的 TF-IDF 權重後，CIDEr 會計算參考標記與模型產生標記的餘弦相似度，以此來衡量影像標記的一致性。記影像 I_i 的待評價的影像標記為 c_i，參考標記的候選集為 $S_i = \{s_{i1}, \cdots, s_{im}\}$，它們之間的相似程度可以用如下公式計算：

$$\text{CIDEr}_n(c_i, S_i) = \frac{1}{m} \sum_j \frac{\boldsymbol{g}^n(c_i) \cdot \boldsymbol{g}^n(s_{ij})}{\|\boldsymbol{g}^n(c_i)\| \|\boldsymbol{g}^n(s_{ij})\|} \qquad （9\text{-}4）$$

其中，$\boldsymbol{g}^n(c_i)$ 是所有的長度為 n 的 N-gram 的 $g_k(c_i)$ 所組成的向量，$\boldsymbol{g}^n(s_{ij})$ 類似。最後，將所有不同長度 N-gram（即不同的 n 值）的 CIDEr 得分

相加，就獲得了最後的 CIDEr 評分：

$$\text{CIDEr}(c_i, S_i) = \sum_{n=1}^{N} w_n \, \text{CIDEr}_n(c_i, S_i) \qquad (9\text{-}5)$$

其中，$w_n = \dfrac{1}{N}$ 時效果最好。

從直觀上來説，如果一些 N-gram 頻繁地出現在描述圖片的參考標記中，TF 對於這些 N-gram 將列出更高的權重，而 IDF 則降低那些在所有描述敘述中都常常出現的 N-gram 的權重。也就是説，TF-IDF 提供了一種度量 N-gram 顯著性的方法，就是將那些常常出現、但是對於視覺內容資訊沒有多大幫助的 N-gram 的重要性打折。這樣做的好處是可以區分對待不同的詞，而非像 BLEU 一樣對所有比對上的詞都同等對待。

■ SPICE

SPICE[47] 是 Anderson 等人在 2016 年提出來的用於影像標記任務的新的評測指標。前面介紹的 4 種評測指標大都是基於 N-gram 計算的，所以它們存在一個共同問題，就是對 N-gram 的重疊比較敏感。例如 "A young girl standing on the top of a tennis court" 和 "A giraffe standing on the top of a green field" 這兩句話描述的是兩張不同的圖片，但是因為 5-gram 詞彙 "standing on the top of" 的存在，BLEU、METEOR、ROUGE、CIDEr 對這兩個句子的相似度評分都會很高。

SPICE 就是針對上面描述的這個問題而提出的。SPICE 首先利用一個相依關係解析器（dependency parser）將待評價的影像標記和參考標記解析成語法關係依賴樹（syntactic dependenciestrees），然後用基於規則的方法把語法關係依賴樹對映成情景圖（scene graphs），而情景圖又可以被表示成一個個包含了物體、屬性和關係的元組，最後對兩個情景圖中的每一個元組進行比對，把計算獲得的 F-Score 作為 SPICE 得分。圖 9.12 列出了一個實際的實例 [47]。影像標記和參考標記被相依關係解析器解析成語法關係依賴樹（上），語法關係依賴樹再被對映成情景圖（右）。圖中紅色節點表示物體，綠色節點表示屬性，藍色節點表示關係。

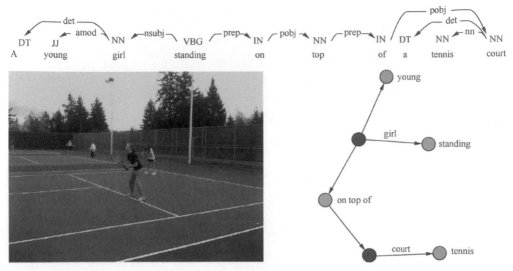

圖 9.12 SPICE 原理示意圖

　　同其他 4 種評測指標相比較，SPICE 在排除了由 N-gram 造成的重疊敏感問題的同時，更加直觀和具有可解釋性，但隨之而來的問題是 SPICE 的評測中忽視了標記敘述的流暢性。如果 SPICE 想要對標記敘述的語法通順方面做出評測，就需要進一步引用一些流暢性評測標準，如 surprisal[48]。此外，SPICE 的評測結果快速地取決於依賴關係解析器的效能。

　　以上便是影像標記工作中經常使用的幾個評測指標。從品質、準確度及堅固性來講，這些評測指標都有各自的優劣。在評價一個影像標記演算法時，可以同時使用多個指標來對演算法的效能進行綜合評估。

05 人體姿態辨識

人體姿態辨識（Pose Estimation）是辨識影像或視訊中人體關鍵點的位置、建置人體骨架圖的過程。利用人體姿態資訊可以進一步進行動作辨識、人機資訊互動、例外行為檢測等工作。然而，人的肢體比較靈活，姿態特徵在視覺上變化較大，並且容易受到角度和服飾變化的影響，這使得人體關鍵點辨識面臨著較大的挑戰。近幾年，得益於深度學習技術的快速發展及推廣，人體姿態辨識也有了很多基於深度學習的解決方法，它們更新了該領域的最佳效能。此外，使用單幅影像重現 2D 骨架資訊的技術已經日趨成熟，3D 骨架識別也逐漸成為人們關注的熱點。

基礎知識

2D/3D 人體姿態辨識、自底向上方法、自頂向下方法

問題 *1* 在 2D 人體姿態辨識中，自底向上
方法與自頂向下方法有什麼區別？　難度：★★☆☆☆

分析與解答

人體姿態辨識演算法大致有自底向上和自頂向下兩種方法，下面分別對這兩種進行簡單介紹。

■ **自底向上的人體姿態辨識演算法**

自底向上方法也稱為基於套件（part-based）的方法，它首先辨識出影像或視訊中人體的關鍵點，然後對不同關鍵點進行比對，將屬於同一個人的關鍵點連接起來。這種方法的辨識速度通常不會受影像或視訊中人數的影響，並能用較小的模型來實現，因此一般比較快速；但在人體關鍵點的連接過程中，對於距離較近或存在遮擋的人體，準確率較低。

在自底向上方法中，人體姿態辨識又可以透過關鍵點回歸和關鍵點辨識兩種方式來實現。

（1）一般來説，關鍵點回歸方法期望獲得的是精確的座標值 (x,y)。早期使用深度網路解決人體姿態辨識的 DeepPose[49] 就是採用回歸方法。

（2）通過關鍵點辨識實現人體姿態識別的代表方法有 PAFs（Part Affinity Fields）[50]、Dense Pose[51] 和 Associative Embedding[52]。檢測方法通常希望獲得影像的熱圖（heatmap），並將熱圖中回應值較大的區域視為人體關鍵點，每個關鍵點對應一個熱圖。假設共需要辨識 20 個關鍵點，那麼將產生 20 個熱圖，每一個熱圖是對特定有興趣的關鍵點的回應。在基於關鍵點辨識的演算法中，最為經典的工作是卡內基美隆大學的研究團隊設計的 PAFs 方法，它獲得了 COCO 2016 年人體姿態辨識工作的冠軍。PAFs 方法最重要的改進是，在獲得關鍵點熱圖的同時，設計了另一個分支用於預測關鍵點之間的連接關係。

由於關鍵點辨識受熱圖尺寸的影響較大，各個研究團隊都針對網路結構進行了最佳化設計。舉例來説，密西根大學的研究團隊設計了堆疊沙漏網路（stacked hourglass network）[53]。基於這種網路結構的人體姿態辨識方法獲得了 MPII 2016 競賽的冠軍[54]。堆疊沙漏網路結構不僅在姿態辨識、動作辨識方向被廣泛應用，之後還被推廣到了辨識及分類領域。圖 9.13 列出了堆疊沙漏網路結構示意圖。該結構主要由下取樣與上取樣操作組成，其下取樣是透過卷積及池化操作實現的，以獲得解析度較低的特徵圖，降低計算複雜度；之後透過反卷積操作，使影像特徵的解析度加強。該網路結構分析的特徵融合了多尺度及上下文資訊，具有較強的預測物體位置的能力。此外，我們還可以將多個沙漏結構進行堆疊，進一步使整體網路結構更具表達能力。

■ **自頂向下的人體姿態辨識演算法**

自頂向下方法將人體姿態辨識工作拆分為人體辨識與關鍵點辨識兩個步驟。首先設計人體辨識器，在影像或視訊中找到目標人體，然後針對每個人體分別做關鍵點辨識。這種方法雖然姿態辨識準確度較高，但運算時間會隨著影像中人體數量的增多大致呈線性增長。

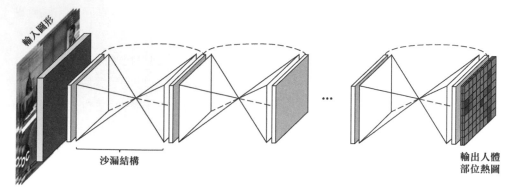

輸入圖形

沙漏結構

輸出人體
部位熱圖

圖 9.13　堆疊沙漏網路結構

自頂向下的人體姿態辨識演算法的代表有 G-RMI[55]、RMPE[56] 和
Mask R-CNN。自頂向下的演算法通常設計為多工架構，同時處理人體
辨識、關鍵點辨識、人體分割等問題。架構中的多個工作常常是互相連
結並相互促進的，通常採用聯合最佳化或交替最佳化的最佳化策略。當
辨識出人體候選框或人體區域後，我們不僅可以有效降低關鍵點辨識過
程中背景區域的干擾，還能在關鍵點連接過程中確定哪些關鍵點屬於
同一個人體。由曠視公司和清華大學設計的級聯金字塔網路（Cascaded
Pyramid Network）[57] 就是基於自頂向下的辨識架構，並且該架構獲得了
COCO 2017 年人體姿態辨識工作冠軍。在這之後，RMPE 方法針對由於
候選框不準確造成的關鍵點辨識誤差以及容錯辨識列出了解決方案。

整體來説，近幾年自底向上和自頂向下的人體姿態辨識方法都在不
斷發展，速度和準確率都獲得了較大的提升。例如在 COCO 2018 挑戰賽
中，關鍵點辨識的平均準確率達到了 76.6%，並能進行即時辨識。這兩
種方法在各大競賽（COCO 和 MPII 人體姿態辨識競賽）中平分秋色。
但是，人體姿態辨識仍然面臨著一系列問題和挑戰。一方面，關鍵點辨
識不僅存在背景干擾，還會由於背景的遮擋或多個人體的相互遮擋使得
關鍵部位缺失，給人體的關鍵點部位連接帶來困難。另一方面，人體不
同關鍵點辨識難易程度不同，對於較為靈活的關鍵點，如手臂、腳踝、
手指等的辨識尤為困難。針對這些問題，研究者雖然列出了一系列解決
方法，如預測關鍵點連接方向、對困難關鍵點設計精煉網路等，但是仍
具有改進空間，我們期待出現更好的方法。

問題 *2* 如何透過單幅影像進行 3D 人體
姿態辨識？

難度：★★★☆☆

分析與解答

　　2D 人體姿態辨識是指辨識出人體的關鍵點，其中關鍵點使用 (x, y)
2D 向量表示。3D 人體姿態辨識是在 2D 人體姿態資訊的基礎上，加入
深度資訊，需要獲得 3D 的關鍵點座標 (x, y, z)，如圖 9.14 所示。類似於
2D 人體姿態辨識，我們也可以透過回歸的方法，利用標記資訊重建出一
個 3D 人體姿態。

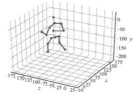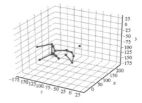

圖 9.14　2D 和 3D 人體姿態資訊

　　基於回歸方法的 3D 人體姿態辨識的損失函數為

$$L = \sum_{i}^{I} \| v_i (P(x, y, z) - G(x, y, z)) \|_2^2 \qquad (9\text{-}6)$$

其中，i 代表關鍵點編號；v_i 代表關鍵點是否可見，關鍵點在圖上可見則
為 1，不可見則為 0；$P(x, y, z)$ 為預測的關鍵點座標；$G(x, y, z)$ 為關鍵點
位置的標記資訊。在關鍵點回歸的過程中，可以根據幾何資訊增加額外
的約束，例如關鍵點間相對位置的相互約束（如表頭與頸椎的位置、手
指間的相對位置等）、人體不同部位骨骼長度間比例的近似固定等。但
是，由於關鍵點十分靈活，人為設定的約束資訊無法完美地考慮到各種
情景下人體千變萬化的運動姿態，即使增加了約束，回歸的方法也往往
無法獲得理想的效果。

　　借助 2D 人體姿態資訊，可以較為明顯地提升 3D 人體關鍵點辨識的
效能。Mehta 等人透過研究表明，使用預訓練的 2D 關鍵點辨識網路來初
始化 3D 回歸模型可以顯著改善 3D 人體姿態辨識的效能 [58]。此外，有

很多方法提出基於 2D 座標，利用回歸的方法進行 3D 關鍵點中深度資訊估計 [59-60]，但是該類別方法中 3D 人體姿態資訊的獲得是基於影像關鍵點的 2D 座標的，這一步會遺失原始的 RGB 資訊。針對這一問題，有一些方法採用聯合最佳化架構，同時產生 2D 和 3D 人體姿態資訊 [61-62]。舉例來説，Zhou 等人關注真實室外場景下的 3D 人體姿態辨識，將網路結構設計為 2D 關鍵點辨識網路以及深度資訊估計網路，透過弱監督遷移學習的方式，同時學習真實野外場景下的 2D 人體姿態資訊，以及室內場景下的 3D 人體姿態資訊，進一步使得該模型在室外場景下仍能保持較好的辨識效能。

參考文獻

[1] SERMANET P, EIGEN D, ZHANG X, et al. OverFeat: Integrated recognition, localization and detection using convolutional networks[J]. arXiv preprint arXiv:1312.6229, 2013.

[2] LIU W, ANGUELOV D, ERHAN D, et al. SSD: Single shot multibox detector[C]// European Conference on Computer Vision. Springer, 2016: 21–37.

[3] REDMON J, DIVVALA S, GIRSHICK R, et al. You only look once: Unified, real-time object detection[C]//Proceedings of the IEEE Conference on Computer Vision and Pattern Recognition, 2016: 779–788.

[4] REDMON J, FARHADI A. YOLO9000: Better, faster, stronger[C]//Proceedings of the IEEE Conference on Computer Vision and Pattern Recognition, 2017: 7263–7271.

[5] REDMON J, FARHADI A. YOLOv3: An incremental improvement[J]. arXiv preprint arXiv:1804.02767, 2018.

[6] GIRSHICK R, DONAHUE J, DARRELL T, et al. Rich feature hierarchies for accurate object detection and semantic segmentation[C]//Proceedings of the IEEE Conference on Computer Vision and Pattern Recognition, 2014: 580–587.

[7] HE K, ZHANG X, REN S, et al. Spatial pyramid pooling in deep convolutional networks for visual recognition[J]. IEEE Transactions on Pattern Analysis and Machine Intelligence, IEEE, 2015, 37(9): 1904–1916.

[8] GIRSHICK R. Fast R-CNN[C]//Proceedings of the IEEE International Conference on Computer Vision, 2015: 1440–1448.

[9] REN S, HE K, GIRSHICK R, et al. Faster R-CNN: Towards real-time object detection with region proposal networks[C]//Advances in Neural Information Processing Systems, 2015: 91–99.

[10] DAI J, LI Y, HE K, et al. R-FCN: Object detection via region-based fully convolutional networks[C]//Advances in Neural Information Processing Systems, 2016: 379–387.

[11] HE K, GKIOXARI G, DOLLÁR P, et al. Mask R-CNN[C]//Proceedings of the IEEE International Conference on Computer Vision, 2017: 2961–2969.

[12] LIU L, OUYANG W, WANG X, et al. Deep learning for generic object detection: A survey[J]. arXiv preprint arXiv:1809.02165, 2018.

[13] HUANG J, RATHOD V, SUN C, et al. Speed/accuracy trade-offs for modern convolutional object detectors[C]//Proceedings of the IEEE Conference on Computer Vision and Pattern Recognition, 2017: 7310–7311.

[14] LIN T-Y, GOYAL P, GIRSHICK R, et al. Focal loss for dense object detection [C]//Proceedings of the IEEE International Conference on Computer Vision, 2017: 2980–2988.

[15] LI Z, PENG C, YU G, et al. Light-head R-CNN: In defense of two-stage object detector[J]. arXiv preprint arXiv:1711.07264, 2017.

[16] LAW H, DENG J. CornerNet: Detecting objects as paired keypoints[C]// Proceedings of the European Conference on Computer Vision, 2018: 734–750.

[17] ZHANG S, WEN L, BIAN X, et al. Single-shot refinement neural network for object detection[C]//Proceedings of the IEEE Conference on Computer Vision and Pattern Recognition, 2018: 4203–4212.

[18] ZHOU X, ZHUO J, KRÄHENBÜHL P. Bottom-up object detection by grouping extreme and center points[J]. arXiv preprint arXiv:1901.08043, 2019.

[19] LIU S, QI L, QIN H, et al. Path aggregation network for instance segmentation [C]// Proceedings of the IEEE Conference on Computer Vision and Pattern Recognition, 2018: 8759–8768.

[20] CAI Z, VASCONCELOS N. Cascade R-CNN: Delving into high quality object detection[C]//Proceedings of the IEEE Conference on Computer Vision and Pattern Recognition, 2018: 6154–6162.

[21] HUANG Z, HUANG L, GONG Y, et al. Mask scoring R-CNN[C]//Proceedings of the IEEE Conference on Computer Vision and Pattern Recognition,2019:6409–6418.

[22] KIRILLOV A, HE K, GIRSHICK R, et al. Panoptic segmentation[J]. arXiv preprint arXiv:1801.00868, 2018.

[23] EVERINGHAM M, WINN J. The PASCAL visual object classes challenge 2012 (VOC2012) development kit[J]. Pattern Analysis, Statistical Modelling and Computational Learning, Tech. Rep, 2011.

[24] LIN T-Y, MAIRE M, BELONGIE S, et al. Microsoft COCO: Common objects in context[C]//European Conference on Computer Vision. Springer, 2014: 740–755.

[25] CORDTS M, OMRAN M, RAMOS S, et al. The cityscapes dataset for semantic urban scene understanding[C]//Proceedings of the IEEE Conference on Computer Vision and Pattern Recognition, 2016: 3213–3223.

[26] LONG J, SHELHAMER E, DARRELL T. Fully convolutional networks for semantic segmentation[C]//Proceedings of the IEEE Conference on Computer Vision and Pattern Recognition, 2015.

[27] RONNEBERGER，OLAF, FISCHER P, BROX T. U-Net: Convolutional networks for biomedical image segmentation[C]//International Conference on Medical Image Computing and Computer-Assisted Intervention, 2015: 234–241.

[28] BADRINARAYANAN V, KENDALL Alex, CIPOLLA R. SegNet: A deep convolutional encoder-decoder architecture for image segmentation[J].IEEE Transactions on Pattern Analysis and Machine Intelligence, 2017.

[29] CHEN L-C, PAPANDREOU G, KOKKINOS I, et al. Semantic image segmentation with deep convolutional nets and fully connected CRFs[J].arXiv preprint arXiv:1412.7062, 2014.

[30] CHEN L-C, PAPANDREOU G, KOKKINOS I, et al. DeepLab: Semantic image segmentation with deep convolutional nets, atrous convolution, and fully connected CRFs[J].IEEE Transactions on Pattern Analysis and Machine Intelligence, 2017: 834–848.

[31] CHEN L-C, PAPANDREOU G, SCHROFF F, et al. Rethinking atrous convolution for semantic image segmentation[J].arXiv:1706.05587, 2017.

[32] CHEN L-C, ZHU Y, PAPANDREOU G, et al. Encoder-decoder with atrous separable convolution for semantic image segmentation[C]//Proceedings of the European Conference on Computer Vision, 2018: 801–818.

[33] CH'NG C K, CHAN C S. Total-text: A comprehensive dataset for scene text detection and recognition[C]//2017 14th IAPR International Conference on Document Analysis and Recognition, 2017, 1: 935–942.

[34] BORISYUK F, GORDO A, SIVAKUMAR V. Rosetta: Large scale system for text detection and recognition in images[C]//Proceedings of the 24th ACM SIGKDD International Conference on Knowledge Discovery & Data Mining, 2018: 71–79.

[35] SHI B, BAI X, BELONGIE S. Detecting oriented text in natural images by linking segments[C]//Proceedings of the IEEE Conference on Computer Vision and Pattern Recognition, 2017: 2550–2558.

[36] LIAO M, SHI B, BAI X. TextBoxes++: A single-shot oriented scene text detector[J].IEEE Transactions on Image Processing, 2018: 3676–3690.

[37] LONG S, RUAN J, ZHANG W, et al. TextSnake: A flexible representation for detecting text of arbitrary shapes[C]//Proceedings of the European Conference on Computer Vision, 2018: 20–36.

[38] XIE E, ZANG Y, SHAO S, et al. Scene text detection with supervised pyramid context network[J]. arXiv preprint arXiv:1811.08605, 2018.

[39] LYU P, LIAO M, YAO C, et al. Mask TextSpotter: An end-to-end trainable neural network for spotting text with arbitrary shapes[C]//Proceedings of the European Conference on Computer Vision, 2018: 67–83.

[40] LI Y, YU Y, LI Z, et al. Pixel-anchor: A fast oriented scene text detector with combined networks[J].arXiv preprint arXiv:1811.07432, 2018.

[41] SHI B, BAI X, YAO C. An end-to-end trainable neural network for image-based sequence recognition and its application to scene text recognition[J]. IEEE Transactions on Pattern Analysis and Machine Intelligence, 2016, 39(11): 2298–2304.

[42] LIU X, LIANG D, YAN S, et al. FOTS: Fast oriented text spotting with a unified network[C]//Proceedings of the IEEE Conference on Computer Vision and Pattern Recognition, 2018: 5676–5685.

[43] PAPINENI K, ROUKOS S, WARD T, et al. BLEU: A method for automatic evaluation of machine translation[C]//Proceedings of the 40th Annual Meeting on Association for Computational Linguistics. Association for Computational Linguistics, 2002: 311–318.

[44] LIN C-Y. ROUGE: A package for automatic evaluation of summaries[J]. Text Summarization Branches Out, 2004.

[45] BANERJEE S, LAVIE A. METEOR: An automatic metric for MT evaluation with improved correlation with human judgments[C]//Proceedings of the ACL Workshop on Intrinsic and Extrinsic Evaluation Measures for Machine Translation and/or Summarization, 2005: 65–72.

[46] VEDANTAM R, LAWRENCE ZITNICK C, PARIKH D. CIDER: Consensus-based image description evaluation[C]//Proceedings of the IEEE Conference on Computer Vision and Pattern Recognition, 2015: 4566–4575.

[47] ANDERSON P, FERNANDO B, JOHNSON M, et al. SPICE: Semantic propositional image caption evaluation[C]//European Conference on Computer Vision. Springer, 2016: 382–398.

[48] HALE J. A probabilistic Earley parser as a psycholinguistic model[C]// Proceedings of the 2nd Meeting of the North American Chapter of the Association for Computational Linguistics on Language technologies. Association for Computational Linguistics, 2001: 1–8.

[49] TOSHEV A, SZEGEDY C. DeepPose: Human pose estimation via deep neural networks[C]//Proceedings of the IEEE Conference on Computer Vision and Pattern Recognition, 2014: 1653–1660.

[50] CAO Z, SIMON T, WEI S-E, et al. Realtime multi-person 2D pose estimation using part affinity fields[C]//Proceedings of the IEEE Conference on Computer Vision and Pattern Recognition, 2017: 7291–7299.

[51] ALP GÜLER R, NEVEROVA N, KOKKINOS I. DensePose: Dense human pose estimation in the wild[C]//Proceedings of the IEEE Conference on Computer Vision and Pattern Recognition, 2018: 7297–7306.

[52] NEWELL A, HUANG Z, DENG J. Associative embedding: End-to-end learning for joint detection and grouping[C]//Advances in Neural Information Processing Systems, 2017: 2277–2287.

[53] NEWELL A, YANG K, DENG J. Stacked hourglass networks for human pose estimation[C]//European Conference on Computer Vision. Springer, 2016: 483–499.

[54] ANDRILUKA M, PISHCHULIN L, GEHLER P, et al. 2D human pose estimation: New benchmark and state of the art analysis[C]//Proceedings of the IEEE Conference on Computer Vision and Pattern Recognition, 2014:3686–3693.

[55] PAPANDREOU G, ZHU T, KANAZAWA N, et al. Towards accurate multi-person pose estimation in the wild[C]//Proceedings of the IEEE Conference on Computer Vision and Pattern Recognition, 2017: 4903–4911.

[56] FANG H-S, XIE S, TAI Y-W, et al. RMPE: Regional multi-person pose estimation [C]//Proceedings of the IEEE International Conference on Computer Vision, 2017: 2334–2343.

[57] CHEN Y, WANG Z, PENG Y, et al. Cascaded pyramid network for multi-person pose estimation[C]//Proceedings of the IEEE Conference on Computer Vision and Pattern Recognition, 2018: 7103–7112.

[58] MEHTA D, RHODIN H, CASAS D, et al. Monocular 3D human pose estimation in the wild using improved CNN supervision[C]//2017 International Conference on 3D Vision. IEEE, 2017: 506–516.

[59] MARTINEZ J, HOSSAIN R, ROMERO J, et al. A simple yet effective baseline for 3D human pose estimation[C]//Proceedings of the IEEE International Conference on Computer Vision, 2017: 2640–2649.

[60] ZHOU X, LEONARDOS S, HU X, et al. 3D shape estimation from 2D landmarks: A convex relaxation approach[C]//Proceedings of the IEEE Conference on Computer Vision and Pattern Recognition, 2015: 4447–4455.

[61] LUVIZON D C, PICARD D, TABIA H. 2D/3D pose estimation and action recognition using multitask deep learning[C]//Proceedings of the IEEE Conference on Computer Vision and Pattern Recognition, 2018: 5137–5146.

[62] ZHOU X, HUANG Q, SUN X, et al. Towards 3D human pose estimation in the wild: A weakly-supervised approach[C]//Proceedings of the IEEE International Conference on Computer Vision, 2017: 398–407.

第 10 章

自然語言處理

自然語言處理（Natural Language Processing, NLP）是透過了解人類語言來解決實際問題的一門學科。自然語言處理在人工智慧領域具有重要的地位，在 1950 年提出的圖靈測試中，自然語言處理能力就是讓機器能表現出與人類無法區分的智慧的重要組成部分。自然語言處理不僅是學術界的研究熱點，在工業界也有許多成果，如 Google 的文字搜尋引擎、蘋果的 Siri、微軟小冰等。自然語言處理領域仍然有許多充滿挑戰、亟待解決的問題。對自然語言處理問題的研究可以追溯到二十世紀三十年代，早期的處理方法常常是人工設計的規則；從二十世紀八十年代開始，利用機率與統計理論並使用資料驅動的方法才逐漸興盛起來 [1]。近幾年，隨著電腦算力的提升與深度學習技術的發展，自然語言處理相關問題也迎來許多重大的創新與突破。

自然語言處理可以分為核心工作和應用兩部分，核心工作代表在自然語言各個應用方向上需要解決的共同問題，包含語言模型、語言形態學、語法分析、語義分析等，而應用部分則更關注自然語言處理中的實際工作，如機器翻譯、資訊檢索、問答系統、對話系統等。在本章 01 節語言的特徵表示中，我們主要介紹深度學習建模方法在核心工作上的運用；另外，我們選取了各個應用方向上的突出研究成果，分別在機器翻譯、問答系統與對話系統 3 個小節中介紹。

語言的特徵表示

傳統的自然語言處理模型使用詞袋（Bag-of-Words）模型，即將詞編碼為獨熱向量（One-hot Vector），同時將文字看作詞的集合。這種建模方式一方面忽略了詞之間的內在關聯，另一方面遺失了詞的順序資訊。深度學習出現後，這些複雜的語言特徵獲得了更完整的建模，也進一步推動了各種自然語言處理應用的發展。

基礎知識

詞嵌入（Word Embedding）、語言模型（Language Model）

問題 *1* 常見的詞嵌入模型有哪些？   難度：★★☆☆☆
它們有什麼聯繫和區別？

分析與解答

詞嵌入模型基於的基本假設是出現在相似的上下文中的詞含義相似，以此為依據將詞從高維稀疏的獨熱向量對映為低維稠密的連續向量，進一步實現對詞的語義建模。詞嵌入模型大致可以分為兩種類型，一種是基於上下文中詞出現的頻次資訊，另一種則是基於對上下文中出現的詞的預測，下面分別介紹。

■ 基於詞出現頻次的詞嵌入模型

基於詞出現頻次的詞嵌入模型由來已久，最早可以追溯到 1990 年提出的潛在語義分析（Latent Semantic Analysis，LSA）模型 [2]，其透過對「文件 - 詞」矩陣進行矩陣分解獲得每個詞的語義表示。此外還有基於「詞共現」矩陣的方法，2014 年提出的 GloVe 模型 [3] 就屬於這種。令 X_{ij} 表示詞 j 出現在詞 i 的上下文的次數，$X_i = \sum_k X_{ik}$ 表示任意詞出現在詞 i 上下文的次數，$P_{ij} = p(j|i) = \dfrac{X_{ij}}{X_i}$ 表示詞 j 出現在詞 i 的上下文的

機率。記 v_i 和 $\tilde{v}_i$ 分別表示詞 i 的詞向量和上下文詞向量，則 GloVe 模型的基本思維就是最小化由詞 i 和詞 j 的向量表示 v_i 和 $\tilde{v}_i$ 算得的函數 $F(v_i^{\mathrm{T}}\tilde{v}_j)$ 與機率 P_{ij} 之間的誤差。將函數 F 設定為指數函數，經過一定的演化後目標函數可以表示為

$$J = \sum_{i=1}^{|W|} \sum_{j=1}^{|W|} f(X_{ij})(v_i^{\mathrm{T}}\tilde{v}_j + b_i + \tilde{b}_j - \log X_{ij})^2 \qquad (10\text{-}1)$$

其中，$|W|$ 表示詞表大小，b_i 和 $\tilde{b}_j$ 分別為詞 i 和詞 j 對應的偏置，函數 $f(X_{ij})$ 用於給不同「詞對」設定不同的權重。

■ 基於詞預測的詞嵌入模型

基於詞預測的詞嵌入模型最經典的是 Google 於 2013 年提出的 Word2Vec，它又包含 CBOW（Continuous Bag-of-Words）模型和 Skip-Gram 模型兩種 [4]，兩種模型都屬於淺層的神經網路，其結構如圖 10.1 所示。

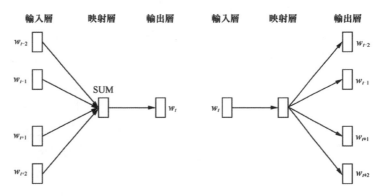

圖 10.1　兩種經典的詞嵌入模型：CBOW 與 Skip-Gram

可以看到，CBOW 模型的目標是最大化透過上下文的詞預測目前詞的產生機率，而 Skip-Gram 模型則是最大化用目前詞預測上下文的詞的產生機率。以 Skip-Gram 模型為例，其目標函數可以表示為

$$J = \frac{1}{T} \sum_{t=1}^{T} \sum_{-m \leqslant j \leqslant m, j \neq 0} \log p(w_{t+j} \mid w_t) \qquad (10\text{-}2)$$

其中的條件機率為

$$p(w_{t+j} \mid w_t) = \frac{e^{u_{w_{t+j}}^{\mathrm{T}} v_{w_t}}}{\sum_{i=1}^{W} e^{u_{w_i}^{\mathrm{T}} v_{w_t}}} \qquad (10\text{-}3)$$

其中，T 表示資料集中樣本視窗的數目，m 表示樣本視窗的大小，W 表示詞表大小，模型參數即為詞表中所有詞的詞嵌入。由於條件機率由 Softmax 函數表示，每一次梯度反傳時會影響詞表中所有的詞，計算代價非常大，因此在論文中引用了負取樣（Negative Sampling）和層次 Softmax（Hierarchical Softmax）兩種方式來提高效率。

可以看出，對同樣一個樣本視窗，CBOW 模型計算一次梯度，而 Skip-Gram 模型計算視窗大小次數的梯度。因此，在實際應用過程中，CBOW 模型的訓練相對 Skip-Gram 模型更快，而 Skip-Gram 模型由於對低頻詞反覆運算更充分，因此對低頻詞的表示通常優於 CBOW 模型。

目前流行的模型中，基於詞預測的詞嵌入模型佔據主要地位。一方面，直接預測不需要對語料進行複雜的處理，可以適應更大的計算量；另一方面，預測上下文詞的工作形式也很容易擴充為其他自然語言處理工作，例如 Facebook 於 2017 年提出的 FastText 模型 [5] 就可以看作透過預測文字標籤類別來訓練詞嵌入模型的方法。

詞嵌入模型常被用於預訓練工作，即利用在大規模語料庫中訓練得到的詞嵌入表示，來初始化各種自然語言處理工作中神經網路模型的輸入層參數。這樣做常常能夠加強在小規模資料集上特定工作的效果，然而也有不足之處，那就是句子的上下文資訊在使用詞嵌入表示進行初始化的過程中遺失了。那麼，是否能夠透過類似方式獲得包含句子結構資訊的特徵表示？這就是語言模型發揮作用的時候了。

問題 2 語言模型的工作形式是什麼？語言模型如何幫助提升其他自然語言處理工作的效果？

難度：★★★☆☆

分析與解答

回想一個咿呀學語的嬰兒初窺語言的曼妙時，他們究竟學習了些什麼呢？張口伊始，他們發現「媽」總是要和「媽」一起說，「爸」總是要和「爸」一起說，才能完成對那兩張最熟悉面孔的呼喚；隨著成長，

他們學會了子句，愚公總在移山，夸父永遠逐日，女媧一生補天；漸漸地，他們又習得如何組成句子、篇章，「天若有情天亦老」的下句既可以是「月如無恨月長圓」，也可以是「人間正道是滄桑」。語言模型，從本質上講便是要模擬人類學習語言的過程。從數學上講，它是一個機率分佈模型，目標是評估語言中的任意一個字串的產生機率 $p(S)$，其中 $S = (w_1, w_2, \cdots, w_n)$ 可以表示一個子句、句子、段落或文件，$w_i \in W$ $(1 \leq i \leq n)$，W 為語言中所有詞的集合（即詞表）。利用條件概率，$p(S)$ 又可以表示為

$$p(S) = p(w_1, w_2, \cdots, w_n) = p(w_1) \prod_{i=2}^{n} p(w_i \mid w_1, \cdots, w_{i-1}) \qquad （10\text{-}4）$$

語言模型的核心問題就是對 $p(w_i \mid w_1, \cdots, w_{i-1})$ 建模。

由於參數空間過大會導致資料稀疏問題，傳統的基於統計的語言模型引用了馬可夫假設，認為任意一個詞出現的機率只與它前面出現的 N-1 個詞有關，即 $p(w_i \mid w_1, \cdots, w_{i-1}) = p(w_i \mid w_{i-N+1}, \cdots, w_{i-1})$，這被稱為 N 元（$N$-gram）語言模型。實作中使用最多的是二元（bigram）及三元（trigram）語言模型。Bengio 等人於 2003 年提出了基於前饋神經網路的 N 元神經語言模型[6]，透過詞嵌入表示大幅緩解了資料稀疏問題，使其可以進行遠大於三元語言模型的計算。深度學習普及後，更多基於神經網路的語言模型相繼出現，突破了馬可夫假設的限制，可以直接對 $p(w_i \mid w_1, \cdots, w_{i-1})$ 建模，同時大幅提升了語言模型的效果。

語言模型是自然語言處理中的核心工作，一方面它可以評估語言的產生機率，直接用於產生符合人類認知的語言；另一方面由於語言模型的訓練不依賴額外的監督資訊，因此適合用於學習敘述的通用語義表示。目前非常普遍的做法就是利用語言模型在大規模公開語料庫上預訓練神經網路，然後在此基礎上針對特定工作來對模型進行微調。近兩年具有代表性的模型 ELMo（Embeddings from Language Model）[7]、GPT（Generative Pre-trained Transformer）[8] 和 BERT（Bidirectional Encoder Representations from Transformers）[9] 都採用了這種想法。圖 10.2 更直觀地展示了它們各自的結構，其中黃色的輸入層為詞或句的嵌入表示，綠色的中間層為核心的網路結構，棕色的輸出層對應預測

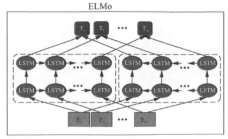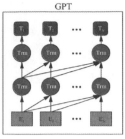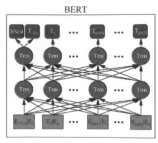

圖 10.2　幾種典型的語言模型

（1）ELMo 基於雙向 LSTM 來學習一個雙向語言模型，由此得到一組特徵表示的集合：

$$R_k = \{x_k^{LM}, \vec{h}_{k,j}^{LM}, \overleftarrow{h}_{k,j}^{LM} \mid j = 1, \cdots, L\} \qquad (10\text{-}5)$$

其中，L 為 LSTM 的層數，x_k^{LM} 表示第 k 個詞的詞嵌入表示，$\vec{h}_{k,j}^{LM}$ 和 $\overleftarrow{h}_{k,j}^{LM}$ 分別表示第 k 個詞在雙向語言模型第 j 層的上文表示和下文表示（合起來作為上下文相關的詞嵌入表示）。實際工作中，透過特徵融合的方式將 R_k 集合中不同的表示加權求和，作為特徵輸入到工作模型中，權重跟隨工作模型的參數一起學習。

（2）GPT 則基於 Transformer 單向編碼器結構，將單向語言模型作為預訓練階段的目標函數。預訓練學習到的網路結構和參數將作為實際工作模型的初值，然後針對文字分類、序列標記、句子關係判斷等不同工作對網路結構進行改造，同時將語言模型作為輔助任務對模型參數進行微調。GPT 將語言模型作為輔助工作也是一種很好地利用語言模型的想法，不僅可以提升模型的泛化能力，同時也能加快模型的收斂。

（3）BERT 是 Google 於 2018 年提出的語言模型，橫掃 11 項自然語言處理工作比賽記錄，一時間掀起廣泛討論，但在模型架構上其實與前兩個模型是一脈相承的。BERT 相對於之前工作的改進點主要可以歸納為以下兩個方面。

第一，實現真正的雙向多層語言模型，對詞等級語義進行深度建模。BERT 作者認為 ELMo 分開學習上文和下文，GPT 則只利用上文資訊，二者都沒有極佳地對句子的上下文資訊同時進行建模。但如果直接在語言模型工作中用完整的句子作為輸入，由於自注意力機制的特

性，對每個詞進行預測的時候實際已經洩露了目前詞的資訊。因此，在 Transformer 雙向編碼器結構的基礎上，BERT 在預訓練階段引用遮蔽語言模型（Masked Language Model）工作，即每輪訓練選擇語料中 15% 的詞，隨機取代成 <MASK> 標示或其他隨機詞或保持原樣，並對這些詞進行預測。

第二，顯性地對句子關係建模，以更進一步地代表句子等級的語義。語言模型工作以任意詞序列作為輸入，沒有顯性地考慮句子之間的關係。為了更進一步地代表句子等級的特徵，BERT 模型對輸入層的嵌入表示做了兩點改進，一是引用了句子向量（如圖 10.2 中 E_A 和 E_B 所示）同時作為輸入，二是引用了 <SEP> 標示表示句子的結尾和 <CLS> 標示表示句子關係，並分別學習對應的向量。這樣在預訓練階段，透過 <CLS> 對應的隱藏層表示來預測句子 B 是否為句子 A 的下一句（如圖 10.2 中 <IsNext> 標籤所示），進一步完成對模型參數的學習和更新。

在面對具體任務時，BERT 同樣保留預訓練獲得的模型結構，然後透過參數微調來最佳化實際工作對應的目標，例如在進行句子關係判斷等工作時直接利用 <CLS> 對應的嵌入表示進行分類。和 GPT 相比，BERT 在利用預訓練的語言模型做下游自然語言處理工作時，對模型結構的改動更小，泛化效能更強。

上述 3 個模型的基本思維相似，在模型細節上則有一些差別，簡單歸納如表 10-1 所示。

表 10-1 ELMo、GPT、BERT 的比較

	ELMo	GPT	BERT
輸入層	詞序列	詞序列	詞序列＋句子向量＋位置向量
網路結構	雙向 LSTM	Transformer 單向編碼器	Transformer 雙向編碼器
預訓練工作	雙向語言模型	單向語言模型	遮蔽語言模型＋下一句預測
融合方式	特徵融合	參數微調＋輔助工作	參數微調

02 機器翻譯

　　長久以來，追求「信、達、雅」的卓越翻譯官們慢慢消除著不同語言在人類資訊交流和傳播中帶來的門檻。隨著現代科技的發展、電腦的出現，機器自動翻譯逐漸走上歷史的舞台。其實早在 1933 年，機器翻譯（Machine Translation）的概念就被提出。隨著雙語平行語料的增多，透過對語料的統計學習來進行自動翻譯的統計機器翻譯（Statistical Machine Translation，SMT）成為主流，但翻譯的準確性和流暢性仍然和人工翻譯有極大的差距。直到深度學習興起，神經機器翻譯（Neural Machine Translation，NMT）的誕生為機器翻譯領域帶來了新的機遇，翻譯品質也有了長足的進步。目前 Google、百度等公司都已經將線上機器翻譯系統升級到神經機器翻譯模型，每天為數億使用者提供服務。

機器翻譯、編碼器 – 解碼器（Encoder–Decoder）、注意力機制、Transformer

問題 *1* 神經機器翻譯模型經歷了哪些主要的結構變化？分別解決了哪些問題？　　　難度：★☆☆☆☆

分析與解答

　　神經機器翻譯模型始於 Google 在 2014 年提出的基於 LSTM 的編碼器 - 解碼器架構 [10]。相比於主流的統計機器翻譯模型將工作顯性地拆解為翻譯模型、語言模型、調序模型等多個模組，神經機器翻譯模型則採用點對點的學習形式，這樣可以將翻譯的品質直接作為模型最佳化的最後目標，以對模型進行整體最佳化。實際的模型結構可以參考本書第 2 章「循環神經網路」中的「Seq2Seq 架構」一節的內容。然而，這個時

期的神經機器翻譯模型在效果上還未超過統計機器翻譯模型，主要原因在於模型將來源語言端的資訊全部編碼到 LSTM 最後一層的隱單元，對資訊進行了失真壓縮，同時 LSTM 對長距離語境依賴問題解決程度有限，解碼時容易遺失重要資訊而導致翻譯結果較差。

隨後 Bengio 等人於同一年提出了基於注意力機制的神經機器翻譯模型 [11]。與統計機器翻譯中詞對齊（word alignment）思維類似，論文認為模型在解碼每個詞的時候，主要受來源語言中與目前解碼詞相關的許多詞影響，因此可以利用注意力機制學習一個上下文向量，作為每步解碼時的輸入。注意力機制一方面產生上下文向量，為解碼提供額外的資訊；另一方面它允許任意編碼節點到解碼節點的直接連接，極佳地解決了長距離語境依賴問題，使模型獲得了更好的學習，大幅提升翻譯品質，在長句上的效果尤其明顯，這也讓神經機器翻譯第一次打敗統計機器翻譯並成為新的研究熱點。這時期出現了很多改進注意力機制實際形式的文章，例如限制注意力機制作用的敘述範圍 [12]，讓注意力機制對應的詞盡量稀疏 [13] 等。此外，Facebook 還提出可以結合卷積神經網路和注意力機制來提升翻譯的速度 [14]。

這些模型的成功讓研究人員意識到了注意力機制的極大潛力，隨後 Google 在 2017 年提出了基於注意力機制的網路結構 Transformer[15]，進一步在機器翻譯效果上取得顯著提升。Transformer 結構的核心創新點在於提出了多頭自注意力機制（multi-head self-attention），一方面透過自注意力將句中相隔任意長度的詞距離縮減為常數，另一方面透過多頭結構捕捉到不同子空間的語義資訊，因此可以更進一步地完成對長難句的編碼和解碼。由於 Transformer 完全基於前饋神經網路，缺少了像卷積神經網路和循環神經網路中對位置資訊的捕捉能力，因此它還顯性地對詞的不同位置資訊進行了編碼，與詞嵌入一起作為模型的輸入。另外，相對於循環神經網路，Transformer 大幅提升了模型的並行能力，在訓練和預測時效率都遠高於基於循環神經網路的機器翻譯模型。現階段對神經機器翻譯模型的改進很多都是基於 Transformer 的，例如對多頭注意力機制獲得的不同子空間語義進行加權的 Weighted Transformer[16] 和圖靈完備的 Universal Transformer[17] 等。

問題 2　神經機器翻譯如何解決未登錄詞的翻譯問題？

分析與解答

　　我們知道神經機器翻譯模型中來源語言和目的語言中的每個詞都會被表示為一個向量。由於語言是一個開放的集合，而模型受到資料規模和運算能力的限制，通常會限制詞表的大小，因此在語料中出現頻率較低的詞會被排除在詞表外，稱為未登錄詞（Out-Of-Vocabulary，OOV），統一以 <UNK> 表示。這些未登錄詞被取代為 <UNK> 後，一方面損失了語義資訊，影響翻譯效果，另一方面在真實應用中如果 <UNK> 出現在解碼端產生的敘述中將非常影響使用者體驗，所以未登錄詞的翻譯也是一個從神經機器翻譯模型誕生以來就受到廣泛關注的問題。這裡歸納現有的兩種主流的解決想法，一種是將翻譯的基本單元從詞等級變為「子詞」等級或字元等級，這樣可以大幅縮減未登錄詞的數量；另一種是將來源語言中的詞拷貝到目的語言。

　　第一種想法中廣泛使用的是 BPE（Byte Pair Encoding）演算法，來自資料壓縮領域，由 Sennrich 等人首先應用到機器翻譯工作上 [18]。以一個小的詞典 {'low', 'lowest', 'newer', 'wider'} 為例，首先每個詞尾端加上表示詞結束的 '·' 標示，即 'low' 表示為 'low·'，然後反覆運算地統計相鄰符號共同出現的頻次，並將出現頻次最高的符號對合併，直到達到指定的合併次數。例如上述詞典經歷的 4 次合併如圖 10.3 所示，合併後的詞典則變為：{'e', 'd', 'i', 'n', 's', 't', 'w', '·', 'er·', 'low'}。合併次數越少越接近字元等級，合併次數越多則越接近詞等級，通常調整合適的合併次數可以確保詞表大小適當且在翻譯過程中幾乎不出現未登錄詞。另外，子詞在語料中出現的頻次高於原詞，能使模型獲得更好的泛化效能；同時，序列長度小於字元序列，可以緩解長距離語境依賴的問題。因此，BPE 演算法是一種非常簡單且有效的解決方案。

r·　　→　　r·
l o　　→　　lo
lo w　　→　　low
e r·　　→　　er·

圖 10.3　BPE 演算法範例

　　第二種想法的代表是利用指標網路（pointer network），在合適的時機將來源語言中的詞直接拷貝到目的語言[19]。模型主要對經典的神經機器翻譯模型的 Softmax 輸出層進行了改造，將其分為以下 3 個組成部分。

- 切換式網路（switch network）d_t，基於多層感知機建模，決定當前步進行翻譯（或拷貝）的機率。
- 詞表 Softmax 層 w_t，等於經典神經機器翻譯模型的 Softmax 層，決定目前步翻譯為詞表中任意詞的機率。
- 位置 Softmax 層 l_t，基於指標網路建模或直接複用注意力機制的 Softmax 層，決定目前步拷貝來源語言端不同位置的機率。

　　最後完整的輸出層則是由 $[d_t \times w_t, (1-d_t) \times l_t]$ 連接而成，訓練時需要提供每一步為翻譯或拷貝的監督資訊，預測時則選擇產生機率最高的被拷貝詞或翻譯詞進行輸出。

　　需要說明的是，上述兩種想法並不對立，實作中讀者可以根據情況選擇其中一種，或結合兩種方法使用。

問題 *3* 訓練神經機器翻譯模型時有哪些解決雙語語料不足的方法？　　難度：★★★☆☆

分析與解答

　　雙語語料是機器翻譯模型訓練時最重要的監督資訊，然而在現實應用中由於某些語言是小語種或特定領域的語料缺乏等，經常出現雙語語

料不足的情況，在訓練神經機器翻譯模型的時候如何應對這種情況呢？這裡列舉幾種常見的解決方案。

第一種非常直接的解決方案就是透過爬蟲自動採擷和產生更多的雙語語料。這個過程中有關雙語網頁的判別和雙語語料的對齊等問題，尤其採擷到的雙語語料一般都是篇章對齊或段落對齊，將其正確處理為句子對齊的雙語語料實際上是非常重要的研究方向，常見的包含基於長度、基於詞彙和基於機器翻譯等方法。

第二類比較直觀的解決方案是建置虛擬雙語平行語料，常見的建置方式有兩種：一是利用目的語言端的單語語料反向翻譯來源語言[20]，由於這樣建置的平行語料中目的語言端為真實語料，因此有利於解碼器網路的學習，提升模型的效果；二是利用資料增強的方式對原始語料進行改造，比如參考文獻[21]用在雙語語料中出現頻率較低的詞替換原語料中某一位置的詞，並利用語言模型對取代後敘述評分，將名列前矛的保留，接著利用詞對齊模型將目的語言端與被取代詞對齊的詞也取代成對應詞的釋義，同樣選擇語言模型評分最高的釋義進行保留，最後將建置的雙語語料加入到訓練集中，這樣可以有針對性地加強翻譯效果較差的低頻詞的翻譯效果。

第三種解決方案則是在模型層面來解決語料不足的問題，通常可以利用的資料包含單語語料、其他語言對、其他領域的雙語語料等，解決想法不一而足，這裡僅分享 Google 在 2017 年提出的具有代表性的工作：多語言機器翻譯模型[22]。該模型將不同語言對的雙語語料放在一起訓練，共用統一的詞表。唯一與單語言對翻譯模型不同的是，在來源語言端的輸入起始位置加上 <2es> 或 <2cn> 這種表示翻譯目的語言的標記，用時將不同語言對分別進行上取樣或下取樣以保障語料的比例相當，在實驗中多來源語言到單一目的語言的設定下對語料較少的語言對的翻譯效果有提升作用，非常簡單有效。其中值得參考的思維包含，在不同語言對之間透過多工學習共用模型參數；利用語料較多的語言對學習 A 語言的編碼和 B 語言的解碼，進一步能夠實現對零樣本的 A-B 語言對的翻譯。

問答系統

　　問答系統（Question Answering System）通常是指可以根據使用者的問題（question），從一個知識庫或者非結構化的自然語言文件集合中查詢並傳回答案（answer）的電腦軟體系統。目前已經有一些公司將問答系統的技術應用到了自己的產品之中，Google、Bing 等搜尋引擎系統就提供了根據使用者的查詢直接從網頁結果中取出相關答案的功能（如圖 10.4 所示）。

圖 10.4　Google 的問答功能

　　一個典型的問答系統需要完成問題分類、段落檢索以及答案取出 3 個工作。

　　（1）問題分類主要用於決定答案的類型。舉例來說，「聖母峰海拔有多高」這樣的問題，需要根據事實列出答案；而「美國知名的網際網路串流媒體公司有哪些」這樣的問題，則需要根據問題中的條件，傳回一個符合要求的結果列表。不同的答案類型也常常表示在系統實現上對應著不同的處理邏輯。根據期望回答方式可以將問題分類成事實型問題、列舉型問題、帶有假設條件的問題、詢問「某某事情如何做」以及「某某東西是什麼」等問題。

　　（2）段落檢索是指根據使用者的問題，在知識庫以及備選段落集合中傳回一個

較小候選集，這是一個粗略篩選的過程。這樣做的原因是知識庫以及候選段落集合常常包含巨量資料以至於無法直接在這些資料上進行答案取出，需要應用一些相對輕量級的演算法篩選出一部分候選集，使得後續的答案取出階段可以應用一些更為複雜的演算法。

（3）答案取出是指根據使用者的問題，在段落候選集的文字中取出最後答案的過程。目前有很多深度學習方法 [23-27] 可以用來解決這個問題。

基礎知識

問答系統、循環神經網路、卷積神經網路、Transformer

問題 *1* 如何使用卷積神經網路和循環神經網路解決問答系統中的長距離語境依賴問題？ Transformer 相比以上方法有何改進？ 　　難度：★★★★☆

分析與解答

問答系統的困難之一，就是解答問題的關鍵資訊常常分佈在候選段落的不同位置，需要結合較長文字才能列出答案。例如對於敘述「月球是地球的衛星」，其中「月球」和「衛星」之間有較強的連結性，但一個位於句首，一個位於句尾，問答系統的模型要有學習這種長距離語境依賴的能力。

卷積神經網路在影像領域獲得了很多成果，受此啟發，有很多將卷積神經網路應用到問答系統中的研究 [28]。舉例來說，可以基於預訓練好的詞向量，使用卷積神經網路學習高維特徵表示，並將結果應用於問題分類。如圖 10.5 所示，模型首先對於輸入的文字序列進行詞嵌入編碼，卷積層對編碼詞向量序列使用多個卷積核進行卷積，並將卷積結果透過池化與連接操作合併成最後的輸出向量（特徵向量）。最後的輸出向量可以根據工作類型選擇透過 Softmax 全連接層產生最後的模型評分，或與其他網路結構的輸出向量合併進行後續學習。

採用卷積神經網路的優點是，由於共用權重，卷積層對關鍵資訊在問題中的位置不敏感，並且卷積操作可以獲得文字的局部特徵；再透過池化操作，可以獲得卷積輸出中最顯著的向量特徵，並且能將任意長度的輸入文字轉化成固定長度的特徵向量，方便後續處理。但是，由於卷積向量的長度有限，如果輸入文字中包含相隔較遠的連結詞，卷積神經網路也存在無法處理這種較長範圍語境的問題。另外由於池化層的存在，最大池化後的特徵向量只能包含最顯著的輸入向量值，對於輸入中的多峰值情況無法很好建模。

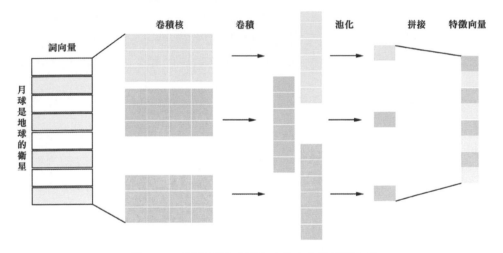

圖 10.5　用卷積神經網路分析文字的特徵向量

由於卷積神經網路難以處理較長語境，因此使用循環神經網路，如 LSTM，可以在某種程度上解決這個問題。LSTM 透過在經典循環神經網路的隱藏層單元中加入記憶單元，並控制是否儲存上一時刻的長短期記憶單元資訊，來改善在學習循環神經網路時遇到的梯度消失或爆炸問題。相比於卷積神經網路，LSTM 可以學習較長跨度的依賴資訊，更適合用來學習較長文字的特徵表示。

由於 LSTM 序列化的模型結構，無法利用並行來加速計算，這使得模型在訓練和預測過程中的計算時間都比較長，可用於學習的訓練樣本量也因此受到了限制。此外，LSTM 在學習文字段落中較長距離的資訊依賴時仍然存在一定的困難（網路中的正向 / 反向訊號的傳播長度與依賴距離成正比）。

　　相比上述這些方法，注意力機制降低了訊號傳播的長度，它透過有限個計算單元來處理文字序列各個位置之間的依賴，使得長距離語境依賴更容易被學習；另外，由於序列化執行的單元個數減少，模型可以利用並行化來提升計算速度。在 Transformer 架構中，就使用了自注意力機制結構，完全取代了卷積神經網路和循環神經網路結構，能夠使用較短的資訊傳遞路徑學習文字中的長距離語境依賴。自注意力機制採用了尺度縮放點積注意力（scaled dot-product attention）來計算注意力權重：

$$\text{Attention}(Q,K,V) = \text{Softmax}\left(\frac{QK^{\text{T}}}{\sqrt{d_k}}\right)V \qquad （10-6）$$

在傳統的 Seq2Seq 注意力機制中，Q 代表 Query，即解碼器對應的待產生序列；V 代表 Value，是編碼器對應的輸入序列；K 代表 Key。$\text{Softmax}\left(\frac{QK^{\text{T}}}{\sqrt{d_k}}\right)$ 矩陣中每列的值表示在解碼器目前位置上，該以多大的權重關注編碼器的每個位置。在自注意力機制中，Q、K、V 都是由輸入序列的向量產生的矩陣。實際來說，記 x_i 是輸入序列中第 i 個詞對應的行向量，維度為 d_{model}，q_i、k_i、v_i 分別為 Q、K、V 的第 i 行向量，則有

$$
\begin{aligned}
q_i &= x_i \cdot W_q \\
k_i &= x_i \cdot W_k \\
v_i &= x_i \cdot W_v
\end{aligned}
\qquad （10-7）
$$

其中，W_q、W_k、W_v 是學習獲得的權重矩陣，q_i 與 k_i 是 d_k 維向量，v_i 是 d_v 維向量。這樣，每個位置相對於目前位置的注意力權重可以透過矩陣 Q 與 K^{T} 的乘積、$\frac{1}{\sqrt{d_k}}$ 因數縮放以及 Softmax 正規化獲得；而輸入序列中的每個位置間的相依關係由注意力權重與向量 v_i 的加權求和獲得，不再依賴於序列長度，進一步使模型更容易學習。

　　針對問答系統，QANet[27] 提出了一種結合卷積神經網路和 Transformer 中自注意力機制的模型結構。QANet 的核心結構是編碼器模組，如圖 10.6 所示。編碼器模組依次由 3 個部分組成：卷積層、自注意力層和正向全連接層。每層的輸入都先經過一個層級標準化（Layer Normalization），對樣本中的每一維特徵進行標準化（在訓練時不依賴樣本批次的大小）；同時，每層都包含一個殘差連接。每層的最後輸出為

$$y = f(\text{LayerNorm}(x)) + x \qquad （10\text{-}8）$$

其中，x 和 y 分別是輸入向量和輸出向量，$\text{LayerNorm}(\cdot)$ 是層級標準化操作，$f(\cdot)$ 代表每層學習的函數表示。實際細節如下。

- 層級標準化的公式為

$$\bar{a}_i^{(l)} = \frac{g_i^{(l)}}{\sigma^{(l)}}(a_i^{(l)} - \mu^{(l)})$$

$$\mu^{(l)} = \frac{1}{H^{(l)}}\sum_{i=1}^{H^{(l)}} a_i^{(l)} \qquad （10\text{-}9）$$

$$\sigma^{(l)} = \sqrt{\frac{1}{H^{(l)}}\sum_{i=1}^{H^{(l)}} (a_i^{(l)} - \mu^{(l)})^2}$$

其中，$a_i^{(l)}$ 是輸入，表示神經網路第 l 層第 i 個神經元在進入啟動函數之前的加權求和值，$H^{(l)}$ 表示第 l 層神經元的個數，$\mu^{(l)}$ 和 $\sigma^{(l)}$ 分別是第 1 層的均值和標準差，$g_i^{(l)}$ 是控制尺度的增益參數。在層級標準化中，會用標準化後的 $\bar{a}_i^{(l)}$ 代替原始的 $a_i^{(l)}$。可以看出，層級標準化與批次正規化類似，都是在做正規化操作；不同點是前者是在層內的節點維度上做正規化，而後者是在樣本維度上做歸一化。

- 卷積層採用的是深度可分離卷積（Depthwise Separable Convolutions）。這種卷積的記憶體效率高，泛化效能更好。卷積層可以捕捉輸入文字中相鄰詞之間的結構資訊。

- 自注意力層使用了與 Transformer 中相同的自注意力機制。這種多頭注意力機制不僅可以刻畫輸入文字中詞與詞之間的相關程度，還可以捕捉不同維度上的詞語關聯，豐富了注意力機制的資訊表示。

- 最後的正向全連接層進一步對前兩層的輸入進行轉換，增強模型的表達能力。

在 QANet 中，由於沒有循環結構，模型可以更進一步地進行平行計算，以加快訓練和測試的速度；而速度的提升，使得模型可以學習和利用更多的訓練資料，進一步獲得更好的效果。

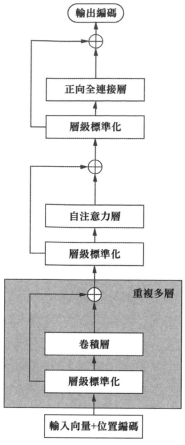

圖 10.6　QANet 編碼器模組

問題 **2**　在替文字段落編碼時如何結合問　　難度：★★★☆☆
題資訊？這麼做有什麼好處？

分析與解答

　　對於同一個文字段落，不同問題的答案常常來自段落中不同的位
置。如果在對段落編碼時結合問題資訊，可以獲得更有效的編碼表
示。基於這種想法，BiDAF（Bi-Directional Attention Flow）[25]、DCN
（Dynamic Coattention Network）[29] 等方法就使用注意力機制來實現問
題和段落的協作編碼。

以 DCN 為例，它透過協作編碼方式分別取得問題和段落的注意力編碼。記段落的編碼矩陣為 $D \in \mathbb{R}^{(m+1) \times l}$，問題的編碼矩陣為 $Q \in \mathbb{R}^{(n+1) \times l}$，其中 l 是編碼特徵的維度，m 和 n 分別是段落和問題的文字長度，編碼矩陣中多出來的一行是額外加入的檢查點向量（以允許注意力機制不關注段落或問題中的任一個詞）。首先計算仿射矩陣 L：

$$L = DQ^{\mathrm{T}} \in \mathbb{R}^{(m+1) \times (n+1)} \qquad （10\text{-}10）$$

對 L 中的每一個列向量做 Softmax 正規化可以獲得問題相對於段落的注意力矩陣 A^Q，而對 L 中的每一個行向量做 Softmax 正規化可以獲得段落相對於問題的注意力矩陣 A^D，實際公式為

$$A^Q = \mathrm{Softmax}(L^{\mathrm{T}}) \in \mathbb{R}^{(n+1) \times (m+1)}$$
$$A^D = \mathrm{Softmax}(L) \in \mathbb{R}^{(m+1) \times (n+1)} \qquad （10\text{-}11）$$

這樣，我們可以算得問題中每個詞相對於段落的注意力編碼，即

$$C^Q = A^Q D \in \mathbb{R}^{(n+1) \times l} \qquad （10\text{-}12）$$

同理，也可以算得段落中每個詞相對於問題的注意力編碼 $A^D Q \in \mathbb{R}^{(m+1) \times l}$。在 DCN 中，不僅計算了段落相對於「問題」的注意力編碼，還計算了段落相對於「問題的注意力編碼」的注意力編碼，即 $A^D C^Q \in \mathbb{R}^{(m+1) \times l}$。這樣做的好處是，可以將問題注意力編碼對映到段落注意力編碼特徵空間中，方便模型學習。最後的段落編碼是上述兩者在列方向上的連接（增加特徵維度），即

$$C^D = A^D \left[Q; C^Q \right] \in \mathbb{R}^{(m+1) \times (2l)} \qquad （10\text{-}13）$$

上述 C^D 將作為結合了問題和段落資訊的協作編碼結果，輸入到後續的網路結構中。DCN 結合問題資訊對段落進行注意力編碼，降低了段落長度對預測結果的影響。QANet 等模型也採用了 DCN 來取得文字段落與問題的協作編碼，在實驗中提升了預測效果。

問題 **3** 如何對文字中詞的位置資訊進行編碼？　　　難度：★★☆☆☆

分析與解答

卷積神經網路可以在某種程度上利用文字中各個詞的位置資訊，但

對於較長文字的處理能力比較有限。循環神經網路可以利用隱狀態編碼來取得位置資訊，但普通的循環神經網路處理長文字的能力也有限，需要結合注意力機制等方法進行改進。注意力機制可以取得全域中每個詞對之間的關係，但並沒有顯性保留位置資訊。如果對文字中單字的位置進行顯性編碼並作為輸入，則可以方便模型學習和利用單字的位置資訊，以提升模型效果。

在 Transformer 中，研究者採用不同頻率的正弦／餘弦函數對位置資訊進行編碼。記 $PE_{(pos,i)}$ 表示位置 pos 的編碼向量中第 i 維的設定值，則有

$$PE_{(pos,2i)} = \sin(pos/10000^{2i/d_{\text{model}}})$$
$$PE_{(pos,2i+1)} = \cos(pos/10000^{2i/d_{\text{model}}})$$

（10-14）

其中，d_{model}是單字的文字編碼向量的維度。位置編碼向量的維度一般與文字編碼向量的維度相同，都是d_{model}，這樣二者可以直接相加作為單字最後的編碼向量（既帶有文字資訊又含有位置資訊）。

上述位置編碼方式可以方便模型學習相對位置特徵，這是因為對於相隔為 k 的兩個位置 p_1和$p_2 = p_1 + k$，則 $PE_{(p_2,\cdot)}$ 可以表示為 $PE_{(p_1,\cdot)}$ 的線性組合（線性係數與 k 有關）。

$$
\begin{aligned}
PE_{(p_2,2i)} &= \sin(p_2/10000^{2i/d_{\text{model}}})\\
&= \sin(p_1/10000^{2i/d_{\text{model}}} + k/10000^{2i/d_{\text{model}}})\\
&= \sin(p_1/10000^{2i/d_{\text{model}}})C_{(k,1)} + \cos(p_1/10000^{2i/d_{\text{model}}})C_{(k,2)}\\
&= PE_{(p_1,2i)}C_{(k,1)} + PE_{(p_1,2i+1)}C_{(k,2)}
\end{aligned}
$$

（10-15）

同理，$PE_{(p_2,2i+1)}$ 也可以寫成 $PE_{(p_1,2i)}$ 和 $PE_{(p_1,2i+1)}$ 的線性組合。這樣一來，上述位置編碼不僅表示了詞的位置資訊，還使位置特徵具有了一定的周期性。位置編碼的另一個優點是，即使測試集中出現了超過訓練集文字長度的樣本，這種編碼方式仍然可以獲得有效的相對位置表示。此外，使用這種位置編碼時，在模型中加入位置資訊只需要簡單的相加操作即可，不會給模型增加過大的負擔。

04 對話系統

對話系統（Dialogue System）是指可以透過文字、語音、影像等自然的溝通方式自動地與人類交流的電腦系統。對話系統有相對較長的發展歷史，早期的對話系統可以追溯到二十世紀六十年代麻省理工學院人工智慧實驗室設計的自然語言處理程式 ELIZA[30]。經過幾十年的研究發展以及資料量的增加，逐漸誕生了像蘋果公司的 Siri、微軟的小娜（Cortana）等個人助理型的對話系統產品，以及微軟小冰這樣的非工作型對話系統。對話系統根據資訊領域的不同（開放與閉合）以及設計目標的不同（工作型與非工作型）可以劃為不同的類型：工作型對話系統需要根據使用者的需求完成對應的工作，如發郵件、打電話、行程預約等；非工作型對話系統大多是根據人類的日常聊天行為而設計，對話沒有明確的工作目標，只是為了與使用者更進一步地進行溝通，例如微軟小冰的設計目標之一是培養對話系統的共情能力（Empathy），更注重與使用者建立長期的情感聯繫[31]。

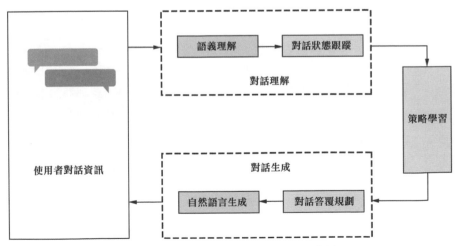

圖 10.7　工作型對話系統的結構示意圖

一個典型的工作型對話系統包含圖 10.7 所示的 3 個部分：對話了解、策略學習和對話產生。實際來說，對於使用者的輸入，先透過語義了解（Natural Language

Understanding，NLU）單元進行編碼，透過對話狀態追蹤模組產生目前對話狀態編碼；根據目前的對話狀態，系統選擇需要執行的工作（由策略學習模組決定）；最後透過自然語言產生（Natural Language Generation，NLG）傳回使用者可以了解的表達形式（如文字、語音、圖片等）。由於任務型對話系統需要完成一些特定任務，因此處理的資訊領域往往是閉合的（close domain）。

對於非工作型的對話系統來說，其更注重與使用者的溝通，對話的多樣性以及使用者的參與度比較重要，因此這種對話系統更多採用一些生成式模型（如Seq2Seq 模型），或根據目前內容從語料庫中選擇合適的回答敘述。這種問答系統對應的資訊領域常常是開放的（open domain）。

基礎知識

強化學習、重要性取樣（Importance Sampling）、經驗回放（Experience Replay）、蒙特卡羅方法、ACER（Actor-Critic with Experience Replay）演算法

問題 ## 對話系統中哪些問題可以使用強化學習來解決？

難度：★★★★★

分析與解答

強化學習是深度學習領域比較熱門的研究方向之一。強化學習嘗試根據環境決策不同的行為（action），進一步實現預期利益的最大化。對於對話系統來說，使用者的輸入常常多種多樣；對於不同領域的對話內容，對話系統可以採取的行為也多種多樣。普通的有監督學習方法（如深度神經網路）常常無法獲得充足的訓練樣本進行學習，而強化學習可在某種程度上解決這個問題。而且，當對話系統與使用者的互動行為持續地從用戶端傳輸到服務端時，強化學習方法可以對模型進行即時的更新，線上訓練模型。

對於工作型對話系統，系統根據對使用者輸入的了解，採取不同的行為，這個過程可以用圖 10.7 中的策略學習模組表示。由於使用者的對話以及系統可採取的行為的組合數量一般比較龐大，這個部分比較適合

使用強化學習來解決[32-34]。對於非任務型對話系統，如在微軟小冰的設計中，也有類似的對話管理模組。強化學習除了可以用來為策略學習模塊建模之外，還可以直接為整個對話系統進行點對點的建模，進一步簡化對話系統的設計。

工作型對話系統的商業應用場景比較多，用餐對話系統就是工作型對話系統的一個典型用例。對於一個用餐對話系統，使用者可以通過與對話系統的交流，來獲取滿意的餐廳推薦以及相關餐廳的地址、電話等聯繫資訊。使用者的輸入經過對話了解模組可以被編碼成對話狀態向量 $b \in \mathbb{R}^{n_b}$，這個 n_b 維的對話狀態向量中可以包含使用者在對話中表達出的訂餐需求以及對話的目標等資訊，並能根據對話的進行不斷更新，如圖 10.8 所示。

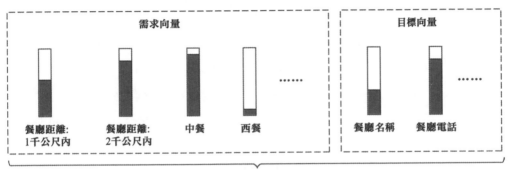

圖 10.8　用餐對話系統對話狀態向量範例

圖 10.7 中的策略學習模組可以使用強化學習來建模。我們的目標是學習一個策略，根據系統目前對話狀態向量 b 來選擇一個最佳行為 a，使得對話系統盡可能完成使用者在對話中指定的工作。舉例來説，在用餐對話系統中，行為 a 可以表示取得餐廳資訊（request）、向使用者確認（confirm）以及將滿足使用者需求的資訊回饋給使用者（inform）等。每段對話結束時，可以根據工作是否成功完成來設定策略的獎勵：當目標工作成功完成時獎勵為$+v_e$，失敗時獎勵為$-v_e$。另外在每一輪對話結束後，都回饋一個絕對值較小的$-\epsilon$，以促使演算法盡可能學習簡潔的策略。

接下來，我們以用 ACER（Actor-Critic with Experience Replay）[35]演算法實現工作型對話系統的策略學習模組為例，簡單介紹強化學習在對話系統中的應用。ACER 是一種基於演員 - 評論家結構的參考策略學習演算法，優點是穩定（模型方差小），有很好的理論收斂性，而且樣本使用率高。ACER 演算法的最佳化目標是

$$J(w) = V_{\pi(w)}(\boldsymbol{b}_0) \qquad (10\text{-}16)$$

其中，$\pi(w)$是以 w 為參數的行為策略，$\boldsymbol{b}_0$ 代表對話狀態的初值，$V_\pi(\cdot)$是在策略π下的狀態價值函數，它可以由如下公式獲得：

$$V_\pi(\boldsymbol{b}_t) = \mathbb{E}_\pi(R_t \mid \boldsymbol{b}_t) \qquad (10\text{-}17)$$

其中，

$$R_t = \sum_{i \geqslant 0} \gamma^i r_{t+i} \qquad (10\text{-}18)$$

這裡 r_t 表示 t 時刻的獎勵值（這裡的每個「時刻」對應對話系統中每一輪的對話），$\gamma \in [0,1]$是折扣因數（discount factor），R_t是累計回報值（cumulative discounted return），表示從 t 時刻開始的折扣獎勵值之和。可以看到，γ接近 0 時，R_t只考慮最近的獎勵值；而γ接近 1 時，R_t考慮未來所有輪的獎勵值（直到對話結束）。狀態價值函數 $V_\pi(\boldsymbol{b}_t)$ 表示在對話狀態是 $\boldsymbol{b}_t$ 的情況下，採用策略 π 的預期累計回報。因此，目標函數$J(w)$表示採用參數化行為策略 $\pi(w)$ 時，一輪對話從開始到結束的整體累計回報。在 ACER 演算法中，我們希望最大化 $J(w)$。

上述的累計回報值 R_t 可以這樣來了解，如圖 10.9 所示，黃色星形表示最後的回報，綠色圓形表示一系列行為的累計回報值（在對話系統中就表示每一輪對話結束後系統採取的行為帶來的累計回報），顏色越深表示累計回報值越高。強化學習常常有延遲獎勵（delayed reward）問題，例如對於工作型對話系統來説，一段對話結束之後才能取得目標獎勵（是否成功完成工作），這樣就很難獲得每一步決策帶來的獎勵，所以我們加入了折扣因數γ，使得距離最後回報（圖中黃色星形的位置）比較遠的位置也可以取得一個折扣後的累計回報值，即 R_t。

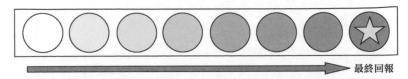

最終回報

圖 10.9　強化學習中的累計回報值

ACER 演算法採用參考策略的方式進行學習，這意味著訓練樣本的取得策略 μ 可能與目前的目標策略 π 不同。使用參考策略的好處是可以使用經驗重播方法，即從歷史決策記錄中隨機擷取樣本進行訓練。我們可以用梯度下降法來求解目標策略 π 的參數 w。記 $g(w)$ 為目標函數關於參數 w 的梯度，即

$$\nabla_w J(w) = g(w) \tag{10-19}$$

由於樣本中不包含處於狀態 $\boldsymbol{b}_0$ 的樣本，我們將 $J(w)$ 表示為

$$J(w) = \sum_{\boldsymbol{b} \in \mathbb{B}} d^\mu(\boldsymbol{b}) V_{\pi(w)}(\boldsymbol{b}) \tag{10-20}$$

其中，$\mathbb{B}$ 表示狀態全集，$d^\mu(\boldsymbol{b})$ 表示在取得策略 μ 下系統收斂於狀態 $\boldsymbol{b}$ 的機率，即 $d^\mu(\boldsymbol{b}) = \lim_{t \to \infty} P(\boldsymbol{b}_t = \boldsymbol{b} \mid \boldsymbol{b}_0, \mu)$。引用 Q 函數 $Q_\pi(\boldsymbol{b}, a)$ 來表示在狀態為 b 時採取行為 a 的預期回報，即

$$Q_\pi(\boldsymbol{b}, a) = \mathbb{E}_\pi(R \mid \boldsymbol{b}, a) \tag{10-21}$$

則梯度 $g(w)$ 的計算公式變為

$$g(w) = \sum_{\boldsymbol{b} \in \mathbb{B}} d^\mu(\boldsymbol{b}) \sum_{a \in \mathbb{A}} \nabla_w \pi(a \mid \boldsymbol{b}) Q_\pi(\boldsymbol{b}, a) \tag{10-22}$$

其中，$\pi(a \mid \boldsymbol{b})$ 表示在策略 π 下系統處於狀態 $\boldsymbol{b}$ 時採取行為 a 的機率。採用式（10-22）來估計梯度 $g(w)$ 的困難之一是我們沒有對 $d^\mu(\boldsymbol{b})$ 的估計值。此外，在每次訓練中對所有狀態 $\boldsymbol{b} \in \mathbb{B}$ 以及所有可能行為 $a \in \mathbb{A}$ 進行求和也不太實際。一種方法是使用重要性取樣方法對式（10-22）進行轉換，將其變成期望形式，然後基於訓練樣本用蒙特卡羅方法對期望進行估計，進一步獲得 $g(w)$，實際公式為

$$
\begin{aligned}
g(w) &= \mathbb{E}_{\boldsymbol{b} \sim d^\mu} \Big[\sum_{a \in \mathbb{A}} \nabla_w \pi(a \mid \boldsymbol{b}) Q_\pi(\boldsymbol{b}, a) \Big] \\
&= \mathbb{E}_{\boldsymbol{b} \sim d^\mu} \Big[\sum_{a \in \mathbb{A}} \mu(\mathrm{a} \mid \boldsymbol{b}) \frac{\pi(a \mid \boldsymbol{b})}{\mu(a \mid \boldsymbol{b})} \frac{\nabla_w \pi(a \mid \boldsymbol{b})}{\pi(a \mid \boldsymbol{b})} Q_\pi(\boldsymbol{b}, a) \Big] \\
&= \mathbb{E}_{\boldsymbol{b} \sim d^\mu, a \sim \mu(\cdot \mid \boldsymbol{b})} \big[\rho(a \mid \boldsymbol{b}) \nabla_w \log(\pi(a \mid \boldsymbol{b})) Q_\pi(\boldsymbol{b}, a) \big]
\end{aligned} \tag{10-23}
$$

其中，$\rho(a|b) = \dfrac{\pi(a|b)}{\mu(a|b)}$ 是重要性權重。這樣我們就可以利用 μ 策略產生的樣本來求解最佳策略 π 了。目前常用的方法是分別使用兩個神經網路來近似 $\pi(a|b)$ 和 $Q_\pi(a|b)$，但兩個神經網路之間可能會有共用參數。

在實際細節上，ACER 演算法還用到了以下 3 個技巧。

（1）採用了 Retrace[36] 演算法來近似式（10-23）中的 $Q_\pi(b,a)$ 項，這種方法的優點是可以確保估計值的理論收斂性，而且演算法的方差比較小。

（2）對式（10-23）中的重要性權重 $\rho(a|b)$ 使用了常數截斷 $\overline{\rho}(a|b) = \min\{c, \rho(a|b)\}$，其中 c 是常數，並引用了偏置矯正（bias correction）項。這麼做的優點是可以確保取得的梯度估計是無偏的，同時減少無界的重要性權重 $\rho(a|b)$ 對訓練的擾動。

（3）採用信賴域策略最佳化（Trust Region Policy Optimisation）演算法來限制學習演算法中模型參數值更新的幅度，保障系統的穩定性。這種做法還可以緩解模型參數上的微小變化引起策略 $\pi(w)$ 的極大變化的現象。

透過訓練強化學習模型獲得最佳化對話策略之後，即可根據目前對話狀態 b，採用貪婪策略選擇 $\pi(a|b)$ 機率最大的行為，或使用「探索」與「利用」的方式動態決定目前行為 a，產生與使用者的對話。

對話系統目前仍然是一個快速發展的領域。在近期的研究中，強化學習演算法在博弈策略上的一些應用取得了突出的成績（如 AlphaGo[37]），相信二者的結合在未來也會有更多的研究成果。

參考文獻

[1]　OTTER D W, MEDINA J R, KALITA J K. A survey of the usages of deep learning in natural language processing[J]. arXiv preprint arXiv:1807.10854, 2018.

[2]　DEERWESTER S, DUMAIS S T, FURNAS G W, et al. Indexing by latent semantic analysis[J]. Journal of the American Society for Information Science, Wiley Online Library, 1990, 41(6): 391–407.

[3]　PENNINGTON J, SOCHER R, MANNING C. Glove: Global vectors for word representation[C]//Proceedings of the 2014 Conference on Empirical Methods in Natural Language Processing, 2014: 1532–1543.

[4]　MIKOLOV T, SUTSKEVER I, CHEN K, et al. Distributed representations of words and phrases and their compositionality[C]//Advances in Neural Information Processing Systems, 2013: 3111–3119.

[5]　JOULIN A, GRAVE E, BOJANOWSKI P, et al. Bag of tricks for efficient text classification[C]//Proceedings of the 15th Conference of the European Chapter of the Association for Computational Linguistics: Volume 2, Short Papers. Association for Computational Linguistics, 2017: 427–431.

[6]　BENGIO Y, DUCHARME R, VINCENT P, et al. A neural probabilistic language model[J]. Journal of Machine Learning Research, 2003, 3(Feb): 1137–1155.

[7]　PETERS M E, NEUMANN M, IYYER M, et al. Deep contextualized word representations[J]. arXiv preprint arXiv:1802.05365, 2018.

[8]　RADFORD A, NARASIMHAN K, SALIMANS T, et al. Improving language understanding by generative pre-training[J]. 2018.

[9]　DEVLIN J, CHANG M-W, LEE K, et al. BERT: Pre-training of deep bidirectional transformers for language understanding[J]. arXiv preprint arXiv:1810.04805, 2018.

[10]　SUTSKEVER I, VINYALS O, LE Q V. Sequence to sequence learning with neural networks[C]//Advances in Neural Information Processing Systems, 2014: 3104–3112.

[11] DZMITRY B, CHO K, YOSHUA B. Neural machine translation by jointly learning to align and translate.[J]. arXiv preprint arXiv:1409.0473, 2014.

[12] LUONG M-T, PHAM H, MANNING C D. Effective approaches to attention-based neural machine translation[J]. arXiv preprint arXiv:1508.04025, 2015.

[13] MARTINS A, ASTUDILLO R. From Softmax to Sparsemax: A sparse model of attention and multi-label classification[C]//International Conference on Machine Learning, 2016: 1614–1623.

[14] GEHRING J, AULI M, GRANGIER D, et al. A convolutional encoder model for neural machine translation[J]. arXiv preprint arXiv:1611.02344, 2016.

[15] VASWANI A, SHAZEER N, PARMAR N, et al. Attention is all you need[C] // Advances in Neural Information Processing Systems, 2017: 5998–6008.

[16] AHMED K, KESKAR N S, SOCHER R. Weighted transformer network for machine translation[J]. arXiv preprint arXiv:1711.02132, 2017.

[17] DEHGHANI M, GOUWS S, VINYALS O, et al. Universal transformers[J]. arXiv preprint arXiv:1807.03819, 2018.

[18] SENNRICH R, HADDOW B, BIRCH A. Neural machine translation of rare words with subword units[J]. arXiv preprint arXiv:1508.07909, 2015.

[19] GULCEHRE C, AHN S, NALLAPATI R, et al. Pointing the unknown words[J]. arXiv preprint arXiv:1603.08148, 2016.

[20] SENNRICH R, HADDOW B, BIRCH A. Improving neural machine translation models with monolingual data[J]. arXiv preprint arXiv:1511.06709, 2015.

[21] FADAEE M, BISAZZA A, MONZ C. Data augmentation for low-resource neural machine translation[J]. arXiv preprint arXiv:1705.00440, 2017.

[22] JOHNSON M, SCHUSTER M, LE Q V, et al. Google's multilingual neural machine translation system: Enabling zero-shot translation[J]. Transactions of the Association for Computational Linguistics, MIT Press, 2017, 5: 339–351.

[23] SEE A, LIU P J, MANNING C D. Get to the point: Summarization with pointer-generator networks[J]. arXiv preprint arXiv:1704.04368, 2017.

[24] WANG W, YANG N, WEI F, et al. Gated self-matching networks for reading comprehension and question answering[C]//Proceedings of the 55th Annual Meeting of the Association for Computational Linguistics (Volume 1: Long Papers), 2017, 1: 189–198.

[25] SEO M, KEMBHAVI A, FARHADI A, et al. Bidirectional attention flow for machine comprehension[J]. arXiv preprint arXiv:1611.01603, 2016.

[26] HUANG H-Y, ZHU C, SHEN Y, et al. Fusionnet: Fusing via fully-aware attention with application to machine comprehension[J]. arXiv preprint arXiv:1711.07341, 2017.

[27] YU A W, DOHAN D, LUONG M-T, et al. QANet: Combining local convolution with global self-attention for reading comprehension[J]. arXiv preprint arXiv:1804.09541, 2018.

[28] KIM Y. Convolutional neural networks for sentence classification[J]. arXiv preprint arXiv:1408.5882, 2014.

[29] XIONG C, ZHONG V, SOCHER R. Dynamic coattention networks for question answering[J]. arXiv preprint arXiv:1611.01604, 2016.

[30] WEIZENBAUM J, OTHERS. ELIZA—A computer program for the study of natural language communication between man and machine[J]. Communications of the ACM, New York, NY, USA, 1966, 9(1): 36–45.

[31] ZHOU L, GAO J, LI D, et al. The design and implementation of XiaoIce, an empathetic social chatbot[J]. arXiv preprint arXiv:1812.08989, 2018.

[32] YOUNG S, GAŠIĆ M, THOMSON B, et al. Pomdp-based statistical spoken dialog systems: A review[J]. Proceedings of the IEEE, IEEE, 2013, 101(5): 1160–1179.

[33] WEISZ G, BUDZIANOWSKI P, SU P-H, et al. Sample efficient deep reinforcement learning for dialogue systems with large action spaces[J]. IEEE/ACM Transactions on Audio, Speech and Language Processing, 2018, 26(11): 2083–2097.

[34] CUAYÁHUITL H, KEIZER S, LEMON O. Strategic dialogue management via deep reinforcement learning[J]. arXiv preprint arXiv:1511.08099, 2015.

[35] WANG Z, BAPST V, HEESS N, et al. Sample efficient actor-critic with experience replay[J]. arXiv preprint arXiv:1611.01224, 2016.

[36] MUNOS R, STEPLETON T, HARUTYUNYAN A, et al. Safe and efficient off-policy reinforcement learning[C]//Advances in Neural Information Processing Systems, 2016: 1054–1062.

[37] SILVER D, SCHRITTWIESER J, SIMONYAN K, et al. Mastering the game of Go without human knowledge[J]. Nature, Nature Publishing Group, 2017, 550(7676): 354.

推薦系統

伴隨著網際網路的蓬勃發展，人們面臨的選擇也越來越多，例如早上該看哪些新聞資訊，中午該點哪家外賣，晚上該看哪些視訊等。資訊超載已經成為每個人都需要面對的問題。為了應對資訊超載，幫助使用者找到自己有興趣的資訊，推薦系統應運而生。以 Hulu 為例，當你觀看《宅男行不行》時，推薦系統會猜測你喜歡更多相似的情境喜劇；當你觀看《變形金剛》時，推薦系統會給你呈現更多的科幻片。每個人的興趣不同，觀看歷史不同，看到的 Hulu 也就互不相同。推薦系統在商業網際網路領域的應用已經有近二十年的歷史。從架構上而言，推薦系統大致上被模組化為召回和排序兩個階段，並輔以多樣性、冷啟動等不同的功能元件；從演算法上而言，推薦演算法進一步分為基於內容和基於使用者行為兩大類別，涵蓋了早期的基於使用者 / 物品的協作過濾演算法、矩陣分解、因子分解機（Factorization Machines）、邏輯回歸、梯度提升決策樹、深度神經網路等為代表的一系列模型。本章主要透過推薦系統基礎、推薦系統設計與演算法、推薦系統評估這 3 個方面介紹推薦系統和深度學習的結合。

推薦系統基礎

場景描述

在網際網路領域中,推薦系統是一個既古老又新鮮的場景。隨著網際網路資訊量的爆發式增長,能用於解決資訊超載問題的推薦系統也在更多不同的場景下煥發新鮮活力。如何構建一個推薦系統,並將深度學習演算法應用其中呢?

基礎知識

推薦系統、召回、排序、深度學習

問題 **1** 一個典型的推薦系統通常包含哪些 部分?每個部分的作用是什麼?有 哪些常用演算法?

難度:★★☆☆☆

分析與解答

我們可以將一個推薦系統簡單地了解為給使用者推薦實體或非實體物品的系統。其工作是根據使用者和物品的特徵,使用某種或某些推薦演算法預測任意使用者 u 對任意物品 i 的偏好或評分,並按照預測的偏好順序,將排在前列的物品展示給使用者。一個最簡化和典型的推薦系統模型通常如圖 11.1 所示,由提供底層資料的資料層、中間的演算法層和上層的展示層組成。其中,演算法層一般至少由召回部分(召回層)和排序部分(排序層)組成。

當一次推薦查詢到來之時,推薦系統的召回演算法負責從整個物品集中取出當次推薦查詢的候選集。根據推薦場景的不同、推薦物品的種類以及系統規模的大小,候選集的數量會有一定變化,從數十到數千都較為常見。大部分召回策略都基於內容過濾(Content Filtering)、協作

過濾（Collaborative Filtering）或它們的混合方法而設計。協同過濾是非常典型的召回方法之一，它是基於已知部分使用者對部分物品的偏好或評分，預測缺失偏好或評分的方法[1]。從切入點上，協同過濾可以分為基於使用者的協作過濾、基於物品的協作過濾演算法等；從理念上則可以分為基於鄰域的方法和隱語義模型（Latent FactorModel）等。基於鄰域的方法，根據使用者行為的不同定義、顯性回饋和隱式回饋（implicit feedback）的不同處理等，又衍生出了許多不同的演算法；而隱語義模型的經典代表是矩陣分解（Matrix Factorization）算法。矩陣分解算法衍生出了機率矩陣分解（Probabilistic Matrix Factorization）[2] 和協同主題模型（Collaborative Topic Modeling）[3] 等方法，這一系列算法曾在召回領域大放異彩。除了協作過濾之外，還有很多方法可以用於召回，例如深度學習演算法。召回過程中的深度學習演算法受召回機制的影響比較大，根據不同推薦系統中召回機制的不同，演算法在結構設計和使用方式上會有較大的變化，並沒有一定之規。

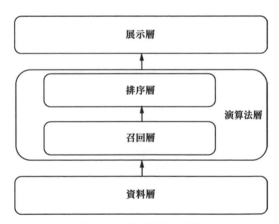

圖 11.1　推薦系統模型

　　推薦系統的排序演算法，負責對召回演算法提供的候選集中的物品按照用戶偏好進行排序，排好序後通常會再進行一次前 K 個物品的截取。排序完成後的前 K 個物品會被提供給展示層，最後展示給使用者。根據不同的推薦場景，人們會使用不同的推薦指標，這些推薦指標即是使用者偏好的量化表示。例如，以點擊率（Click-Through-Rate，CTR）作為推薦指標時，排序演算法會以預測 CTR 為目標。在這一場

景下常用的排序演算法包含邏輯回歸、梯度提升決策樹、因數分解機
（Factorization Machines，FM）以及各種神經網路演算法等。現在工
業界比較流行的神經網路排序演算法包含 Google 提出的 Wide & Deep
Network[4] 網路及其各種衍生演算法（如乘積神經網路（Product-based
Neural Network，PNN）[5]、DeepFM[6]、Deep & Cross Network[7]），
以及阿里巴巴提出的 Deep Interest Network[8]、Deep Interest Evolution
Network[9] 系列演算法等。

在整個推薦演算法進行的過程中，還可能需要其他一些模組，負責
對物品按照特定條件進行過濾，或使用不同演算法對特定物品進行權重
的升高或降低（如對冷啟動的特殊處理）等。在這些問題上，不同的推
薦系統有不同的處理方法。除了改造上述提到的一些演算法，使之更適
應特殊場景和特殊問題之外，一些強化學習相關模型也在處理這些問題
時被引用。

問題 *2*　推薦系統中為什麼要有召回？在召
回和排序中使用的深度學習演算法
有什麼異同？　　　　　難度：★★☆☆☆

分析與解答

首先，在實際應用中，推薦演算法往往是在線上使用，可用的設備
資源和響應時間都是有限的。而整個物品集的規模往往十分龐大，在線
上對大量物品進行排序是對性能的較大挑戰，很難實現。召回可以視為
一個粗排序的過程，這個過程的主要目的是在有限的資源條件下提供盡
可能準確的小候選集，進一步減輕排序階段的計算負擔和耗時。

其次，即使資源和時間足夠對整個物品集進行掃描，先使用較為簡
單的方法進行一次召回常常也是比較有利的。先進行召回表示可以排除
大部分無關物品，進一步允許在排序階段對更小的候選集使用更多的特
徵和更複雜的模型，以加強排序的準確率。

上述理由也是推薦系統在召回和排序階段有不同偏重的原因。在召

回階段，推薦系統一般更偏重於大量物品的篩選效率，可以接受一些犧牲一定準確性的最佳化演算法，而在排序階段推薦系統通常對預測準確率更加重視。在使用傳統演算法時，召回和排序階段使用的演算法種類通常就有所區別，例如可以在召回階段使用協作過濾，而在排序階段使用邏輯回歸或梯度提升決策樹。

在使用深度學習演算法時，可以把相似的深度神經網路同時用於召回和排序。但由於召回和排序階段的目標有一定差別，在應用深度神經網路時也有對應的區別。在特徵方面，排序階段的演算法會更多地使用目前上下文特徵、使用者行為相關特徵、時序相關特徵等，對特徵的處理比召回階段更加精細。在結構方面，召回階段使用深度神經網路時，比較常用的方案是用 Softmax 作為網路的最後一層，而排序階段最後一層是單一神經元的情況較多。由於可用的特徵更多更詳細，排序演算法可以使用更多精巧的結構，例如時序特徵相關的結構（LSTM、GRU等）和注意力機制，而召回演算法通常不使用這些結構。

・歸納與擴充・

推薦系統是應對資訊超載的利器，是很多商業應用中不可或缺的一部分。深度學習方法在推薦系統中的應用日漸廣泛，它可以用在推薦系統的各個部分，對推薦系統性能的提升具有重要作用。以下是關於本節內容的一些擴充問題。

（1）在參考文獻 [10] 中，他們是如何在召回和排序中設計不同的深度神經網路的？為什麼要這樣設計？

（2）在訓練召回模型和排序模型時，分別使用什麼樣的資料集比較合適？

推薦系統設計與演算法

設計一個有效幫助使用者篩選所需資訊的推薦系統，通常要考慮到應用場景和運算資源等多方面因素。當今推薦系統所使用的模型越來越複雜，在設計推薦演算法時，正確認識一個演算法的優點和限制，有助我們有針對性地解決實際需求並避開一些陷阱。本節從深度學習的角度來檢查一些經典的推薦模型，以及推薦演算法設計中可能遇到的實際問題。

協作過濾、矩陣分解、物品相似度、因數分解機、最近鄰演算法

問題 *1* 如何從神經網路的角度了解矩陣
分解演算法？   難度：★★☆☆☆

分析與解答

矩陣分解演算法是 Simon Funk 在 2006 年的 Netflix 推薦演算法設計大賽中提出的一種經典的協作過濾演算法，其基本思維是將使用者和物品的評分矩陣分解為低維稠密的向量，而分解過程的最佳化目標是讓使用者和物品對應向量的內積逼近實際評分，數學形式化為

$$r_{u,i} \approx \hat{r}_{u,i} = \mu + b_u + b_i + v_u^{\mathrm{T}} w_i \qquad (11\text{-}1)$$

其中，$r_{u,i}$ 和 $\hat{r}_{u,i}$ 分別表示使用者 u 對物品 i 的實際評分和預測評分，μ 為系統的全域偏差，b_u 和 b_i 分別為使用者 u 和物品 i 的特有偏差，v_u 和 w_i 則為表示使用者 u 和物品 i 的低維稠密向量。身為經典的協作過濾演算法，矩陣分解演算法從上述的最初形式不斷發展，產生諸如 SVD++[11]、機率矩陣分解等諸多變種，應用範圍也擴充到點擊、購買等隱式回饋資料上。這裡僅以式（11-1）所示的基本形式為例，從以下幾個方面以神

經網路的角度解釋矩陣分解演算法。

（1）**輸入輸出**：輸入輸入即為使用者和物品的編號，輸出為對應使用者給物品的評分。

（2）**最佳化目標**：在評分這種顯性回饋資料集上，矩陣分解通常採用均方根誤差（Root Mean Square Error）作為損失函數。此外，考慮到使用者和物品的數量，以及所選低維稠密向量的維數，矩陣分解的參數空間較大，因而通常會加入 L_2 正規項以防止過擬合，實際為

$$\min_{\mu,b_u,b_i,v,w} \sum_{(u,i)\in R} (r_{u,i} - \mu - b_u - b_i - v_u^{\mathrm{T}} w_i)^2 + \lambda_1 \| v_u \|_2^2 + \lambda_2 \| w_i \|_2^2 \tag{11-2}$$

（3）**神經網路模型**：矩陣分解的神經網路模型相對簡單，如圖 11.2 所示。圖中紅色為模型的輸入（使用者和物品的編號），綠色為可訓練的模型參考，黃色為模型輸出（評分）。模型大致流程是，先透過使用者或物品的編號查詢獲得使用者或物品的嵌入表示（embedding），而後透過嵌入表示的內積運算獲得一個純量值，再與各種偏置相加，最後獲得評分。對於使用者和物品的特有偏置，可以視為一維的嵌入表示。

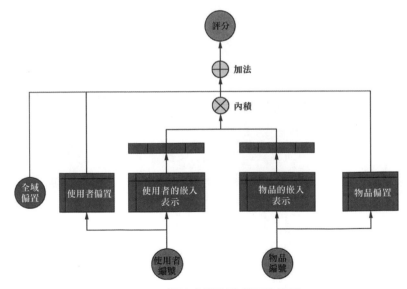

圖 11.2　矩陣分解的神經網路模型

（4）**訓練方法**：同一般的神經網路一樣，常用訓練演算法是批次梯度下降形式的反向傳播演算法。

（5）**超參數**：除了控制正規項的超參數 λ_1 和 λ_2 外，低維稠密向量

v 和 w 的維數也直接決定了模型的表達能力。這些超參數的選取方法一般也與其他機器學習模型相同，即選擇在驗證集上結果最好的一組設定值。

可以看到，從神經網路的角度來看，矩陣分解是一種內部沒有非線性單元的相對簡單的模型。所以，如果考慮增加模型的表達能力的話，可以透過增加多層感知單元等方法，將矩陣分解擴充為一個更一般的用於協作過濾工作的神經網路模型。

值得一提的是，除了顯性回饋資料外，矩陣分解演算法也可以處理隱式回饋資料，但在最佳化目標和訓練方法等方面有所不同。舉例來說，考慮到隱式回饋未必代表使用者對物品的喜好（如在直播節目發送時，使用者可能由於習慣原因而更偏好停留在某個頻道；又如在購物時，使用者可能出於價格、送貨範圍等限制而不選擇某物品），一般不能簡單地擬合隱式回饋中的 0/1，而是要對訓練目標做出一些調整，如引用可靠度的概念或採用排序損失函數等。另外，在某些場景下，隱式回饋資料的資料規模使得反向傳播演算法效率較低，需要一些更高效的訓練演算法（如參考文獻 [12] 中的交替最小平方方法）。

問題 *2* 如何使用深度學習方法設計一個根據使用者行為資料計算物品相似度的模型？

難度：★★★☆☆

分析與解答

基於物品相似度的協作過濾演算法最早是 Amazon 在 2001 年發表於 WWW 會議的論文 [13] 中提出的。在其後很長的一段時間內，基於物品相似度的協作過濾演算法一直是工業界應用最廣泛的演算法之一；即使在深度學習廣泛應用於推薦系統的今天，基於物品相似度的演算法仍然具有計算快速、原理簡單、可解釋性強等其他演算法難以比擬的優勢。

根據使用者回饋資料計算兩個物品間相似度的最簡單方法是計算兩個物品間的皮爾遜相關係數（Pearson Corelation）。從最佳化的角度來看，這一方法並沒有顯性地最佳化任何目標函數，一般不將其視為一種

機器學習演算法。因而我們也有理由相信，使用基於深度學習的演算法計算兩個物品間的相似度，可以取得比上述方法更準確的結果。那麼如何設計一個基於深度學習的模型，使我們可以根據使用者回饋的資訊計算兩個物品間的相似度呢？我們可以從無監督學習和監督學習兩個不同的角度來分析。

■ 無監督學習

使用無監督學習方法解決此問題，最常見的做法是先建置出物品的低維稠密向量，然後透過餘弦相似度來刻畫任意兩個物品間的相似度。這種方法通常參考自然語言處理、網路嵌入（Network Embedding）等領域的相關概念和演算法，如 Prod2Vec[14]、Item2Vec[15]、圖卷積神經網路（Graph Convolutional Neural Network）[16-17] 等。我們以 Prod2Vec 為例，來看一下自然語言處理中的演算法可以如何應用到這一問題上。

記使用者集為 U，一個使用者 $u \in U$ 的購買物品序列為 $S(u) \triangleq \left\{ i_0, i_1, \cdots, i_{N_u-1} \right\}$，$N_u$ 為購買物品總數。我們可以將物品看作一個單字，而將使用者看作由其購買的物品構成的句子。借用自然語言處理中 Word2Vec 的 Skip-Gram 模型，最佳化目標是最大化對數條件機率之和，即

$$\sum_{u \in U} \sum_{i_j \in S(u)} \sum_{-c \leqslant k \leqslant c, k \neq 0} \log P(i_{j+k} \mid i_j) \tag{11-3}$$

其中，$P(i_{j+k} \mid i_j)$ 透過 Softmax 函數計算，即 $P(i_{j+k} \mid i_j) = \dfrac{\exp(\boldsymbol{v}_{i_j}^{\mathrm{T}} \boldsymbol{v}'_{i_{j+k}})}{\sum_i \exp(\boldsymbol{v}_{i_j}^{\mathrm{T}} \boldsymbol{v}'_i)}$。

$\boldsymbol{v}_i$ 和 $\boldsymbol{v}'_i$ 分別表示物品 i 的輸入、輸出向量。圖 11.3 列出了該過程的示意圖。

和 Word2Vec 中的情形類似，若該計算中分母的求和式檢查所有物品，則計算複雜度過高，因而一般訓練時採用負取樣（Negative Sampling）或層次 Softmax（Hierarchical Softmax）的方法計算。在此基礎上，Prod2Vec 的論文中還提出 Bagged-Prod2Vec 的概念，其基本思維是進一步採擷和利用每次使用者可能購買多件物品的資訊，將一次購買的物品組合在一起（即所謂 Bagged）。在這一設定下，Skip-Gram 中的滑動視窗只在這一組合的層次上移動，並且式（11-3）中的機率也僅限於不同組合的物品之間。進一步的細節可以參考原始論文，此處不再贅述。

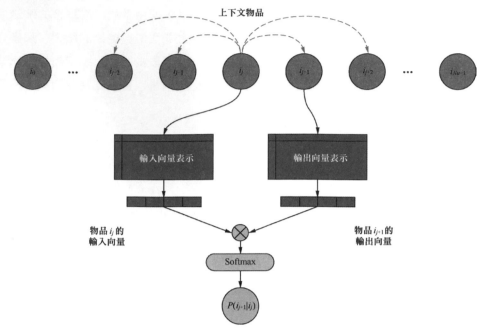

圖 11.3　使用 Skip-Gram 模型計算物品相似度

■ 監督學習

　　與無監督學習不同，監督學習方法將學習過程與線上使用物品相似度
的方法結合起來。與上述監督方法相同之處是通常也需要將物品表示為低
維稠密向量，但由於最佳化的目標與最後使用的過程緊密耦合，因而從擬
合資料的準確性來講一般要優於無監督學習方法。這種方法的基本想法是
基於這樣一個事實：基於物品相似度的協作過濾演算法在線上為用戶推薦
物品，是透過使用者歷史行為中的物品尋找與之相似的物品完成的。

　　一個最簡單的實例是將一個待推薦物品與使用者消費過的所有物品
的相似度求和，作為該物品的最後得分，而後按照每個物品的得分進行
排序並選取得分最高的 K 個物品。在此情形下，我們可以設計一個神
經網路模型，其輸入為任意兩個物品的編號，輸出為兩者的相似度。在
收集了使用者歷史行為資料的情形下，可以將使用者消費過的每一個物
品和待推薦物品作為上述網路的輸入，並將輸出的相似度在該使用者所
有歷史行為的層面上累加，就可以獲得使用者對該目標物品的評分了，
如圖 11.4 所示。圖中左側紅框內為物品相似度模型的主要部分，輸入
為兩個物品的編號，輸出為相似度（模型內部結構可以自由建置，這裡

僅為示意）。右側為計算損失函數部分，過程為計算一個使用者每個消費過的物品與待推薦物品的相似度後求和作為待推薦物品的得分；對負例按同樣的方式計算其得分。物品的得分可以作為輸入 Softmax（或 Sigmoid）函數的邏輯位元（logit）值，進一步可求得交叉熵等常用損失函數值。

在有了基本的模型後，如何設計損失函數呢？一種方法是收集使用者的正負反饋，按圖 11.4 所示將得分作為邏輯位元值用來計算損失函數。當使用 Sigmoid 函數而非 Softmax 函數時，這相等於點擊率預測所使用的二分類交叉熵損失函數。然而，考慮到收集的資料常常是現有推薦系統產生的結果，其中的負樣本分佈與使用者對全體物品產生負反饋的分佈可能有所不同，因而更常見的做法是在所有未見的物品中進行負取樣，然後使用二分類或多分類（此時每個類別對應一個物品）交叉熵或學習排序（Learning to Rank）類別的損失函數。有了損失函數後，我們就可以訓練圖 11.4 中的模型了。訓練完成後，模型就可以接受任意兩個物品作為輸入並輸出其相似度了。

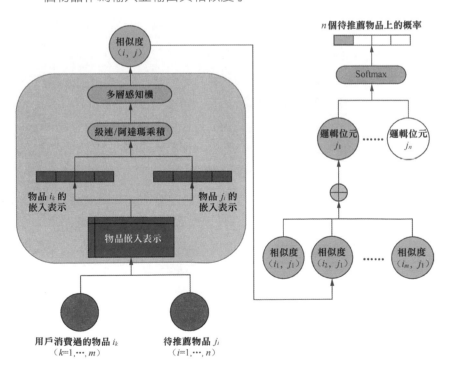

圖 11.4　監督學習下的物品相似度模型

問題 *3* 如何用深度學習的方法設計一個
基於階段的推薦系統？

難度：★★★☆☆

分析與解答

　　首先，簡介什麼是基於階段（session-based）的推薦系統。系統的輸入是使用者的動作序列，輸出是使用者的下個動作；模型要解決的工作是指定輸入（使用者的動作序列），預測輸出（使用者的下個動作）。以 Hulu 的業務為例，輸入就是使用者在同一階段內觀看的視訊以及對應的時間戳記，輸出是使用者下一個觀看的視訊。基於階段的推薦系統更加注重使用者的動作序列，適用於沒有登入資訊、只有短期行為的使用者。比較之下，傳統的推薦系統更加適用於已經登入、有歷史行為的使用者。基於階段的推薦演算法主要包含以下幾大類。

　　（1）基於頻繁模式採擷（Frequent Pattern Mining）的方法：找到動作 A 的後續動作。

　　（2）基於馬可夫鏈的方法：透過建置狀態傳輸矩陣來預測從動作 A 到動作 B 的跳躍機率。

　　（3）基於馬可夫決策過程的方法：透過對問題的狀態空間和動作空間進行建模，利用強化學習進行求解。

　　（4）基於循環神經網路的方法：將動作序列看成是時序資料，預測下一時刻最可能發生的動作。

　　下面簡單介紹如何利用循環神經網路來建置基於階段的推薦系統，其最經典的模型來自參考文獻 [18] 的論文，結構如圖 11.5 所示。模型的輸入是目前階段中使用者的動作序列的獨熱編碼（例如使用者目前為止看過的所有視訊）。由於採用獨熱編碼，輸入向量的維度等於物品的數量。模型的基本單元是 GRU 層，它是循環神經網路的一種經典實現，用於處理使用者的行為序列，根據目前狀態預測下一個狀態。GRU 層的下游是前饋層，負責將 GRU 狀態轉為對不同動作的預測分數。

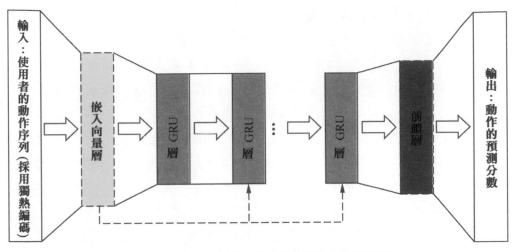

圖 11.5　利用循環神經網路建置基於階段的推薦系統

問題 4　二階因數分解機中稀疏特徵的嵌入
向量的內積是否可以表達任意的特
徵交換係數？引用深度神經網路的
因數分解機是否加強了因子分解機
的表達能力？

難度：★★★★☆

分析與解答

　　我們從二階因數分解機的公式 [19] 出發：

$$\hat{y}(\boldsymbol{x}) = \mu + \sum_{i=1}^{n} w_i x_i + \sum_{i=1}^{n} \sum_{j=i+1}^{n} \langle \boldsymbol{v}_i, \boldsymbol{v}_j \rangle x_i x_j \qquad （11\text{-}4）$$

其中，x 是輸入向量，它一般只有少數幾個分量不為 0（稀疏特徵），
典
型的實例是在指定使用者集和物品集時，將使用者編號和待推薦物品的
編號用獨熱向量表示出來，並將這兩個獨熱向量並聯起來就組成了一個
稀疏特徵輸入向量；μ 是因數分解機的整體偏置；w_i 是 x 中第 i 個特徵
分量的一階係數；v_i 是第 i 個特徵分量的嵌入向量，而第 i 個特徵分量與

第 j 個特徵分量的特徵交換係數就是 $\boldsymbol{v}_i$ 與 $\boldsymbol{v}_j$ 的內積；μ、w_i、$\boldsymbol{v}_i$ 都是需要透過訓練樣本學習獲得的參數；$\hat{y}(\boldsymbol{x})$ 是因數分解機的預測輸出值。

顯然式（11-4）右側的第三項是用來表達特徵分量之間的相互作用。從更一般的意義上講，我們可以將這個相互作用項寫為 $\sum_{i=1}^{n}\sum_{j=i+1}^{n}c_{ij}x_ix_j$，$c_{ij}$ 為待學習的特徵交換係數，但這種最一般的形式通常沒有實用價值。舉例來說，要預測一個特定使用者對一個特定物品的喜好度（該物品展示給該使用者時發生點擊的機率），如果直接去學習 c_{ij}，那麼只能學到在訓練樣本出現過的〈使用者 i'，物品 j'〉組合的係數 $c_{i'j'}$，這對於在測試集或是實際生產環境中的推斷是沒有意義的。因而在二階因數分解機中，透過訓練樣本學習的是特徵分量的嵌入向量 $\boldsymbol{v}$，然後用兩個特徵分量的嵌入向量的內積 $\langle \boldsymbol{v}_{i'}, \boldsymbol{v}_{j'}\rangle$ 來表示它們的特徵交換係數。

現在回到一開始的問題，用嵌入向量的內積來表示特徵交換係數具有任意的表達能力嗎？答案是肯定的，即對於任意二階特徵相互作用項 $\sum_{i=1}^{n}\sum_{j=i+1}^{n}c_{ij}x_ix_j, (1\leqslant i\leqslant n, i<j\leqslant n)$，存在一組嵌入向量 $\boldsymbol{v}_i$，使得 $\langle \boldsymbol{v}_i, \boldsymbol{v}_j\rangle = c_{ij}$。下面列出實際的證明。

首先，對任意的 $n\times n$ 維半正定實對稱矩陣 C'，存在特徵分解 $C' = Q\Lambda Q^{\mathrm{T}}$，其中是一個對角元素大於等於 0 的對角矩陣。因此可以構造一個 $n\times n$ 維矩陣 $V' = Q\sqrt{\Lambda}$，使 $C' = V'V'^{\mathrm{T}}$，於是 C' 中的每一個元素 c'_{ij} 可以表示為 $c'_{ij} = \langle \boldsymbol{v}'_i, \boldsymbol{v}'_j\rangle$，其中 $\boldsymbol{v}'_i$ 和 $\boldsymbol{v}'_j$ 分別是矩陣的第 i 和 j 行的 n 維向量。

現在回到原問題上來，對於任意一組係數 c_{ij} $(1\leqslant i\leqslant n, i<j\leqslant n)$，可以建置一個 C' 矩陣，使 $c'_{ij} = c'_{ji} = c_{ij}$ $(1\leqslant i\leqslant n, i<j\leqslant n)$，$c'_{ii} = \lambda$ $(1\leqslant i\leqslant n, \lambda\geqslant 0)$，為一常數。當足夠大時必為半正定實對稱矩陣（這一點請讀者自行思考如何證明），因而存在上述分解 $C' = V'V'^{\mathrm{T}}$。於是，我們只需讓稀疏特徵 i 的嵌入向量 $\boldsymbol{v}_i = \boldsymbol{v}'_i$（$\boldsymbol{v}'_i$ 為矩陣 V' 的第 i 行的 n 維向量），就有 $\langle \boldsymbol{v}_i, \boldsymbol{v}_j\rangle = \langle \boldsymbol{v}'_i, \boldsymbol{v}'_j\rangle = c'_{ij} = c_{ij}$。此時，稀疏特徵的嵌入向量的維度等於原始稀疏特徵的維度。

然而在實際應用場景中，稀疏特徵的維度常常非常高（例如是所有推薦物品的總個數），而嵌入向量的維度通常遠遠小於稀疏特徵的維度（降低嵌入向量的維度不僅是為了減小模型的規模和計算量，更重要的

是為了在輸入特徵十分稀疏的場景下，降低過擬合風險，提升模型的泛化能力）。透過上面的分析可知，較小的嵌入維度以及兩兩內積的表達方式確實限制了因數分解機的表達能力。針對此問題的解決方案是在嵌入向量之間引用非線性運算（例如深度神經網路），這樣可以在嵌入向量維度不過高的前提下某種程度上提升模型的整體表達能力。一種比較流行的在因數分解機裡引用深度神經網路的模型是深度因數分解機（DeepFM），它在式（11-4）右側三項的基礎上再加入了一個「深度」項，該深度項是由多個稀疏特徵域的嵌入向量並聯，再經過多層全連接神經網路後獲得；這四項的和表示了最後的模型預測結果（如果是點擊率預估的工作，則還需要四項求和之後再經過一個 Sigmoid 函數，使得輸出介於 0 到 1 之間）。

問題 **5** 最近鄰問題在推薦系統中的應用場景是什麼？實際演算法有哪些？

難度：★★☆☆☆

分析與解答

　　透過將使用者和物品轉化成向量表示，然後將使用者向量作為查詢輸入來尋找新的待推薦物品，這已經成為推薦系統裡的一種重要方法。矩陣分解是最早出現的這種方法的代表，而與自然語言處理中 Word2Vec 等類似的無監督向量化方法在推薦系統中也有了廣泛的應用。無論哪一種方法，實際應用到推薦場景時都可以概括為使用代表使用者的向量查詢與之「最相近」的物品向量。這一過程常常透過最近鄰演算法來完成。

　　然而，通用的計算最近鄰的演算法有時候並不完全適用於實際的推薦場景。舉例來說，當資料規模比較大時，精確最近鄰演算法常常無法在可接受的回應時間裡完成，因而很多近似最近鄰演算法被陸續提出。另外，廣義的最近鄰問題並不要求實體有歐氏空間表示，只需要任何兩個實體之間可計算距離；而在深度學習中，常常關注的是被嵌入到歐氏空間裡的向量之間的最近鄰問題。因此在推薦場景中，我們關注的通常

是針對向量化表示的實體的快速近似最近鄰演算法。

下面按類別介紹幾種最近鄰演算法。

■ **基於空間劃分的演算法**

基於空間劃分的演算法，如 KD- 樹、區間樹、度量樹等。它們常常是透過前置處理，把整個高維空間做某種劃分；當進行尋找時，只需要搜尋一部分被劃分之後的空間，即可找到最後結果。這種演算法一般都是精確演算法。該類別方法的缺點是當維度比較大時會出現維度詛咒（curse of dimensionality）問題，導致計算量過大，無法在可接受的時間裡獲得結果。因此，這種方法適用於資料維度低、對精確度要求高的場景。

■ **局部敏感雜湊類別演算法**

該類別演算法的核心思維是透過設計一個雜湊函數，將原來高維空間裡的向量雜湊對映到各個不同的桶裡，這個雜湊函數試圖做到原來高維空間裡相鄰的向量被雜湊對映到同一個桶裡。查詢階段只需要檢查待查詢向量所屬桶裡的所有向量即可。該類別演算法常常記憶體佔用不高，查詢時間和精確度與桶裡元素多少有關係，缺點在於需要設計出一個好的雜湊函數。另外，在很多場景下，原來高維空間中靠邊界的向量的部分最近鄰很可能被雜湊對映到不同的桶裡，進一步造成精確損失。

■ **積量化類別演算法**

積量化（product quantization）類別演算法最早由 Facebook 提出，整體想法是對資料集做某種程度的劃分，如做分群；對每一個劃分，找到一個向量代表這個劃分（稱為表示向量）。在搜尋階段，先找到離查詢向量最近的表示向量，進而只在該表示向量所在劃分內搜尋，進一步造成剪枝作用。積量化的想法和基於空間劃分的 KD- 樹有一定程度的相似，它們對空間的劃分面都垂直於座標軸；不同點在於前者更全面地考慮了資料的分佈。相對於局部敏感雜湊類別演算法，積量化類別演算法不需要去設計一個好的雜湊函數。該演算法前置處理的時間視實際需要而定，比較靈活。

■ 基於最近鄰圖的演算法

這種演算法的想法是在資料前置處理階段建置一個圖，圖的建立方式和查詢階段的方法有密切的關係，各個實際的演算法，建圖想法會有差別，但是一般思維是對每一個向量記錄許多個離它比較近的向量，有時還需記錄距離。查詢階段實際做法也各有不同，一般來講是設計演算法透過利用前置處理階段建的圖來做有效的剪枝。相比上面的演算法，基於最近鄰圖的演算法對於所有資料的細節刻畫更加細緻，所以常常能夠獲得更加精確的結果。但是，該類方法的記憶體消耗常常是這幾種演算法中最高的，因為每個向量都需要記錄許多個與之相關的向量和相關資訊。該類方法的資料前置處理時間也比較長。

・歸納與擴充・

如今深度學習模型已廣泛應用於推薦系統，但推薦演算法設計、實現和評估中的一些基本原則是通用和不變的。特別地，從基於深度學習模型的角度重新認識傳統模型的優勢和不足，這有助了解深度學習模型在不同場景下的應用，加深我們對基於深度學習推薦演算法的認識。

以下是關於本節內容的一些擴充問題。

（1）考慮到在實際應用中，取得任意兩個物品間的相似度並無必要，針對一個物品一般只取少量（如 K 個）與其最相似的物品即可。在這種要求下，有了一個基於神經網路的物品相似度模型後，我們如何取得與每個物品最相似的 K 個物品？當總物品數量較大時可能有什麼問題？有哪些解決方案？

（2）假設我們將圖 11.4 所示的物品相似度模型應用於實際資料的處理中，如果使用者的歷史記錄中平均消費過的物品序列長度為 100；模型中的嵌入向量的維度為 128；訓練的批次大小為 128；針對每個正樣本在執行時期隨機採取 100 個負樣本，則模型中最大的一組參數的大小為 $100 \times 128 \times 128 \times 100 = 1.6384 \times 10^8$。即使使用單精度浮點數表示，仍需超過 1GB 的儲存空間。考慮到其他參數的存在，這樣的空間需求對於顯存較小的 GPU 可能無法處理。針對這一問題可能有什麼解決方法？

03 推薦系統評估

如何評估一個推薦演算法的優劣，其重要性不亞於設計推薦演算法本身。實際場景中的推薦系統常常是模組化的，因而對其評估通常也是針對各個模組進行的。本節我們主要針對點擊率預估模型的評價，特別是對曲線線下面積（Area Under the Curve，AUC）這一核心離線評價指標介紹。

模型評估、曲線線下面積（AUC）

問題 *1* 評價點擊率預估模型時為什麼選擇 AUC 作為評價指標？　　難度：★★☆☆☆

分析與解答

AUC 是機器學習中常用的評價二分類模型的指標。如其名稱，AUC 定義為接受者操作特徵曲線（reciever operating characteristic curv，簡稱 ROC 曲線）的線下面積。與準確率（precision）、召回率（recall）等指標相比，AUC 關心的是樣本間的相對順序，與模型為每一個樣本輸出的絕對分值沒有關係，並且不易受正負樣本數量變化的影響，因而是點擊率預估模型中最重要的離線評價指標之一。

除了上述的幾何定義外，AUC 還有一層機率含義，即任取一正一負兩個樣本時，模型對正樣本的評分高於負樣本的機率。詳細的證明過程可見參考文獻 [20]，這裡我們用一種更為直觀的解釋方法幫助讀者了解這一概念，如圖 11.6 所示，其中 y 軸上的紅點表示正樣本，x 軸上的棕點表示負樣本點表示負樣本。

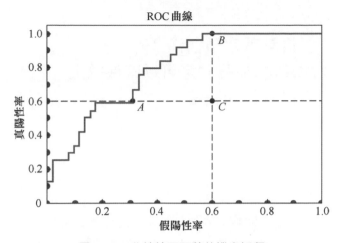

圖 11.6 曲線線下面積的機率解釋

　　將所有可能的正樣本沿真陽性率（True Positive Rate）所在軸（即 y 軸）按模型評分排開，將所有可能的負樣本沿假陽性率（False Positive Rate）所在軸（即 x 軸）按模型評分排開。對於一個正樣本，經過它並與 x 軸平行的直線與 ROC 曲線相交於一點（點 A），該點對應於模型的分類設定值，記作 τ_A（當模型分類設定值小於 τ_A 時該正樣本會被分為正類別）；同理，對於一個負樣本，經過它並與 y 軸平行的直線與 ROC 曲線的交點 B 同樣對應一個分類設定值，記作 τ_B（模型分類閾值小於 τ_B 時該負樣本會被（錯誤地）分為正類別）。

　　現在我們隨機選擇一正一負兩個樣本，分別畫出經過該樣本並與 x 軸、y 軸平行的直線，兩條直線交於一點 C。若 C 落在 ROC 曲線下側，則由 ROC 曲線的定義可知，過正樣本直線與 ROC 曲線的交點所對應設定值 τ_A 必大於負樣本對應的設定值 τ_B，這說明模型對於該正樣本的評分高於該負樣本；反之，交點落在 ROC 曲線上側，則模型對於該負樣本的評分高於該正樣本。因此，模型對正樣本評分高於負樣本的機率，等於點 C 落在 ROC 曲線下側的機率，亦即 ROC 曲線的線下面積。

問題2

評價點擊率預估模型時，線下 AUC 的加強一定可以確保線上點擊率的加強嗎？

難度：★★★☆☆

分析與解答

雖然 AUC 表示了模型對正樣本評分高於負樣本的機率（也即將任意正樣本排在任意負樣本之前的機率），但線下 AUC 的加強並不總是表示線上點擊率的加強。造成這種不一致現象的根本原因是，線下的 AUC 評估常常是將所有樣本混雜在一起進行的，這就破壞了原始資料中天然存在的一些模型無法改變的**維度**資訊。所謂的維度資訊，在不同的推薦場景下可能有所不同，但一般包含使用者維度、時間維度、設備維度等。

舉例來說，對於使用者維度，線下 AUC 的加強可能是將一部分使用者的正樣本排到了另一部分使用者的負樣本之前導致的。例如資料中有兩組使用者 A 和 B，記使用者群組 A 的正負樣本集分別為 A^+ 和 A^-，B 組使用者的正負樣本集分別為 $B+$ 和 B^-。若目前模型對於樣本的排序為 $A^+>A^->B^+>B^-$，而改進後的模型將 B^+ 和 A^- 交換了位置，即變成 $A^+>B^+>A^->B^-$。這樣，從 AUC 的機率意義可知，改進後的模型在整體資料集上的 AUC 將獲得加強（加強的幅度取決於這 4 組樣本的相對大小），但線上實驗的點擊率不會發生變化，因為對於各組使用者而言，他們看到的推薦排序結果仍然是相同的。換言之，B 組的使用者並不能「穿越」去點擊 A 組的負樣本，因而將 B^+ 這一組樣本提升到 A^- 前沒有任何意義。

同理，對於時間維度，記上午的正負樣本分別為 M^+ 和 M^-，下午的正負樣本分別為 N^+ 和 N^-，將排序從 $M^+>M^->N^+>N^-$ 變為 $M^+>N^+>M^->N^-$ 帶來的 AUC 提升同樣是沒有意義的，畢竟下午的用戶是無法「穿越」去點擊上午的樣本的。

明白了線下 AUC 與線上點擊率不一致的這一層原因後，我們自然就可以想到解決方法，即按各個維度對樣本做聚合，在聚合的各組結果上

分別計算 AUC，而後再按樣本數做加權平均。這樣就可以消除各個維度之間樣本交換的可能。

另外，線下驗證集樣本的分佈、線上與線下特徵不一致等也會導致 AUC 變化與點擊率變化不一致的現象。

・**歸納與擴充**・

在實際推薦演算法的設計過程中，如何選取合適的評價指標要綜合考慮推薦場景、資料、演算法等多方面因素。一般而言，儘管線上實驗是判斷一個新演算法成功與否的最後標準，但考慮到線上實驗時間、使用者流量、開發成本等因素，常常需要合理的線下評價指標作為指導。本節提到的問題都是實際中選取線下指標時可能遇到的共通性問題，在解決實際業務場景時還需要注意更多的特有問題。

參考文獻

[1] KOREN Y, BELL R, VOLINSKY C. Matrix factorization techniques for recommender systems[J]. Computer, IEEE, 2009(8): 30–37.

[2] MNIH A, SALAKHUTDINOV R R. Probabilistic matrix factorization[C]// Advances in Neural Information Processing Systems, 2008: 1257–1264.

[3] WANG C, BLEI D M. Collaborative topic modeling for recommending scientific articles[C]//Proceedings of the 17th ACM SIGKDD International Conference on Knowledge Discovery and Data Mining. ACM, 2011: 448–456.

[4] CHENG H-T, KOC L, HARMSEN J, et al. Wide & deep learning for recommender systems[C]//Proceedings of the 1st Workshop on Deep Learning for Recommender Systems. ACM, 2016: 7–10.

[5] QU Y, CAI H, REN K, et al. Product-based neural networks for user response prediction[C]//2016 IEEE 16th International Conference on Data Mining, 2016: 1149–1154.

[6] GUO H, TANG R, YE Y, et al. DeepFM: A factorization-machine based neural network for CTR prediction[J].arXiv preprint arXiv:1703.04247, 2017.

[7] WANG R, FU B, FU G, et al. Deep & cross network for ad click predictions[C] // Proceedings of the ADKDD'17. ACM, 2017: 12.

[8] ZHOU G, ZHU X, SONG C, et al. Deep interest network for click-through rate prediction[C]//Proceedings of the 24th ACM SIGKDD International Conference on Knowledge Discovery & Data Mining. ACM, 2018: 1059–1068.

[9] ZHOU G, MOU N, FAN Y, et al. Deep interest evolution network for click-through rate prediction[J]. arXiv preprint arXiv:1809.03672, 2018.

[10] COVINGTON P, ADAMS J, SARGIN E. Deep neural networks for YouTube recommendations[C]//Proceedings of the 10th ACM Conference on Recommender Systems, 2016: 191–198.

[11] KOREN Y. Factorization meets the neighborhood: A multifaceted collaborative filtering model[C]//Proceedings of the 14th ACM SIGKDD International Conference on Knowledge Discovery and Data Mining. ACM, 2008: 426–434.

[12] HU Y, KOREN Y, VOLINSKY C. Collaborative filtering for implicit feedback datasets[C]//2008 8th IEEE International Conference on Data Mining, 2008: 263–272.

[13] SARWAR B M, KARYPIS G, KONSTAN J A, et al. Item-based collaborative filtering recommendation algorithms.[J]. WWW, 2001, 1: 285–295.

[14] GRBOVIC M, RADOSAVLJEVIC V, DJURIC N, et al. E-commerce in your inbox: Product recommendations at scale[C]//Proceedings of the 21th ACM SIGKDD International Conference on Knowledge Discovery and Data Mining. ACM, 2015: 1809–1818.

[15] BARKAN O, KOENIGSTEIN N. Item2vec: Neural item embedding for collaborative filtering[C]//2016 IEEE 26th International Workshop on Machine Learning for Signal Processing, 2016: 1–6.

[16] MONTI F, BRONSTEIN M, BRESSON X. Geometric matrix completion with recurrent multi-graph neural networks[C]//Advances in Neural Information Processing Systems, 2017: 3697–3707.

[17] YING R, HE R, CHEN K, et al. Graph convolutional neural networks for web-scale recommender systems[C]//Proceedings of the 24th ACM SIGKDD International Conference on Knowledge Discovery & Data Mining. ACM, 2018: 974–983.

[18] HIDASI B, KARATZOGLOU A, BALTRUNAS L, et al. Session-based recommendations with recurrent neural networks[J]. arXiv preprint arXiv:1511. 06939, 2015.

[19] RENDLE S. Factorization Machines[C]//2010 IEEE International Conference on Data Mining, 2010: 995–1000.

[20] HAND D J. Measuring classifier performance: A coherent alternative to the area under the ROC curve[J]. Machine Learning, Springer, 2009, 77(1): 103–123.

計算廣告

計算廣告是網際網路企業內發展比較成熟的領域，其中的業務比較複雜，需要解決的問題也很多。該領域中一些適合用智慧演算法來解決的問題，大部分在深度學習出現之前就已經有了解決方案；但深度學習出現後，其中有一部分問題在應用深度學習技術後能夠提升效率。不同公司面臨的業務場景有各自的特色，這使得計算廣告領域內的實際問題一般會帶有各自公司業務的特點，各不相同。點擊率預估、廣告召回和廣告投放策略等 3 個方面是該領域內的通用問題，也都有深度學習技術的應用。本章會結合一些實際的業務場景來介紹深度學習技術在這 3 個方面的應用。

點擊率預估

場景描述

計算廣告領域有一大類廣告的定價模式是按點擊收費：使用者如果點擊了廣告，廣告主支付一定的費用；使用者如果沒有點擊，則廣告主不用支付費用。按點擊收費是一種主流的廣告模式。在這種廣告模式中，使用者點擊廣告的機率直接關係到廣告的收入，因此點擊率（Click-Through Rate，CTR）預估是其中的核心問題。

基礎知識

因數分解機（Factorization Machine, FM）、深度因數分解機（DeepFM）、深度興趣網路（Deep Interest Network, DIN）、冷啟動、多臂吃角子老虎機（Multi-Arm Bandit, MAB）

問題 *1* 簡述 CTR 預估中的因數分解機模型（如 FM、FFM、DeepFM）。　難度：★★☆☆☆

分析與解答

CTR 是指在廣告展示中使用者點擊廣告的機率。預估 CTR 對搜尋、廣告和推薦系統都具有重要作用 [1-2]。典型的用於 CTR 預估的特徵如圖 12.1 所示，這些特徵可以歸類為使用者特徵、目前預測廣告特徵以及一些代表行為發生環境資訊的上下文特徵（context feature）。由於這些特徵多是類型特徵（而非數值型特徵），特徵的設定值是有限可數的，實際應用中常常需要進行獨熱編碼（one-hot encoding）或多熱編碼（multi-hot encoding）。

特徵交換（feature interaction）對 CTR 預估具有重要作用。例如對於口紅類商品的廣告，可能對年齡在 16 歲以上且性別為女的使用者更加合適，這就表示預估口紅廣告的 CTR 需要使用者年齡和使用者性別

的二階交換特徵。由於 CTR 特徵的高維稀疏性特點，特徵交換將增加問題的難度。對於一個 n 維特徵輸入，二階特徵交換就表示 $\binom{n}{2} \approx O(n^2)$ 量級的交換特徵，這大幅增加了模型的計算量，難以進行實際應用。應用邏輯回歸等線性模型來預估 CTR 會遇到如下問題，一些起重要作用的交換特徵無法被線性模型表達，需要人工加入這些交換特徵來擴展輸入，這會導致演算法的可擴充性不強；另一些方法如二階多項式（Degree-2 Polynomial）模型會列舉所有二階交換特徵並在此基礎上應用機器學習演算法進行學習，這種列舉方式模擬了線性模型中針對二階交換特徵的特徵篩選工作，但它會大幅增加輸入特徵的維度；此外，在實際的訓練過程中，有些交換特徵在樣本中出現的次數比較少，這會導致交換項在模型中的權重參數無法獲得充分訓練。

類別	特徵域名稱	特徵維度	編碼類型	非零值個數
用戶簡介	性別	~2	獨熱編碼	1
	年齡	~10	獨熱編碼	1
	......	......	......	......
用戶行為	歷史訪問商品ID	~10^9	多熱編碼	~10^3
	歷史訪問商品類別ID	~10^4	多熱編碼	~10^2
	......	......	......	......
廣告特徵	商品ID	~10^7	獨熱編碼	1
	商品類別ID	~10^4	獨熱編碼	1
	......	......	......	......
上下文特徵	行為時間	~10	獨熱編碼	1
	......	......	......	......

圖 12.1　一些用於 CTR 預估的特徵範例

■ 因數分解機模型

因數分解機（FM）模型為 CTR 預估中特徵交換問題提供了一個解決方案。實際來說，FM 模型可以表示為特徵的一階特徵交換項與二階特徵交換項之和：

$$\hat{y}_{\text{FM}}(\boldsymbol{x}) = \mu + \langle \boldsymbol{w}, \boldsymbol{x} \rangle + \sum_{i=1}^{n} \sum_{j=i+1}^{n} \langle \boldsymbol{v}_i, \boldsymbol{v}_j \rangle x_i x_j \tag{12-1}$$

其中，$\boldsymbol{x}$ 是輸入的特徵向量，$\hat{y}_{\text{FM}}(\boldsymbol{x})$ 是預估的 CTR；μ 是模型的整體偏差；$\boldsymbol{w}$ 是一階權重向量，它與輸入向量的內積$\langle \boldsymbol{w}, \boldsymbol{x} \rangle$表示一階交換特徵對預測目標的影響；$x_i$ 是第 i 維特徵（即 $\boldsymbol{x}$ 的第 i 維度），$\boldsymbol{v}_i$ 是 x_i 對應的 k

維嵌入向量，$\langle v_i, v_j \rangle$ 是二階交換特徵 $x_i x_j$ 的係數，n 是 x 的維度。

FM 模型透過給每維特徵學習一個低維嵌入向量，然後用嵌入向量的內積來表示特徵交換係數，這樣可以降低模型的參數個數，使得模型學習交換特徵變得可行，最後增加模型的實用性。將每維特徵對應到一個嵌入向量上還會帶來一個優點：只要訓練集中該特徵的非零設定值次數足夠多，對應的嵌入向量就能獲得充分訓練，這樣就能透過嵌入向量的內積計算出交換特徵的係數，而並不要求交換項在訓練集中出現很多次。

■ 域感知因數分解機模型

在實際 CTR 預估問題中，不同特徵域之間的交換特徵的影響是不同的。舉例來說，使用者性別與年齡的交換特徵對 CTR 的影響可能比較大，而性別與線上時長的交換特徵卻常常沒有太大意義。在 FM 模型中，每個特徵 i 在與其他特徵進行交換時，用的都是同一個嵌入向量 v_i，這樣就無法表現出不同特徵域之間交換特徵的重要性變化。針對這個問題，域感知因子分解機（FFM）[3] 模型提出了改進措施，為每維特徵學習針對不同特徵域（feature field）的不同嵌入向量，以刻畫不同特徵域之間的特徵交換的區別，實際公式為

$$\hat{y}_{\text{FFM}} = \mu + \langle w, x \rangle + \sum_{i=1}^{n} \sum_{j=i+1}^{n} \langle v_{(i,f_j)}, v_{(j,f_i)} \rangle x_i x_j \qquad (12\text{-}2)$$

其中，f_i 和 f_j 分別表示特徵 i 和特徵 j 所在的域，$v_{(i,f_j)}$ 表示特徵 i 與特徵域 f_j 對應的嵌入向量，$v_{(j,f_i)}$ 表示特徵 j 與特徵域 f_i 對應的嵌入向量。由於輸入特徵的稀疏性，特徵域的個數 m 一般遠小於輸入向量的維度 n，所以 FFM 模型的計算量相比於 FM 模型並不會增加太多，在實際應用中仍然是可行的。FFM 模型針對不同特徵域學習不同的嵌入向量，因而在 CTR 預估中的效果會更好。

假設輸入向量的維度為 n，可以劃分為 m 個特徵域，嵌入向量的維度為 k，則 FFM 模型的參數量大約為 $n + n(m-1)k$，這個參數量仍然是比較大的。為了解決這個問題，域加權因數分解機（Field-weighted Factorization Machines, FwFM）[4] 應運而生。FwFM 模型的實際公式為

$$\hat{y}_{\text{FwFM}} = \mu + \langle w, x \rangle + \sum_{i=1}^{n} \sum_{j=i+1}^{n} \langle v_i, v_j \rangle \, x_i x_j \, r_{(f_i, f_j)} \qquad (12\text{-}3)$$

其中，$r_{(f_i, f_j)}$ 是表示特徵域 f_i 和特徵域 f_j 之間的交換權重係數。FwFM 將模型的參數個數減少到了 $n + nk + \dfrac{m(m-1)}{2}$ 個，增加了模型的實用性。

無論是 FM、FFM 還是 FwFM 模型，都只建模了二階特徵交換，然而實際應用場景中更高階特徵交換對 CTR 預估也很重要。深度學習模型由於引用了隱藏層與非線性轉換，可以用來建模高階特徵交換，如乘積神經網路、深度因數分解機、深度興趣網路等。

■ **深度因數分解機**

深度因數分解機（DeepFM）[5] 在 FM 的基礎上，增加了深度神經網路作為 "Deep" 部分，讓模型能夠學習高階特徵交換。圖 12.2 展示了 DeepFM 的模型結構，整個模型可以分為 FM 部分和 Deep 部分，實際細節如下。

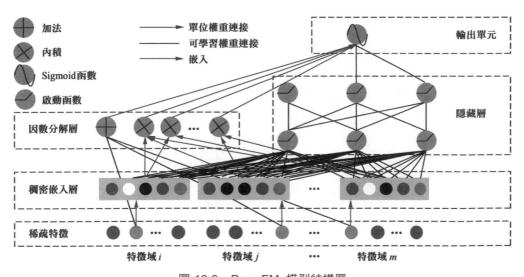

圖 12.2　DeepFM 模型結構圖

（1）類似 FM，DeepFM 模型的輸入是每個特徵的稀疏編碼。隨後，DeepFM 為每個特徵學習一個稠密的低維嵌入向量，並將這些嵌入向量作為後續的 FM 部分和 Deep 部分的輸入。

（2）在 FM 部分，模型會產生一階特徵交換項 $\langle w, x \rangle$ 和二階特徵交

叉項 $\langle v_i, v_j \rangle x_i x_j$（參考式（12-1））。FM 部分的輸出記作 $\hat{y}_{FM}$。

（3）在 Deep 部分，模型採用多層全連接神經網路來學習高階特徵交換資訊。Deep 部分採用特徵的嵌入向量作為輸入（而非特徵的稀疏編碼），是因為不同於影像、語音等領域，CTR 預估問題中的輸入特徵通常是高維稀疏向量（大部分是類型特徵），直接作為神經網路的輸入不能取得很好的效果。Deep 部分的輸出記作 $\hat{y}_{DNN}$。

（4）模型最後的輸出是 FM 部分和 Deep 部分的輸出之和（再經過一個 Sigmoid 轉換）：

$$\hat{y}_{out} = \text{Sigmoid}(\hat{y}_{FM} + \hat{y}_{DNN}) \qquad （12-4）$$

整體來説，DeepFM 模型透過 FM 部分直接保留了低階特徵交叉項（一階和二階），透過 Deep 部分學習更高階的特徵交換資訊，進一步加強 CTR 預估的效果。此外，FM 部分與 Deep 部分共用特徵的嵌入向量，這可以減輕特徵的計算量，並且在訓練過程中能使嵌入向量同時學習到低階和高階的特徵交換資訊，進一步獲得更有效的特徵表示。

問題 2　如何對 CTR 預估問題中使用者興趣的多樣性進行建模？　　難度：★★★☆☆

分析與解答

在 CTR 預估問題中，無論使用者點擊的廣告是線上商場的商品，還是電影、電視劇等視訊資源，使用者表現的興趣常常都是多樣化的。舉例來説，同一個使用者可能既喜歡看恐怖片，也喜歡看喜劇片。然而，大多數處理 CTR 預估問題的機器學習方法都只建模使用者的單峰興趣特性，即將用戶資料中的特徵透過一些轉換組合成一個固定長度的向量，這無法很好地表現使用者興趣的多樣性。

阿里巴巴在 2018 年發表的深度興趣網路（DIN）[6]，在預估使用者對於特定廣告的 CTR 時，可以只關心與該廣告相關的使用者歷史行為

（亦即能影響到使用者決策的那部分特徵），進一步提升預估效果。實際來說，針對不同的廣告，DIN 會對使用者歷史行為產生不同的注意力向量，並據此對使用者歷史行為做轉換，最後產生與目標廣告相關的使用者特徵編碼。這裡之所以使用注意力機制，是因為使用者在選擇點擊某個有興趣的廣告時，常常只有一部分歷史行為資訊與目前的決策相關。

　　圖 12.3 是 DIN 的結構示意圖。從圖中可以看到，DIN 先對使用者的每一個歷史行為進行編碼，然後透過局部注意力模組計算出這些歷史行為的注意力權重向量，最後將注意力權重向量與歷史行為編碼向量相乘，做加權求和後即獲得使用者的特徵編碼；使用者特徵與其他特徵以及目標廣告特徵連接在一起，輸入到多層神經網路中，最後獲得 CTR 預估值。

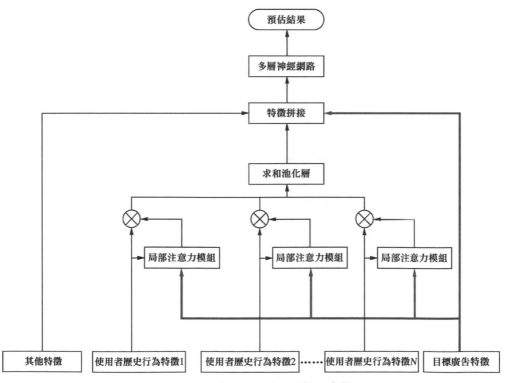

圖 12.3　深度興趣網路的結構示意圖

這裡透過注意力機制產生的使用者特徵編碼的公式為

$$v_u(a) = \sum_{j=1}^{h} a(e_j, v_a) \, e_j = \sum_{j=1}^{h} w_j \, e_j \qquad （12\text{-}5）$$

其中，h 是使用者歷史行為的記錄總數，e_j 是第 j 個歷史行為的編碼向量（例如被瀏覽商品的特徵編碼），v_a 是目標廣告的特徵編碼向量，$a(\cdot,\cdot)$ 是計算使用者歷史行為與目標廣告的局部注意力函數。這樣，對於指定的廣告 a，使用者特徵 v_u 就可以自我調整地計算出來。

圖 12.4 是 DIN 中的局部注意力模組的結構示意圖。由圖 12.4 可知，除了使用者歷史行為記錄和目標廣告的編碼向量作為輸入之外，局部注意力模組還計算了這兩個向量的外積，作為計算使用者歷史行為和目標廣告相關性的顯性特徵。另外值得注意的是，在局部注意力模組中，並沒有對注意力權重向量進行 Softmax 正規化，這是為了保留使用者興趣的強度資訊，方便使用強度資訊比較使用者的不同興趣與目標廣告的相關性。

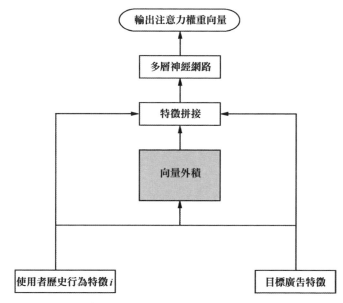

圖 12.4　深度興趣網路中的局部注意力模組的結構示意圖

問題 **3**　多臂吃角子老虎機演算法是如何解　難度：★★★☆☆
決 CTR 預估中的冷啟動問題的？

在廣告投放排序過程中，預估的 CTR 是非常重要一項指標。舉例來說，一般效果廣告會按 $CTR \times CPC$（cost perc lick）來進行排序。在 CTR 預估問題中，廣告的展示和點擊資料是十分重要的輸入。對於新廣告而言，在剛剛開始投放時，並沒有累積太多的展示資料和足夠的點擊資料進行準確的 CTR 預估。同樣，對於長尾廣告，由於沒有足夠的展示機會，因而也缺乏足夠的展示和點擊資料。在這種情況下，如何把新廣告投給有興趣的使用者，稱為廣告冷啟動問題。冷啟動在推薦系統中也是非常重要的課題。

多臂吃角子老虎機演算法是解決冷啟動問題的一種常見方法，它是強化學習的簡化版本。多臂吃角子老虎機問題起源於一個古老的遊戲：假設一個「吃角子老虎機」有多個臂，每搖一次臂需要花費一個金幣，每個臂的收益機率是不一樣且未知的（但這個機率是固定的）；一個遊戲者有一定數目的金幣，他如何操作可以獲得最大的收益呢？如果將這個問題對應到強化學習架構下，則遊戲者是代理（agent），搖臂是動作（action），搖臂後獲得的收益是獎勵（reward）。

根據遊戲的思路，我們可以先花費一定的金幣進行探索（exploration），探測哪個搖臂的收益機率最大；然後利用（exploitation）之前探索獲得的資訊，將金幣用在收益機率最大的搖臂上。「探索」和「利用」是在廣告以及推薦系統中十分常見的一種問題。

把廣告冷啟動問題對應到多臂吃角子老虎機演算法上，則每個廣告對應一個搖臂，每搖一次臂對應著一次廣告展示，廣告上的 $CTR \times CPC$（根據業務不同會略有不同）是收益。我們要解決的問題是每次如何展示廣告，能夠讓最後的收益最大化。下面介紹業界中常用的兩種多臂吃角子老虎機演算法。注意這裡我們討論的吃角子老虎機每次搖臂後的收

益是 1 或 0，分別代表搖臂後有收益或沒有收益，下文不再贅述。

■ 信賴區間上界演算法

第一個演算法是信賴區間上界（Upper Confidence Bound，UCB）演算法，它為每個臂 a 維護一個收益均值 $\overline{r}_a$，即臂 a 之前所有次收益的平均值。UCB 演算法的整體流程如下。

（1）初始化：首先將每個臂搖一次，獲得每個臂 a 的初始收益均值 $\overline{r}_a$。

（2）在每次搖臂之前，先計算每個臂 a 的信賴上界 $p_{t,a} = \overline{r}_a + \sqrt{(2\log t)/n_a}$，其中 t 表示目前搖臂的總次數，n_a 表示臂 a 之前被搖的次數。

（3）選擇信賴上界最大的臂，即 $a_t = \mathrm{argmax}_a\, p_{t,a}$，搖臂並記錄獲得的收益 r_t。

（4）更新臂 a_t 的搖臂次數和收益均值，即 $n_{a_t} \leftarrow n_{a_t}+1, \overline{r}_{a_t} \leftarrow (\overline{r}_{a_t} \times (n_{a_t}-1)+r_t)/n_{a_t}$。

（5）重複步驟（2）～步驟（4）直到演算法結束。

我們來解讀步驟（2）中的信賴上界，其中 $\overline{r}_a$ 是臂 a 在前 n_a 次搖臂過程中收益的均值，如果 n_a 越大，那麼這個均值越確定。然而，n_a 也不可能無限大，所以估計出來的收益均值 $\overline{r}_a$ 跟真實收益 r_a 會存在一個差值 δ，即 $\overline{r}_a - \delta \leqslant r_a \leqslant \overline{r}_a + \delta$。根據 Chernoff-Hoeffding 不等式，對於兩兩獨立的隨機變數 $X_1, \cdots, X_n$，且 $0 \leqslant X_i \leqslant 1$，則有

$$P(|\overline{X} - \mathbb{E}[\overline{X}]| \geqslant \delta) \leqslant 2\,e^{-2n\delta^2} \qquad （12\text{-}6）$$

當設定值為步驟（2）中的 $\sqrt{(2\log t)/n_a}$ 時，有 $P(|\overline{r}_a - \mathbb{E}[r_a]| \geqslant \delta) \leqslant t^{-4}$，隨著搖臂總次數的增加，這個機率值會逐漸趨於 0。直觀上看，在 UCB 演算法中，如果 n_a 比較小，說明臂 a 被選擇的次數還不是很多，此時信賴區間 $\sqrt{(2\log t)/n_a}$ 比較大，使得該臂會有更多被選擇的機會；隨著臂 a 被選擇次數的增加，n_a 變大，信賴區間變小，該臂的收益變得越來越確定。

■ Thompson 取樣演算法

第二個演算法是 Thompson 取樣（Thompson Sampling）演算法，它

將每個臂 a 的收益分佈建模為一個 Beta 分佈，即 $\text{Beta}(\alpha_a, \beta_a)$，其中參數 α_a 對應收益，β_a 對應損失。Thompson 取樣演算法的基本流程如下。

（1）初始化：為每個臂 a 所對應的 Beta 分佈的參數 α_a 和 β_a 設定初值（先驗分佈）。

（2）在每次搖臂之前，先從每個臂的 Beta 分佈中隨機取樣出一個值 v_a。

（3）選擇取樣值最大的臂，即 $a_t = \text{argmax}_a \, v_a$，搖臂並記錄獲得的收益 r_t。

（4）更新臂 a_t 所對應的 Beta 分佈的參數，即 $(\alpha_{a_t}, \beta_{a_t}) \leftarrow (\alpha_{a_t}, \beta_{a_t}) + (r_t, 1 - r_t)$。

（5）重複步驟（2）～步驟（4）直到演算法結束。

可以看到，在 Thompson 取樣演算法中，每個臂剛開始時的 Beta 分布的方差比較大，取樣值的隨機性比較大，因而每個臂都有機會被選到；隨著搖臂次數的增加，Beta 分佈的方差變小，演算法會根據已經累積的資料做更加準確的選擇。比較 UCB 演算法和 Thompson 取樣演算法可以發現，這兩個演算法在選擇臂時有個共同特點：要麼選擇已經比較確定的較好的臂，要麼選擇還不太確定的臂。

上面描述的兩種多臂吃角子老虎機演算法都還比較簡單，在實際業務場景中情況會複雜很多。其中最重要的一點是，上面的 UCB 演算法和 Thompson 取樣演算法並沒有考慮到上下文資訊。在廣告投放系統中，上下文資訊是十分重要的因素，例如口紅廣告在女性用戶流量上的 CTR 要遠好於在男性使用者上的 CTR。因此，廣告投放系統需要一個考慮上下文資訊的 Bandit 演算法（contextual Bandit）。

■ LinUCB 算法

雅虎在 2010 年提出的 LinUCB 算法 [7]，考慮了上下文資訊，是 UCB 演算法的延伸。從名字可以看出，LinUCB 演算法用線性組合關係來建模上下文資訊與期望收益之間的關係。將廣告系統中的每一支廣告對應為一個臂，在每個時刻 t 為每個臂 a 維護一個 $d \times 1$ 維的特徵向量 $x_{t,a}$，這個特徵向量既包含廣告的一些特徵，例如廣告品牌、關鍵詞等資訊，也包含使用者的特徵，例如年齡、性別、歷史行為等資訊。同

時，為每個臂維護一個 $d \times 1$ 維的線性相關係數 $\boldsymbol{\theta}_a$，用於計算臂的期望收益，即 $\mathbb{E}[r_{t,a} \mid \boldsymbol{x}_{t,a}] = \boldsymbol{x}_{t,a}^T \boldsymbol{\theta}_a$。這裡的相關係數 $\boldsymbol{\theta}_a$ 可以透過嶺回歸（Ridge Regression）來估計，記 $\boldsymbol{X}_a$ 是臂 a 在之前 m 次被搖時的特徵（$d \times m$ 維矩陣），$\boldsymbol{r}_a$ 是臂 a 在之前 m 次被搖時的收益（$1 \times m$ 維向量），則相關係數 $\boldsymbol{\theta}_a$ 的最佳解估計值為

$$\hat{\boldsymbol{\theta}}_a = \boldsymbol{A}_a^{-1} \boldsymbol{b}_a \qquad\qquad (12\text{-}7)$$

其中，$\boldsymbol{A}_a = (\boldsymbol{X}_a \boldsymbol{X}_a^T + \boldsymbol{I}_{d \times d}), \boldsymbol{b}_a = \boldsymbol{X}_a \boldsymbol{r}_a^T$。根據 UCB 演算法的想法，除了收益的期望外，還需要一個信賴上界。根據參考文獻 [8]，對任意 $\delta > 0$，有

$$P\left(\left| \boldsymbol{x}_{t,a}^T \hat{\boldsymbol{\theta}}_a - \mathbb{E}[r_{t,a} \mid \boldsymbol{x}_{t,a}] \right| \leqslant \alpha \sqrt{\boldsymbol{x}_{t,a}^T \boldsymbol{A}_a^{-1} \boldsymbol{x}_{t,a}} \right) > 1 - \delta \qquad (12\text{-}8)$$

其中，$\alpha = 1 + \sqrt{\log(2/\delta)/2}$。上述不等式列出了期望收益的信賴上界，即 $p_{t,a} = \boldsymbol{x}_{t,a}^T \hat{\boldsymbol{\theta}}_a + \alpha \sqrt{\boldsymbol{x}_{t,a}^T \boldsymbol{A}_a^{-1} \boldsymbol{x}_{t,a}}$。這樣，我們可以選擇信賴上界最大的臂，即 $a_t = \arg\max_a p_{t,a}$。歸納下來，LinUCB 演算法的基本流程如下。

（1）初始化：$\boldsymbol{A}_a \leftarrow \boldsymbol{I}_{d \times d}$，$\boldsymbol{b}_a \leftarrow \boldsymbol{0}_{d \times 1}$。

（2）在每次搖臂之前，先估算每個臂的最佳相關係數並計算信賴上界：$\hat{\boldsymbol{\theta}}_a \leftarrow \boldsymbol{A}_a^{-1} \boldsymbol{b}_a$，$p_{t,a} \leftarrow \boldsymbol{x}_{t,a}^T \hat{\boldsymbol{\theta}}_a + \alpha \sqrt{\boldsymbol{x}_{t,a}^T \boldsymbol{A}_a^{-1} \boldsymbol{x}_{t,a}}$。

（3）選擇信賴上界最大的臂，即 $a_t = \arg\max_a p_{t,a}$，搖臂並記錄獲得的收益 r_t。

（4）更新臂 a_t 的特徵矩陣和收益向量，即 $\boldsymbol{A}_{a_t} \leftarrow \boldsymbol{A}_{a_t} + \boldsymbol{x}_{t,a_t} \boldsymbol{x}_{t,a_t}^T$，$\boldsymbol{b}_{a_t} \leftarrow \boldsymbol{b}_{a_t} + r_t \boldsymbol{x}_{t,a_t}$。

（5）重複步驟（2）～步驟（4）直到演算法結束。

上述 LinUCB 演算法是在 UCB 演算法的基礎上，結合了上下文資訊。微軟在 2013 年提出了一個在 Thompson 取樣演算法中結合上下文資訊的演算法 [9]，其在工業界中應用也很廣泛，有興趣的讀者可以進行擴充閱讀。

02 廣告召回

場景描述

　　搜尋廣告的召回一般是透過將使用者輸入的查詢（query）與廣告商列出的廣告關鍵字進行比對來完成的。然而很多時候，使用者查詢與廣告關鍵字在字面上並不能完全符合，這時候就需要進行語義上的比對。

基礎知識

廣告召回、深度語義模型（Deep Structured Semantic Models，DSSM）

問題　**簡述一個可以加強搜尋廣告召回效果的深度學習模型。**　　難度：★★★★☆

分析與解答

　　早些年湧現 LSA（Latent Semantic Analysis）、PLSA（Probability LSA）、LDA（Latent Dirichlet Allocation）等模型，都可以對詞語進行語義上的比對。但是，這些模型都是透過詞語在文件中的共現關係來學習詞語之間的語義相似性。這是一個無監督學習過程，不能充分利用搜尋廣告中的點擊資料。

　　微軟在 2013 年提出了基於使用者點擊資料的深度語義模型（DSSM）[10]，它在搜尋召回和排序中被廣泛應用，同時在搜尋廣告的應用場景中也可以發揮類似的作用。

　　DSSM 的基本思維是，用一個深度神經網路將使用者的查詢（query）以及文件（documents）都對映到同一個低維空間中，然後用查詢和文檔在低維空間中的距離來刻畫它們之間的相似性。在搜尋廣告的應用場景中，文件即代表廣告。DSSM 中的深度神經網路，可以利

用使用者的點擊資料來訓練，最佳化的目標是使用者點擊文件的最大似然。圖 12.5 展示了 DSSM 的結構示意圖，整個模型大致可以分為 3 大部分，下面分別介紹。

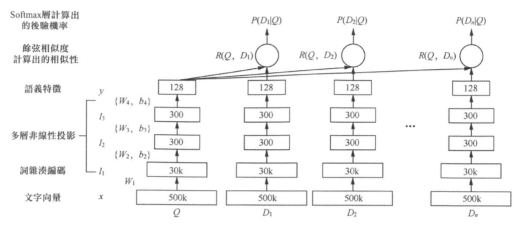

圖 12.5　DSSM 結構示意圖

　　第一部分是查詢 Q 和文檔 D 的輸入部分（模型的最下層）。原始輸入是高維稀疏向量，例如詞語在查詢或文件中的計數統計。參考文獻 [10] 提出了一種詞雜湊（Word Hashing）技術，它可以將英文單詞映射為相對低維的向量，以作為深度神經網路的輸入。詞雜湊的核心思維是，先將單字的字母透過滑動視窗切成固定長度的字串（例如將單字 "apple" 切成許多個 3-gram 字串：#ap, app, ppl, ple, le#），然後將這些字串表示為維度較低的向量。用於切分單字的滑動視窗越小，最後詞向量的維度越低，但是衝突（指兩個不同的單字擁有同樣的字元串組合）也會越多。參考文獻 [10] 採用的滑動視窗尺寸為 3，此時對於一個大約有 50 萬個單字的常用詞表，詞雜湊技術可以用大約 3 萬維的向量來表示其中的單字，同時只有 22 個衝突。

　　第二部分是深度全連接網路（模型的中間層），用於輸出查詢和文檔在低維空間的語義向量表示。實際來說，記 x 表示模型的原始輸入（高維稀疏向量），l_1 是經過詞雜湊後的低維向量（作為全連接網路的輸入層），$l_2, l_3, \cdots, l_N$ 表示全連接網路的中間隱藏層，y 是全連接網路的輸出向量（即查詢或文件的語義表示），則有

$$l_1 = W_1 x$$
$$l_i = f(W_i l_{i-1} + b_i), \quad i = 2, \cdots, N \qquad (12\text{-}9)$$
$$y = f(W_N l_N + b_N)$$

其中，W_i 和 b_i 分別表示網路第 i 層的權重矩陣和偏置向量，啟動函數 $f(\cdot)$ 採用 Tanh 函數。

第三部分是查詢和文件的語義比對部分（模型的最上層）。這裡用餘弦相似度來表示查詢和文件之間的相似性，即

$$R(Q,D) = \text{cosine}(y_Q, y_D) = \frac{y_Q^{\mathrm{T}} y_D}{\| y_Q \| \| y_D \|} \qquad (12\text{-}10)$$

接下來介紹如何使用使用者的點擊資料來學習網路的參數。在替使用者展示過的廣告中，我們用使用者點擊過的廣告作為正樣本，沒有點擊的廣告作為負樣本（負樣本比較多，可以隨機選出幾個即可），來建置模型的訓練集。根據相似性函數，即式（12-10），可以計算出給定查詢 Q 後使用者點擊廣告 D 的後驗機率，即如下 Softmax 函數：

$$P(D \mid Q) = \frac{\exp(\gamma R(Q,D))}{\sum_{D' \in \mathcal{D}} \exp(\gamma R(Q,D'))} \qquad (12\text{-}11)$$

其中，γ 是平滑係數（透過驗證集來調整），$\mathcal{D}$ 是訓練集中針對查詢 Q 的文件集合，包含前面提到的使用者點擊過的正樣本以及隨機取出的負樣本。訓練的目標是最大化資料似然，即最小化如下損失函數：

$$L(\Lambda) = -\log \prod_{(Q,D^+)} P(D^+ \mid Q) \qquad (12\text{-}12)$$

其中，$\Lambda = \{W_i, b_i\}$ 是網路的參數集合，(Q, D^+) 是訓練集中的〈 使用者查詢，使用者點擊的廣告〉組合。模型的訓練可以透過梯度下降法來完成。

綜上所述，在廣告召回過程中，我們可以採用 DSSM 將查詢與廣告對映到一個共同的低維空間中，然後在低維空間中計算它們的語義相似性，最後選擇語義上比較接近的廣告進入到召回集中。透過語義相似性來召回部分廣告，可以召回更多的廣告，並且能增加廣告的召回率和準確率。

03 廣告投放策略

　　一個計算廣告系統要同時投放多個廣告訂單，每個訂單有各自的投放限制，如定向條件、投放總數、預算等限制。同時，對廣告系統投放效果的衡量也是多方面的，如流量使用率、總收入、訂單完成率等。整體來說，廣告投放策略需要在滿足訂單限制條件的前提下，盡可能加強整個廣告投放系統的表現。這種問題一般可以形式化為一個帶約束的最佳化問題，透過求解該最佳化問題獲得廣告投放策略。深度學習技術已經應用於一部分投放策略問題，本節以競價策略為例介紹這方面的進展。

基礎知識

競價策略、強化學習

問題 *1* 在即時競價場景中，制定廣告主的出價策略是一個什麼問題？　　難度：★☆☆☆☆

分析與解答

　　在即時競價場景中，流量交易平台會把廣告流量即時發給廣告主；廣告主根據流量資訊，列出一個競價，這個競價即時產生，每次出價時廣告主可以決定合適的競價；流量交易平台接收到所有廣告主的競價之後，把廣告位分配給出價最高的廣告主，廣告主為廣告付出的價格是第二高的競價，或平台事先列出的底價。廣告主的付費方式有很多種，業內主流的方法是按廣告點擊收費，即只有使用者點擊了廣告才對廣告主收費，沒點擊則不收費。廣告主的出價策略，即為每一個符合廣告主條件的廣告位設計一個合適的競價。

　　廣告主在設計競價時，面臨的主要約束是預算。廣告主一般會把廣

告花費按照一次次的行銷活動進行分配，一次實際的行銷活動會限制在一個時間段內，並且也會有一個預算。廣告主希望在這個時間段內花掉這些預算，並取得最好的廣告效果。衡量一次行銷活動的效果的方法有很多，針對線上廣告即時競價場景，我們可以簡單地把整體使用者點擊次數作為衡量指標。這樣，制定廣告主的出價策略問題就是一個在預算約束下，最大化廣告效果的最佳化問題。

問題 *2* 設計一個基於強化學習的演算法來解決廣告主的競價策略問題。 難度：★★★★☆

分析與解答

強化學習的本質是馬氏決策過程，核心概念包含主體、環境、狀態、行動、收益。在競價策略這個場景下，可以比較容易辨認出主體是競價策略本身，環境是流量交易平台，狀態是行銷活動的剩餘時間和剩餘預算。每個時刻，環境產生一個隨機類型的流量，行動是給這個流量一個合適的競價，收益是使用者點擊行為（如圖 12.6 所示）。

圖 12.6 競價策略問題的強化學習表示

在進一步分析這個問題之前，我們需要先形式化地描述一下這個問題。假設流量交易平台發過來的某次競價請求的特徵為 x，它來自某個特徵空間 X，即 $x \in X$，機率分佈為 $p_x(x)$；這個流量的市場價格分佈為 $m(\delta; x)$，δ 表示流量市場的第二高競價，所有流量的平均市場價格分佈為 $m(\delta) = \int_x m(\delta; x) p_x(x) \mathrm{d}x$；我們預測的使用者點擊率為 $\theta(x)$；剩餘時間用剩餘的競價機會 t 來表示，剩餘預算用 b 表示，初始的剩餘時間和剩餘預算分別為 T 和 B；在目前狀態下的競價用 $a(t, b, x)$ 表示；某策略下的價值函數為 $V(t, b, x)$ 和 $V(t, b)$。

上述馬氏決策過程的狀態空間是 $S = \{0, 1, \cdots, T\} \times \{0, 1, \cdots, B\} \times X$。下面

推導一下這個決策過程的狀態傳輸函數 μ 和收益 r。在競價為 a 時，本次競價獲勝的機率是 $\sum_{\delta=0}^{a} m(\delta; x)$，失敗的機率是 $\sum_{\delta=a+1}^{\infty} m(\delta; x)$。競價成功時，剩餘時間和剩餘預算分別變為 $t-1$ 和 $b-\delta$，預期收益為 $\theta(x)$；競價失敗時，剩餘時間和預算分別為 $t-1$ 和 b，預期收益為 0。假設目前流量特徵為 x_t，下一次流量特徵為 x_{t-1}，那麼狀態傳輸函數為

$$\mu(a,(t,b,x_t),(t-1,b-\delta,x_{t-1})) = p_x(x_{t-1})\, m(\delta; x_t), \quad \delta \in \{0,1,\cdots,a\}$$

$$\mu(a,(t,b,x_t),(t-1,b,x_{t-1})) = p_x(x_{t-1}) \sum_{\delta=a+1}^{\infty} m(\delta; x_t) \tag{12-13}$$

收益函數為

$$r(a,(t,b,x_t),(t-1,b-\delta,x_{t-1})) = \theta(x_t), \quad \delta \in \{0,1,\cdots,a\}$$

$$r(a,(t,b,x_t),(t-1,b,x_{t-1})) = 0 \tag{12-14}$$

由此可以推導出價值函數滿足：

$$V(t,b,x_t) = \sum_{\delta=0}^{a} m(\delta; x_t) \times (\theta(x_t) + V(t-1,b-\delta)) +$$

$$\sum_{\delta=a+1}^{\infty} m(\delta; x_t)\, V(t-1,b) \tag{12-15}$$

注意到 $\sum_{\delta=a+1}^{\infty} m(\delta; x) = 1 - \sum_{\delta=0}^{a} m(\delta; x)$，因而有

$$V(t,b,x_t) = V(t-1,b) + \sum_{\delta=0}^{a} m(\delta; x_t) \times$$

$$(\theta(x_t) + V(t-1,b-\delta) - V(t-1,b)) \tag{12-16}$$

兩邊都對 x_t 取期望，有

$$V(t,b) = V(t-1,b) + \sum_{\delta=0}^{a} \left(\int_{x_t} m(\delta; x_t)\theta(x_t) p_x(x_t)\mathrm{d}x + \right.$$

$$\left. m(\delta)(V(t-1,b-\delta) - V(t-1,b)) \right) \tag{12-17}$$

從式（12-16）可得，最佳競價 $a(t,b,x) = \max_a V(t,b,x)$ 滿足如下不等式：

$$\theta(x) + V(t-1,b-a) - V(t-1,b) \geqslant 0$$

$$\theta(x) + V(t-1,b-a-1) - V(t-1,b) < 0 \tag{12-18}$$

式（12-17）獲得了 $V(t,b)$ 的遞推關係式，理論上可以用動態規劃的方法求解。對於該問題的理論推導，可以看參考文獻 [11] 獲得更詳細的內容。

問題 **3** 設計一個深度強化學習模型來完成競價策略。　難度：★★★☆☆

分析與解答

　　根據前面的理論推導，我們很自然地想到可以把價值網路 V 表示為一個深度模型，然後根據 V 可以獲得每次競價的出價方案。V 的訓練可以根據「探索和利用」原則進行。然而實作上，直接簡單地使用深度模型來表示 V 會存在嚴重的問題，原因主要有兩點：一是行動的可選範圍太大，價值網路難以精確分辨相似行動之間的價值差異；二是用每次行動之後的點擊事件作為收益函數，這會鼓勵策略列出更高的出價，導致容易忽略預算限制條件。

　　為了減少行動的可選範圍，可以把出價策略設計為

$$a = \lambda \theta (x) \tag{12-19}$$

　　這樣就把行動的種類減小到只有兩種，即減小 λ 和增加 λ。這個出價方式在環境平穩條件下是理論上的最佳解，也是式（12-18）在 b>>0 條件下的一階近似解。

　　為了讓收益函數能反映策略長期執行的總收益，我們需要重新設計收益函數。一般競價策略的訓練過程會分成很多個回合（episode）；在每個回合內，有固定的競價次數和預算限制，回合內超出預算限制的競價只能放棄。收益函數的設計可以把歷史上最好的回合的總收益作為目標，收益函數的預測變數需要回合開始時的狀態以及做出預測時刻的目前狀態。假設一個回合的競價機會設定為 T，每次競價之前的狀態為 $s_0, s_1, \cdots, s_T$，每次競價的行動為 $a_1, a_2, \cdots, a_T$，直接收益為 $r_1, r_2, \cdots, r_T$，則收益函數可以設計為

$$r^e(s_0^e, s_j^e, a_j^e) = \sum_{j^\dagger=1}^{T} r_{j^\dagger}^e, \quad j \in \{1, 2, \cdots, T\}$$

$$R(s_0, s_j, a_j) = \max_{e, s_0^e = s_0, s_j^e = s_j, a_j^e = a_j} r^e(s_0^e, s_j^e, a_j^e) \tag{12-20}$$

其中，e 是回合的指標，R 用一個深度網路來表示。

　　這樣，根據兩個深度網路 $R(s_0, s_j, a_j)$ 和 $V(s_0, s_j, a)$，採用探索和利用的方式進行初始化和訓練，即可在強化學習的架構下完成競價策略的設計。

　　上面的設計只是一個實作上可行的競價策略的實例，詳細資訊見參考文獻 [12]，其他合理的設計同樣可以完成競價策略這個工作。

參考文獻

[1]   COVINGTON P, ADAMS J, SARGIN E. Deep neural networks for YouTube recommendations[C]//Proceedings of the 10th ACM Conference on Recommender Systems. ACM, 2016: 191–198.

[2]   CHENG H-T, KOC L, HARMSEN J, et al. Wide & deep learning for recommender systems[C]//Proceedings of the 1st Workshop on Deep Learning for Recommender Systems. ACM, 2016: 7–10.

[3]   JUAN Y, ZHUANG Y, CHIN W-S, et al. Field-aware factorization machines for CTR prediction[C]//Proceedings of the 10th ACM Conference on Recommender Systems. ACM, 2016: 43–50.

[4]   PAN J, XU J, RUIZ A L, et al. Field-weighted factorization machines for click-through rate prediction in display advertising[C]//Proceedings of the 2018 World Wide Web Conference. International World Wide Web Conferences Steering Committee, 2018: 1349–1357.

[5]   GUO H, TANG R, YE Y, et al. DeepFM: A factorization-machine based neural network for CTR prediction[J]. arXiv preprint arXiv:1703.04247, 2017.

[6]   ZHOU G, ZHU X, SONG C, et al. Deep interest network for click-through rate prediction[C]//Proceedings of the 24th ACM SIGKDD International Conference on Knowledge Discovery & Data Mining. ACM, 2018: 1059–1068.

[7]   LI L, CHU W, LANGFORD J, et al. A contextual-bandit approach to personalized news article recommendation[C]//Proceedings of the 19th International Conference on World Wide Web. ACM, 2010: 661–670.

[8]   WALSH T J, SZITA I, DIUK C, et al. Exploring compact reinforcement-learning representations with linear regression[C]//Proceedings of the 25th Conference on Uncertainty in Artificial Intelligence. AUAI Press, 2009: 591–598.

[9]   AGRAWAL S, GOYAL N. Thompson sampling for contextual bandits with linear payoffs[C]//International Conference on Machine Learning. 2013: 127–135.

[10] HUANG P-S, HE X, GAO J, et al. Learning deep structured semantic models for web search using clickthrough data[C]//Proceedings of the 22nd ACM International Conference on Information & Knowledge Management. ACM, 2013: 2333–2338.

[11] CAI H, REN K, ZHANG W, et al. Real-time bidding by reinforcement learning in display advertising[C]//Proceedings of the 10th ACM International Conference on Web Search and Data Mining. ACM, 2017: 661–670.

[12] WU D, CHEN X, YANG X, et al. Budget constrained bidding by model-free reinforcement learning in display advertising[C]//Proceedings of the 27th ACM International Conference on Information and Knowledge Management. ACM, 2018: 1443–1451.

第 13 章

視訊處理

視訊是人類接收外界資訊的最重要載體，具有直觀性、準確性、高效性、廣泛性以及高頻寬性等特點。視訊本身是由一系列影像按時間序列組成的，這使得視訊既包含了影像的空域資訊，又包含了其獨有的時域資訊。如今，這一能量密度如此之大的載體已經滲透到人類社會的各個領域，可以說，視訊是現代人類社會運轉以及推動人類文明發展的重要組成部分。

視訊處理（Video Processing）是訊號處理（Signal Processing）的一個重要分支。視訊處理的範圍很廣，涵蓋了視訊從誕生到展示的整個點對點的流程，包含視訊擷取、視訊轉碼、視訊存儲、視訊傳輸、視訊分發、視訊播放等。視訊處理有關的研究領域方向也很多，包含視訊編解碼、視訊降噪鋭化、超解析度重建、高動態範圍（High-Dynamic Range,HDR）、360 度全景、視訊分析了解、串流速率傳輸分發自適應等。

隨著深度學習在過去幾年間的快速發展，其觸角也探向了傳統的視訊處理領域，視訊處理和深度學習這一交換領域逐漸成為了新興的熱門研究方向，視訊處理的研究人員紛紛使用深度學習這一工具去嘗試解決以往用傳統演算法難以攻克的難題。在本章的 5 個小節中，我們會依次介紹深度學習在視訊編解碼、視訊監控、影像品質評價、超解析度重建、網路通訊這 5 個方向的應用情況，讓讀者對深度學習在視訊處理領域的應用有一個較為詳細的了解。

01 視訊編解碼

視訊是人類取得外界資訊的重要來源,但由於原始擷取或製作的視訊中資訊量極大,若要使視訊獲得實際有效的應用,就必須解決視訊儲存和傳輸這兩大關鍵問題,這就是視訊編解碼技術誕生的本源。

視訊編解碼作為視訊處理的關鍵技術之一,其主要工作既要實現較大的壓縮比,又要保障一定的視訊品質。為了實現這兩大相互矛盾的目標,相關研究者付出了艱辛的努力。從 1984 年國際電報電話諮詢委員會(CCITT,現為國際電信聯盟的部門)公佈第一個國際標準以來,視訊編解碼的國際標準化處理程序已經歷了近四十年。編解碼演算法的持續優化,壓縮的效果不斷提升,都標誌著人們在不斷探索更大壓縮比和更清晰視訊品質這兩大目標的極限所在。這裡所説的視訊編解碼標準本質上是一系列視訊處理技術的集合,目前主流的編解碼標準包含 H.264(AVC)、H.265(HEVC)、VP9、AV1 等,當然中國大陸具有自主智慧財產權的 AVS 系列標準也獲得了越來越多的應用。雖然視訊編解碼標準種類繁多,且各個標準在實際的演算法實現上有很大不同,但是它們的整體架構卻保持了基本相似的狀態,均採用了基於區塊的混合視訊編碼架構。圖 13.1 是目前主流的國際編碼標準之一,HEVC 的編碼架構 [1]。

隨著深度學習技術的不斷演進和成熟,其在視訊編解碼領域的應用範圍也日益擴大。目前,對於上述編碼架構中各個主要編碼演算法模組,深度學習均有所嘗試並取得了一些可觀的效果,本節就針對其中一些應用進行初步介紹。

頁框內預測、環路濾波

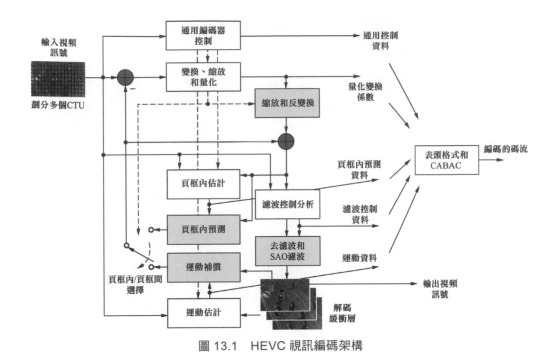

輸入視頻
訊號

劃分多個CTU

通用編碼器
控制

通用控制
資料

變換、縮放
和量化

量化變換
係數

縮放和反變換

頁框內估計

頁框內預測
資料

濾波控制分析

濾波控制
資料

表頭格式和
CABAC

編碼的碼流

頁框內預測

去濾波和
SAO濾波

運動資料

頁框內/頁框間
選擇

運動補償

運動估計

解碼
緩衝層

輸出視頻
訊號

圖 13.1　HEVC 視訊編碼架構

1 設計一個深度學習網路來實現頁
框內預測。

難度：★★☆☆☆

分析與解答

　　頁框內預測編碼是指利用視訊空域的相關性，使用待編碼影像區塊
的周邊像素值來預測目前待編碼影像區塊的像素值，以達到去除視訊空
域容錯資訊的目的。傳統演算法的基本思維是檢查各種預測模式，然後
用率失真最佳化（Rate-Distortion Optimization，RDO）進行模式決策，
進一步獲得目前待編碼影像區塊的預測像素值。這裡我們以 HEVC 為例
來對頁框內預測說明。

　　圖 13.2 所示的轉換單元（Transform Unit，TU）為目前待編碼影
像區塊，A、B、C、D、E 為目前待編碼影像區塊的週邊像素區域（左
下、左、左上、上、右上）。我們需要透過 A、B、C、D、E 中的像素
值來預測 TU 中的像素值，預測越準確，最後的編碼效果越好。HEVC

中提供了 35 種頁框內預測模式,包含 Planar 模式、DC 模式以及 33 種
角度預測模式,如圖 13.3 所示。

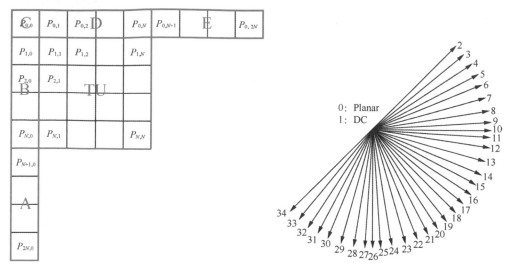

圖 13.2　待編碼影像區塊及週邊像素　　　　圖 13.3　頁框內預測模式

深度學習在頁框內預測上的應用主要有兩種想法:第一種想法是基
於 HEVC 的編碼標準,只介入模式決策部分的處理;第二種思路是完全
代替現有的頁框內預測流程,打破 HEVC 的編碼標準。

第一種想法是透過目前待編碼影像區塊的像素值來選擇頁框內編碼
模式,然後用選擇的模式來預測待編碼影像區塊的所有像素值。其中,
後半部分屬於 HEVC 標準定義部分,而前半部分可以使用典型的卷積
神經網路來進行處理。該想法的一種實現方式如圖 13.4 所示[2],它將目
前待編碼影像區塊的像素值作為網路的輸入,經過多個卷積層和池化層
的處理(其中的啟動函數選擇了複雜度較低的 ReLU),最後用全連接
層與 HEVC 的 35 種頁框內預測模式相連,輸出結果就是頁框內預測的
模式。訓練該網路時,預測模式採取獨熱編碼,並選取交叉熵作為誤差
函數。

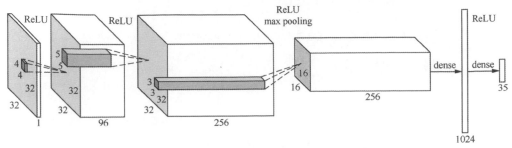

圖 13.4　基於卷積神經網路的頁框內編碼模式選擇

　　第二種想法是透過目前待編碼影像區塊的週邊像素值，直接預測目前待編碼影像區塊的所有像素值。這裡可以使用多層全連接網路進行處理，把目前待編碼影像區塊的週邊像素值作為網路的輸入，經過多層全連接網路（啟動函數同樣選擇複雜度較低的 ReLU），輸出目前待編碼影像塊的預測值。圖 13.5 是頁框內預測全連接網路（Intra Prediction Fully Connected Network，IPFCN）[3] 的結構示意圖。訓練該網路時，可以用視訊編碼演算法中常用的均方誤差（Mean Square Error，MSE）作為損失函數。

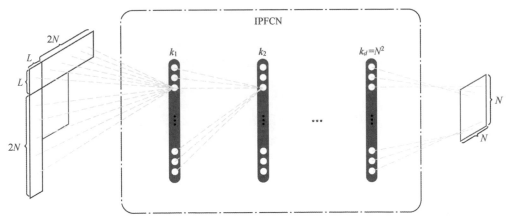

圖 13.5　頁框內預測全連接網路結構示意圖

問題 2 設計一個深度學習網路來實現環路濾波模組。

難度:★★★☆☆

請設計一個深度學習網路,來代替現有的環路濾波模組。該深度學習網路可能會有什麼潛在的問題?如何改進?

分析與解答

環路濾波是為了解決視訊重建中的區塊效應、振鈴效應、顏色偏差等失真效應而提出的視訊編解碼技術,它給編解碼效能帶來了明顯提升。隨著深度學習的發展,由於其在特徵分析以及回歸最佳化等問題上的良好表現,已經有研究者將其應用於環路濾波中 [4]。

實際來說,我們可以有重疊地選取比較大的重建區塊(例如 64×64),利用深層卷積神經網路對重建區塊進行增強和還原。網路的損失函數可以用均方誤差。在設計網路時,可以參考殘差網路(ResNet)[5] 的思維,增加殘差連接,保障梯度的有效傳導,進一步使網路可以更深。受 VDSR(Very Deep Super Resolution)網路 [6] 的啟發,我們可以採用 20 層卷積神經網路,並利用殘差連接將原始輸入與卷積結果相加得到網路的最後輸出,實際公式為

$$x_{aug} = x_{rec} + \text{DNN}(x_{rec}) \qquad (13\text{-}1)$$

其中,x_{rec} 是網路的輸入,即重建區塊;x_{aug} 是網路的輸出,即增強後的區塊;$\text{DNN}(\cdot)$ 表示深層卷積神經網路;加法運算對應著殘差連接。具體的網路結構如圖 13.6 所示,圖中的卷積操作 ConvOp 包含卷積層和 ReLU 啟動層(最後一個 ConvOp 後面不需要啟動函數)。需要注意的是,由於不同串流速率下重建區塊的品質差異很大,所以對於同一個模型,可能需要針對不同的串流速率訓練出不同參數以便適應各種情況。

上述深度學習網路也存在以下一些問題。

(1)20 層的卷積神經網路的計算量還是比較大的,而視訊轉碼器一般要求即時,如果能夠儘量減少網路層數以及每層通道數,會有助編

解碼效率的提升。已經有研究者針對上述網路進行最佳化,將網路層數減少到 10 層,每層的通道數也有不同程度的減少。

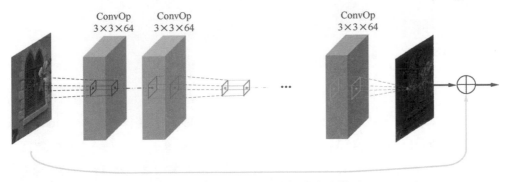

圖 13.6　基於深度學習的環路濾波模型

(2)如果為了讓一個模型適應不同的串流速率而訓練多套參數的話,模型在應用時需要的儲存空間會成倍增加,這會增加模型應用的難度。如何解決這個問題呢?在視訊轉碼器中,有一個控制串流速率的重要參數,即量化參數(Quantization Parameter,QP)。如果在訓練模型時,將該參數擴充為同重建區塊一樣大小的區塊,並與重建區塊直接連接作為網路的輸入,則可以使模型學習到 QP 值與對應重建區塊品質的關係,進一步達到一套參數適應不同串流速率的效果。圖 13.7 是串流速率自適應環路濾波模型的結構示意圖。

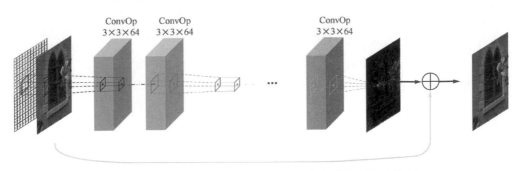

圖 13.7　基於深度學習的串流速率自我調整環路濾波模型

基於上述兩點改進的模型,已經比 H.266 標準參考軟體有 6% 的效能提升,並且可以替代原編碼的部分環路濾波模組,簡化編碼結構。

02 視訊監控

　　視訊監控是近二十年來快速發展的視訊應用領域，其本質就是透過前端的監控攝影機擷取即時視訊影像，經過編碼壓縮傳至後端的數位硬碟錄影機（Digital Video Recorder，DVR）或網路硬碟錄影機（Network Video Recorder，NVR）中進行儲存，可以透過監視器進行解碼觀看，進一步造成對攝影機拍攝區域進行監控的目的。

　　近年來，隨著電腦、網路以及視訊處理技術的高速發展，視訊監控領域也有了長足的進步。視訊監控因其直觀、準確、即時和資訊內容豐富等特點而深入當今社會的各個角落，小到一個獨立的監控攝影機，大到雲端的智慧交通、智慧城市，處處都可以見到視訊監控的身影。

　　隨著智慧交通、智慧城市等概念的提出和逐步實現，視訊監控智慧分析的需求也越來越迫切和巨大[7]，這給深度學習與視訊監控領域的結合找到了一個非常好的切入點。隨著視訊監控的發展，視訊資料量成指數級的增加，這些正是深度學習演算法迫切需要的訓練資料；而深度學習以其強大的學習了解能力，幫助視訊監控領域解決了許多傳統演算法非常吃力的問題。所以，視訊監控領域和深度學習演算法相得益彰、共同成長的前景是可以預見的。

視訊監控、人臉驗證、人臉重建

　問題　如何在較高的監控視訊壓縮比的　　　　難度：★★★☆☆
　　　　情況下，提升人臉驗證的準確率？

分析與解答

　　　　目前針對監控視訊的處理和分析主要是基於傳統的 CTA（Compress-Then-Analysis）模式[8]，即先壓縮再傳輸到伺服器端進行集中分析。

為了滿足現實生活中有限的傳輸頻寬，傳統的視訊壓縮技術都會儘量加強壓縮比，以獲得即時傳輸或降低儲存空間，但代價是視訊品質的嚴重下降，甚至會影響後期分析的準確性。有實驗顯示，在經典的人臉驗證資料集 LFW（Labeled Faces in the Wild）上，針對目前比較好的人臉驗證模型 FaceNet[9]，如果採用 CTA 模式，以常用的 HEVC 編碼器進行壓縮後在伺服器端進行解碼並分析，在比較低的串流速率條件下（0.05 ～ 0.15bpp），人臉驗證的準確率會從原始的 99% 下降到 86% ～ 96%，嚴重影響系統的效能 [10]。

為了解決傳統 CTA 模式的不足，人們提出了 ATC（Analysis-Then-Compress）模式。該模式在擷取端（如監控攝影機端）先對原始視訊進行特徵分析，然後再對分析的特徵資訊進行壓縮和傳輸，這樣既確保了伺服器端獲得的特徵的準確性，又能顯著地降低傳輸頻寬。針對監控視訊，我們除了會針對其特徵進行分析外，有時人眼的主觀驗看也是必要的，因此單純的 ATC 模式還不能滿足要求 [11]。

與傳統的分隔方法不同，有些研究者提出了將視訊的特徵與視訊內容聯合壓縮傳輸的模型，也就是在某一個串流速率限制下，使視訊的內容和特徵的整體損失（線性加權）達到最低，實際公式為

$$D_{\text{all}} = -\log\left(w_t D_t + w_f D_f\right) \tag{13-2}$$

其中，D_t 是視訊在紋理（texture）上的重建損失，可以用均方誤差來度量；D_f 是特徵（feature）的重建損失，可以用人臉驗證的錯誤率來度量；w_t 和 w_f 是加權因數，滿足 $w_t + w_f = 1$；D_{all} 是加權後的整體損失。實驗結果顯示，該演算法能夠在比較低的串流速率條件下（0.04 ～ 0.12bpp），使人臉驗證的準確率平穩在 99% 左右，而此時傳統模式（以目前最佳的視訊轉碼器 HEVC 作為壓縮演算法）的準確率只有 86% ～ 97%。與此同時，儘管該演算法同時傳輸了紋理資訊和特徵資訊，但是在同樣比較低的串流速率下，其主觀重建品質同傳統演算法相當。

現在我們已經將人臉的特徵資訊和人臉的內容資訊進行聯合壓縮和傳輸，達到了人臉辨識準確率和人臉重建效能的平衡。是否還有進一步壓縮的空間呢？答案是一定的。人臉特徵資訊之所以能夠用來進行辨識

和驗證,是因為其包含人臉的主要結構等資訊,所以在對人臉進行壓縮時,可以進一步利用人臉的特徵資訊,這也是之前的聯合壓縮演算法所忽略的。由此,我們可以利用深度學習技術,從分析的人臉特徵中重建人臉的基本結構圖像;然後使用影像視訊壓縮演算法來壓縮原始影像和基本結構圖像的殘差,以進一步加強整體的壓縮率。這樣,我們可以將人臉影像視訊壓縮演算法劃分為以下幾個步驟:人臉特徵分析,人臉基本結構圖重建(基本層),以及人臉殘差資訊壓縮(增強層)。下面我們實際介紹這幾個步驟。

(1)**人臉特徵提取**。目前比較好的人臉辨識和驗證模型是 Google 提出的 FaceNet,該模型利用深層卷積神經網路和三元損失函數實現了從影像像素空間到人臉特徵空間的對映,在 LFW 人臉驗證資料集上獲得了 99.63% 的準確率。FaceNet 可以將人臉影像對應到一個 128 維的單位球面上,然後透過距離來對人臉進行辨識和驗證。這裡我們也採用 FaceNet 來分析人臉特徵。

(2)**人臉基本結構圖重建(基本層)**。我們把利用人臉特徵來進行人臉基本結構重建的模型稱為基本層。基本層以轉置卷積神經網路為主幹,以平均絕對誤差(MAE)和 VGG-19[12] 網路中 $\text{ReLU}_{(3\_2)}$ 層感知誤差的線性組合為損失函數,來重建人臉基本結構圖並保持人臉結構資訊 [13]。特徵分析和基本層可以形式化為

$$
\begin{aligned}
I_{\text{feature}} &= F(x_{\text{raw}}) \\
x_{\text{structure}} &= R(I_{\text{feature}}) \\
x_{\text{resi}} &= x_{\text{raw}} - x_{\text{structure}} \\
L_{\text{structure}} &= L_{\text{MAE}}(x_{\text{raw}}, x_{\text{structure}}) + \lambda L_{\text{percept}}(x_{\text{raw}}, x_{\text{structure}})
\end{aligned}
\tag{13-3}
$$

其中,x_{raw}、$x_{\text{structure}}$、x_{resi} 分別是原始影像、基本層重建影像和殘差影像,I_{feature} 是從原始影像中分析的特徵資訊;$F(\cdot)$ 和 $R(\cdot)$ 分別是特徵提取模型和基本層重建模型;$L_{\text{structure}}$ 是基本層結構重建網路的損失函數,而 $L_{\text{MAE}}(\cdot)$ 和 $L_{\text{percept}}(\cdot)$ 則分別是平均絕對誤差和結構資訊感知誤差,λ 是平衡因數。

(3)**人臉殘差資訊壓縮(增強層)**。增強層是將原始影像與基本層結構圖的殘差資訊進行壓縮。實際來說,增強層先透過 Min-Max 標準化將殘差資訊映射為 [0,1] 區間上的紋理影像,然後利用深度學習

演算法來壓縮這個紋理影像。這裡可以採用 2017 年提出的基於 GDN
（Generalized Divisive Normalization）轉換的模型 [14]，也可以採用傳統
的影像視訊壓縮演算法，如 JPEG、JPEG 2000、HEVC 等。但由於紋理
影像的像素分佈明顯不同於一般的自然影像，因而利用神經網路的學習
能力來建立新的模型，能夠有助獲得更優的效能。這裡神經網路模型一
般採用均方誤差（MSE）作為損失函數。增強層可以形式化為

$$
\begin{aligned}
x_{\text{texture}} &= (x_{\text{resi}} - x_{\min})/(x_{\max} - x_{\min}) \\
c_{\text{texture}} &= E(x_{\text{texture}}) \\
x_{\text{rec-texture}} &= D(c_{\text{texture}}) \\
L_{\text{texture}} &= L_{\text{MSE}}(x_{\text{texture}}, x_{\text{rec-texture}})
\end{aligned}
\tag{13-4}
$$

其中，x_{texture} 是紋理影像，c_{texture} 是紋理影像的編碼向量，$x_{\text{rec-texture}}$ 是重建
的紋理影像，$E(\cdot)$ 和 $D(\cdot)$ 分別是編碼器和解碼器，L_{texture} 是紋理影像的重
建誤差，而 $L_{\text{MSE}}(\cdot)$ 則表示 MSE 損失函數。

在 LFW 人臉驗證資料集上，上述人臉影像視訊壓縮演算法與傳統的
JPEG、JPEG 2000 和 HEVC 編碼器比較，在低串流速率下的人臉驗證準
確率要高很多，上述演算法的準確率能夠保持在 99% 左右，而傳統演算
法則在 60% ～ 90%。與此同時，上述演算法在低串流速率下的影像重建
品質，在主、客觀指標上都有明顯的提升。

03 影像品質評價

場景描述

　　影像和視訊是人類感知外部世界的重要來源之一，也是機器學習中重要的資料資源，其品質的優劣對人類或機器取得外部資訊的準確性具有極為關鍵的作用。然而，與其他訊號一樣，影像與視訊在擷取、壓縮、傳輸、展示等各個環節也都會造成訊號本身某種程度的失真。如何有效並且準確地衡量影像與視訊的品質，就成為影像 / 視訊處理領域的關鍵環節之一。影像品質評價是視訊品質評價的基礎，本節將討論影像品質評價（Image Quality Assessment，IQA）技術。

　　影像品質評價可以從是否需要人主觀參與的角度分為兩個分支：一是主觀品質評價，二是客觀品質評價。主觀品質評價是指人眼主觀對影像品質進行評價，力求能夠真實地反映人的視覺感知；客觀品質評價是指借助於某些數學模型來反映人眼的主觀感知，給出基於數字計算的結果。

　　近年來，隨著深度學習技術的不斷增強，其在影像品質客觀評價技術中的研究與應用也越來越受關注，研究人員提出並增強了許多基於深度學習的影像品質客觀評價演算法。與以往的傳統演算法相比，基於深度學習的影像品質評價演算法更能反映人眼的主觀感知。

基礎知識

主 / 客觀品質評價、全參考 / 半參考 / 無參考品質評價

問題 *1* 影像品質評價方法有哪些分類方式？列舉一個常見的影像品質評價指標。　　　　　難度：★☆☆☆☆

分析與解答

　　影像品質評價（IQA）從方法上可分為主觀品質評價和客觀品質評

價[15]。主觀品質評價是從人眼的主觀感知來評價影像的品質,即列出原始的參考影像和待評價的失真影像,讓標記者給失真影像評分,一般採用平均主觀得分(Mean Opinion Score,MOS)或平均主觀得分差異(Differential Mean Opinion Score,DMOS)來表示。客觀品質評價使用數學模型列出量化值,其目標是讓評價結果與人的主觀評價一致。因為主觀品質評價費時費力,在實際應用中很多時候是不可行的,同時主觀品質評價結果容易受觀看距離、顯示裝置、觀測者的視覺能力和情緒等諸多因素影響,所以有必要設計出能夠精確預測人眼主觀品質評價的數學模型。

按照原始的參考影像中提供的資訊的多少,影像品質評價可以分為3 類:全參考影像品質評價(Full Reference IQA,FR-IQA),半參考影像品質評價(Reduced Reference IQA,RR-IQA),以及無參考(或盲參考)影像品質評價(No Reference IQA,NR-IQA)。

(1)在 FR-IQA 中,同時有參考影像和失真影像,其核心是比較兩幅影像的資訊量和特徵相似度,難度較低。

(2)在 RR-IQA 中,有參考影像的部分資訊或從參考影像中提取的部分特徵,以及失真影像。

(3)在 NR-IQA 中,沒有參考影像,只有失真影像。因此,NR-IQA 是圖像品質評價中比較有挑戰的問題,難度較高。該問題可以依據失真的種類細分成兩種:一種是研究特定失真類型的影像品質評價算法,例如評價模糊、區塊效應的嚴重程度等;另一種是研究非特定失真類型的影像品質評價演算法,是一個通用的失真評價。在現實場景中,一般很難提供原始的無失真參考影像,所以 NR-IQA 最有實用價值;同時,由於影像內容的多樣性,NR-IQA 也是比較難的研究問題。

峰值信噪比(Peak Signal-to-Noise Ratio,PSNR)是一個常見的影像品質評價指標,一般用來評價一幅影像壓縮前後品質失真的多少。PSNR 越高,壓縮的重建影像失真越小[16]。PSNR 的實際定義為

$$PSNR = 10\log_{10}(MAX^2 / MSE)$$
$$MSE = \frac{1}{mn}\sum_{i=0}^{m-1}\sum_{j=0}^{n-1}|| raw(i,j) - dis(i,j) ||^2 \qquad (13\text{-}5)$$

其中，raw 和 dis 是兩個 $m \times n$ 的單通道影像，raw 指原始影像，即壓縮前影像，dis 指壓縮後影像，MAX 表示影像像素設定值範圍的最大值。特別地，對於彩色影像，式（13-5）的 MSE 即是所有通道上的 MSE 的平均值。

問題 **2** ## 如何利用深度學習良好的影像特徵分析能力來更進一步地解決 NR-IQA 問題？

難度：★★☆☆☆

分析與解答

為了更進一步地對影像品質評價進行研究，人們採用人眼主觀評分的方式建立了很多影像品質評價資料集，LIVE（Laboratory for Image & Video Engineering）就是其中最為常用的資料集之一。有研究者在 2014 年提出了基於神經網路的影像品質評價演算法，它能學習影像區塊到品質評分的對映關係，在 LIVE 資料集上取得了當時的最佳效能，並且在交換資料集上也顯示了出色的泛化能力。

儘管目前已經有不少影像品質評價資料集，但這些資料集主要靠人眼主觀評測獲得，較高的成本使得這些資料集規模一般比較小，不容易拿來訓練普適有效的品質評價模型。此外，受個體差異性和環境的影響，人們一般比較難對影像品質直接列出絕對評價，但對兩張影像進行相對品質比較則容易很多。基於這個發現，我們可以先對已知品質的影像進行處理和轉換，產生不同等級和類型的失真影像，並根據處理和轉換的參數獲得失真影像的品質排序（rankings），以此獲得大規模的帶「品質排序」資訊的資料集，進一步可以用來訓練更加複雜的神經網路模型。參考文獻 [17] 就採用了這種方案來建置影像品質評價模型。具體地説，研究者先在上述大規模「品質排序」資料集上，用孿生網路（Siamese Network）加折頁損失的結構來學習影像品質的排序資訊，以此作為對網路的預訓練過程；然後，使用影像品質評價資料集來對預訓

練的網路進行微調，以擬合影像的真實品質評分。這裡的孿生網路[18] 是指結構相同並且權重共用的兩個網路，實際的網路結構可以是卷積神經網路、循環神經網路等。該模型在 TID2013 影像品質評價資料集上，獲得明顯優於同時期其他演算法的效能。

近年來，生成模型在很多影像視訊處理工作上取得了明顯的進展，其中生成式對抗網路（GAN）已經能夠生成十分逼真的高畫質影像[19]。有研究者將 GAN 應用於影像品質評價工作中，利用 GAN 來彌補缺失的真實參考資訊[20]，其效果如圖 13.8 所示。該模型利用 GAN 由失真影像（distorted image）來生成幻覺參考影像（hallucinated reference），以此彌補缺失的真實參考資訊，進而能夠更進一步地啟動模型學習影像的感知差異。這個模型在 TID2013 影像品質評價資料集上也獲得了明顯的效能提升。

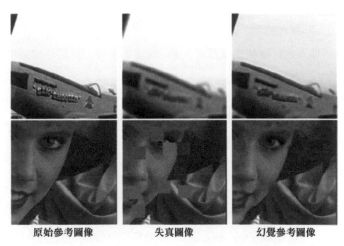

原始參考圖像　　　　　失真圖像　　　　　幻覺參考圖像

圖 13.8　透過 GAN 來彌補影像所缺失的真實參考資訊

04 超解析度重建

　　超解析度重建是影像 / 視訊處理的重要技術之一。隨著人們對影像、視訊的品質要求的提升，這項技術在近幾年發展迅速。超解析度重建技術可以在放大影像、視訊的同時，恢復其中的細節部分。超解析度重建也可以視為一種對影像和視訊進行壓縮的方法，在編碼端對原始內容進行下取樣，以低解析度版本進行編碼，然後在接收端對低解析度影像或視訊進行超解析度重建，以此來降低影像或視訊在儲存和傳輸時的資料量。

基礎知識

超解析度重建、卷積神經網路、生成式對抗網路、空間轉換網路

問題 *1* 超解析度重建方法可以分為哪幾類？其評價指標是什麼？

難度：★★☆☆☆

分析與解答

　　超解析度重建主要有基於內插（interpolation-based）、基於重建（reconstruction-based）和基於學習（learning-based）的超解析度重建方法。

■ 基於內插的超解析度重建方法

　　在對影像進行放大時，基於內插的超解析度重建方法是透過使用內插函數來估計待插入的像素點的設定值。實際來說，該方法先根據已知點的位置、待內插點的位置以及內插函數來計算各個已知點的權重，然後根據這些已知點的設定值和對應的權重來估計待內插點的像素值。常見的一維內插函數有一維最近鄰（1D-nearest）、線性（linear）、三次（cubic）內插等，2D 內插函數有 2D 最近鄰（2D-nearest）、雙線性（bilinear）、雙三次（bicubic）內插等。圖 13.9 展示了這幾種內插函數

的內插過程，其中，彩色點為已知點，黑色點為待內插點。以三次內插
為例，在計算待內插點的像素值時，需要參考與其相鄰的 4 個像素點，
根據三次內插函數計算這 4 個點分別對應的權重，然後再對這 4 個點的
像素值進行加權求和，獲得待內插點的像素值。

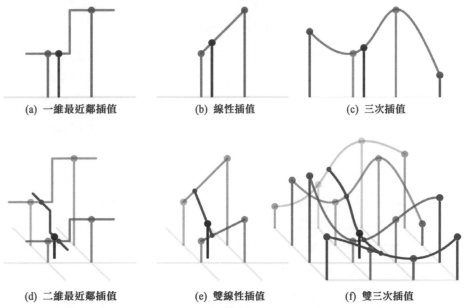

(a) 一維最近鄰插值　　(b) 線性插值　　(c) 三次插值

(d) 二維最近鄰插值　　(e) 雙線性插值　　(f) 雙三次插值

圖 13.9　幾種常見的內插函數示意圖（包含一維資料和 2D 資料）

二維最近鄰插值效果圖　　雙線性插值效果圖　　雙三次插值效果圖

圖 13.10　不同內插方法的效果圖

　　基於內插的超解析度重建方法的優點是簡單快速，可以實現影像或
視訊的即時超解析度重建（在普通 CPU 上的執行速度即可達到毫秒等
級）。實際的執行速度和內插效果與所使用的內插方法以及內插函數選
取的半徑大小有關，對於大部分影像而言，在內插效果上有，雙三次內
插 > 雙線性內插 >2D 最近鄰內插。以 Lenna 影像為例，我們先對其進行

$\dfrac{1}{2}$ 倍下取樣,然後再用不同的內插演算法進行 2 倍上取樣,圖 13.10 展示了不同內插方法的效果。基於內插的超解析度重建方法雖然速度快,但不足之處是無法極佳地重建出影像的細節,在一些影像上會產生振鈴或鋸齒現象。

■ 基於重建的超解析度重建方法

基於重建的超解析度重建方法的基礎是均衡及非均衡取樣定理,通常是基於多頁框圖像的,需要結合先驗知識。它假設低解析度的輸入取樣訊號(圖像)能很好地預估出原始的高解析度訊號(圖像)。絕大多數超解析度重建演算法都屬於這一種,其中主要包含頻域法和空域法。

(1)在頻域法中,最主要的是反鋸齒(anti-aliasing)重建方法。反鋸齒重建方法是透過解鋸齒來改善影像的空間解析度,進一步實現超解析度重建。最早的研究工作可以追溯到 Tsai 在 1984 年發表的論文 [21]。在原始場景訊號頻寬有限的假設下,利用離散傅立葉轉換和連續傅立葉轉換之間的平移、鋸齒性質,該論文列出了一個由一系列欠取樣觀察圖像資料重建高解析度影像的公式。將多幅觀察影像經混頻而獲得的離散傅立葉轉換係數與未知場景的連續傅立葉轉換係數以方程組的形式聯繫起來,方程組的解就是原始影像的頻域係數;再對方程組的解進行傅裡葉逆轉換就可以獲得原始影像的空域值,實現對於影像的重建。

(2)在空域法中,其線性空域觀測模型有關全域和局部運動、光學模糊、頁框內運動模糊、空間可變點擴散函數、非理想取樣等內容。空域法具有很強的包含空域先驗約束的能力,主要包含非均勻空間樣本內插、反覆運算反投影方法、凸集投影法(Projections Onto Convex Sets,POCS)、最大後驗概率(Maximum a Posteriori,MAP)以及混合 MAP/POCS 方法、自我調整濾波方法、確定性重建方法等。

■ 基於學習的超解析度重建方法

基於學習的超解析度重建是近幾年影像領域的研究熱點之一。這種方法使用大量影像來訓練超解析度重建模型,使模型學習到先驗知識,進一步在重建時可以恢復影像的高頻細節,重建效果更好。實際的學習方法有稀疏標記法、支援向量回歸法、鄰域嵌入法等。

圖 13.11 是基於學習的超解析度重建架構圖，實際細節如下。

（1）將一組高解析度影像 I^{HR} 進行下取樣，產生一組對應的低解析度影像 I^{LR}。低解析度訊號（影像）作為訓練的輸入，高解析度訊號（影像）作為輸出。在表示影像 I 時，通常使用 YCbCr 空間的 Y 通道，也就是說，在訓練和重建影像時僅使用 Y 通道的資訊（在重建時，僅對 Y 通道使用訓練好的模型進行重建，Cb 和 Cr 通道可以直接使用內插的結果）。這裡，Y 通道表示亮度，儲存了影像的絕大部分資訊。相對於分別對 R、G、B 這 3 個通道進行重建，僅對 Y 通道進行重建還可以節省時間。在產生低解析度影像的過程中，還可以引用其他的降質模型，舉例來說，如果在低解析度影像上加入模糊效果，則訓練出的模型可以附帶銳化效果。傳統的機器學習方法與深度學習方法的區別在於，在取得低解析度空間的特徵表示時，深度學習方法可以省略做特徵工程，而傳統的機器學習方法常常需要這一步驟。

（2）在訓練時，一般是學習低解析度影像的**影像區塊**（patch）到高解析度影像的目標**像素點**的對映關係。如圖 13.12 所示，在訓練模型時，先用內插法（如線性內插）將低解析度影像放大到目標解析度大小；然後以影像區塊作為基本的訓練樣本，學習從影像區塊到目標像素點的對映關係。圖像塊的大小通常會影響重建的效果，一般使用的大小有 3×3、5×5、7×7、9×9、11×11 等。

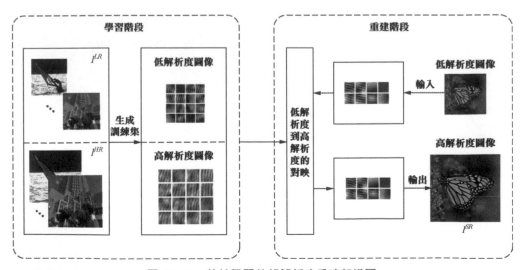

圖 13.11　基於學習的超解析度重建架構圖

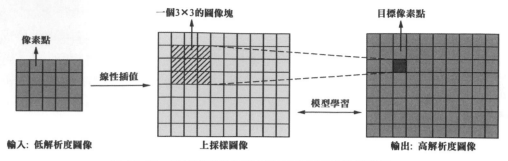

圖 13.12　基於學習的超解析度重建模型的學習模組

　　從上述過程可以看出，超解析度重建工作主要學習一系列**卷積核**，使得在重建時可以準確地恢復影像的高頻資訊。SRCNN[22] 是最早將卷積神經網路應用在超解析度重建中的。近幾年，學者們對模型的速度和準確率進行了不斷最佳化，產生了諸如 VDSR、SRDenseNet[23] 等模型。除此之外，工業界也不乏優秀之作。在 2017 年，Google 提出了 RAISR[24]，該模型雖然是線性模型，但是研究者增加了影像的局部資訊，透過擴大卷積核的種類，在保障重建即時性的同時也確保了重建的品質。

■ 超解析度重建工作的評價指標

　　對於超解析度重建工作，常用的兩個客觀評價指標是峰值信噪比（PSNR）和結構相似性指標（Structure Similarity Index，SSIM）。這兩個指標的值越高，重建結果與原圖越接近。目前，還沒有較好的（虛擬）主觀評價指標，一般還是以展示或平均主觀得分（MOS）的方式來比較不同演算法的主觀效果。

問題 2　如何使用深度學習訓練一個基本的影像超解析度重建模型？　　難度：★★☆☆☆

分析與解答

　　在電腦視覺領域，使用最多的深度學習模型就是卷積神經網路。本題以 SRCNN 為例，介紹基於卷積神經網路的超解析度重建方法。SRCNN 的網路結構如圖 13.13 所示。在訓練時，網路的輸入是將原始低

解析度影像經過雙三次（bicubic）內插（上取樣）後的影像，記為 Y。
該網路的目標，是將上取樣後的低解析度影像 Y，透過學習到的對映
F，恢復為高解析度影像 X。整個過程主要分為以下 3 個步驟。

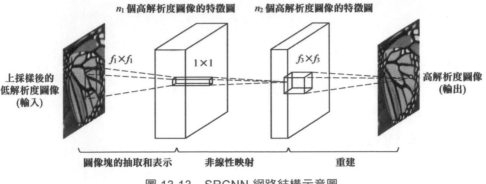

圖 13.13　SRCNN 網路結構示意圖

（1）**圖像塊的取出和表示**，即網路中的第一個卷積層轉換，具體公
式為

$$F_1(Y) = \mathrm{ReLU}(W_1 * Y + B_1) \qquad （13-6）$$

其中，ReLU 是啟動函數，符號 * 表示卷積運算；W_1 是卷積核矩陣，尺
寸為 $n_1 \times c \times f_1 \times f_1$；$B_1$ 是 n_1 維偏置向量，表示在每個卷積核產生的結果上
加一個偏移量。這裡的 n_1 是卷積核個數，c 是輸入影像（即 Y）的通道
數，$f_1 \times f_1$ 是卷積核的寬和高。經過這個卷積層之後，每個影像塊會獲得
一個 n_1 維向量；對於整個輸入圖像來說，即產生了 n_1 個特徵圖。

（2）**非線性對映**，即網路中的第二個卷積層轉換，公式為

$$F_2(Y) = \mathrm{ReLU}(W_2 * F_1(Y) + B_2) \qquad （13-7）$$

其中，W_2 是尺寸為 $n_2 \times n_1 \times f_2 \times f_2$ 的卷積核矩陣，B_2 是 n_2 維偏置向
量。這樣，每個影像區塊在經過第二個卷積層後，會獲得一個 n_2 維向
量；對於整幅影像而言，會產生 n_2 個特徵圖。

（3）**重建**，即網路中最後一個卷積層轉換，公式為

$$F(Y) = W_3 * F_2(Y) + B_3 \qquad （13-8）$$

其中，W_3 是尺寸為 $c \times n_2 \times f_3 \times f_3$ 的卷積核矩陣，B_3 是 c 維偏置向量。
經過這個卷積層，上一層的 n_2 特徵圖會被對映為高解析度影像（有 c 個
通道）。

在訓練過程中，模型要學習的參數是 $\Theta = \{W_1, W_2, W_3, B_1, B_2, B_3\}$。記高解析度影像集合為$\{X_i\}$，上取樣後的低解析度影像集合為$\{Y_i\}$，在訓練過程中使用如下均方誤差（MSE）作為損失函數：

$$L(\Theta) = \frac{1}{N} \sum_{i=1}^{N} \| F(Y_i; \Theta) - X_i \|^2 \qquad (13\text{-}9)$$

問題 3 在基於深度學習的超解析度重建方法中，怎樣加強模型的重建速度和重建效果？

難度：★★★☆☆

分析與解答

■ 提高重建速度

關於如何加強重建速度，一方面我們可以增加運算資源，如使用電腦叢集來計算；另一方面，我們可以從最佳化模型的角度來考慮，如 FSRCNN 模型[25] 在 SRCNN 的基礎上所做的改進。

下面我們簡單介紹 FSRCNN 所做的改進，主要包含以下兩點。

（1）在訓練和重建時，輸入不再是上取樣後的低解析度影像，而是原始的低解析度影像。這種方式目前已被絕大多數基於深度學習的超解析度重建方法所採用。

（2）使用小卷積核。這些改進能夠減少網路參數，降低模型計算量。實際來説，FSRCNN 將 SRCNN 中第一層的 9×9 卷積核換成了 5×5 卷積核；另外，由於輸入是低解析度影像，FSRCNN 在網路末端加了一個反卷積層（deconvolution layer）來對影像進行放大（反卷積層放在網路末端也是為了降低計算量）。

在對影像進行放大時，除了使用反卷積層外，還可以有其他選擇，如 ESPCN[26] 使用的次像素卷積層（sub-pixel convolutional layer）。次像素卷積層就是把許多個特徵圖的像素重新排列成一個新的特徵圖，如圖 13.14 所示。實際來説，在放大倍數為 r 的網路中，假設最後輸出的特徵圖尺寸為 $r^2 \times H \times W$，其中 r^2 是特徵圖的通道數目，則次像素卷積

層會將上述特徵圖重新排列成 $1 \times rH \times rW$ 的高解析特徵圖。與反卷積層相比，次像素卷積層的計算速度更快，但重建效果會略差一些。

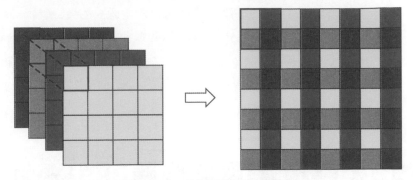

圖 13.14　次像素卷積層示意圖

■ 提升重建效果

提升重建效果一般都是透過加深網路結構來實現的。舉例來說，VDSR 對 SRCNN 進行了改進，透過採用 20 層的網路來提升重建效果。參考文獻 [6] 認為深層網路對加強超解析度重建的準確性非常有幫助，原因有兩個：一是深層網路能獲得更大的感受野，理論上，感受野越大，學習的資訊越多，準確率越高；二是深層網路能實現複雜的非線性對映。然而，網路層數的增加，也使學習的難度上升，模型更難收斂。為了解決這個問題，VDSR 引用了殘差網路（ResNet）的思維，僅訓練高解析度與低解析度之間的高頻殘差部分。另外，為了緩解深層網路在訓練過程中的梯度消失或爆炸問題，論文中還使用了自我調整梯度剪切技術，可以根據學習率來調整梯度的強度，確保收斂的穩定性。很多模型都採用了類似的思維來提升重建效果。此外，參考文獻 [27] 中指出，刪除 ResNet 中的批次正規化可以提升重建效果。

提升重建效果的另一種方法是最佳化損失函數。傳統的基於卷積神經網路的超解析度重建演算法大都以均方誤差（MSE）為最小化的目標函數。用 MSE 作為目標函數，雖然可以在重建後取得較高的峰值信噪比，但是當放大倍數較高時，重建的圖片會過於平滑，遺失細節，導致主觀品質較差。SRGAN[28] 則以提升重建的主觀品質為目標，它使用生成式對抗網路（GAN）來對影像進行重建，在放大倍數超過兩倍的重建中擁有較高的主觀評價效果。SRGAN 的網路結構如圖 13.15 所

示。在生成器部分，研究者提出了 SRResNet，該網路也使用了 ResNet 結構，輸入為低解析度影像，輸出為重建後的高解析度影像。實際來說，SRResNet 的每個殘差區塊包含兩個 3×3 卷積層，後面接 BN 層和 PReLU 啟動層；此外，SRResNet 還使用了兩個次像素卷積層來對輸入的低解析度影像進行放大。生成網路輸出的高解析度影像會被輸入到判別器中，交由判別網路判斷輸入的高解析度影像是生成的還是真實的。判別網路使用 VGG-19 網路。

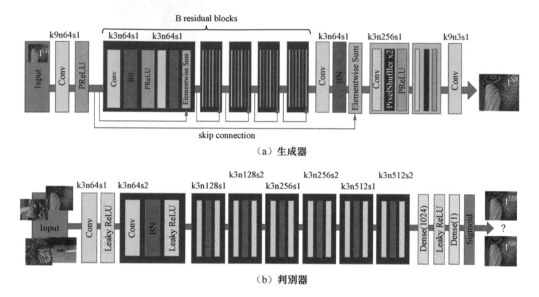

（a）生成器

（b）判別器

圖 13.15　SRGAN 網路結構

SRGAN 的最後目標是訓練一個生成網路 SRResNet，使得生成的超解析度影像儘量「騙」過人眼，讓人看不出這是一張由低解析度影像生成的影像。SRGAN 的主要創新點在於對生成網路 SRResNet 的損失函數的設計，論文提出了所謂的感知損失函數，其主要由兩部分組成。

（1）**內容損失**，主要刻畫的是生成圖與參考圖在內容上的差異。大部分基於深度學習的超解析度重建算法都採用 MSE 作為損失函數：

$$l_{MSE}^{SR} = \frac{1}{r^2WH} \sum_{x=1}^{rW} \sum_{y=1}^{rH} (I_{x,y}^{HR} - G_{\theta_G}(I^{LR})_{x,y})^2 \qquad （13\text{-}10）$$

其中，G_{θ_G} 表示參數為 θ_G 的生成器，$\theta_G = \{W_{1:L}; b_{1:L}\}$ 是 L 層神經網路的權重

和偏置。由於用 MSE 作為損失函數會導致結果過於平均，重建後的影像較為模糊，因此 SRGAN 使用 VGG-19 網路裡分析的生成圖與參考圖的特徵之間的差異性作為內容損失函數，即

$$l_{VGG/i,j}^{SR} = \frac{1}{W_{i,j}H_{i,j}} \sum_{x=1}^{W_{i,j}} \sum_{y=1}^{H_{i,j}} (\phi_{i,j}(I^{HR})_{x,y} - \phi_{i,j}(G_{\theta_G}(I^{LR}))_{x,y})^2 \quad （13-11）$$

其中，$\phi_{i,j}$ 表示 VGG-19 網路的第 i 個最大池化層之前的第 j 個卷積層（啟動後）的特徵圖。

（2）**對抗損失**，用於衡量判別器對生成器的輸出影像的判別效果，這裡採用 GAN 中的經典損失函數，即

$$l_{Gen}^{SR} = -\log D_{\theta_D}(G_{\theta_G}(I^{LR})) \quad （13-12）$$

其中，D_{θ_D} 表示參數為 θ_D 的判別器（輸出值是影像為真實高解析度影像的機率）。

生成網路 SRResNet 最後的感知損失函數為

$$l^{SR} = l_X^{SR} + 10^{-3} l_{Gen}^{SR} \quad （13-13）$$

其中，第一部分 l_X^{SR} 為內容損失，可以取 l_{MSE}^{SR} 或 $l_{VGG/i,j}^{SR}$；第二部分為對抗損失。在訓練階段，SRResNet 要解的最佳化問題為

$$\hat{\theta}_G = \arg\min_{\theta_G} \frac{1}{N} \sum_{n=1}^{N} l^{SR}(G_{\theta_G}(I_n^{LR}), I_n^{HR}) \quad （13-14）$$

圖 13.16 展示了在不同的損失函數和網路結構組合下的 4 倍重建效果，其中，SRResNet 表示只使用生成器部分的 SRResNet 網路做訓練；SRGAN-MSE 表示在上述 SRGAN 網路結構上使用 MSE 作為內容損失函數；SRGAN-VGG22 表示在 SRGAN 結構上使用 VGG-19 的特徵圖來計算內容損失函數，後面的兩個數字（2 和 2）對應式（13-11）中的 i 和 j；SRGAN-VGG54 類似。從結果可以看出，使用 $l_{VGG/5,4}^{SR}$ 來計算內容損失可以獲得更好的主觀結果；與 $l_{VGG/2,2}^{SR}$ 比較可以發現，使用更深的層可以獲得更抽象的特徵圖，更能表示影像本身的含義。

圖 13.17 顯示了不同的演算法在放大 4 倍下的重建效果圖。可以看出，雖然 SRGAN 在客觀指標 PSNR 和 SSIM 上並沒有取勝，但在主觀效果上更接近原圖，這也進一步說明了使用傳統的客觀評價指標 PSNR 和 SSIM 並不能真實反映影像的品質。

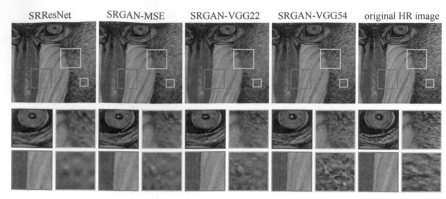

圖 13.16　SRGAN 中不同的損失函數和網路結構對重建效果的影響

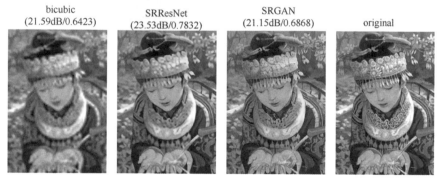

圖 13.17　不同的演算法在放大 4 倍下的重建效果比較

問題 4　怎樣將影像的超解析度重建方法移植到視訊的超解析度重建工作中？　難度：★★★★☆

分析與解答

　　視訊的超解析度重建工作可以沿用上面所講的單張影像超解析度重建方法，對視訊每頁框逐一進行重建。為了獲得更好的重建效果，可以利用視訊的頁框間相關性來進行重建，代表性工作有 VESPCN[29]，其網路結構如圖 13.18 所示。實際來說，VESPCN 在對 t 頁框進行重建時，會參考其相鄰的兩頁框 t -1 和 t +1。首先，透過運動補償（motion compensation）來估計相鄰兩頁框之間的位移；然後，利用位移參數對相鄰頁框 t -1 和 t +1 進行仿射轉換（平移、旋轉、縮放、翻轉），將這兩頁框與 t 頁框進行對齊；最後，將這三頁框進行融合（early fusion），即疊在一起成為 3D 矩陣，送入後續的 Spatio-Temporal ESPCN 網路中，獲得超解析度重建的結果。其中，Spatio-Temporal ESPCN 網路部分，功能與單張影像的超解析度重建類似，故不再贅述，這裡我們主要關注如何將多頁框影像進行對齊。

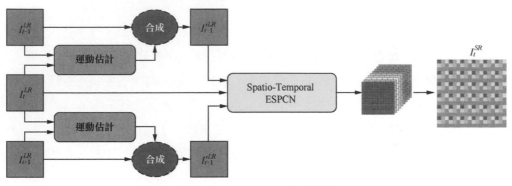

圖 13.18　VESPCN 網路結構

　　將多頁框影像進行對齊的關鍵點在於運動補償。VESPCN 使用了空間轉換網路（Spatial Transformer Network，STN）[30] 來進行運動補償。這裡先介紹一下 STN 的基本工作原理。STN 的主要架構如圖 13.19 所示，輸入 U 可以是一頁框或多頁框影像，輸出為 V，整個網路主要分為三部分。

　　（1）定位網路（localisation net），其目標是學習從 U 中像素到 V 中像素的仿射變化參數，這也是整個 STN 網路需要學習的參數。

　　（2）座標生成器（grid generator）。在有了仿射變化參數後，還需要知道 U 和 V 之間像素點的位置對應關係。在座標生成器的作用下，對於 V 中的點，可以計算出其在 U 中對應點的座標。

　　（3）取樣器（sampler），這一步相當於內插的步驟。在計算出 V 中的點在 U 中的座標後，由於座標可能是小數，所以需要採用內插的方法來計算出像素點的像素值，通常採用雙線性內插。

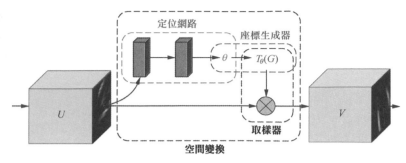

圖 13.19　空間轉換網路

　　回到 VESPCN，研究人員設計了基於 STN 的運動補償方法，流程如圖 13.20 所示，目標是對於目前參考頁框 I_t，學習找到它與下一頁框 I_{t+1} 的最佳光流表示。在這個結構中，研究人員在 STN 的基礎上採用了多尺度的思維。首先，對前後兩頁框進行堆疊，然後透過一個 6 層的卷積神經網路計算獲得與原圖長寬相等、通道數為 2 的特徵圖，即為圖中的 Δ^c，稱為粗糙光流。合成（Warp）是 STN 中的步驟，即利用獲得的光流圖對 I_{t+1} 進行仿射轉換獲得 I'^c_{t+1}。然後，將原圖的前後兩頁框、粗糙光流 Δ^c 和 I_{t+1} 進行堆疊，再使用一個 6 層的卷積神經網路計算獲得一個通道數為 2 的精細光流 Δ^f。最後，將粗糙光流 Δ^c 和精細光流 Δ^f 相加，再用聯合光流對 I_{t+1} 進行仿射轉換，獲得最後經過運動補償後的 I'_{t+1}。VESPCN 的其他部分與 ESPCN 類似，這裡就不多作介紹了。

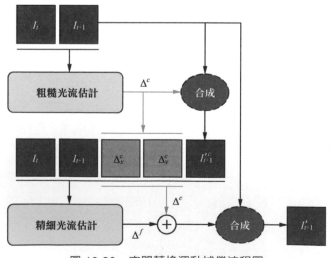

圖 13.20　空間轉換運動補償流程圖

網路通訊

　　網路通訊技術是網際網路發展的核心技術之一。在電腦網路中，每一個電腦裝置都可以看作一個節點，節點之間透過網路鏈路交換資料與資訊。這樣一個由節點、鏈路組成的網路叫作電腦網路，而在這個網路中用來通訊的技術，被稱為網路通訊技術。網路通信技術支撐著網路中大部分的服務與應用，如數位語音視訊，傳統的封包網路傳輸（檔案傳輸、郵件、WWW、串流媒體），資料中心與儲存，點對點（peer-to-peer）檔案分享網路，線上社群網站，分散式傳感網路等。網路底層所有關的技術更是包羅萬象，如網路架構和設計（網路資源設定演算法、流量建模、效能分析），傳輸協定的設計（IP 協議、TCP/IP 協定），行動通訊技術（車載網、5G），網路硬體，網路執行管理與監控，網路安全（可疑軟體監測與防範）等。

　　隨著深度學習在各行各業（如電腦視覺、語音辨識、內容推薦等）做出的令人欣喜的突破後，網路通訊領域的研究人員發現，深度學習在一些長久以來未解決的傳統網路問題上也展現了超乎尋常的解決問題的能力。

- 首先，深度學習在預測方面準確性更高。相比於傳統的擬合演算法，深度學習可以捕捉到更多的相關資訊，並能更進一步地利用這些資訊做出預測。舉例來說，深度學習可以幫助網路完成一些與資料相關的分類和預測任務，從而更好地激發網路上層的商業能力。

- 其次，深度學習的控制能力更強。相比於傳統的控制論、博弈論，深度學習可以在更複雜的環境下完成探索、學習、最佳化的過程。在網路資源規劃或參數調節上，深度學習都可以自我調整地進行調節。

- 最後，深度學習有更強的整合最佳化能力。相比於解決獨立的最佳化問題，深度學習可以實現點對點的最佳化，進一步提升整體的最佳化效率，例如內容分散傳遞服務（Content Delivery Network）和串流速率自我調整流（Adavtive Bitrate Streraming，ABS）的聯合最佳化等 [31]。

因此，深度學習在網路傳輸中的應用非常廣泛，其影響也必將是深遠的。

網路通訊、頻寬預測、卷積神經網路、循環神經網路、串流速率自我調整、強化學習

問題 **1** 如何用深度學習模型預測網路中某一　　難度：★★★☆☆
節點在未來一段時間內的頻寬情況？

　　如何準確地預測一個網路中資料流量（data traffic）的變化一直是網路最佳化中不可缺少的一部分。在實際應用中，很多後續網路效能的最佳化都基於此研究展開。以日常生活中上下班為例，在離目標路段還有 10 分鐘路程時，如何預測目標路段是否會發生擁堵並提前切換路線呢？當然在不同的網路背景下，資料流量可能擁有不一樣的含義。在電腦網路下，它可能是預測某資料連結的頻寬；在無線網路中，它可能表示為基地台的發送量等。那麼，在知道網路中某一個節點過去一段時間的頻寬變化後，如何用深度學習模型來預測該節點未來一段時間的頻寬情況呢？

⋯⋯⋯⋯⋯⋯⋯⋯⋯⋯⋯⋯⋯⋯⋯⋯⋯⋯⋯⋯⋯⋯⋯⋯⋯⋯⋯⋯⋯⋯⋯⋯⋯⋯⋯⋯⋯⋯⋯
分析與解答

　　日常生活中有很多問題都可以歸化為上述問題，而該問題又可以簡化為時間序列預測問題，比如產品的銷售額、天氣的變化、股票曲線的變化等。時間序列是一組按照事件發生順序排列的資料點集合，一般被作為有序離散點進行處理。時間序列預測包含短期、中期和長期預測。傳統的平均值計算、有權重的平均值加權以及在過去很長一段時間都佔據時序分析主流地位的差分整合移動平均自回歸模型（Auto Regressive Integrated Moving Average，ARIMA），都可以解決這個問題。不過隨著現代機器學習方法的發展，這個問題有了更好的解決方法。

　　首先來了解一下這個問題，從本質上講它是一個回歸問題。在深度學習出現之前，許多傳統的機器學習演算法也可以極佳地解決這個問題，例如線性回歸（Linear Regression）、支援向量回歸（Support Vector Regression）等。如果把歷史資料點作為獨立的訓練資料的話，用

最簡單的單層感知機就可以實現預測功能。對於一些簡單的、比較好預測的工作，以上方法都可以獲得不錯的結果。

　　進一步思考這個問題會發現，如果只把歷史資料點作為獨立的訓練資料的話，資料之間在時間上的相關性就被忽略了，這對於具有較長時間的、複雜的、週期性變化的資料的處理效果不好。在深度學習中，循環神經網路（如 LSTM）具有較好的學習長期相依關係的能力，在語言翻譯和語音辨識上展現出了不錯的效果，我們可以借助它來處理時間序列預測問題。圖 13.21 是一個用循環神經網路來進行頻寬預測的模型，其採用多對一（many-to-one）結構；圖中的 $X_t, X_{t-1}, \cdots, X_{t-5}$ 是模型的輸入，表示過去一段時間內的歷史資料點；$Y_1, Y_2, \cdots, Y_n$ 是模型的輸出，即要預測的變數。需要注意的是，模型的輸出值可能有多個（$n>1$），即同時預測多個變數（如網路頻寬的最大值、平均值、最小值等），這樣可以引用多工學習機制，聯合訓練多個工作，有效地加強整體效能。

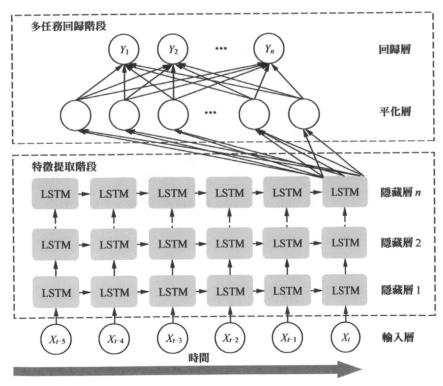

圖 13.21　利用循環神經網路進行頻寬預測

繼續思考網路中資料頻寬預測問題，會發現其實我們忽略了大量的地理位置資訊。一般來說，網路中 A 節點的資料流量情況，除了可以透過 A 節點的歷史資料進行分析預測外，它附近的 B 節點、C 節點的資料流量情況勢必也會影響 A 節點的資料流量變化。如果將這些資訊也用上，就可以對一個城市或整個網路的流量具有比較強的預測能力。考慮到深度學習中的卷積神經網路可以用來分析 2D 影像的特徵資訊，如果我們把一個城市的網路看作是由網格狀節點組成的網路的話，其特徵資訊就可以用卷積神經網路來分析了。由此，我們可以用一個 3D 卷積神經網路來學習通訊網路中的「地理 - 時間」聯合特徵，進而進行頻寬預測，如圖 13.22 所示。由於 3D 卷積神經網路會遺失時間序列中的時序資訊，所以可以再增加一個循環神經網路，組成 CNN-RNN 模型，如圖 13.23 所示，其中卷積神經網路（CNN）用來取出地理位置資訊，而循環神經網路（RNN）用來取出時序資訊。

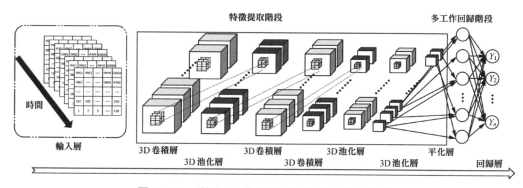

圖 13.22　利用 3D 卷積神經網路進行頻寬預測

需要指出的是，將資料節點表示為網格狀然後利用卷積神經網路進行處理，這並不是最佳的解決辦法。圖神經網路（GNN）可以更進一步地表示網路中點與點之間的關係，因此利用圖神經網路進行頻寬預測可以對網路中的資訊有更好的補充，實際方法見參考文獻 [32]。

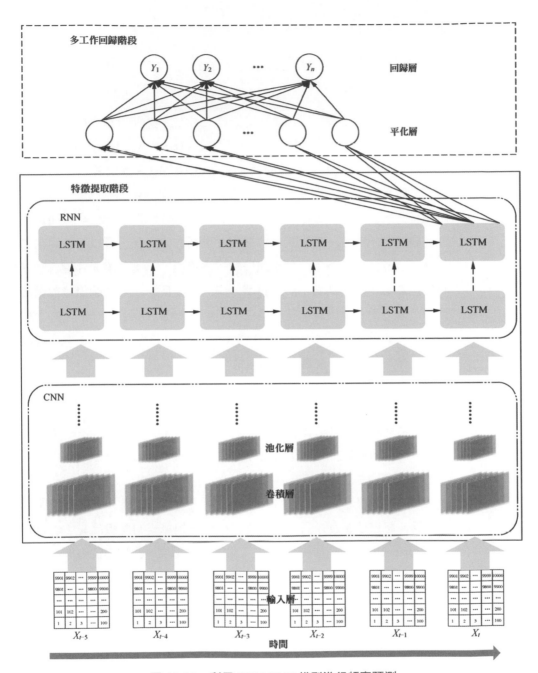

圖 13.23　利用 CNN-RNN 模型進行頻寬預測

問題 *2* 如何利用深度學習完成自我調整 串流速率控制？

難度：★★★★★

目前工業界的串流媒體傳輸最佳化中主要利用 DASH（Dynamic Adaptive Streaming over HTTP） 或 HLS（Apple's HTTP Live Streaming）來進行串流媒體的傳輸。DASH 和 HLS 系統會把原始內容編成多個具有不同清晰度、不同串流速率的一組視訊，並把每一個視訊組織成一系列小的視訊區塊，其中每一個視訊區塊都包含一小段可以獨立播放的視訊內容。當視訊內容在用戶端播放時，客戶可以根據目前的網路狀態自由地選擇下一個視訊區塊的串流速率。這種串流媒體傳輸系統的好處是，在不斷變化的網路狀態中，可以自我調整地調節播放串流速率，進一步在提供高品質視訊的同時能減少播放的卡頓。那麼在上述背景下，有什麼方法可以幫助 DASH 或 HLS 系統做出串流速率切換的決策，進一步解決串流速率自我調整問題？

分析與解答

解決串流速率自我調整問題有兩大困難。

（1）**多個最佳化目標的對立性**。在串流速率自我調整演算法中，很多最佳化目標是互相矛盾的，例如在播放過程中要最小化卡頓時間、最大化清晰度、最小化啟動延遲時間、保持流暢度、避免大幅度串流速率切換等。將這些相互矛盾的最佳化目標統一到單一的體驗品質（Quality of Experience，QoE）指標中，是工業界與學術界一直努力的方向。

（2）**網路情況的複雜多變性**。網路層的服務品質（Quality of Service，QoS）指標包含網路頻寬、網路延遲時間、網路抖動、網路封包遺失率等，而這些問題的核心原因是，網路層是一個有物理上限的連通網路，當傳輸資料超過其最大負載時，網路會自行進行延遲時間發送或封包遺失處理。在實際應用中，網路中哪些鏈路什麼時候會超出負載，以及哪些資料封包會因此受到什麼程度的影響，都是難以預測的。

基於以上這兩大難點，串流速率自我調整演算法的最佳化一直是學術界與工業界不斷最佳化的課題之一。傳統的串流速率自我調整方法

分為兩種類型：一種是基於頻寬的串流速率自我調整演算法，另一種是基於用戶端視訊快取長度的串流速率自我調整演算法。我們舉例說明，MPC（Model Predictive Control）演算法是一個基於頻寬的串流速率自我調整演算法[33]，它將串流速率自我調整問題看作一個 QoE 最佳化問題，其最佳化目標是 K 個視訊區塊的最佳化目標的加權之和，實際公式為

$$\text{QoE}_1^K = \sum_{k=1}^{K} q(R_k) - \lambda \sum_{k=1}^{K-1} |q(R_{k+1}) - q(R_k)| - \mu \sum_{k=1}^{K} \left(\frac{d_k(R_k)}{C_k} - B_k \right)_+ - \mu_s T_s \quad （13\text{-}15）$$

其中，$q(R_k)$ 表示視訊區塊 k 的品質；$|q(R_{k+1}) - q(R_k)|$ 表示視訊區塊之間的品質轉換補償；$d_k(R_k)$ 是視訊區塊的位元數；C_k 是視訊區塊的平均下載速度；$\frac{d_k(R_k)}{C_k}$ 表示下載視訊區塊所需時間；B_k 表示在下載視訊區塊時使用者端視訊的快取長度；$\frac{d_k(R_k)}{C_k} - B_k$ 即是視訊的卡頓時間；T_s 表示啟動延遲；λ、μ、μ_s 是聯合最佳化參數。在 MPC 演算法中，最後要求解的是如下帶許多約束項的最佳化問題：

$$\max_{R_1, \cdots, R_k, T_s} \quad QoE_1^k$$

$$s.t. \quad t_{k+1} = t_k + \frac{d_k(R_k)}{C_k} + \Delta t_k$$

$$C_k = \frac{1}{t_{k+1} - t_k - \Delta t_k} \int_{t_k}^{t_{k+1} - \Delta t_k} C_t dt \quad （13\text{-}16）$$

$$B_{k+1} = \left(\left(B_k - \frac{d_k(R_k)}{C_k} \right)_+ + L - \Delta t_k \right)_+$$

$$B_1 = T_s, \quad B_k \in [0, B_{\max}],$$

$$R_k \in \mathcal{R}, \quad \forall\, k = 1, \cdots, K.$$

其中，Δt_k 為啟動下載所需時間（為一極小量），C_t 為網路的暫態頻寬，L 為視訊區塊的可播放時長。雖然理論上我們可以求得上述最佳化問題的最優值，但注意到約束項中有關暫態頻寬 C_t 在時間上的積分，這在真實網路中是無法準確知道的，因此實際應用中該值是用歷史頻寬值的滑動平均值來估計的。這個步驟會引用誤差，進一步導致實際應用中獲得的不是理論最佳解。

在 2017 年的通訊領域頂級會議 SIGCOMM（ACM Special Interest Group on Data Communication）上，麻省理工學院的研究團隊提出利用

深度強化學習進行串流速率自我調整的最佳化系統 Pensieve[34]，它同樣以式（13-15）為最佳化目標，並提出了基於 A3C（Asynchronous Actor-Critic Agents）模型的解決方法。整個系統的結構如圖 13.24 所示，下面具體介紹。

（1）輸入（input）：在下載完每一個視訊區塊後，Pensieve 系統會把目前狀態輸入到神經網路中，狀態為 $s_t = (\vec{x}_t, \vec{\tau}_t, \vec{n}_t, b_t, c_t, l_t)$，其中$\vec{x}_t$ 是過去 k 個視訊區塊的下載頻寬，$\vec{\tau}_t$ 是過去 k 個視訊區塊的下載時間，$\vec{n}_t$ 是下一個視訊區塊在 m 個可選擇串流速率下的視訊區塊大小，b_t 是目前的快取長度，c_t 表示該視訊來源還有多少個視訊區塊需要下載，l_t 表示上一個視訊區塊所選擇的串流速率。

（2）策略（policy）：在接收到狀態 s_t 後，Pensieve 系統需要基於某種策略來做出一個動作，即選擇下一個視訊區塊的播放串流速率。這裡的策略是指指定狀態 s_t 下動作 a_t 的機率分佈，即 $\pi(a_t | s_t) \to [0,1]$。由於頻寬和視訊快取長度都是連續實數，研究人員引用參數 θ 來將策略參數化為$\pi_\theta(a_t | s_t)$。

（3）策略梯度訓練（policy gradient training）：演員 - 評論家（Actor-Critic）演算法採用策略梯度演算法進行訓練。在每執行一個動作之後，代理（agent）透過模擬環境獲得該行為的獎勵（reward），即下載這個視訊區塊的 QoE 指標。這個策略梯度演算法的核心是透過觀測策略的執行結果來預測期望獎勵的梯度，實際可以表示為

$$\nabla_\theta \mathbb{E}_{\pi_\theta}\left[\sum_{t=0}^{\infty} \gamma^t r_t\right] = \mathbb{E}_{\pi_\theta}[\nabla_\theta \log \pi_\theta(a|s) A^{\pi_\theta}(s,a)] \qquad （13-17）$$

其中，$A^{\pi_\theta}(s,a) = Q^{\pi_\theta}(s,a) - V^{\pi_\theta}(s)$ 是優勢函數（advantage function），表示在狀態 s 下行為 a 帶來的獎勵期望與在狀態 s 下平均獎勵期望的差值，可以視為某個特定的行為獲得的獎勵相比於平均行為的好處。演員網路（Actor Network）會基於策略梯度下降公式，並加入一個鼓勵探索的正規項，來更新演員網路的參數 θ：

$$\theta \leftarrow \theta + \alpha \sum_t \nabla_\theta \log \pi_\theta(a_t | s_t) A(s_t, a_t) + \beta \nabla_\theta H(\pi_\theta(\cdot | s_t)) \qquad （13-18）$$

評論家網路（Critic Network）會更新價值函數 $V^{\pi_\theta}(s)$，並用時間差分法（temporal difference method）來學習網路的參數 θ_v：

$$\theta_v \leftarrow \theta_v - \alpha' \sum_t \nabla_{\theta_v} (r_t + \gamma V^{\pi_\theta}(s_{t+1}; \theta_v) - V^{\pi_\theta}(s_t; \theta_v))^2 \qquad (13\text{-}19)$$

（4）**模型訓練細節（model traning details）**：在演員網路中，前
3 個輸入向量（即 $\vec{x}_t$、$\vec{\tau}_t$、$\vec{n}_t$）會利用滑動窗取 8 個歷史值組成向量作為
輸入，並採用尺寸為 1×4 的一維卷積；後 3 個輸入變數（即 b_t、c_t、l_t）
則採用 1×1 卷積核；所有的輸出經過一個全連接層獲得一個 1×128 的
向量，最後經過 Softmax 層轉化為機率分佈，表示每個串流速率被選取
的機率。評論家網路與演員網路基本一致，只是最後輸出的是一個值，
而不是一個機率分佈向量。考慮到實際應用需求，研究人員採用了 A3C
模型，所以 Pensieve 使用了 16 個平行的代理（agent）進行訓練，每一
個子代理會去嘗試不一樣的參數，並將它的狀態發給中央代理；中央代
理根據 Actor-Critic 演算法更新整個模型，並在模型更新後將新的模型推
給每個子代理。

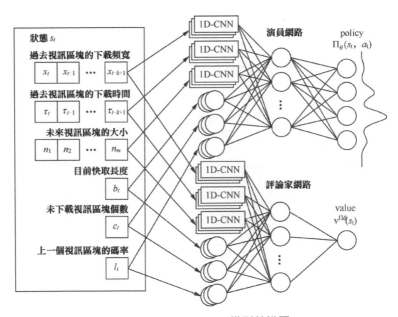

圖 13.24　Pensieve 模型結構圖

關於串流速率自我調整問題，前人也提出過基於 TabularQ-learning
的演算法 [35]。相比於 A3C 方法，基於 Q-learning 的方法會將連續的狀態
空間離散化，然後利用狀態傳輸機率來學習選擇動作（action）的策略，
實際細節可以參閱相關的文獻。

參考文獻

[1]   SULLIVAN G J, OHM J-R, HAN W-J, et al. Overview of the high efficiency video coding (HEVC) standard[J]. IEEE Transactions on Circuits and Systems for Video Technology, 2012, 22(12): 1649–1668.

[2]   LAUDE T, OSTERMANN J. Deep learning-based intra prediction mode decision for HEVC[C]//2016 Picture Coding Symposium. IEEE, 2016: 1–5.

[3]   LI J, LI B, XU J, et al. Intra prediction using fully connected network for video coding[C]// 2017 IEEE International Conference on Image Processing, 2017: 1–5.

[4]   DAI Y, LIU D, WU F. A convolutional neural network approach for post-processing in HEVC intra coding[C]//International Conference on Multimedia Modeling. Springer, 2017: 28–39.

[5]   HE K, ZHANG X, REN S, et al. Deep residual learning for image recognition[C]// Proceedings of the IEEE Conference on Computer Vision and Pattern Recognition, 2016: 770–778.

[6]   KIM J, KWON LEE J, MU LEE K. Accurate image super-resolution using very deep convolutional networks[C]//Proceedings of the IEEE Conference on Computer Vision and Pattern Recognition, 2016: 1646–1654.

[7]   GAO W, TIAN Y, HUANG T, et al. The IEEE 1857 standard: Empowering smart video surveillance systems[J]. IEEE Intelligent Systems, IEEE, 2014, 29(5): 30–39.

[8]   REDONDI A, BAROFFIO L, CESANA M, et al. Compress-then-analyze vs. analyze-then-compress: Two paradigms for image analysis in visual sensor networks[C]//2013 IEEE 15th International Workshop on Multimedia Signal Processing, 2013: 278–282.

[9]   SCHROFF F, KALENICHENKO D, PHILBIN J. FaceNet: A unified embedding for face recognition and clustering[C]//Proceedings of the IEEE Conference on Computer Vision and Pattern Recognition, 2015: 815–823.

[10]   LI Y, JIA C, WANG S, et al. Joint rate-distortion optimization for simultaneous texture and deep feature compression of facial images[C]//2018 IEEE 4th International Conference on Multimedia Big Data, 2018: 1–5.

[11] MA S, ZHANG X, WANG S, et al. Joint feature and texture coding: Towards smart video representation via front-end intelligence[J]. IEEE Transactions on Circuits and Systems for Video Technology, IEEE, 2018.

[12] SIMONYAN K, ZISSERMAN A. Very deep convolutional networks for large-scale image recognition[J]. arXiv preprint arXiv:1409.1556, 2014.

[13] MAI G, CAO K, PONG C Y, et al. On the reconstruction of face images from deep face templates[J]. IEEE transactions on pattern analysis and machine intelligence, IEEE, 2018.

[14] BALLÉ J, LAPARRA V, SIMONCELLI E P. End-to-end optimized image compression[J]. arXiv preprint arXiv:1611.01704, 2016.

[15] 周景超, 戴汝為, 肖柏華 圖形品質評價研究綜述 [D]. 2008.

[16] HASKELL B G, NETRAVALI A N. Digital pictures: Representation, compression, and standards[M]. Perseus Publishing, 1997.

[17] LIU X, WEIJER J van de, BAGDANOV A D. RankIQA: Learning from rankings for no-reference image quality assessment[C]//Proceedings of the IEEE International Conference on Computer Vision, 2017: 1040–1049.

[18] CHOPRA S, HADSELL R, LECUN Y, et al. Learning a similarity metric discriminatively, with application to face verification[C]//CVPR (1), 2005: 539–546.

[19] KARRAS T, AILA T, LAINE S, et al. Progressive growing of GANs for improved quality, stability, and variation[J]. 2017.

[20] LIN K-Y, WANG G. Hallucinated-IQA: No-reference image quality assessment via adversarial learning[C]//Proceedings of the IEEE Conference on Computer Vision and Pattern Recognition, 2018: 732–741.

[21] TSAI R. Multiframe image restoration and registration[J]. Advance Computer Visual and Image Processing, 1984, 1: 317–339.

[22] DONG C, LOY C C, HE K, et al. Learning a deep convolutional network for image super-resolution[C]//European Conference on Computer Vision. Springer, 2014: 184–199.

[23] TONG T, LI G, LIU X, et al. Image super-resolution using dense skip connections[C]// Proceedings of the IEEE International Conference on Computer Vision, 2017: 4799–4807.

[24] ROMANO Y, ISIDORO J, MILANFAR P. RAISR: Rapid and accurate image super resolution[J]. IEEE Transactions on Computational Imaging, IEEE, 2017, 3(1): 110–125.

[25] DONG C, LOY C C, TANG X. Accelerating the super-resolution convolutional neural network[C]//European Conference on Computer Vision. Springer, 2016: 391–407.

[26] SHI W, CABALLERO J, HUSZÁR F, et al. Real-time single image and video super-resolution using an efficient sub-pixel convolutional neural network[C]//Proceedings of the IEEE Conference on Computer Vision and Pattern Recognition, 2016: 1874–1883.

[27] LIM B, SON S, KIM H, et al. Enhanced deep residual networks for single image super-resolution[C]//Proceedings of the IEEE Conference on Computer Vision and Pattern Recognition Workshops, 2017: 136–144.

[28] LEDIG C, THEIS L, HUSZÁR F, et al. Photo-realistic single image super-resolution using a generative adversarial network[C]//Proceedings of the IEEE Conference on Computer Vision and Pattern Recognition, 2017: 4681–4690.

[29] CABALLERO J, LEDIG C, AITKEN A, et al. Real-time video super-resolution with spatio-temporal networks and motion compensation[C]//Proceedings of the IEEE Conference on Computer Vision and Pattern Recognition, 2017: 4778–4787.

[30] JADERBERG M, SIMONYAN K, ZISSERMAN A, et al. Spatial transformer networks[C]// Advances in Neural Information Processing Systems, 2015: 2017–2025.

[31] JIANG J, SEKAR V, MILNER H, et al. CFA: A practical prediction system for video QoE optimization[C]//13th USENIX Symposium on Networked Systems Design and Implementation, 2016: 137–150.

[32] WANG X, ZHOU Z, XIAO F, et al. Spatio-temporal analysis and prediction of cellular traffic in metropolis[J]. IEEE Transactions on Mobile Computing, IEEE, 2018.

[33] YIN X, JINDAL A, SEKAR V, et al. A control-theoretic approach for dynamic adaptive video streaming over HTTP[C]//ACM SIGCOMM Computer Communication Review. ACM, 2015, 45: 325–338.

[34] MAO H, NETRAVALI R, ALIZADEH M. Neural adaptive video streaming with Pensieve[C]//Proceedings of the Conference of the ACM Special Interest Group on Data Communication. ACM, 2017: 197–210.

[35] CHIARIOTTI F, D' ARONCO S, TONI L, et al. Online learning adaptation strategy for DASH clients[C]//Proceedings of the 7th International Conference on Multimedia Systems. ACM, 2016: 8.

第 14 章

電腦聽覺

日常生活中，除了之前章節介紹的影像、視訊、語言、文字等訊號外，音訊也是一種非常重要的資訊載體。電腦聽覺（Computer Audition）就是研究如何讓機器了解音訊訊號的方向，它包含多個子領域，整體來說可以分成兩大類：自動語音辨識（Automatic Speech Recognition, ASR）和音頻事件辨識（Audio Event Recognition, AER）。

自動語音辨識（簡稱語音辨識）是音訊處理領域的經典問題，它的目標是辨識出人類講話的聲音訊號中的內容（一般表示成文字形式）。伴隨著深度學習的浪潮，語音辨識領域幾乎煥然一新，在過去幾年裡辨識效能有了變革性的提升。如今，語音辨識技術已經可以實現高精度的人機語音互動、語音控制、聲紋辨識等功能，被廣泛應用在智慧喇叭、語音幫手等產品中。

音訊事件辨識希望電腦可以像人一樣辨識聲音並連結到音訊事件上。注意，這裡的聲音不侷限於人聲，還包含其他種類，例如樂器聲、動物叫聲以及日常環境中的各種聲音等。近幾年，隨著 Google 發佈大規模音訊事件資料集 AudioSet，許多研究者在這個領域內深耕鑽研，如今它的應用場景覆蓋了音訊資料審核、音訊安全監控、聲學場景分析、無人駕駛等領域。

音訊訊號的特徵分析

在音訊訊號處理系統中，通常要先對音訊訊號進行有效的特徵分析，以便於後續聲學模組的處理。音訊訊號特徵分析的一般流程是，以原始音訊訊號為輸入，先透過消噪和去失真來增強音訊訊號，然後進行時域到頻域的轉換，最後在頻譜中分析合適的、有代表性的特徵。在傳統方法中，常用的音訊特徵有梅爾頻率倒譜系數（Mel-Frequency Cepstral Coefficient，MFCC）、線性預測倒譜系數（Linear Prediction Cepstrum Coefficient，LPCC）等；如今隨著深度學習的流行，很多研究者開始利用建模能力強大的深度神經網路來進行特徵分析。

基礎知識

音訊訊號、特徵分析、梅爾頻率倒譜系數

問題 簡述音訊訊號特徵分析中經常用到 難度：★★☆☆☆
的梅爾頻率倒譜系數的計算過程。

分析與解答

我們在處理音訊訊號時，一般要先進行特徵分析，消除訊號中的背景音、雜訊等，保留有辨識性的內容資訊。梅爾頻率倒譜系數（MFCC）是一種非常重要的音訊特徵，它的主要特徵分析流程如圖 14.1 所示。

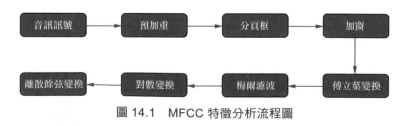

圖 14.1 MFCC 特徵分析流程圖

MFCC 特徵分析的主要步驟如下。

（1）**預加重**，指對音訊訊號的高頻部分進行加重，即增加訊號中高頻部分的解析度。一般來説，音訊訊號的低頻段能量高、信噪比大，高頻段能量低、信噪比小。也就是説，音訊訊號的能量主要分佈在低頻段，它的功率譜密度會隨著頻率增高而降低，這會導致高頻訊號傳輸困難，影響訊號品質。因此，在傳輸前對訊號進行預加重，可以提升訊號的傳輸品質。預加重最簡單的處理方法就是將音訊訊號透過高通濾波器。

（2）**分頁框**，顧名思義，是將音訊訊號按一定的時間間隔分成許多頁框。音訊訊號具有時變特性，但在比較短的時間範圍內（通常是 20 ～ 50 毫秒），其特性基本穩定，這被稱為短時平穩性。分頁框處理是為了確保後續傅立葉轉換的輸入訊號是平穩的，以便弄清音訊中各個頻率成分的分佈。

（3）**加窗**，即將分頁框後獲得的每頁框訊號與特定的窗函數相乘，如圖 14.2 所示。這裡窗函數的寬度就是頁框長，常用的函數有矩形窗、漢明窗、高斯窗等。加窗操作是為了讓頁框和頁框之間平滑地衰減到零，取得更高品質的頻譜。

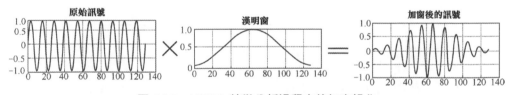

圖 14.2　MFCC 特徵分析過程中的加窗操作

（4）**傅立葉轉換**，用來將音訊訊號從時域轉換到頻域。聲音訊號在時域上一般很難觀察出特性，轉換到頻域上能夠更容易獲得聲音的一些本質特性。圖 14.3 是經過傅立葉轉換獲得的頻譜圖，橫軸是頻率，縱軸是強度。這幅圖呈現了聲音訊號的「細節」與「包絡」兩種資訊。「細節」指的是圖中綠色曲線上的小峰，這些小峰在橫軸上的間距就是基頻，它反映了聲音的音高，即小峰越稀疏，基頻越高，音高也越高；「包絡」指的是圖中紅色的平滑曲線，它連接了綠色小峰的峰頂，反映了聲音的音色；而「包絡」上的峰叫共振峰，即圖中用紅色箭頭標識的位置，它表示聲音的主要頻率成分，可用於辨識不同的聲音。

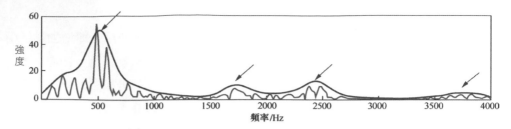

圖 14.3 頻譜圖中的「細節」與「包絡」

（5）**梅爾濾波**，模仿人類的聽覺感知系統來對頻譜進行濾波轉換。根據針對人耳的聽覺實驗的觀察結果可以知道，人類的聽覺感知系統就像一個濾波器組，在不同的頻率下有不同的靈敏度。梅爾濾波器組就是為了模擬人耳的特點而設計的，如圖 14.4 所示。實際來說，圖 14.4 中第一幅圖中的每個黃色三角形就對應著一個梅爾濾波器（通常有 40 個），這些濾波器在低頻區域分佈比較密集，在高頻區域比較稀疏，這是在模擬人耳對低頻訊號具有較高解析度的特性。將上一步的頻譜與每個梅爾濾波器相乘並做積分，能獲得每個梅爾濾波器對應的能量；將所有梅爾濾波器的結果合併在一起，可以獲得近似的包絡曲線，如圖 14.4 中第二幅圖所示。這樣，我們就分離了音訊訊號的細節和包絡，也即分析出了音訊訊號中重要的音色資訊。

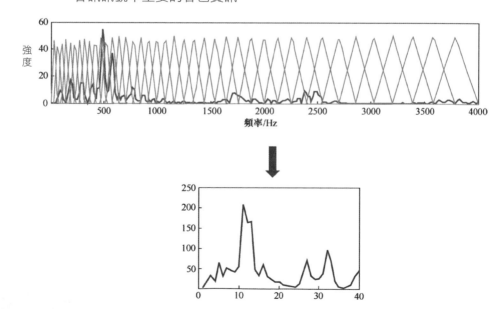

圖 14.4 梅爾濾波器組的設計與輸出

（6）**對數轉換**，施加在梅爾濾波的輸出結果上（縱軸），用於放大低能量區域的能量差異。

（7）**離散餘弦轉換**，用於將對數轉換後的特徵做進一步處理和壓縮。離散餘弦轉換的結果為實數，並且對於一般的音訊訊號，離散餘弦轉換的前幾個係數比較大，後面的係數比較小可以忽略。前文提到，梅爾濾波器的個數通常為 40，因此離散餘弦轉換的結果也是 40 維的，但在實際應用中一般只保留前 12 ～ 20 維，這樣可以進一步壓縮資料。

綜合上面所有步驟，可以知道，每頁框音訊訊號能用一個 12 ～ 20 維向量來表示，整段音訊訊號能被表示為這種向量組成的序列，這個序列就是 MFCC 特徵序列，上述整個操作流程就是 MFCC 特徵分析的過程。電腦聽覺中的很多工都是基於這些 MFCC 特徵進行建模的。

MFCC 特徵分析的優點有，分離了包絡與細節，分析出了反映音色的包絡，排除了細節（基頻）的干擾；模仿人耳特性設計的梅爾濾波器組更符合人類的聽覺特性；最後獲得的 MFCC 特徵序列維度較低，易於後續的建模處理。

・歸納與擴充・

音訊訊號的特徵分析一直是音訊訊號處理中非常重要的步驟，針對 MFCC、LPCC 等特徵的研究也一直是音訊特徵分析領域的熱點。近幾年，隨著深度學習的火熱，研究人員開始嘗試用深度神經網路直接從原始音訊訊號中分析特徵，以替代傳統的特徵分析方法。但是，由於深度學習模型的訓練需要大規模資料集的支援，在一些訓練資料量不大的場景中，其效能不一定能比傳統方法有優勢。因此，現在讀者通常會將傳統特徵分析方法與深度神徑網路結合起來使用。

02 語音辨識

語音辨識的目標是透過電腦程式將一段包含人類語言的聲音訊號轉為對應的詞序列。該技術的應用方向有聲紋辨識（Voiceprint Recognition）、語音撥號（Voice Dial）等。如果將語音辨識技術與自然語言處理技術相結合，則會衍生出更豐富的應用場景，如語音合成（Speech Synthesis）、對話系統（Dialogue System）、語音增強（Speech Enhancement）等。

語音辨識

問題 **分別介紹傳統的語音辨識演算法和目前主流的語音辨識演算法**　難度：★★★☆☆

分析與解答

我們先了解一下語音辨識演算法的組成模組，然後再實際介紹有代表性的傳統語音辨識演算法和目前主流的語音辨識演算法。

■ 語音辨識演算法的組成模組

語音辨識演算法一般由編碼器和解碼器兩部分組成，其中編碼器包含訊號處理與特徵分析模組，解碼器包含聲學模型、語言模型、搜尋演算法等 3 個模組，整體架構如圖 14.5 所示，下面簡單介紹各個模組。

- **訊號處理與特徵分析**：以音訊訊號為輸入，透過訊號去噪與增強等方式前置處理音訊訊號，再透過時頻轉換以及相關的特徵分析算子來分析音訊特徵，進一步完成音訊訊號的編碼。
- **聲學模型**：以分析的特徵序列為輸入，結合聲音學相關知識，為輸入的特徵序列產生聲學模型得分，並獲得語音特徵到音素

（phoneme）的對映。音素是根據語音的自然屬性劃分出來的最小語音單位。

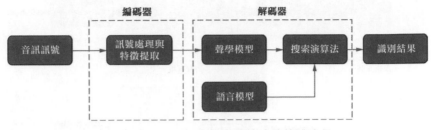

圖 14.5　語音辨識演算法的整體流程

- **語言模型**：一般採用鏈式法則（Chain Rule）把一個敘述的概率拆解成每個詞的機率乘積形式，然後透過語料庫來訓練和學習詞之間的條件機率，進一步估計出詞序列的可能性，最後列出該語句的語言模型得分。
- **搜尋演算法**：對指定的特徵向量和假設詞序列，計算聲學模型得分和語言模型得分，將綜合分數最高的詞序列作為辨識結果。

■ 傳統的語音辨識演算法

從二十世紀八十年代到 2012 年左右，傳統方法在語音辨識領域中處於主導地位。傳統方法中最常用的架構是先分析音訊訊號的 MFCC 特徵，然後使用基於高斯混合模型的隱馬可夫模型（Gaussian Mixture Model-Hidden Markov Model，GMM-HMM）進行語音辨識，其演算法流程如圖 14.6 所示。下面分別介紹其中的編碼器部分和解碼器部分。

編碼器先對音訊訊號進行預加重、分頁框、加窗等前置處理操作，主要目的是增強高頻訊號、削弱訊號的不連續性與減少雜訊干擾；隨後，編碼器進行 MFCC 特徵提取，得到的 MFCC 特徵模擬了人類聽覺感知系統的特性，有助加強語音的辨識率。

解碼器主要是將編碼器輸出的特徵序列辨識成狀態，並將其組合成音素，最後組合成單字。GMM-HMM 聲學模型是解碼器的重點，其中 HMM 用於建模詞的隱狀態與觀察狀態之間的關係，而 GMM 則用於建模觀察狀態的語音特徵的分佈情況。在聲學模型辨識後，還要借助語言模型來估計詞序列的機率。最後，搜尋演算法將結合聲學模型與語言模型列出的得分，找到綜合分數最高的詞序列作為辨識結果。

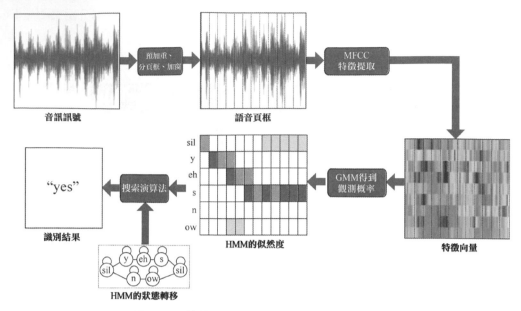

音訊訊號 　　語音頁框

識別結果　　HMM的似然度　　特徵向量

HMM的狀態轉移

圖 14.6　基於 GMM-HMM 的語音辨識演算法

■ **目前主流的語音辨識演算法**

隨著語音辨識應用場景的不斷更迭以及深度學習的高速發展，研究人員開始嘗試用深度神經網路（DNN）來代替傳統方法中的各個模組，模型的整體結構也逐漸從複雜的多模組層級聯轉為點對點的形式。在過去兩三年裡，工業界的很多語音辨識相關產品已開始採用深度神經網路技術。

深度神經網路已經在很多領域展現出強大的學習與分類能力。在語音辨識領域，一個標示性的演算法是 2012 年 Hinton 等人提出的 DNN-HMM 演算法 [1]，該演算法用深度神經網路取代了傳統方法中的訊號預處理、特徵分析、GMM 這些串聯模組，最後再用 HMM 估計結果，模型的整體結構如圖 14.7 所示。在很多場景下，該演算法的效能優於傳統的 GMM-HMM 框架。DNN-HMM 領導了混合系統的風潮，成為現代語音辨識演算法革新的起點。

隨後，研究人員開始採用對時間序列處理效果比較好的循環神經網路來代替 HMM 模組。長短期記憶網路（LSTM）是最常用的循環神經網路模型之一，它能緩解梯度消失或爆炸、記憶力有限等問題。CTC（Connectionist Temporal Classification）演算法 [2] 就是結合 LSTM 實現

的現代語音辨識方法，其整體流程如圖 14.8 所示。該演算法可以用來解決時序的分類問題，與一些其他方法相比能夠大幅度降低詞錯誤率。最初設計的 CTC 網路輸出音素串後，仍需要結合詞典和語言模型來進行轉換。之後，研究者進一步用神經網路來替代詞典、語言模型等模組，真正實現了點對點的模型結構，例如基於 CTC 的 EESEN 模型 [3]。另外，也有研究者嘗試在結構中引用注意力機制，如 LAS（Listen, Attend and Spell）模型 [4]，它在解決語音輸入與要辨識的輸出之間語序不一致、長度懸殊等問題上有很好的效果。

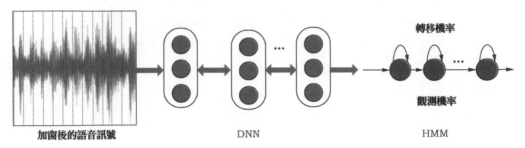

圖 14.7　基於 DNN-HMM 的語音辨識演算法

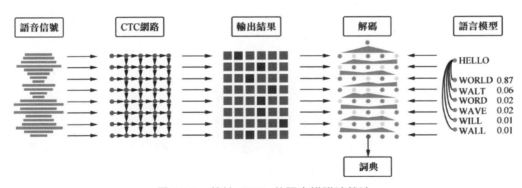

圖 14.8　基於 CTC 的語音辨識演算法

・歸納與擴充・

在採用深度學習模型之後，語音辨識演算法的效能有了顯著的提升，同時它還具有結構清晰、模型簡潔、易訓練和整合等優點。但是，目前語音辨識演算法仍然面臨著一些難以解決的問題，例如在惡劣環境下（如高噪、口音、遠場等）的辨識效果仍然容易受到影響。未來語音辨識領域會在語音去噪、增強以及大數據收集與訓練等方面繼續發展。

音訊事件辨識

音訊事件辨識（Audio Event Recognition，AER）是指用電腦自動地辨識音訊訊號並連結聲音對應的事件。音訊事件辨識是電腦聽覺領域內重要的研究方向，它的應用場景覆蓋了音訊資料審核、智慧家居、聲學場景分析、無人駕駛等領域。舉例來說，在 Hulu 的海量視訊資源中，包含著豐富的音訊事件（如音樂、掌聲等），辨識與檢測這些音訊事件對於視訊內容的分析與了解具有很大的幫助。

音訊事件辨識

問題 **1** 音訊事件辨識領域常用的資料集有哪些？　　　　難度：★☆☆☆☆

分析與解答

AudioSet[5] 是音訊事件辨識領域最常用的資料集之一，它是 Google 在 2017 年發佈的音訊資料集，製作該資料集的初衷是期望它成為音訊領域的 "ImageNet"。AudioSet 資料集包含 200 多萬筆從 YouTube 視訊中分析的音訊，每條音訊長度約為 10 秒，整個資料集的音訊總時長大約是 5800 小時，包含 527 種音訊事件（如人聲、動物叫聲、樂器聲以及日常的環境聲等）。圖 14.9 是 AudioSet 中各種音訊事件的樣本個數統計。

在 AudioSet 發佈之前，DCASE（Detection and Classification of Acoustic Scenesand Events）競賽 [6] 中使用的資料集是這個領域的主要資料來源。DCASE 競賽是全球音訊事件分類與辨識比賽，它每年都會有不同主題的任務，這些主題通常可以分為 3 類別：聲學場景分類、合成音訊的事件辨識和現實音訊的事件辨識。

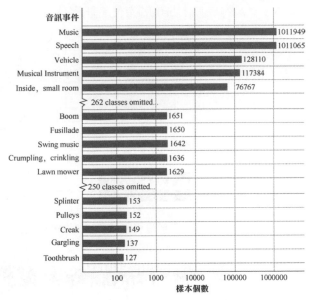

圖 14.9　AudioSet 資料集中音訊事件的樣本個數統計

問題 *2*　簡單介紹一些常見的音訊事件辨識
演算法。　　　　　　　　　　難度：★★☆☆☆

分析與解答

　　參考文獻 [7] 提出了一種比較常見的音訊事件辨識演算法，其大致框架如圖 14.10 所示。實際來說，該演算法首先將音訊訊號轉為頻譜訊號並分析 MFCC 特徵；隨後經過深度卷積神經網路進行進一步的特徵提取，將特徵壓縮為更緊湊的、具有進階語義資訊的 128 維代表向量；最後將該向量輸入對應工作的分類器，獲得最後的音訊事件預測結果（檢測或辨識）。在灌入大量訓練資料後，這個音訊事件辨識演算法初具成效，它在許多音訊事件辨識工作中被作為預訓練模型使用。

　　由於音訊訊號是上下文相關的時序訊號，因此讀者自然會想到循環神經網路在時序資料上強大的建模能力。研究人員嘗試用循環神經網路代替圖 14.10 中的深度卷積神經網路，來進行高層特徵的分析和壓縮。參考文獻 [8] 就採用了這種想法，對應的演算法的結構如圖 14.11 所示。採用循環神經網路後，音訊訊號在每個時間點均可獲得狀態變數，這可

以方便後續在時序上辨識和定位音訊事件。

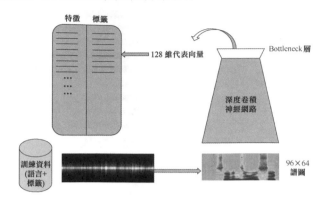

圖 14.10　基於深度卷積神經網路的音訊事件辨識演算法

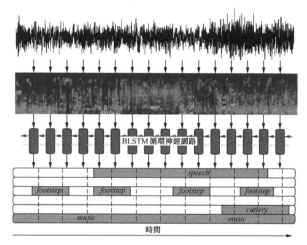

圖 14.11　基於循環神經網路的音訊事件辨識演算法

・歸納與擴充・

　　早先時候，音訊事件辨識領域由於缺少大規模的資料集，研究人員一直無法應用較深的深度學習模型。儘管 DCASE 競賽有開放原始碼的資料集，但總共僅有幾小時的訓練資料，這不足以支援深度神經網路的訓練。Google 的 AudioSet 資料集的發佈，相當大地推動了該領域的研究，很多人基於在 AudioSet 上訓練出的相對成熟的辨識模型，提出了針對不同應用場景的音訊事件辨識演算法。然而，現有的資料集對於音訊事件的標記還不夠精細，如何在弱標籤的情況下提升音訊事件辨識演算法的效能仍將是未來研究的重點之一。

參考文獻

[1]   HINTON G, DENG L, YU D, et al. Deep neural networks for acoustic modeling in speech recognition[J]. IEEE Signal Processing Magazine, 2012, 29.

[2]   GRAVES A, FERNÁNDEZ S, GOMEZ F, et al. Connectionist temporal classification: Labelling unsegmented sequence data with recurrent neural networks[C]//Proceedings of the 23rd International Conference on Machine learning. ACM, 2006: 369–376.

[3]   MIAO Y, GOWAYYED M, METZE F. EESEN: End-to-end speech recognition using deep RNN models and WFST-based decoding[C]//2015 IEEE Workshop on Automatic Speech Recognition and Understanding, 2015: 167–174.

[4]   CHAN W, JAITLY N, LE Q, et al. Listen, attend and spell: A neural network for large vocabulary conversational speech recognition[C]//2016 IEEE International Conference on Acoustics, Speech and Signal Processing, 2016: 4960–4964.

[5]   GEMMEKE J F, ELLIS D P, FREEDMAN D, et al. Audio Set: An ontology and human-labeled dataset for audio events[C]//2017 IEEE International Conference on Acoustics, Speech and Signal Processing, 2017: 776–780.

[6]   MESAROS A, HEITTOLA T, DIMENT A, et al. DCASE 2017 challenge setup: Tasks, datasets and baseline system[C]//DCASE 2017-Workshop on Detection and Classification of Acoustic Scenes and Events, 2017.

[7]   HERSHEY S, CHAUDHURI S, ELLIS D P, et al. CNN architectures for large-scale audio classification[C]//2017 IEEE International Conference on Acoustics, Speech and Signal Processing, 2017: 131–135.

[8]   PARASCANDOLO G, HUTTUNEN H, VIRTANEN T. Recurrent neural networks for polyphonic sound event detection in real life recordings[C]//2016 IEEE International Conference on Acoustics, Speech and Signal Processing, 2016: 6440–6444.

15

自動駕駛

自動駕駛（Autonomous Driving）技術與相關產業在許多年前就已獲得了學術界與工業界的廣泛關注。早在 2001 年，美國國會就已設定目標，計畫在 2015 年使美國三分之一的地面作戰車輛具備無人駕駛能力。基於該初衷，美國國防高等研究計劃署（Defense Advanced Research Projects Agency, DARPA）舉辦了無人駕駛挑戰賽以激勵這項技術的發展。第一屆無人駕駛挑戰賽於 2004 年舉辦，比賽地點是美國西部莫哈韋沙漠，賽事要求車輛在非人為控制下完成 240 公里的路程，獎金高達 100 萬美金。遺憾的是在這場比賽中，所有參賽車隊都沒有完成這項工作，第一名僅完成了 11.78 公里的自動駕駛路程。而在第二年的比賽中，各個車隊都取得了飛躍性的進展，共有 5 支隊伍完成了比賽。第一名來自 Google 無人駕駛的開山鼻祖——Sebastian Thrun 所帶領的史丹佛車隊。這兩次比賽的場景都是崎嶇空曠的山區道路。直到 2007 年，比賽第一次引進了城市道路大賽，要求車輛可以自動辨識、了解城市路況，這可以說是無人駕駛領域的分水嶺事件，Google 的無人駕駛專案也誕生於這場比賽。如今，已經有大批企業投身於自動駕駛的研究，無論是傳統車企還是高科技網際網路公司，都在以各自的方式積極探索業務發展。

自動駕駛的基本概念

場景描述

　　自動駕駛系統是一個極其複雜的綜合系統，在硬體層面和軟體層面都涉及很多不同領域的技術。在自動駕駛系統的軟體層面，即演算法層的設計與開發上，首先需要考慮的問題之一就是如何合理地對系統進行模組拆分與解耦，並對不同模組有針對性地設計或應用合適的演算法。本節透過介紹自動駕駛在演算法層面上的一些基本概念，為上述問題提供參考想法。

基礎知識

環境感知、行為決策、行為控制

問題　**一個自動駕駛系統在演算法層面**　　難度：★☆☆☆☆
上可以分為哪幾個模組？

分析與解答

　　在演算法層面上，根據執行的功能不同，我們可以粗略地將自動駕駛系統拆分為如下 3 個子模組。

■ 感知模組

　　建置一個自動駕駛系統，首先要解決的問題就是如何進行準確的環境感知，這可以説是自動駕駛演算法部分的基礎。環境感知是指車輛對行駛環境以及週邊物體的辨識和了解，需要軟體有效地處理從攝影機以及其他感測器收集到的環境及本身資訊。感知模組需要用到不少電腦視覺領域相關的機器學習技術與演算法，如物體辨識、場景分割等。

■ **決策模組**

在完成了感知工作後，演算法層需要根據感知模組的輸出來幫助車輛進行決策判斷，這就是決策模組的工作。決策模組相當於自動駕駛系統的大腦，讓無人車能夠在時刻動態變化且具有多種不確定因素的環境下安全地行駛。與此相關的較為先進的決策演算法主要有模糊理論、強化學習等。

■ **控制模組**

自動駕駛系統最後較為關鍵的一步是控制車輛執行相關的決策，也就是控制模組，它主要負責根據決策模組列出的指令控制車輛執行對應的操作，讓車輛能夠安全正確地行駛。

整體來說，自動駕駛系統根據其功能可以分為各個子模組：感知模組幫助車輛正確地辨識週邊的物體；決策模組根據感知模組的資訊，幫助車輛做出正確決策；控制模組則控制車輛安全地執行決策。各個子模組連接在一起，從演算法層面定義了自動駕駛系統的核心架構。

點對點的自動駕駛模型

　　如上一節中提到的，自動駕駛系統在演算法層面上根據所執行功能的不同，可以劃分成感知、決策和控制 3 個模組。各個模組在學習階段可以獨立進行最佳化，然後在使用時協作完成自動駕駛工作。然而，這種系統設計在實際應用中存在一些弊端。首先，對工作和模組進行人工預劃分實際上降低了系統對真實的複雜環境的擬合能力，使其難以有效處理意料之外的情況；其次，這些子模組在設計中相互獨立，在實際應用中卻又高度耦合，想要對它們建立統一而高效的聯合最佳化方法是十分困難的。目前，點對點的模型與系統設計在許多機器學習的實際場景中取得成功，自動駕駛領域的研究人員也在嘗試針對完整的自動駕駛場景，建立點對點的模型來解決上述問題，提升系統的整體效率與堅固性。

自動駕駛、點對點模型、深度神經網路

問題　如何設計一個基於深度神經網路的點對點自動駕駛模型？　　難度：★★☆☆☆

　　本題屬於開放性設計題，讀者需要了解自動駕駛模型的基本功能和研發中有關的關鍵問題，並結合深度學習領域的相關知識列出設計方案。

　　自動駕駛模型在功能上試圖模仿人類駕駛者，根據目前的車輛狀態和周圍環境資訊，輸出車輛的控制訊號。在傳統的自動駕駛模型設計方法中，人為地將自動駕駛工作分解成環境感知、車輛定位、路徑規劃、控制決策等多個子工作，然後再根據各個子工作的輸出，結合人工定義

的規則來控制汽車的前進。與傳統模型相比，從輸入訊號到輸出訊號的點對點自動駕駛模型具有如下一些優點：一是無須引用大量的人工規則來控制汽車的行駛；二是整個自動駕駛模型結構更加簡單、高效；三是能使模型自主地學習人工沒有指定的規則或子工作。

對於點對點自動駕駛模型的實際設計，這裡介紹一個業界較有影響力的工作，即 NVIDIA 公司於 2016 年提出的 PilotNet 模型 [1]，以供參考。PilotNet 是一個點對點的深度神經網路模型，可以在自動駕駛系統中控制車輛的前進方向。該模型根據安裝在汽車擋風玻璃前的 3 個攝影機擷取的原始圖片，透過深度神經網路學習出汽車前進所需要轉動的角度。圖 15.1 展示的是 PilotNet 的離線訓練過程。

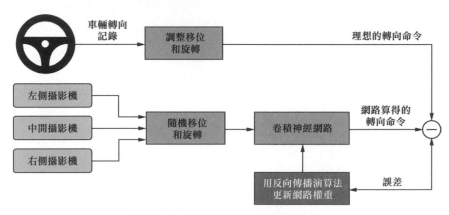

圖 15.1　PilotNet 的離線訓練過程

PilotNet 是一個 9 層神經網路，由 1 個正規化層、5 個卷積層和 3 個全連接層組成，其中前 3 個卷積層採用 5×5 卷積核，後 2 個卷積層採用 3×3 卷積核，整體結構如圖 15.2 所示 [2]。網路的輸入為映射到 YUV 空間的影像，輸出為車輛方向盤需要偏轉的角度。模型的訓練資料是從收集到的汽車在不同類型道路（高速公路、住宅區街道、鄉間小路等）、不同光線強度、不同天氣條件下的真實行駛過程中的視訊中取樣出的影像，標籤為影像對應的真實轉向指令。

圖 15.2　PilotNet 網路結構圖

在實驗中，NVIDIA 團隊以車輛的自動化程度為評測指標，其具體定義為

$$
自動化程度 = 1 - \frac{人工干預的次數 \times 6(秒)}{行駛時長(秒)} \qquad (15\text{-}1)
$$

在模擬系統中，車輛偏離道路中心線超過 1 公尺時會發生一次人工操作，並假設每次人工操作平均需要消耗的時間約為 6 秒。PilotNet 在模擬模擬和實際路測中均取得較好的實驗結果，在模擬系統上的評測指標為 90%，路測中的評測指標可以達到 98%。

以上只介紹了基於深度神經網路的點對點自動駕駛模型的樣例，即 PilotNet。利用點對點模型實現自動駕駛系統的研究仍處於探索階段，對此有興趣的讀者可以進一步閱讀相關文獻，了解該方向的最新進展。

03　自動駕駛的決策系統

場景描述

　　如本章 01 節所述，自動駕駛決策系統根據感知系統輸出的資訊，學習如何列出正確的指令，以控制車輛安全正確地行駛。現有的自動駕駛決策系統大多採用基於規則的方法，然而，基於規則的方法通常存在建模時間過長、不能夠靈活地應對不同場景和未知突發狀況、多規則下容易出現矛盾等弊端。因此，自動駕駛領域的研究人員也在嘗試引用新的決策機制，例如建立自我調整的決策系統。身為有代表性的、能夠自主學習的機器學習方法，強化學習透過與環境的互動以及收到的獎懲回饋，學習如何在所處狀態下採取最佳的行為來最大化累積獎勵。強化學習對連續決策的點對點的無監督學習能力，正好適合用來建置自動駕駛系統中的決策模組。

基礎知識

自動駕駛決策系統、強化學習、多智慧體

問題　**如何將強化學習用於自動駕駛的決策系統？**　　難度：★★★☆☆

分析與解答

　　傳統的自動駕駛決策系統多數採用人工定義的規則，但是人工定義的規則不夠全面，容易漏掉一些邊界情況，因而可以考慮採用強化學習方法來設計一個自動駕駛的決策系統，使其能從資料中自動學習並最佳化本身的決策過程。

　　對於這一問題的解答可以參考 Mobileye 提出的基於強化學習的多智慧體決策系統 [3]。自動駕駛的決策系統不同於傳統的單智慧體決策系統。首先，相比於只針對環境做決策的單智慧體，自動駕駛的決策是在

存在互動的多智慧體環境中進行的。自動駕駛場景下其他智慧體的行為常常難以預測，並會對主智慧體的行為造成影響。其次，自動駕駛對決策模組的安全性要求非常嚴格，在意料之外的場景處理能力上，自動駕駛決策系統需要比傳統的單智慧體決策系統有更加嚴格的要求。

下面我們重點從多智慧體之間的互動能力以及對未知突發狀況的處理能力這兩個角度入手，分析強化學習如何在自動駕駛決策系統中發揮優勢。

對於第一點，自動駕駛的決策系統需要對多智慧體場景進行建模，道路上的多個智慧體逐一做出決策，每個智慧體的行為都會對其他智慧體的行為產生影響。傳統的強化學習可以看作一個一階馬可夫決策過程：第 t 輪，系統觀察到目前環境狀態 $s_t \in S$，做出動作 $a_t \in A$，獲得獎勵反饋 r_t，並進入新的狀態 s_{t+1}，系統的目標是最大化累積收益 R。在多智慧體的環境下，如果僅考慮目前環境的狀態，其他智慧體的狀態將難以預測。因此，Mobileye 團隊採用策略梯度演算法來最佳化決策函數，並在理論上證明應用該方法時馬可夫條件的不必要性，這使得強化學習可以用於多智慧體自動駕駛決策系統的建模。多智慧體的整個決策過程可以使用有向無環圖來直觀地表示，如圖 15.3 所示。

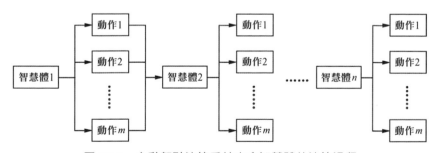

圖 15.3　自動駕駛決策系統中多智慧體的決策過程

對於第二點，由於在自動駕駛系統中，危險事故出現的機率一般極低，危險事故對應的樣本在訓練資料集中通常不存在或數量較少，因而容易在訓練中被模型忽略，使系統無法針對真實場景中的邊界情況做出正確的判斷。借助強化學習解決低機率事件的能力，研究人員提出了一種想法，即根據危險事件出現的機率來調整該事件的獎勵值，即要求危險事件的獎勵值 $r \ll -\dfrac{1}{p}$，其中 p 表示危險事件出現的機率；對於其他正

常事件，它們的獎勵值的設定值範圍為 $[-1,1]$。這樣，累積收益的期望的設定值範圍為

$$\mathbb{E}[R] \in [pr-(1-p), pr+(1-p)] \qquad (15\text{-}2)$$

進一步地，很容易推導出 $\mathbb{E}[R^2] \geqslant pr^2$，$(\mathbb{E}[R])^2 \leqslant (pr+(1-p))^2$，因此累積收益的方差滿足：

$$\mathrm{Var}(R) = \mathbb{E}[R^2] - (\mathbb{E}[R])^2 \geqslant pr^2 - (pr+(1-p))^2 \approx pr^2 \qquad (15\text{-}3)$$

由此可以看出，在 $r \ll -\dfrac{1}{p}$ 時，累積收益的方差$\mathrm{Var}(R)$依然會比較大。因此，上述方案存在一定的缺陷，不能在確保策略安全性的同時保障累積獎勵的方差比較小，即模型的效果波動性仍然較大。

　　針對上述缺陷，研究人員提出了改進方案：將確保安全性的邊界情況視為不可學習的強制性限制條件，並將駕駛策略分為兩大部分，即可以學習的策略和不可以學習的策略。實際來說，駕駛策略可以表示為 $\pi_\theta = \pi' \circ \pi''_\theta$，其中，$\pi'$是強制性的約束，可以是人工定義的規則，確保行車安全；π''_θ 是可學習的策略（θ 是模型參數），它需要最大化上述累積收益。

· 歸納與擴充 ·

　　自動駕駛的決策系統極其複雜，本節所有關的內容僅涵蓋了其中一小部分研發中的問題與進展。相比於電腦視覺領域演算法在自動駕駛感知領域中的廣泛應用，強化學習等相關技術在自動駕駛決策系統中的應用還處在初步嘗試階段。本節介紹了這一研究領域中的前端進展，希望能為讀者在面對和解決類似問題時帶來啟發，而對這一問題更深入的學習和了解則請讀者閱讀相關文獻。

參考文獻

[1]   BOJARSKI M, TESTA D D, DWORAKOWSKI D, et al. End to end learning for self-driving cars[J].arXiv preprint arXiv: 1604.07316, 2016.

[2]   BOJARSKI M, YERES P, CHOROMANSKA A, et al. Explaining how a deep neural network trained with end-to-end learning steers a car[J].arXiv preprint arXiv: 1704.07911, 2017.

[3]   SHALEV-SHWARTZ S, SHAMMAH S, SHASHUA A. Safe, multi-agent, reinforcement learning for autonomous driving[J].arXiv preprint arXiv: 1610.03295, 2016.

附錄 A

反向傳播法

　　誤差反向傳播的簡稱是反向傳播 (Back Propagation，簡稱 BP)，這是一種結合梯度下降法，訓練人工神經網路常見的方法。簡單的說，我們有了輸入值，同時有想要的輸出值，然後計算產生最小誤差的權重值。

　　也就是我們先預估權重，然後使用已知的輸入與權重計算結果，將此結果與期待結果比較，然後反向回推應有的新權重，迭代持續進行，直到產生結果與期待結果誤差接近到我們滿意的結果。

A-1　合成函數微分鏈鎖法的複習

　　假設 y 是 $f(u)$ 的函數值，u 是 $g(x)$ 的函數值，當 y 對 x 微分時依據我們了解的鏈鎖法，可以得到下列公式。

$$\frac{dy}{dx} = \frac{dy}{du} * \frac{du}{dx}$$

　　因為 y 是純量，所以可以有交換律，上述公式可以改成下列公式。

$$\frac{dy}{dx} = \frac{du}{dx} * \frac{dy}{du} \qquad \longleftarrow \quad 公式 \text{ A-1}$$

A-2　將合成函數微分擴展到偏微分

　　假設 y 是 1 x 1 的純量，y 是 $f(\boldsymbol{u})$ 的函數值，如下所示：

$$y = f(\boldsymbol{u})$$

　　假設 $\boldsymbol{u}$ 是 n x 1 的向量，$\boldsymbol{u}$ 是 $g(\boldsymbol{x})$ 的函數值，如下所示：

$$\boldsymbol{u} = \begin{pmatrix} u_1 \\ u_2 \\ \vdots \\ u_n \end{pmatrix}$$

假設 x 是 m x 1 的向量，如下所示：

$$x = \begin{pmatrix} x_1 \\ x_2 \\ \vdots \\ x_m \end{pmatrix}$$

如果將上述觀念擴展到向量偏微分時參考公式 A-1，可以得到下列結果。

$$\frac{\partial y}{\partial x} = \frac{\partial u}{\partial x} * \frac{\partial y}{\partial u} \qquad \longleftarrow \quad \text{公式 A-2}$$

上述公式 A-2 的等號左邊是 y 對 x 偏微分，當純量 y 對 x 偏微分時，表示對 m 個 x 分量做偏微分，可以得到結果是 m x 1 的向量。

$$\frac{\partial y}{\partial x} = \begin{pmatrix} \dfrac{\partial y}{\partial x_1} \\ \dfrac{\partial y}{\partial x_2} \\ \vdots \\ \dfrac{\partial y}{\partial x_m} \end{pmatrix}$$

上述公式 A-2 的等號右邊第 2 項是 y 對 u 做偏微分，因為有 n 個 u，所以做偏微分後可以得到 n x 1 的向量。

$$\frac{\partial y}{\partial u} = \begin{pmatrix} \dfrac{\partial y}{\partial u_1} \\ \dfrac{\partial y}{\partial u_2} \\ \vdots \\ \dfrac{\partial y}{\partial u_n} \end{pmatrix}$$

上述公式 A-2 的等號右邊第 1 項是 u 對 x 做偏微分，相當於是向量 u 對向量 x 做偏微分，因為 u 是 n x 1 的向量，x 是 m x 1 的向量，觀念相當於：

第 1 列 (row) 是 $u_1 \dots u_n$ 對 x_1 做偏微分

第 2 列 (row) 是 $u_1 \dots u_n$ 對 x_2 做偏微分

…

第 m 列 (row) 是 $u_1 \dots u_n$ 對 x_m 做偏微分

所以最後可以得到 m x n 的矩陣，結果如下。

$$\frac{\partial \boldsymbol{u}}{\partial \boldsymbol{x}} = \begin{pmatrix} \frac{\partial u_1}{\partial x_1} & \frac{\partial u_2}{\partial x_1} & \cdots & \frac{\partial u_n}{\partial x_1} \\ \frac{\partial u_1}{\partial x_2} & \frac{\partial u_2}{\partial x_2} & \cdots & \frac{\partial u_n}{\partial x_2} \\ \vdots & \vdots & \ddots & \vdots \\ \frac{\partial u_1}{\partial x_m} & \frac{\partial u_2}{\partial x_m} & \cdots & \frac{\partial u_n}{\partial x_m} \end{pmatrix}$$

現在執行公式 A-2，等號右邊相乘，觀念如下。

$$\frac{\partial \boldsymbol{u}}{\partial \boldsymbol{x}} * \frac{\partial y}{\partial \boldsymbol{u}} = \begin{pmatrix} \frac{\partial u_1}{\partial x_1} & \frac{\partial u_2}{\partial x_1} & \cdots & \frac{\partial u_n}{\partial x_1} \\ \frac{\partial u_1}{\partial x_2} & \frac{\partial u_2}{\partial x_2} & \cdots & \frac{\partial u_n}{\partial x_2} \\ \vdots & \vdots & \ddots & \vdots \\ \frac{\partial u_1}{\partial x_m} & \frac{\partial u_2}{\partial x_m} & \cdots & \frac{\partial u_n}{\partial x_m} \end{pmatrix} * \begin{pmatrix} \frac{\partial y}{\partial u_1} \\ \frac{\partial y}{\partial u_2} \\ \vdots \\ \frac{\partial y}{\partial u_n} \end{pmatrix}$$

上述由於是 m x n 向量與 n x 1 向量相乘，所以可以得到 m x 1 向量。

$$\frac{\partial \boldsymbol{u}}{\partial \boldsymbol{x}} * \frac{\partial y}{\partial \boldsymbol{u}} = \begin{pmatrix} \frac{\partial u_1}{\partial x_1}*\frac{\partial y}{\partial u_1} + \frac{\partial u_2}{\partial x_1}*\frac{\partial y}{\partial u_2} + \cdots + \frac{\partial u_n}{\partial x_1}*\frac{\partial y}{\partial u_n} \\ \frac{\partial u_1}{\partial x_2}*\frac{\partial y}{\partial u_1} + \frac{\partial u_2}{\partial x_2}*\frac{\partial y}{\partial u_2} + \cdots + \frac{\partial u_n}{\partial x_2}*\frac{\partial y}{\partial u_n} \\ \vdots \\ \frac{\partial u_1}{\partial x_m}*\frac{\partial y}{\partial u_1} + \frac{\partial u_2}{\partial x_m}*\frac{\partial y}{\partial u_2} + \cdots + \frac{\partial u_n}{\partial x_m}*\frac{\partial y}{\partial u_n} \end{pmatrix}$$

可以用加總符號∑，簡化上述公式如下。

$$\frac{\partial \boldsymbol{u}}{\partial \boldsymbol{x}} * \frac{\partial y}{\partial \boldsymbol{u}} = \begin{pmatrix} \sum_{k=1}^{n} \frac{\partial u_k}{\partial x_1}*\frac{\partial y}{\partial u_k} \\ \sum_{k=1}^{n} \frac{\partial u_k}{\partial x_2}*\frac{\partial y}{\partial u_k} \\ \vdots \\ \sum_{k=1}^{n} \frac{\partial u_k}{\partial x_m}*\frac{\partial y}{\partial u_k} \end{pmatrix} \quad \longleftarrow \quad 公式 A-3$$

將上述公式 A-3 代入公式 A-2，可以得到下列結果。

$$\frac{\partial y}{\partial \boldsymbol{x}} = \frac{\partial \boldsymbol{u}}{\partial \boldsymbol{x}} * \frac{\partial y}{\partial \boldsymbol{u}} = \begin{pmatrix} \sum_{k=1}^{n} \frac{\partial u_k}{\partial x_1} * \frac{\partial y}{\partial u_k} \\ \sum_{k=1}^{n} \frac{\partial u_k}{\partial x_2} * \frac{\partial y}{\partial u_k} \\ \vdots \\ \sum_{k=1}^{n} \frac{\partial u_k}{\partial x_m} * \frac{\partial y}{\partial u_k} \end{pmatrix}$$

如果將 y 對每一個 x 做偏微分，相當於對 $x_1 \dots x_m$ 做偏微分，可以得到。

$$\frac{\partial y}{\partial x_i} = \sum_{k=1}^{n} \frac{\partial u_k}{\partial x_i} * \frac{\partial y}{\partial u_k} \quad \longleftarrow \quad 公式 \text{ A-4}$$

我們可以用下列類似神經網路方式表示上述公式。

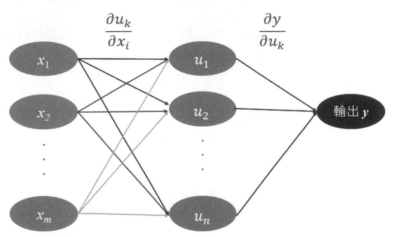

不過讀者必須了解上述不是神經網路，只是表達 x_i、u_k、y 之間與下列斜率的關係。

$\frac{\partial u_k}{\partial x_i}$：相當於每個 u_k 對同一個 x_i 做微分，所以每當 x_i 有變化，會讓 u_k 產生變化。

$\frac{\partial y}{\partial u_k}$：相當於 y 對所有 u_k 做微分，所以每當 u_k 有變化，會讓 y 產生變化。

A-3 將鏈鎖法應用到更多層的合成函數

前一節的觀念可以應用到更多層的合成函數，例如：如果在左邊增加一層，觀念如下：

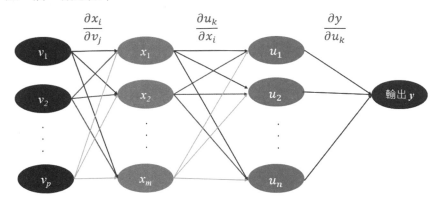

新增加的是 $\boldsymbol{v}$ 向量，然後 $\boldsymbol{x}$ 是 $\boldsymbol{v}$ 的函數，這個時候如果 y 對 $\boldsymbol{v}$ 做偏微分可以得到下列公式。

$$\frac{\partial y}{\partial \boldsymbol{v}} = \frac{\partial \boldsymbol{x}}{\partial \boldsymbol{v}} * \frac{\partial y}{\partial \boldsymbol{x}}$$

將公式 A-4 代入上述公式，可以得到。

$$\frac{\partial y}{\partial \boldsymbol{v}} = \frac{\partial \boldsymbol{x}}{\partial \boldsymbol{v}} * \frac{\partial \boldsymbol{u}}{\partial \boldsymbol{x}} * \frac{\partial y}{\partial \boldsymbol{u}}$$

合成函數的微分有一項特質，可以用上述公式從右往左計算斜率，例如：若是以上述 4 層為例，可以先由輸出層 y 計算 $\frac{\partial y}{\partial \boldsymbol{u}}$ 的斜率，再由此斜率計算 $\frac{\partial \boldsymbol{u}}{\partial \boldsymbol{x}}$ 的斜率，最後可以計算輸入層 $\frac{\partial \boldsymbol{x}}{\partial \boldsymbol{v}}$ 的斜率。上述是由輸出層反向往輸入層一層一層計算斜率，最後再將所有斜率相乘，這個就是所謂的反向傳播法 (Back propagation) 的基礎觀念，也可以稱每一次的迭代流程，在這個迭代流程中我們可以得到各層之間的權重。

A-4 反向傳播的實例

■ 數據描述

前面幾節筆者介紹了反向傳播的數學原理，坦白說當進入 m x n 的矩陣後，一般讀者可能就感到複雜了，這一節將舉一個簡單的實例帶領讀者可以很輕鬆的了解反向傳播的使用。有一個神經網路圖形結構如下：

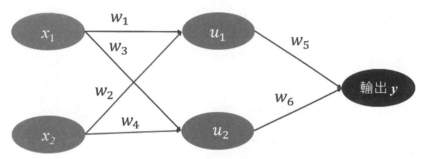

在上圖中我們已知 x_1、x_2 和 y，$\boldsymbol{x}$ 和 y 的關係如下：

$$y = f_{\boldsymbol{w}}(\boldsymbol{x})$$

上述 $\boldsymbol{w}$ 是權重，我們要使用已知的 x_1、x_2 和輸出目標值是 v，$v = 4.5$，也就是讓 y 接近 v。反推計算最適當的 $\boldsymbol{w}$ 權重。上述問題也可以想成計算 $\boldsymbol{w}$ 讓函數的誤差最小。

一般誤差可以使用最小平方法，所以可以假設 E 公式如下：

$$E = \sum \frac{1}{2} \|v - y\|^2$$

相當於要計算 E 讓上述誤差最小，假設已知數據如下：

$$x_1 = 1$$

$$x_2 = 0.5$$

$$v = 4.5$$

假設學習率是 0.1，如下所示：

$$\eta = 0.1$$

接著假設所有權重皆是 1，如下所示：

$$w_1 = 1, w_2 = 1, w_3 = 1, w_4 = 1, w_5 = 1, w_6 = 1$$

■ **計算誤差**

我們可以使用下列公式計算u_1、u_2和y值。

$$u_1 = w_1 * x_1 + w_2 * x_2 = 1.5$$

$$u_2 = w_3 * x_1 + w_4 * x_2 = 1.5$$

$$y = w_5 * u_1 + w_6 * u_2 = 3$$

誤差E如下：

$$E = \sum \frac{1}{2}\|y - v\|^2 = \frac{1}{2} * (3 - 4.5)^2 = 1.125$$

■ **反向傳播計算新的權重**

下一步是用反向傳播計算新的權重。

計算新的w_5權重

根據鏈鎖法我們可以得到下列公式。

$$\frac{\partial E}{\partial w_5} = \frac{\partial E}{\partial y} * \frac{\partial y}{\partial w_5}$$

先計算$\frac{\partial E}{\partial y}$，因為：

$$E = \frac{1}{2}(y - v)^2 = \frac{1}{2}(y^2 - 2vy + v^2)$$

所以可以得到。

$$\frac{\partial E}{\partial y} = y - v = 3 - 4.5 = -1.5$$

現在計算$\frac{\partial y}{\partial w_5}$，因為：

$$y = w_5 * u_1 + w_6 * u_2$$

所以可以得到。

$$\frac{\partial y}{\partial w_5} = u_1$$

所以可以得到。

$$\frac{\partial E}{\partial w_5} = \frac{\partial E}{\partial y} * \frac{\partial y}{\partial w_5} = -1.5 * u_1 = -1.5 * 1.5 = -2.25$$

可以使用下列方式計算新的 w_5 權重，筆者用 new_w_5 當作新的權重。

$$new\_w_5 = w_5 - \eta * \frac{\partial E}{\partial w_5} = 1 - 0.1 * (-2.25) = 1.225$$

註：w_6 和在同一層，所以計算觀念相同。

計算新的 w_6 權重

$$\frac{\partial E}{\partial w_6} = \frac{\partial E}{\partial y} * \frac{\partial y}{\partial w_6}$$

現在計算 $\frac{\partial y}{\partial w_6} = u_2$，因為：

$$y = w_5 * u_1 + w_6 * u_2$$

所以可以得到。

$$\frac{\partial y}{\partial w_6} = u_2$$

可以使用下列方式計算新的 w_6 權重，筆者用 new_w_6 當作新的權重。

$$new\_w_6 = w_6 - \eta * \frac{\partial E}{\partial w_6} = 1 - 0.1 * (-1.5) * 1.5 = 1.225$$

計算新的 w_1 權重

$$\frac{\partial E}{\partial w_1} = \frac{\partial E}{\partial y} * \frac{\partial y}{\partial u_1} * \frac{\partial u_1}{\partial w_1}$$

上述 $\frac{\partial E}{\partial y}$ 在計算 w_5 權重時已知是 -1.5。

因為 $y = w_5 * u_1 + w_6 * u_2$ 可以得到。

$$\frac{\partial y}{\partial u_1} = w_5 = 1$$

因為$u_1 = w_1 * x_1 + w_2 * x_2$可以得到。

$$\frac{\partial u_1}{dw_1} = x_1 = 1$$

可以使用下列方式計算新的w_1權重，筆者用new_w_1當作新的權重。

$$new\_w_1 = w_1 - \eta * \frac{\partial E}{\partial w_1} = 1 - 0.1 * (-1.5) * 1 * 1 = 1.15$$

計算新的w_2權重

$$\frac{\partial E}{\partial w_2} = \frac{\partial E}{\partial y} * \frac{\partial y}{\partial u_1} * \frac{\partial u_1}{\partial w_2}$$

上述$\frac{\partial E}{\partial y}$在計算$w_5$權重時已知是 -1.5。

因為$y = w_5 * u_1 + w_6 * u_2$可以得到。

$$\frac{\partial y}{\partial u_1} = w_5 = 1$$

因為$u_1 = w_1 * x_1 + w_2 * x_2$可以得到。

$$\frac{\partial u_1}{dw_2} = x_2 = 0.5$$

可以使用下列方式計算新的w_2權重，筆者用new_w_2當作新的權重。

$$new\_w_2 = w_2 - \eta * \frac{\partial E}{\partial w_2} = 1 - 0.1 * (-1.5) * 1 * 0.5 = 1.075$$

計算新的w_3權重

$$\frac{\partial E}{\partial w_3} = \frac{\partial E}{\partial y} * \frac{\partial y}{\partial u_2} * \frac{\partial u_2}{\partial w_3}$$

上述$\frac{\partial E}{\partial y}$在計算$w_5$權重時已知是 -1.5。

因為$y = w_5 * u_1 + w_6 * u_2$可以得到。

$$\frac{\partial y}{\partial u_2} = w_6 = 1$$

因為 $u_2 = w_3 * x_1 + w_4 * x_2$ 可以得到。

$$\frac{\partial u_2}{dw_3} = x_1 = 1$$

可以使用下列方式計算新的 w_3 權重,筆者用 new_w_3 當作新的權重。

$$new\_w_3 = w_3 - \eta * \frac{\partial E}{\partial w_3} = 1 - 0.1 * (-1.5) * 1 * 1 = 1.15$$

計算新的 w_4 權重

$$\frac{\partial E}{\partial w_4} = \frac{\partial E}{\partial y} * \frac{\partial y}{\partial u_2} * \frac{\partial u_2}{\partial w_4}$$

上述 $\frac{\partial E}{\partial y}$ 在計算 w_5 權重時已知是 -1.5。

因為 $y = w_5 * u_1 + w_6 * u_2$ 可以得到。

$$\frac{\partial y}{\partial u_2} = w_6 = 1$$

因為 $u_2 = w_3 * x_1 + w_4 * x_2$ 可以得到。

$$\frac{\partial u_2}{dw_4} = x_2 = 0.5$$

可以使用下列方式計算新的 w_4 權重,筆者用 new_w_4 當作新的權重。

$$new\_w_4 = w_4 - \eta * \frac{\partial E}{\partial w_4} = 1 - 0.1 * (-1.5) * 1 * 0.5 = 1.075$$

■ Python 實作

程式實例 a_1.py:參考前面敘述,列出計算反向傳播所需的參數以及新的權重值,這個程式主要是驗證上述結果。

```
1   # a_1.py
2   rate = 0.1
3   w = [0, 1, 1, 1, 1, 1, 1]          # weight, 索引 0 沒有作用
4   new_w = [0, 0, 0, 0, 0, 0, 0]      # new weight, 索引 0 沒有作用
5   x = [0, 1, 0.5]                    # x, 索引 0 沒有作用
6   v = 4.5                            # 已知目標值
7   u1 = w[1] * x[1] + w[2] * x[2]
8   print(f"    u1  = : {u1:5.3f}")
9   u2 = w[3] * x[1] + w[4] * x[2]
10  print(f"    u2  = : {u2:5.3f}")
11  y = w[5] * u1 + w[6] * u2
12  print(f"    y   = : {y:5.3f}")
13  E = 0.5 * (y - v)**2
14  print(f'    E   = : {E:5.3f}')
15  dEdy = y - v
16  print(f'y - v   = : {dEdy:5.3f}')
17  dydw5 = u1
18  print(f'dydw5   = : {dydw5:5.3f}')
19  dEdw5 = dEdy * dydw5
20  print(f'dEdw5   = : {dEdw5:5.3f}')
21  new_w[5] = w[5] - rate * dEdw5
22  print(f'new_w5  = : {new_w[5]:5.3f}')
23  dydw6 = u2
24  dEdw6 = dEdy * dydw6
25  print(f'dEdw6   = : {dEdw6:5.3f}')
26  new_w[6] = w[6] - rate * dEdw6
27  print(f'new_w6  = : {new_w[6]:5.3f}')
28  dEdw1 = (y - v) * w[5] * x[1]
29  new_w[1] = w[1] - rate * dEdw1
30  print(f'new_w1  = : {new_w[1]:5.3f}')
31  dEdw2 = (y - v) * w[5] * x[2]
32  new_w[2] = w[2] - rate * dEdw2
33  print(f'new_w2  = : {new_w[2]:5.3f}')
34  dEdw3 = (y - v) * w[6] * x[1]
35  new_w[3] = w[3] - rate * dEdw3
36  print(f'new_w3  = : {new_w[3]:5.3f}')
37  dEdw4 = (y - v) * w[6] * x[2]
38  new_w[4] = w[4] - rate * dEdw4
39  print(f'new_w4  = : {new_w[4]:5.3f}')
```

執行結果

```
======================= RESTART: D:/Meta/附錄A/a_1.py =======================
    u1  = : 1.500
    u2  = : 1.500
    y   = : 3.000
    E   = : 1.125
y - v   = : -1.500
dydw5   = : 1.500
dEdw5   = : -2.250
new_w5  = : 1.225
dEdw6   = : -2.250
new_w6  = : 1.225
new_w1  = : 1.150
new_w2  = : 1.075
new_w3  = : 1.150
new_w4  = : 1.075
```

程式實例 a_2.py：擴充 a_1.py 增加可以由螢幕輸入學習率，同時此程式會迭代當 y 值與目標 v 值差距在 0.001 後，才停止執行，每次迭代過程會列出 v 值與 y 值的差異。

```
1  # a_2.py
2  rate = eval(input("請輸入學習率 : "))
3  w = [0, 1, 1, 1, 1, 1, 1]              # weight, 索引 0 沒有作用
4  new_w = [0, 0, 0, 0, 0, 0, 0]          # new weight, 索引 0 沒有作用
5  x = [0, 1, 0.5]                        # x, 索引 0 沒有作用
6  v = 4.5                                # 已知目標值
7  while True:
8      u1 = w[1] * x[1] + w[2] * x[2]
9      u2 = w[3] * x[1] + w[4] * x[2]
10     y = w[5] * u1 + w[6] * u2
11     print(f"   y   = : {y:5.3f}")
12
13     E = 0.5 * (y - v)**2
14     dEdy = y - v
15     if abs(dEdy) < 0.001:
16         break
17     dydw5 = u1
18     dEdw5 = dEdy * dydw5
19     new_w[5] = w[5] - rate * dEdw5
20
21     dydw6 = u2
22     dEdw6 = dEdy * dydw6
23     new_w[6] = w[6] - rate * dEdw6
24
25     dEdw1 = (y - v) * w[5] * x[1]
26     new_w[1] = w[1] - rate * dEdw1
27     dEdw2 = (y - v) * w[5] * x[2]
28     new_w[2] = w[2] - rate * dEdw2
29     dEdw3 = (y - v) * w[6] * x[1]
30     new_w[3] = w[3] - rate * dEdw3
31     dEdw4 = (y - v) * w[6] * x[2]
32     new_w[4] = w[4] - rate * dEdw4
33     w = new_w
34
35 print(w)
```

執行結果

```
==================== RESTART: D:/Meta/附錄A/a_2.py ====================
請輸入學習率 : 0.1
   y   = : 3.000
   y   = : 4.134
   y   = : 4.494
   y   = : 4.500
[0, 1.1978251172328234, 1.0989125586164117, 1.1978251172328234, 1.0989125586164117, 1.287757
203897596, 1.287757203897596]
```

作者隨筆

hulu

諸葛越

現任 Hulu 公司全球研發副總裁，中國研發中心總經理。曾任 Landscape Mobile 公司聯合創始人兼 CEO，前雅虎北京研發中心產品總監，微軟北京研發中心專案總經理。諸葛越獲美國史丹佛大學電腦碩士與博士學位、紐約州立大學石溪分校應用數學碩士學位，曾就讀於清華大學。2005 年獲美國電腦學會資料庫專業委員會十年最佳論文獎。諸葛越是暢銷書《魔鬼老大，天使老二》作者，《百面機器學習》主編。

《百面機器學習》出版時編輯調侃説這是「作者智商總和最高的書」，那麼，《百面深度學習》戰勝它了！這是 28 位 Hulu 夥伴們集智慧之精華向讀者奉獻的又一本有用、有趣、「有深度」的深度學習入門書。這本書不是教科書，不是論文，而是實用的原創深度學習入門書。希望攜手所有對深度學習有興趣的朋友、同行們，共同探索這個方興未艾的新領域。

江雲勝

2016 年畢業於北京大學數學科學學院，獲應用數學博士學位。畢業後加入 Hulu 北京研發中心的 Content Intelligence 組，負責與內容了解相關的研究工作。

有一段時間為了寫這本書，我每天下班背著電腦回家，經常寫作到深夜或凌晨，直到電腦沒電。每當這個時候就會想起「你若不休息，它就不斷電」的廣告詞，其本意是宣傳電腦續航能力的，而那時我的狀態卻是「它若不斷電，我就不休息」，不免感慨，特別累的時候就在心裡安慰自己：也許在深夜裡寫深度學習的書會顯得更加有「深度」吧。在即將成書之際，回望整本書的創作過程，很多時候首先想到的並不是那些里程碑式的事件或時間節點，而是一些點滴細節，甚是奇妙。最後，希望這本書不只是帶給你一百多道面試題，如果它能夠讓你了解到深度學習領域中精彩而有趣的「一面」，亦足矣。

白燕

現北京大學電腦系在讀博士，曾任 Hulu 演算法工程師，是 ISO/MPEG 國際標準組織專家庫成員，擁有多項被國際標準採納的核心視覺技術。在電腦視覺領域發表學術論文十餘篇。

　　我具有奇妙的經歷：碩士畢業後，加入了 Hulu，並有機會參與本書的撰寫；而在本書收尾時，我又回到了校園，開啟博士的學習生涯。這期間，我的口號也從「做有趣的工作」變成了「做真正有用的工作」。這是一個充滿機遇的時代，我們正迎來新一輪的科技革命。而正在看這本書的你，正是這輪革命的重要參與者。在本書中，我們使用了近一半的篇幅深入淺出地分享了深度學習在一些產業中的應用。希望這本書能對你即將開啟或已經開啟的職業生涯有所助益。

謝曉輝

現任 Hulu 首席研究主管，大學畢業於西安交通大學，獲北京郵電大學博士學位，先後在松下電器研發中心、前諾基亞北京研究院和聯想核心技術研究室有多年的研究經歷，專注於模式辨識、影像視訊文字等多媒體資訊處理、使用者了解與智慧推薦演算法以及人機互動等相關研究領域，並對研究成果的產品化有豐富經驗。

　　「兩岸猿聲啼不住，輕舟已過萬重山。」

　　近十年來，新的深度神經網路結構、自動化網路搜尋演算法、網路模型壓縮設計等技術層出不窮，如果用上面的詩句來形容深度學習的高速發展，一點也不為過。掌握深度學習的核心概念，同時把握模型和演算法演進的思維，並能深刻了解模型的本質，這些對有志於從事演算法研究和開發的同學們而言尤為重要。這本書由多位 AI 演算法工程師合力完成，希望它可以成為讀者研習深度學習的有力幫手。

韋春陽

2012 年畢業於北京大學，畢業後加入 Hulu 北京研發中心，現任廣告演算法研究主管。從事計算廣告相關演算法研究工作近 8 年，致力於應用機器學習、深度學習最佳化廣告投放效率和使用者觀看體驗等應用研究。

還記得 2012 年我開始接觸深度學習時，僅停留於紙上談兵，懵懂於如何與手頭工作掛鉤。近幾年，我們欣喜地看到，隨著儲存運算能力的增長，深度學習以及人工智慧在越來越多的領域落地，大展巨集圖。無論是自動駕駛、人臉辨識，還是推薦系統、計算廣告，深度學習的應用已慢慢滲透到我們生活中的各方面。本書除了演算法與模型的說明，還加入了應用的部分。希望本書除了作為一份面試寶典外，還能啟發讀者深入深度學習背後的奧妙，思考深度學習到底能為人類帶來什麼。

王雅琪

2015 年大學畢業於清華大學電子工程系，2017 年碩士畢業於清華大學電子工程系，主要研究方向為智慧影像處理。曾就職於美國加州思科系統公司創新實驗室。現任 Hulu 演算法工程師，從事與視訊內容了解和使用者了解相關的演算法研究工作。

深度學習不僅善繪畫、精詩賦，能下棋、會開車，而且可以豐富和延展與之相關的每個個體的人生。我從大三時對一個掌紋辨識的課外研究專案產生興趣，到後來從事電腦視覺、生成式對抗網路的演算法研究，再到現在將深度模型應用於商業產品，自己也在隨著深度學習的日新月盛而不斷精進成長。我與深度學習的故事不僅包含在做過和寫過的一道道面試題裡，不僅包含在「碼」過的程式和建過的模型裡，更包含在和同事就深度學習展開的各種神奇想法的討論中。希望這本濃縮了許多作者在深度學習領域的思考和實作經驗的書，能夠幫助讀者在各自的深度學習世界探索道路上披荊斬棘、有所收穫。

徐瀟然

我 2005 年從河北考入北京大學資訊科學技術學院，有幸成為最早一批進入智慧科學系的同學。選擇 AI 既是我的初心，也是我的使命。在此後人生輾轉的歲月，我留過學，創過業，在業內的頂級會議發表過論文，追隨過「大佬」的腳步。無論是順境還是逆境，都未曾動搖我追尋 AI 答案的信念。

有時不妨放下論文，把目光從公式圖表上移開，去仰望星空，思考一些終極問題。我常想：實現通用 AI，還有哪幾步要走？我的答案是這樣的。第一步，大一統的模型建置。不為目標分類檢測，也不為自動翻譯，智慧的「大腦」不應僅圍繞實際問題設計，而應快速適應解決任何實際問題。第二步，自發的學習動力。學習過程不能簡單視作數學最佳化過程，學習不等於資料擬合，它是知識創造、概念發現的探索過程，數學最佳化在局部演化中發揮作用。第三步，Agent 工作系統。人非生而聰明，良好的教育系統對人的成才很重要，Agent 的「成才」同樣需要好的「教育系統」。第四步，Human-Agent 互動生態。有監督學習，人類扮演老師；強化學習，人類扮演主人；Agent 與人類的互動應更多樣。你的答案呢？

鄧凱文

現任 Hulu 演算法工程師，大學和碩士均畢業於清華大學工程力學系。設計過飛機，也調教過模型。研究領域主要是電腦視覺，在推薦系統和例外檢測方面也做了些微小的貢獻。

我們組裡常討論一個問題，人和機器模型究竟有什麼區別？在我看來，人就是一個元學習器的集合，我們在人生的階段遇見了問題，遭遇了挫折，累積了經驗，就相當於模型在這個子領域問題上進行了一步反覆運算。例如在中學階段我們為加強應試能力不斷地刷題，然而當我們跨越這個階段後則會開始反思「學測是否是唯一的出路」「應試能力是否真的重要」等問題，這相當於在「刷題模型」之外包上了一層元學習器。在人生中，我們不僅在一個個問題內進行反覆運算學習，也在不斷地向外和向上走，尋找新的更本質的問題。希望讀者在讀這本書時能在深度學習各子領域內快速收斂，但更重要的是找到自己喜愛的方向，在人生的超元問題上有所收穫，把自我的奮鬥和歷史的處理程序結合起來，走出一條與眾不同的路。

─高鵬飛

碩士畢業於清華大學電子工程系，2018 年加入 Hulu，現任演算法工程師。

　　深度學習在近十年有了高速的發展，各行各業中都能找到結合深度學習技術的應用實例。深度學習是在讓電腦能夠更加自動化地替代人類工作的願景下誕生的技術，事實也證明，深度學習能夠幫助我們擺脫一些重複而且瑣碎的日常工作，甚至能夠幫助一些像自動駕駛技術等曾經只有在科幻電影中才會出現的應用。雖然目前深度學習演算法仍不算完美，但是自己能夠參與其中，做一些微小的貢獻，也是一件足以令我興奮的事情了。

─向昌盛

2018 年碩士畢業於清華大學軟體學院，同年加入 Hulu。現就職於 Hulu 智慧廣告部門，從事庫存預測、無監督分群等廣告演算法的研究工作。

　　很感慨自己能夠參與本書的寫作，能夠在 Hulu 和一群優秀的同事一起完成這樣一件很有意義的事情。作為一名普通的程式設計師，我感到非常幸運，能夠處身於這場人工智慧的浪潮中，可以利用現在的技術去更進一步地改變我們的社會。回想當時，自己也是在暑假期間閱讀了大量的論文和書籍才對現在的深度學習有了一點基本的了解，也為後來進行更多相關的研究打下了基礎。所以衷心地希望本書能夠幫助到有志於從事相關研究的讀者。

王芃

王芃（péng，形容草木茂盛），大學畢業於上海交通大學資訊安全工程學院，碩士畢業於歐盟的 ErasmusMundus 專案，博士畢業於法國里昂大學，主修電腦視覺。曾任佳能中國資訊研究中心進階研究員。2018 年加入 Hulu，從事視訊內容分析、使用者了解方面的研究工作。

　　剛剛加入 Hulu 的時候恰逢《百面機器學習》一書進入收尾工作，見證了「葫蘆娃」不捨晝夜、一絲不苟地完成最後的校對工作。當時的感想主要有兩個：一是感歎，感歎「一本書的誕生是如此不易，因為它凝聚了無數人的心血」；二是遺憾，遺憾無法趕上這個好機會，無法為這本書貢獻自己的綿薄之力。

　　沒想到，一年之後，「葫蘆娃」再次收到了出版社的邀約。這次我們要繼續撰寫一本更加深入細緻的深度學習工具書，我也有幸加入到這本書的創作中。這本書結合了自己這些年在工業界的研究工作成果，以及自己對於電腦視覺的一些了解。雖然自己在寫作中追求盡善盡美，但難免有考慮不夠全面和深入之處，還請讀者海涵。

于潤澤

大學和碩士均畢業於北京大學，主要研究方向是電腦視覺。自 2016 年開始在 Hulu 實習，從事與視訊內容了解相關的演算法研究工作。

　　平時侃侃而談的理論和想法在寫作時要反覆推敲、字字斟酌。在說明問題背景、理論支援、解決方案時要想法清晰、邏輯嚴謹。同時，為確保內容嚴謹，還要仔細查閱資料，多方驗證後方可定稿。在這個過程中，雖耗費不少時間但也讓自己受益匪淺。本書包含理論與應用兩部分，先將深度學習的演算法理論娓娓道來，隨後引出重要的應用場景。本書通過問答的方式簡明扼要地整理知識脈絡，讓更多有興趣的人得以了解深度學習研究中正在解決的問題及現有進展。

呂天舒

北京大學資訊科學技術學院智慧科學系 2015 級博士生，研究方向為
圖資料採擷。2018 年至 2019 年，先後在 Hulu Reco、淘寶資訊流、
Google Payments 團隊中實習。

　　去年看包豪斯設計展，對一個觀點印象深刻，「藝術的美感源於自然的秩序與
人天生的秩序感」。紛繁的萬事萬物，其執行的秩序可以抽象為圖；人的意識，其
生物學基礎被認為是神經元網路的活動；機器智慧，其工作原理是習得資料之間複
雜的連結性。圖以簡馭繁，是能夠連結起數位世界、藝術、自然與人的中間媒介。
再次讀到一字詩《生活》，「網」，不禁要感歎一句：「妙啊！」

　　有幸撰寫了本書的圖神經網路一章，感謝有此機會與讀者分享我在研究和實習
中的一些思考。

馬舒蕾

畢業於北京大學資訊科學技術學院，主要研究方向為自然語言處理。
現任 Hulu 研發工程師，從事與廣告演算法開發相關的工作。

　　如果說機器學習的發展史是一幅畫，那麼深度學習絕對是其中濃墨重彩的一
筆：從不被學術界認可到成為主流研究方向，再到 AlphaGo 從天而降，深度學習逐
漸成為各個領域突破的關鍵技術。本書也在這樣的機遇下應運而生，書中的每一個
問題和解答都凝聚了「葫蘆娃」獨到的了解和思考。有幸作為「葫蘆娃」的一員參
與本書的撰寫，是我人生中一次寶貴的體驗。希望本書和前作一樣，不論是對處於
面試中的求職者，還是對深度學習有興趣的研究者，都能夠有所啟發。

楊佳瑞

清華大學博士，Hulu 資深演算法工程師，研究方向為推薦系統的演算法與實現。

曾有一位智者告訴我，做演算法 data > feature > model > trick。我在 Hulu 的工作經歷印證了這一論斷。模型訓練資料集的品質、樣本標記的方式對模型線上效果的影響是極大的。甚至完全一樣的模型，僅改了一下資料集就可以獲得線上效果的大幅提升（例如點擊率提升 40%）。特徵是模型擬合能力的上限，好的特徵工程可以遠超模型最佳化。那麼模型真的就如此不堪嗎？不是的，基礎模型的更新帶來的可能是業界範式的革命，例如深度學習就改變了整個 AI 領域。在推薦演算法領域，YouTube 雙塔神經網路推薦模型就是一個典型的實例。但整體來説，這樣的實例並不多。

段禕純

畢業於北京大學，畢業後加入 Hulu，從事機器學習演算法在推薦系統上的應用和研究工作。

機器學習是一種代表著人類不斷地對本身的智慧進行努力探索的學問。即使它的理論還遠未成熟，也已經能夠與現實中的很多應用碰撞出燦爛的火花。它是認識世界也是改造世界的武器，不斷對我們的世界產生影響。在了解和運用它的過程中，人們總是能發現新的驚喜和挑戰。機器學習理論當然是富有魅力的，我個人卻對機器學習與世界發生互動的過程更有興趣，機器學習的可塑性與現實世界的複雜性在這一碰撞的過程中淋漓盡致地呈現出來。一個演算法在真正運用到實作中的時候，常常會呈現出設計者也沒有想到的某種特性，使用者也常常會有出人意料並值得深思的表現。這個反覆學習、了解和反覆運算的過程，正是這一工作的美妙之處。

很驚訝也很高興自己能參與到這本書的寫作中，為本書做出一點微小的貢獻。希望讀者能在閱讀的過程中體驗到機器學習世界的優雅和廣闊，更希望讀者將來能在相關工作中感受到它帶來的樂趣。

謝瀾

2018 年畢業於北京大學，獲電腦應用碩士學位。畢業後加入 Hulu Video Optimization 組，從事視訊傳輸 QoS 最佳化的工作。

　　隨著機器學習技術的發展，它的應用已經滲透到各個領域，從最開始的影像處理、自然語言處理，到後來的推薦系統、人機互動、音視訊技術等。前人為機器學習的理論打下了堅實的根基，後人將這些理論靈活地應用。在寫作的過程中，我也在更進一步思考自己所在的領域如何能夠結合機器學習來進行最佳化，是否有最佳化空間，如何進行最佳化，其中的原理是什麼……也許要回答這些問題是求索的過程，但正是這些求索讓我們做到極致。

黃勝蘭

大學畢業於北京郵電大學，後於倫敦大學瑪麗女王學院獲得博士學位。現任 Hulu 北京研發中心 Video Optimization 組進階研究員，主要研究方向為視訊點對點的傳輸網路最佳化、使用者播放體驗最佳化等。在視訊相關領域發表論文十餘篇，獲得 5 項國際專利授權。

　　尤瓦爾·赫拉利曾在《未來簡史》一書中提到，智人之所以在 7 萬年前走到地球頂端，是因為認知能力有了革命性的進展。而人類即將要迎來的第二次認知革命，就是人工智慧。人工智慧對我們人類的改變決不僅在於帶來自動化的汽車、精準的推薦，而在於改變我們人類本身，包含我們的情感和信仰。我們何其有幸，能在這樣一個偉大的時代成為歷史車輪的推動者。最後只願本書為讀者帶來閱讀的樂趣，讓我們一起徜徉在科學的海洋，探索未知的魅力。

許春旭

2017 年畢業於清華大學，獲得工學博士學位，主要研究方向為電腦圖形和計算幾何。同年加入 Hulu，從事推薦演算法相關研究工作。

　　從 2017 年畢業算起，在 Hulu 推薦演算法組工作的近 3 年時間裡，我有幸見證並參與了 Hulu 的線上推薦系統從傳統的協作過濾演算法轉到基於深度學習的排序、召回演算法的過程；同樣幸運的是，可以參與到這本書的撰寫中來，可以和對深度學習相關領域有共同興趣的讀者分享一些自己的淺見。雖然在撰寫過程中儘量增強每個細節，力求準確無誤，但限於水準，一些錯誤和疏漏無法避免，希望獲得讀者朋友對相關內容的不吝批評和悉心指正。

劉辰

大學就讀於西安交通大學，所究所畢業於中國科學院大學。現任 Hulu 資深演算法工程師，負責視訊編解碼演算法研究及視訊轉碼處理相關專案，申請相關領域專利十餘項。

　　視訊編解碼可以說是資訊技術領域裡比較「古老」的門類了，說起人工智慧（AI）在這個門類裡的應用，想起來一位企業前輩曾說過，視訊編解碼其實是最早應用「人工」智慧的領域。只是 AI 中的人工是人造的意思，而這位前輩說的人工是指人力做的工。在視訊編解碼領域，大批的研究者人工分析資料、調整參數，使這套編碼演算法架構不斷向最佳解逼近。誠然，這位前輩玩了一個諧音梗來回應人工智慧和視訊編解碼的關係，或標榜，或自嘲，我們不妄加揣測。但我們可以看到其中的一層含義，即視訊編解碼中應用的很多解決問題的想法和以深度學習為代表的人工智慧的想法在某種層面上是相通的。

　　在這個「古老」的、經過數十年「人工」智慧優化的領域裡，我們梳理了近幾年深度學習在其中應用的一些成功案例，並在本書視訊處理一章做了較為詳細的介紹。我們有理由期待，深度學習和視訊編解碼在未來能碰撞出更多的火花。

王書潤

大學和碩士畢業於北京大學，博士畢業於香港城市大學，學習和研究的方向是基於深度學習的影像視訊壓縮編碼。目前研究方向為異質跨視覺大數據壓縮編碼方法，主要有針對感知人工智慧的視覺資料壓縮、基於人工智慧的影像視訊壓縮等。

　　由於新冠肺炎而度過了最長寒假的自己，回想本書的成書過程，頓覺時光荏苒。我還記得數年前懵懵懂懂步入影像視訊處理的大門，感恩於恩師及同門的指導和幫助，也有幸邂逅 Hulu 並參與本書的撰寫。儘管自己只負責其中一小部分的撰寫，但仍覺肩負重擔，如履薄冰。在撰寫整理的同時，我愈發意識到未知的廣闊和本身的渺小，也希望這本書能給同行者帶來啟發，同時也鞭策自己不斷前行。

鄭鳳鳴

大學和碩士均畢業於北京郵電大學。2018 年碩士畢業後加入 Hulu 使用者科學組，擔任演算法工程師一職。主要從事為處於不同生命週期的使用者在站外營運通道（郵件、推送）上進行視訊推薦的工作。

　　對我來說，能夠加入這本書的作者團隊，和同事一起合作完成這本關於深度學習的面試寶典，是件非常榮幸的事。寫書對於我來說是一次全新的嘗試和挑戰。在撰寫的過程中，為了將問題和解答清晰、淺顯地表達出來，我們查閱了大量的相關資料，反覆地校對、打磨文字和修改圖片。這段經歷也使我意識到本身的不足，對相關的深度學習知識有了進一步的了解。希望閱讀本書的讀者，能夠利用書中的知識解答關於深度學習的一些疑惑，進一步了解深度學習的基礎知識及相關應用。這也是我們創作的初衷。當然，書中難免有不足或不夠準確的地方，煩請讀者提出寶貴的意見，以幫助我們改正和進步。

武丁明

大學畢業於清華大學自動化系，博士畢業於清華大學，專業方向為生物資訊學。在 Hulu 工作 4 年，擔任廣告組演算法研究員。

在讀者的通力合作下，我們終於完成了一本專注於深度學習的面試集錦。根據我的了解，在計算廣告領域，基於深度學習的方法在一些目標明確可量化、資料維度很高的問題上取得了勝於其他機器學習方法的效果。然而計算廣告是一個龐大複雜並且和實際業務場景結合十分緊密的領域，非深度學習的機器學習方法，甚至是非機器學習的其他演算法在很多具體專案上也佔據著核心演算法的地位。

李凡丁

畢業於北京大學資訊科學技術學院智慧科學系。現任 Hulu 研發工程師，從事自然語言處理相關工作。

一年前完成《百面機器學習》的時候，我其實是抱著功成身退的心態回到工作中的。沒想到一年之後又受到《百面深度學習》的召喚，重新加入「葫蘆娃」寫書團隊中。一年的工作和生活經歷了很多，也收穫了很多。希望本書能對讀者熟諳科學研究、資料分析、人工智慧之脈絡有所助益。

馮偉

清華大學博士,研究方向為社群網站、推薦系統。推薦演算法團隊負責人,主要承擔美劇、電影、直播的排序,以及相關內容的推薦。在資料採擷、機器學習國際知名會議 KDD、ICLR、IJCAI、WWW、WSDM、ICDE 上均有論文發表。平常喜歡廣泛涉獵 AI 的最新進展,也喜歡了解 AI 落地背後的種種趣聞。

　　在參與本書的撰寫過程中,我致力於用最簡單的語言和實例來讓推薦系統的內容變得通俗容易。同時也深深體會到了寫作對我了解演算法的重要性。對於日新月異的機器學習演算法,我既興奮又焦慮。興奮是因為同行每天都在突破自己,達到新的高度。焦慮是因為作為個體,我們只能掌握其中一二。希望這本書能給初學者乃至同行帶來幫助,提供不同的角度。在工業界實作探索,最有成就感的莫過於看到演算法驅動核心指標的增長,而這背後伴隨著一次又一次的試錯與校正,希望能與讀者共勉、一起進步。

王翰琪

分別於 2012 年和 2017 年在浙江大學電腦科學與技術學院獲得工學學士學位和工學博士學位,期間主攻機器學習在跨媒體資料語義採擷與了解中的應用。畢業後加入 Hulu,現任使用者科學組資深研究員,在預測使用者轉化、內容發送的個性化體驗等方面做了一點微小的貢獻。

　　記得剛畢業加入 Hulu 時,恰逢同事們熱火朝天地撰寫《百面機器學習》,得以提前一覽了其中不少章節。那時,我時而為書中的獨到觀點而擊節讚歎,時而為其中的疑難問題而埋頭苦思,時而又為某個犀利的面試題而暗暗心驚:這題我好像不會!

　　時光流轉,Hulu 的同事們歸納新的經驗與知識,推出了本書;而今天的我也得以在其中貢獻一二。希望本書能紹述前篇,再次為讀者朋友們展現演算法之美;也希望讀到這裡的你,與我一道,在工作與生活中不斷探索、不斷進步。

張昭

畢業於北京大學資訊科學技術學院智慧科學系,現任 Hulu 廣告演算法工程師。

　　曾幾何時,演算法還是電腦的小眾領域和方向,如今隨著深度學習的爆發式增長,大專院校和企業也逐漸意識到演算法對於實際生產力具有極大的作用。我作為演算法領域的一名從業者,依然時常欽佩於演算法中那些絕妙的構想,能夠借由此書和讀者朋友分享一些看法,我感到非常高興。

石奇偲

湖北黃石人,2015 年畢業於清華大學交換資訊研究院,獲碩士學位,主要研究 NP-Hard 問題的近似演算法。畢業後就職於 Hulu,現任 Hulu 研發工程師,從事推薦系統及演算法的研發工作。

　　所究所學生階段從事理論電腦科學方向的學習和研究,常常讓我感受到理論問題設定之簡潔和問題解決方法之優雅,但是偶爾也困惑於它們是否能在工業界的實際應用中有作用。工作之後有機會轉向推薦系統及演算法的研發工作,發現很多問題的解決方法裡都具有它們的身影。譬如多臂吃角子老虎機問題,因為在工業界有很多與之對應的場景,而業務上這些場景很重要,甚至有針對業務場景的不同設定,所以反過來促進了學術界在這個問題上的研究發展。

　　在這本書裡,希望能和讀者分享一些實際業務中遇到的問題及解決方法。在對實際業務的問題解決過程中,怎樣結合已有的理論知識、模型結構,結合實際問題的特性設計出更符合業務場景的模型或做出合適的改進。抽象出這些問題,分析並解決它們是一件既有挑戰又有樂趣的事情。

Note

Note

Note